装修水电工简明实用手册

阳鸿钧　等编著

机 械 工 业 出 版 社

本书是装修水电工简明实用、参考价值高、兼顾学习与胜任上岗的一本案头工具书。本书对装修水电工必须掌握的基础知识、必备常识、实战技巧、基本资料等装修水电知识进行了介绍。本书适合家装水电工、店装水电工、公装水电工、建筑水电工、物业水电工以及其他电工，广大社会青年、物业业主、进城务工人员、建筑设计师与建筑单位相关人员，相关院校师生、培训项目师生等人员参考阅读。

图书在版编目（CIP）数据

装修水电工简明实用手册/阳鸿钧等编著. —北京：机械工业出版社，2018.1

ISBN 978-7-111-59075-0

Ⅰ.①装… Ⅱ.①阳… Ⅲ.①房屋建筑设备-给排水系统-建筑安装-技术手册②房屋建筑设备-电气设备-建筑安装-技术手册 Ⅳ.①TU82-62②TU85-62

中国版本图书馆CIP数据核字（2018）第021135号

机械工业出版社（北京市百万庄大街22号 邮政编码100037）
策划编辑：张俊红 责任编辑：赵玲丽
责任校对：张 征 封面设计：路恩中
责任印制：孙 炜
保定市中画美凯印刷有限公司印刷
2018年6月第1版第1次印刷
145mm×210mm · 13.625印张 · 432千字
标准书号：ISBN 978-7-111-59075-0
定价：49.90元

凡购本书，如有缺页、倒页、脱页，由本社发行部调换

电话服务
服务咨询热线：010-88361066
读者购书热线：010-68326294
010-88379203

网络服务
机 工 官 网：www.cmpbook.com
机 工 官 博：weibo.com/cmp1952
金 书 网：www.golden-book.com
教育服务网：www.cmpedu.com

前言

全能的装修水电工属于复合型技术人才，不仅需要懂管工、水暖工知识，也需要懂电知识；不仅需要懂家装水电知识，也需要懂店装公装与建筑工程水电知识，并且随着装修水电工程的规范与要求更严，以及随着装修水电新材料、新技术的不断应用，迫切需要读者能够掌握“与时俱进”的装修水电知识。

另外，全能的装修水电工，不仅要懂理论知识，也需要能够进入实际工场独当一面的实操技能。为此，为了使读者能够快速学习与掌握该项装修水电技能，我们特编写了本书。

本书分11章，分别对基础与概述，管工（水暖）用材，水技能概述与管道配件，水设施与设备，电工用材，电技能概述与电箱柜、照明，开关、插座、线盒，电工操作、安装、检测技能，电工设施与设备，弱电技能，线路图与连接图等进行了介绍。

本书内容系统全面、简明实用、便查便阅，是助推读者朋友在学业上、从业上“技能腾飞”，值得拥有的一本实用书。

本书适合家装水电工、店装水电工、公装水电工、建筑水电工、物业水电工以及其他电工，广大社会青年、物业业主、进城务工人员、建筑设计师与建筑单位相关人员，相关院校师生、培训项目师生等人员参考阅读。

本书由阳许倩、阳鸿钧、许小菊、阳育杰、阳红珍、任志、欧凤祥、阳荀妹、唐忠良、任亚俊、阳红艳、欧小宝、阳梅开、任俊杰、许秋菊、许满菊、唐许静、单冬梅、许应菊、许四一、罗小伍等人员参加编写工作。

本书的出版过程中参阅了一些珍贵的资料或文章，在此向这些文章或者资料作者深表谢意。另外，还得到了其他同志与部门的帮助，在此也表示感谢。

另外需要补充说明的是，为了尽量与行业内广大读者的工作习惯保持一致，书中很多术语、单位都保持了行业通俗用语的表达习惯，这点请广大读者注意。

由于编写时间仓促，水平有限，书中有不尽人意之处，请读者批评指正。

编　者

目 录

第1章 基础与概述

1.1 装修有关术语与其特点

装修有关术语与其特点见表1-1。

表1-1 装修有关术语与其特点

名称	特点
保护接地	保护接地是为了电气安全,将一个系统、装置或设备的一点或多点接地
备供电源	主供电源中断后,提供后续供电的电源
餐厅	餐厅是供居住者用餐的空间
厨房	供居住者进行炊事活动的空间
等电位联结	等电位联结是为达到等电位,多个可导电部分间的电连接
吊顶	悬吊在楼板下的装修面
分支回路	分支回路是直接为用电设备或插座供电的电气回路
隔离开关	隔离开关是在断开位置上能够符合规定隔离功能要求的一种开关
公用配变电所	对居民负荷供电的10kV及以下变电所
固定家具	安装后,不能移动的家具
固定面	建筑内部主体结构的楼(地)面、墙面、顶面
家居控制器	家居控制器是完成每套(户)住宅内各种数据采集、控制、管理及通信的控制设备
家居配电箱	家居配电箱是完成每套(户)住宅内供电电源进线及终端配电的设备箱
家居配线箱	家居配线箱是完成每套(户)住宅内数据、语音、图像等信息传输线缆的接入及匹配的设备箱
居室	居住空间,卧室、起居室的统称
起居室(厅)	供居住者会客、娱乐、团聚等活动的空间
全电气化住宅	生活用能以电能为唯一或主要能源的住宅
全装修住宅	套内与公共部位的固定面、设备管线、开关插座等全部装修并安装完成,厨房、卫生间的固定设施安装到位的住宅
剩余电流动作断路器	剩余电流动作断路器是能够接通、承载、分断正常电路下的电流,也能够在规定的非正常条件接通、承载一定时间以及分电流,并且在规定条件下当剩余电流达到规定值时能使触头断开的一种开关电器

（续）

名　称	特　点
室内装修	室内装修是以建筑物主体结构为依托，对建筑内部空间进行的细部完善与艺术处理
套（户）型	套（户）型是根据不同使用面积、居住空间、厨卫组成的成套住宅单位
外露可导电部分	外露可导电部分是电气设备上能触及到的可导电部分，在正常情况下不带电，但是在基本绝缘损坏时带电
卫生间	供居住者进行便溺、洗浴、盥洗等活动的空间
卧室	供居住者睡眠、休息的空间
线对	线对是指一个平衡传输线缆的两个导体，一般指一个对绞线对
信息插座	信息插座是各类电缆或光缆终接的信息插座模块
玄关	玄关是供居住者在住宅套内入口处停留、过渡的空间
主供电源	提供正常供电的电源
住宅	供家庭居住使用的建筑
住宅单元	住宅单元是由多套住宅组成的建筑部分，该部分内的住户可通过共用楼梯、安全出口进行疏散
专用配变电所	对非居民负荷供电的10kV及以下变电所
房屋建筑结构	房屋建筑结构是指根据房屋的梁、柱、墙等主要承重构件的建筑材料来划分的类别。建筑结构的类别有钢结构、钢与钢筋混凝土结构、钢筋混凝土结构、混合结构、砖木结构、其他结构。钢筋混凝土结构还可以分为框架结构、剪力墙结构等 目前，新房住宅市场上，楼盘基本采用的是砖混结构、框架结构。两者的区别在于承重方式不同。砖混结构的承重是由板、墙构成的。框架结构是由楼板、梁、柱组成的承重结构，由楼板将力传导给梁，再传导给柱，再由柱传导给基础
建筑面积与使用面积	套型是指按不同使用面积、居住空间组成的成套住宅类型。套型建筑面积是指成套住宅的建筑面积，由成套住宅内建筑面积与分摊的共有建筑面积组成 家居套型的使用面积就是指建筑物各层平面中直接为生产或生活使用的净面积之和，不包括墙体 使用面积也就是常说的套内面积，建筑面积也就是常说的套外面积 建筑面积与使用面积的关系如下： 建筑面积=有效面积+结构面积=使用面积+辅助面积+结构面积 使用面积=建筑面积-结构面积-辅助面积 有效面积=建筑面积-结构面积
暗埋	安装、维护更替时采用湿作业的管线安装方式
保证项目	保证项目是标准条文中规定必须达到的要求，是保证工程安全和使用功能的重要项目
储藏空间	以墙体、隔断、固定家具等围合而成，用于家庭物品的存放、收藏等功能的空间
服务阳台	一般和厨房相连，可将燃气炉或燃气热水器、洗衣机、燃气立管、燃气表等置于其中的阳台

（续）

名　　称	特　　点
干作业	干作业是指不需要在现场搅拌砂浆或带水作业的施工方法
固定家具	固定于室内墙面、顶面、地面等部位的家具
基本项目	基本项目是保证工程使用性能和装饰效果的基本要求
基层	直接承受装饰装修施工的面层
基体	建筑物的主体结构或围护结构
明敷	安装、维护更替时采用干作业的管线安装方式
模数网格	用于室内部品、部件定位的，用正交或斜交的平行基准线（面）构成的平面或空间网格，且基准线（面）间的距离符合模数协调要求
全装修	房屋交付使用前，住宅所有功能空间的固定面全部铺装或粉刷完成，厨房与卫生间的基本设备全部安装完成，各空间的固定家具安装到位，内门、门窗套的安装全部完成
全装修设计	与建筑设计同步进行的装修设计，其包含的一些内容如下： 1）住宅建筑内部各部位的墙面、顶面、地面、门及门窗套等界面的设计。 2）各类设备、机电管线等的点位设计。 3）住宅建筑内部各空间设备设施的定位及综合协调设计。 4）住宅建筑内部各空间的固定家具定位设计
湿作业	湿作业是指必须在现场搅拌砂浆或带水作业的施工方法
细部	住宅内部装饰装修过程中局部采用的部件或饰物
允许偏差项目	允许偏差项目是工程项目中规定允许有偏差范围的项目
住宅装饰装修	为了保护住宅建筑的主体结构，完善住宅的使用功能，采用装饰装修材料与饰物，对住宅内部所进行的处理与美化过程
走道空间	住宅户内使用的水平交通通道

1.2 建筑中计算与不计算建筑面积的项目

建筑中计算与不计算建筑面积的项目见表1-2。

表1-2 建筑中计算与不计算建筑面积的项目

类　　型	项　　目
计算一半的建筑面积	计算一半的建筑面积的一些项目如下： 1）独立柱的雨篷，单排柱的车棚、货棚、站台等，根据其顶盖水平投影面积的一半计算面积。 2）建筑物外有顶盖，无柱的走廊、檐廊按其投影面积的一半计算面积。 3）未封闭的阳台，根据其水平投影面积一半计算面积。 4）建筑物间有顶盖的架空通廊，根据其投影面积的一半计算面积。 5）有盖无柱的外走廊、檐廊，按顶盖水平投影面积一半计算面积

（续）

类　型	项　目
不计算建筑面积	不计算建筑面积的一些项目如下： 1）空出房屋墙面构件、艺术装饰，如柱、垛、无柱雨篷、悬挑窗台等。 2）建筑物如独立烟囱、油罐、贮油（水）池、地下人防干道、支线等。 3）舞台及后台悬挂幕布、布景的天桥、挑台。 4）检修、消防等室外爬梯。 5）没有围护结构的屋顶水箱、建筑物上无顶盖的平台（露台）、游泳池等。 6）建筑物内外的操作平台、上料平台及利用建筑物的空间安置箱罐的平台
计算全部建筑面积	计算全部建筑面积的一些项目如下： 1）永久性结构的单层房屋，按一层计算建筑面积。多层房屋按各层建筑面积总和计算。 2）屋内的夹层、插层、技术层、楼梯间、电梯间等其高度在2.20m以上部位计算建筑面积。 3）穿过房屋的通道，房屋内的门厅、大厅，均按一层计算面积。门厅、大厅内的回廊部分，层高在2.20m以上的，根据其水平投影面积计算。 4）属永久性结构有上盖的室外楼梯，根据各层水平投影面积计算建筑面积，无顶盖的室外楼梯按各层水平投影面积一半计算建筑面积。 5）与房屋相连的柱走廊，两房屋间有上盖和柱的走廊，均根据其柱的外围水平投影面积计算。 6）有玻璃幕墙、金属板幕墙、石材幕墙或组合幕墙作为房屋外围的，当幕墙框架突出主体结构距离已有设计数据或实际测量数据时，按幕墙外围水平投影面积计算建筑面积。在建筑施工图报建时，还没有设计数据的，幕墙框架突出主体结构距离一律按150mm计算，竣工后计算竣工面积时仍采用150mm的数据。 7）有柱或有围护结构的门廊、门斗，根据其柱或围护结构的外围水平投影面积计算。 8）有伸缩的房屋，若其与室内相通的，伸缩缝计算建筑面积。 9）属永久性建筑，有柱的车棚、货棚等，按柱的外围水平投影面积计算。 10）房屋天面上，属永久性建筑，层高在2.20m以上的楼梯间、冰箱间、电梯机房及斜面构屋顶设计在2.20m以上的部位，根据外围水平投影面积计算。 11）挑楼、全封闭的阳台按其外围水平投影面积计算。 12）依坡地建筑的房屋利用吊脚做架空层，有围护结构的，根据其高度在2.20m以上部分的外围水平面积计算。 13）楼梯间、电梯（观井梯）井、垃圾道、管道井均按房屋自然层计算面积。 14）地下室、半地下室及其相应出入口，层高在2.20m以上的，根据其外围（不包括采光井、防潮层及保护墙）水平投影面积计算。 15）建筑间永久性的封闭架空通廊，根据其外围水平投影面积计算建筑面积

1.3　家装空气污染物限值

家装空气污染物限值见表1-3。

表1-3　家装空气污染物限值

污染物名称	活度、浓度限值	污染物名称	活度、浓度限值
苯	≤0.09(Bq/m^3)	氡	≤200(Bq/m^3)
氨	≤0.2(Bq/m^3)	游离甲醛	≤0.08(Bq/m^3)
TVOC	≤0.5(Bq/m^3)		

1.4　家装材料燃烧性能等级

家装材料燃烧性能等级见表1-4。

表1-4　家装材料燃烧性能等级

部位		顶面	墙面	(楼)地面	隔断	固定家具	家具布包	其他装饰材料
套内	低层、多层住宅	B_1	B_2*	B_2*	B_2*	B_2	B_2	B_2
	高层住宅	B_1*	B_1	B_2	B_2*	B_2	B_2	B_2*
公共部位		A	B_1	B_1	B_1	B_1	—	—

注：1. 表中带*号的各部位燃烧性能等级在住宅等级为高级住宅的情况下应在其等级的基础上提升一级。

2. 全装修住宅套内的厨房，其顶面、墙面、地面均应采用燃烧性能等级为A级的装修材料；厨房内固定家具应采用燃烧性能等级不低于B_1级的装修材料。

其中，A等级——不燃性装修材料。

B_1等级——难燃性装修材料。

B_2等级——可燃性装修材料。

B_3等级——易燃性装修材料。

1.5　高层民用建筑内部各部位装修材料的燃烧性能等级

高层民用建筑内部各部位装修材料的燃烧性能等级见表1-5。

表1-5　高层民用建筑内部各部位装修材料的燃烧性能等级

建筑物	建筑规模、性质	装修材料燃烧性能等级									
		顶面	墙面	地面	隔断	固定家具	装饰织物				其他装饰材料
							窗帘	帷幕	床罩	家具包布	
高级旅馆	>800座位的观众厅、会议厅；顶层餐厅	A	B_1	B_1	B_1	B_1	B_1	B_1		B_1	B_1

（续）

建筑物	建筑规模、性质	装修材料燃烧性能等级									
		顶面	墙面	地面	隔断	固定家具	装饰织物				其他装饰材料
							窗帘	帷幕	床罩	家具包布	
高级旅馆	≤800 座位的观众厅、会议厅	A	B_1	B_1	B_1	B_2	B_2	B_1		B_2	B_1
	其他部位	A	B_1	B_1	B_2	B_2	B_1	B_2	B_1	B_2	B_1
商业楼、展览楼、综合楼、商住楼、医院病房楼	一类建筑	A	B_1	B_1	B_1	B_2	B_1	B_1		B_2	B_1
	二类建筑	B_1	B_1	B_2	B_2	B_2	B_2	B_2		B_2	B_2
电信楼、财贸金融楼、邮政楼、广播电视楼、电力调度楼、防灾指挥调度楼	一类建筑	A	A	B_1	B_1	B_1	B_1	B_1		B_2	B_1
	二类建筑	B_1	B_1	B_2	B_2	B_2	B_1	B_2		B_2	B_2
教学楼、办公楼、科研楼、档案楼、图书馆	一类建筑	A	B_1	B_1	B_1	B_2	B_1	B_1		B_1	B_1
	二类建筑	B_1	B_1	B_2	B_1	B_2	B_1	B_2		B_2	B_2
住宅、普通旅馆	一类普通旅馆高级住宅	A	B_1	B_2	B_1	B_2	B_1		B_1	B_2	B_1
	二类普通旅馆高级住宅	B_1	B_1	B_2	B_2	B_2	B_2		B_2	B_2	B_2

注：顶层餐厅包括设在高空的餐厅、观光厅等。建筑物的类别、规模、性质，需要符合国家现行标准《高层民用建筑设计防火规范》的有关规定。

1.6 常用建筑内部装修材料燃烧性能等级划分

常用建筑内部装修材料燃烧性能等级划分举例见表 1-6。

表 1-6 常用建筑内部装修材料燃烧性能等级划分举例

材料类别	级别	材料应用举例
各部位材料	A	水泥制品、混凝土制品、石膏板、花岗石、大理石、水磨石、石灰制品、粘土制品、玻璃、瓷砖、马赛克、钢铁、铝、铜合金等
顶棚材料	B_1	矿棉装饰吸声板、玻璃棉装饰吸声板、珍珠岩装饰吸声板、难燃胶合板、难燃中密度纤维板、纸面石膏板、纤维石膏板、水泥刨花板、岩棉装饰板、难燃木材、铝箔复合材料、难燃酚醛胶合板、铝箔玻璃钢复合材料等
墙面材料	B_1	矿棉板、玻璃棉板、珍珠岩板、难燃胶合板、难燃中密度纤维板、防火塑料装饰板、难燃双面刨花板、多彩涂料、纸面石膏板、纤维石膏板、水泥刨花板、难燃墙纸、难燃墙布、难燃仿花岗岩装饰板、氯氧镁水泥装配式墙板、难燃玻璃钢平板、PVC 塑料护墙板、轻质高强复合墙板、阻燃模压木质复合板材、彩色阻燃人造板、难燃玻璃钢等

（续）

材料类别	级别	材料应用举例
墙面材料	B_2	纸制装饰板、装饰微薄木贴面板、印刷木纹人造板、塑料贴面装饰板、聚酯装饰板、各类天然木材、木制人造板、竹材、复塑装饰板、塑纤板、胶合板、塑料壁纸、无纺贴墙布、墙布、复合壁纸、天然材料壁纸、人造革等
地面材料	B_1	水泥刨花板、水泥木丝板、硬PVC塑料地板、氯丁橡胶地板等
	B_2	PVC卷材地板、半硬质PVC塑料地板、木地板氯纶地毯等
装饰织物	B_1	经阻烯处理的各类难燃织物等
	B_2	纯麻装饰布、纯毛装饰布、经阻燃处理的其他织物等
其他装饰材料	B_1	聚碳酸酯塑料、聚四氟乙烯塑料、聚氯乙烯塑料、酚醛塑料、三聚氰胺、脲醛塑料、硅树脂塑料装饰型材、经阻燃处理的各类织物等。另见顶棚材料和墙面材料内中的有关材料
	B_2	经组燃处理的聚乙烯、聚丙烯、聚氨酯、聚苯乙烯、玻璃钢、化纤织物、木制品等

1.7 家装住宅材料选择要求

家装住宅材料的选择要求，一般需要符合表1-7的要求。

表1-7 家装住宅材料的选择要求

部位	功能间	材料性能	材料
地面	卧室	防滑、易清洁	木地板、PVC地板等
	起居室、餐厅	防滑、易清洁	木地板、PVC地板、地砖、石材等
	厨房、卫生间	防滑、防水、易清洁	防滑地砖、石材等
	阳台	防晒、防水、易清洁	防滑地砖、石材等
	公共部位	防滑、耐磨、易清洁、防水	防滑地砖、石材等
踢脚	卧室、起居室、餐厅、阳台	耐磨、易清洁	木制、PVC、石材等
窗台	卧室、起居室、餐厅	坚固、易清洁	人造石、石材、木质材料等
	卫生间、厨房	坚固、易清洁	同墙面材质相同的墙砖、石材等
操作台面	厨房	防水、防腐、耐磨、易清洁	人造石、石材等
顶面	卧室、起居室、餐厅	易清洁	涂料等
	厨房、卫生间	防水、易清洁	防水涂料、扣板等
	阳台	防水、易洁洁	室外涂料等
	公共部位	易清洁	涂料等
墙面	卧室、起居室、餐厅	防潮、易清洁	涂料、壁纸等
	厨房	防水、防火、耐热、易清洁	墙砖、石材等
	卫生间	防水、易清洁	墙砖、石材、马赛克、防水涂料等
	阳台	防晒、防水、易清洁	防水涂料、墙砖等
	公共部位	防潮、易清洁	涂料、墙砖、石材等

1.8 家装住宅套内房间门窗最小尺寸

家装住宅套内房间门扇最小尺寸见表 1-8。

表 1-8 家装住宅套内房间门扇最小尺寸

功能间	门扇宽度/m	门扇高度/m
起居室、餐厅、卧室	0.85	2.05
储藏室	0.60	1.95
厨房	0.70	2.05
卫生间	0.65	2.05

1.9 厨房现场测量需要关注的项目与尺寸

厨房现场测量需要关注的一些项目与尺寸如下：

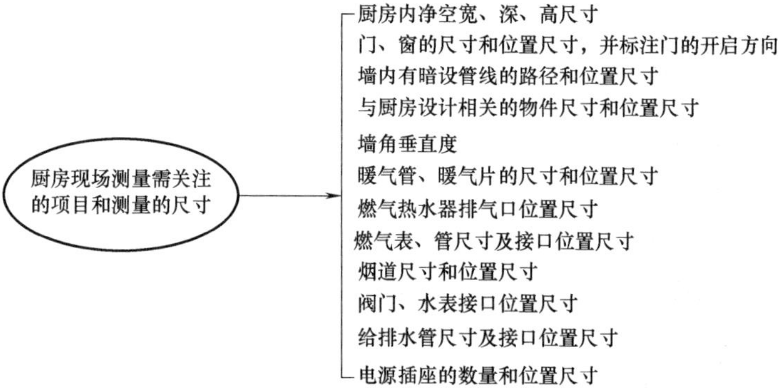

厨房现场测量需关注的项目和测量的尺寸 →

- 厨房内净空宽、深、高尺寸
- 门、窗的尺寸和位置尺寸，并标注门的开启方向
- 墙内有暗设管线的路径和位置尺寸
- 与厨房设计相关的物件尺寸和位置尺寸
- 墙角垂直度
- 暖气管、暖气片的尺寸和位置尺寸
- 燃气热水器排气口位置尺寸
- 燃气表、管尺寸及接口位置尺寸
- 烟道尺寸和位置尺寸
- 阀门、水表接口位置尺寸
- 给排水管尺寸及接口位置尺寸
- 电源插座的数量和位置尺寸

1.10 家装厨房设施的配置

家装厨房设施的配置参考见表 1-9。

表 1-9 家装厨房设施的配置参考

类别	基本设施	可选设施
橱柜	操作台、橱柜(包括下柜体、吊柜)	—
设备	灶具、排油烟机、洗涤池、水龙头、热水器①	消毒柜、微波炉、洗碗机、烤箱、电冰箱、电饭煲
灯具	顶灯(防水)	—

① 燃气热水器可设置在厨房、阳台，非燃气热水器在使用安全的前提下也可设置在卫生间。

1.11 厨房设备布局要求

厨房设备布局要求如下：

设备布局

- 按厨房面积和用户要求确家厨房布置形式为：单排形、双排形、L形、U形、岛形和其他
- 在单排形、L形厨柜设计中，地柜或高柜及相关厨房器具(如冰箱等)与对面墙面间距离应≥900mm
- U形和双排形的两排地柜间的距离或高柜及相关厨房器具(如冰箱等)与对面厨房设备的距离均应≥900mm
- 厨房的管线应设在厨柜的后面或下方墙角处
- 水槽柜设计要满足操作方便、卫生及洗涤物沥水的功能
- 水槽柜、操作台、灶具和冰箱等的布置宜符合操作习惯和工作三角原理
- 地面至吊柜底面净空距离为13*M*+*nM* (*n*为正整数,“*M*”为国际通用建筑模数符号,1*M*=100mm)，推荐吊柜及吸油烟机底面距离地面高度1400～1600mm，吊柜顶面距离地面高≥2100mm

1.12 厨房常见布置

厨房不同的布置，对水电布局与安装有一定的影响。厨房常见的一些布置如图 1-1 所示。

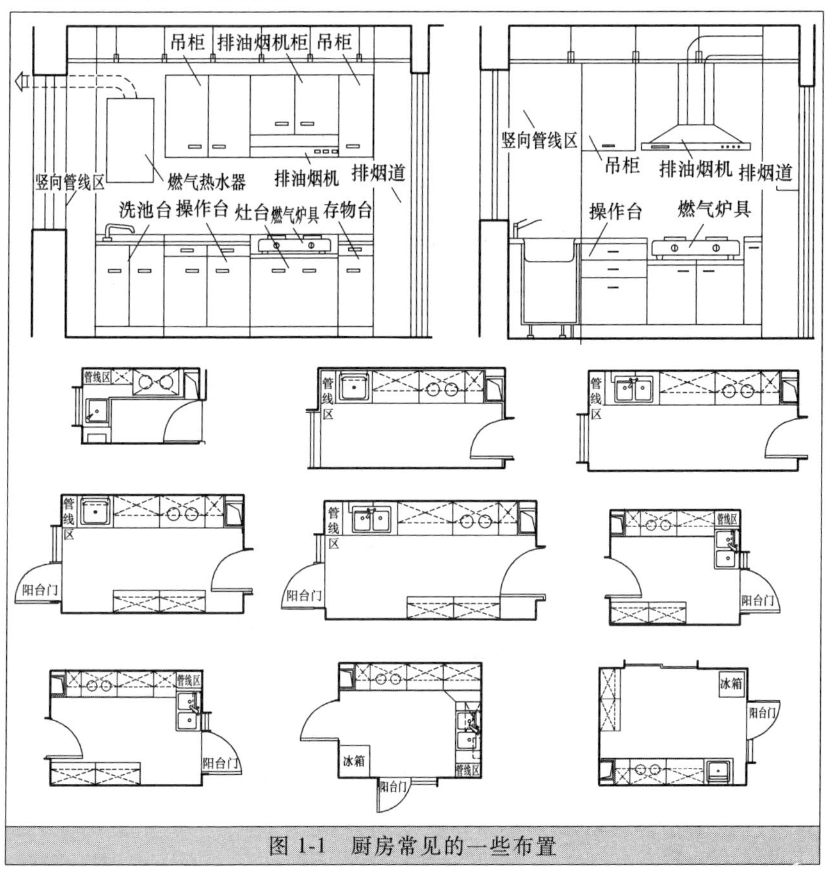

图 1-1 厨房常见的一些布置

1.13 厨房给水排水要求

厨房给水排水的一些要求如下：

厨房给水排水要求

- 厨房穿墙面的给水管口接头宜高于台面≥100mm，冷、热水管口中心距150mm为宜
- 厨房给水采用明设管道时，管道中心距离地面不应大于80mm，距墙面距离不大于80mm
- 厨房排水管道采用PVC管材、管件，排水管径不小于50mm
- 厨房排水管如需加长时要避免出现S状，且端部留有≥60mm长的直管
- 厨房给水接口水平距排水管接口300～400mm较宜
- 厨房给水接口高度距地面500～600mm较宜
- 厨房排水管距地面100～300mm较宜
- 厨房冰箱及其他器具需要给水要求时，应增加给水接口
- 厨房水槽柜的水槽设置，水槽外缘互墙面距离≥70mm，水槽侧外缘至给水主管距离宜≥50mm
- 厨房水槽应配置落水滤器和水封装置
- 厨房水槽与排水主管相连时，优先采用硬管连接，并应保证坡度
- 厨房水槽与排水主管相连时，当受到条件限制时，可采用波纹软管，软管与水平夹角应大于30°
- 厨房给水(含冷、热水)宜采用暗设管道，并选用具有防腐性能的材料

1.14 厨房插座、电源的要求

厨房插座、电源的一些要求如下：

- 厨房内配备的电器较多时，宜设置专用厨房供电线路
- 厨房电源插座与给水在邻近位置的、插座应高于给水的高度
- 厨房电器用导线应采用带塑封的并经过安全认证的铜线，其截面积不小于$4mm^2$
- 厨房宜提供数量足够，位置合适的220V、10A防溅水型单相三线和单相双线的电器插座组，应有可靠独立的接地保护
- 厨房标称电功率大于2500W、小于3800W的电器，应选用220V、16A的电源插座
- 厨房电源插座应设置单独回路，并设漏电保护装置
- 地柜嵌入式电器使用的插座距离地面高度尺寸不宜低于300mm
- 台面以上吊柜以下使用的插座距离地面高度宜为1200～1400mm
- 家用废弃食物处理器和净水器插座宜布置在水槽柜内
- 嵌入式电器的插座不宜设在电器柜后面

1.15 厨房橱柜的要求

厨房橱柜的一些要求如下：

厨柜要求

- 吊码及吸抽烟机等安装位置处应避开暗藏管线
- 厨柜内的水、气管道及阀门设置要考虑装拆和维修方便
- 灶具柜设计要结合燃气管道及吸油烟机排气口位置，灶外缘与燃气主管水平距离不少于300mm
- 下进风燃气灶具应在灶具柜上设计进气设施并满足燃气灶具用氧需要
- 台面板需要拼接时，接缝距离水槽或嵌入式灶具≥70mm
- 转角柜邻角边不宜设置直动式滑轨、门板(如：米柜、抽屉柜、调料柜等)如需设置时，应加调整板
- 灶具左右外缘至墙面之间距离为≥150mm
- 灶具柜两侧宜有存放调料的空间及放置锅等容器的台位
- 燃气灶柜内不宜设计成电器柜
- 吊柜与地柜的相对应侧面宜保持在同一平面上
- 使用液化石油气的用户，宜设置钢瓶柜
- 燃气热水器排烟管不应从柜体内部横穿
- 安放燃气表、冰箱、烤箱、微波炉、消毒碗柜等的厨柜不宜设背板
- 安置消毒柜、微波炉和吸油烟机等的背后不应有明管线
- 吊柜立面宜与地柜的水平面垂直

1.16 家装卫生间设施的配置

家装卫生间设施的配置参考见表1-10。

表1-10 家装卫生间设施的配置参考

类别	基本设施	可选设施
洁具	坐便器、浴缸（或淋浴房、淋浴区）、洗浴龙头、洗脸盆及龙头	洁身器
灯具	顶灯（防水）	镜前灯
卫浴五金	毛巾杆（环）、镜子、厕纸架	镜柜、浴巾架
电气设备	排气扇	取暖器（含排风、照明功能）、电热水器、电话

1.17 卫生间常见的布置

卫生间不同的布置，对水电布局与安装有一定的影响。卫生间常见的一些布置如图1-2所示。

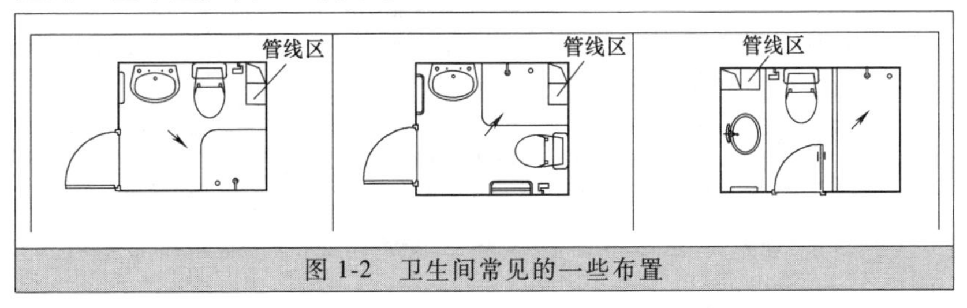

图1-2 卫生间常见的一些布置

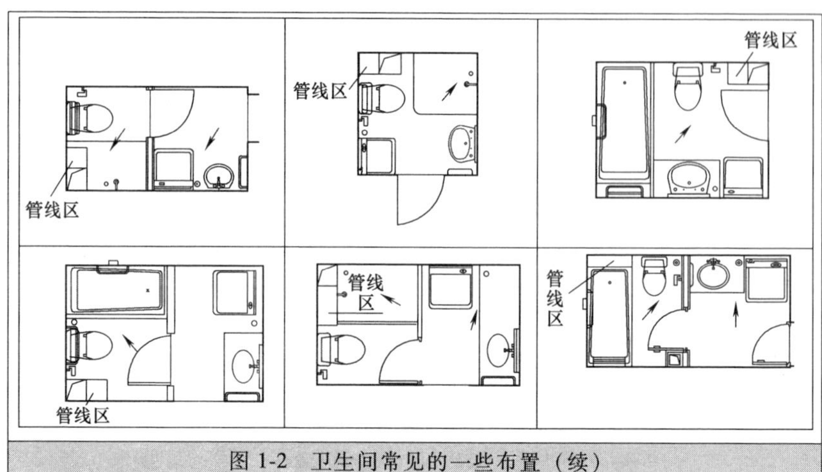

图 1-2　卫生间常见的一些布置（续）

1.18　卧室基本家具尺寸

卧室基本家具常见尺寸见表 1-11。

表 1-11　卧室基本家具常见尺寸

家具名称	长/mm	宽/mm	高/mm
单人床	2000	≥800	450
橱柜	900~2100	600	≥1800
书桌	900~1200	500~600	700~800
双人床	2000	≥1500	450
床头柜	450~600	400	450

1.19　电工技能基础概念

电工技能基础概念见表 1-12。

表 1-12　电工技能基础概念

名称	解　　说
保护线	保护线符号为 PE，其意为某些电击保护措施所要求的用来将以下任何部分作电气连接的导体：外露可导电部分、装置外导电部分、接地极、电源接地点或人工中性点等
导电性、导体、绝缘体	导电性意为某些物质所具有的能传导电流的性质。导体就是容易导电的物体，也就是具有能在电场作用下移动的自由电荷的物体。绝缘体就是不容易导电的物体。因此，通电导体存在电流通过，人体不可以随意接触
等电位联结	使各个外露可导电部分及装置外导电部分的电位作实质相等的电气连接

（续）

名称	解说
等电位联结线	用作等电位联结的保护线
低压	新建、改建、扩建的工业与民用建筑，以及市政基础设施施工现场临时用电工程中的电源中性点直接接地的220/380V三相四线制低压电力系统中，交流额定电压在1kV与以下的电压属于低压
低压配电系统	低压配电系统就是指电压等级在1kV以下的配电网络，为电力系统的组成部分 低压配电系统主要由配电线路、配电装置、用电设备等组成。用户通过该系统取得电压等级为380/220V的电能
电	电是能的一种形式，其是与静电荷或动电荷相联系的能量的一种表现形式。电包括负电与正电。电是客观存在的，平时人肉眼是看不到的。如果操作电不当，会发生触电等危害事故
电导率、电阻率	电导率意为传导电流密度与电场强度之比的一个标量或矩阵量。电阻率意为电导率的倒数
电动势	电动势意为在表示有源元件时，理想电压源的端电压。一个电源能够使电流持续不断沿电路流动，就是因为它能够使电路两端维持一定的电位差。这种能够使电路两端产生与维持电位差的能力就叫作电源电动势 电动势也就是电路中因其他形态的能转换为电能所引起的电位差，其数值等于单位正电荷在回路中绕行一周时电力所做的功
电功率	电功率就是电流在单位时间内所做的功，也就是表示电流做功的快慢。有的用电器铭牌上标有功率值，也就是用电器在额定电压下的电功率值
电抗	感抗和容抗统称为电抗
电力系统	发电厂首先把各种形式的能量转换成电能，电能再经过变压器、不同电压的输电线路输送并被分配给用电用户，然后通过各种用电设备再转换成适合用户需要的各种能量。也就是说由发电、输电、变电、配电、用电设备、相应的辅助系统组成的电能生产、输送、分配、使用的统一整体称为电力系统
电流	电流就是电荷在媒质中的运动，即电荷的定向移动（运动）形成电流。一般规定电流的方向与电子运动的方向相反，即规定正电荷定向移动方向为电流方向 单位时间内通过导体截面积的电荷称为电流强度，简称为电流
电流密度	电流密度就是描述电路中某点电流强弱与流动方向的物理量，也就是通过单位面积的电流大小
电流强度	电流的大小称为电流强度，电流强度简称为电流
电路、并联电路、串联电路	电路意为电流可在其中流通的器件或媒质的组合。并联电路意为当若干电路接在同一对节点上使电流从中分开流过时，这些电路称为互相并联。串联电路意为当各被连接的电路通过同一电流时，这些电路称为互相串联
电能[量]	电力所做的功。工程中常用kWh，作为电能计量单位
电位	电位就是在电路中任选一点为参考点，则某点到参考点的电压就叫作这一点（相对于参考点）的电位
电压	静电场或电路中两点间的电位差，其数值等于单位正电荷在电场力的作用下，从一点移到另一点所做的功

（续）

名称	解　说
电源	电源就是能够提供持续供电的装置，也就是能够把其他形式能转化为电能的装置
电阻	导体一方面具有导电的能力，另一方面又有阻碍电流通过的作用，这种阻碍作用叫作导体的电阻。电阻就是导体对电流的阻碍作用
电阻率	电阻率表示物质的电阻性质
动力系统	动力系统就是在电力系统的基础上，把发电厂的动力部分（例如水力发电厂的水库/水轮机、核动力发电厂的反应堆等）包含在内的一种系统 通常将发电厂电能送到负荷中心的线路叫输电线路。负荷中心到各用户的线路叫配电线路 电力系统中的动力系统与物业建筑中的动力系统是不同的。物业建筑中的动力系统主要是针对照明系统而言的以电动机为动力的设备以及相应的电气控制线路、设备。高层建筑常见的动力设备有电梯、水泵、风机、空调电力等 物业建筑中的动力受电设备一般需要对称的 380V 三相交流电源供电。使用对称的 380V 三相交流电源供电的动力受电设备一般不需要中性线或者零线
独立电源	独立电源是指若干电源中，任一电源发生故障或停止供电，均不会影响其他电源连续供电。独立电源也包括母线分段之间无联系；或者虽有联系，但当其中一段发生故障时，能自动将其联系断开，不影响另一段母线继续供电
高压	新建、改建、扩建的工业与民用建筑，以及市政基础设施施工现场临时用电工程中的电源中性点直接接地的 220/380V 三相四线制低压电力系统中，交流额定电压在 1kV 以上的电压属于高压 有的高压电气设备则主要是指 1000V 以上供配电系统中的设备或装置以及其操作安全
功率 有功功率	单位时间内所做的功叫作功率。交流电路中，电压、电流都是随时间变化，瞬时功率不是恒定值，功率在一周期内的平均值称为有功功率，有功功率是指电路中电阻部分所消耗的功率，对电动机来说是指出力
功率因数	有功功率与视在功率之比
功与电能	功与能量转化/转移密不可分。某种形式的能量转化成（或转移）到另一种形式的能量（或别处）时，均要通过做功或热传递才能够实现
互感	当两个线圈互相靠近，则一个线圈内的电流所产生的磁通会有一部分与另一个线圈相环链。当一个线圈中的电流发生变化时，其与另一个线圈环链的磁通也发生变化，此时另一个线圈中产生感应电动势，这种现象叫作互感现象。一个线圈的电流所产生的与第二个线圈相交连的磁链，与第一个线圈电流的比值，称为互感系数，简称为互感或电感
回路	回路就是指同一个控制开关及保护装置引出的线路，包括相线、中性线或直流正、负 2 根电线，且线路自始端至用电设备器具之间或至下一级配电箱之间不再设置保护装置
相线	相线即端线。它是连接电源与负载各相端点的导线
家庭电路	家庭电路就是给家庭用电器，包括灯具供电的电路。以前，家庭电路也叫作照明电路。因为，那时电灯、电视机、洗衣机、电冰箱都是由一组家庭电路来供电的。现在，简单的家居电路，包括照明电路、插座电路、电器电路也共用一组回路

（续）

名称	解　　说
接地装置、接地体、接地线	接地线就是从引下线断接卡或换线处至接地体的连接导体。接地体就是埋入土壤中或混凝土基础中作散流用的导体。接地装置就是接地体和接地线的总称
民用电、商用电	民用电主要是指城乡居民家庭用电，即居民生活用电。商用电主要是指商业机构、商业企业等用电。民用电与商用电是有区别的，商用电的用电单价比民用电单价要贵一些。民用电与商用电的用电负荷不同，引入的电源电压可能存在差异
母线	母线就是在变电所中各级电压配电装置的连接，以及变压器等电气设备与相应配电装置的连接，一般是采用圆形或矩形截面的裸导线或绞线的统称 母线具有分配、汇集、传送电能的作用
欧姆定律	欧姆定律表示在直流情况下，表明一闭合电路中的电流与电动势成正比，或当一电路元件中没有电动势时，其中的电流与其两端的电位差成正比
频率	交流电每秒钟变化的次数
容抗	交流电流通过具有电容的电路时，电容有阻碍交流通过的作用，这种作用叫作容抗
三相五线制	三相四线制系统中，零干线除了起到保护作用外，有时还需要流过零序电流。如果三相用电不平衡的情况下，以及低压电网零线过长、阻抗过大时，即使没有大的漏电流发生，零线也会形成一定的电位。因此，在三相四线制供电系统中，把零干线的两个作用分开，也就是用一根线作为工作零线（N），用另外一根线作为保护接地线（PE），这样就形成了三相五线制系统
室内配线	室内配线就是指敷设在建筑物、构筑物内部的明线、暗线、电缆、电气器具的连接线
室内配线工程	安装固定导线用的支持物、专用配件、敷设导线、电缆等统称为室内配线工程
双电源	双电源是指互相独立的两个电源，它包含两个独立电源、两回线路，也就是强调两个电源的互相备用或一用一备，又强调两个线路的互相备用或一用一备
双回路	双回路仅指两回线路，它只强调线路的互相备用或一用一备。因此，双电源应包含了双回路
线电流	线电流就是流过相线的电流
线电压	相线间的电压称为线电压
相电流	相电流就是流过各相绕组或各相负载的电流
相电压	每相绕组或每相负载上的电压，称为相电压，也就是相线与零线间的电压
正弦交流电	电压、电流的呈正弦规律变化的交流电。家庭生活用电就是正弦交流电。正弦交流电的电压与电流的方向是随时间而交变的
直流电、交流电	一般规定正电荷移动的方向为电流的正方向。直流电就是电流方向不随时间变化的电流。交流电就是电流方向随时间变化的电流
中点	中点即中性点。三相电源中三个绕组末端或者三个绕组的首端的连接点，称为三相电源的中点或中性点。三相负载星形联结点，称为负载的中点或中性点

（续）

名称	解　　说
中线	中线即零线，它是连接电源中点和负载中点的导线。以大地作为中线，则此时中线又称为地线
中线电流	中线电流就是流过中线的电流
中性线	中性线符号为 N，其意为与系统中性点相连接并能起传输电能作用的导体
周期	交流电每变化一周所需要的时间
阻抗	交流电流通过具有电阻、电感、电容的电路时，它们有阻碍交流电流通过的作用，这种作用叫作阻抗

1.20　常见电工量辅助单位与代号、换算

常见电工量辅助单位与代号、换算见表 1-13。

表 1-13　常见电工量辅助单位与代号、换算

量名称	辅助单位、代号、换算
电压	1 千伏 = 1000 伏（V）、1 伏 = 1000 毫伏（mV）
电阻	1 兆欧（MΩ）= 1000 千欧（kΩ）、1 千欧 = 1000 欧（Ω）
电容	1 法拉 = 1000 毫法（mF）、1 毫法 = 1000 微法（μF）
频率	1 千赫（kHz）= 1000Hz
视在功率	1 千伏安（kVA）= 1000 伏安（VA）
无功功率	1 千乏（kvar）= 1000 乏（var）
有功功率	1 千瓦（kW）= 1000 瓦（W）
电度	1 kWh = 1 度电
电感	1 享 = 1000 毫享（mH）、1 毫享 = 1000 微享（μH）
电流	1 安 = 1000 毫安（mA）、1 毫安 = 1000 微安（μA）

1.21　电流计算公式

电流计算公式见表 1-14。

表 1-14　电流计算公式

名称	电流计算公式
并联电路总电流与分总电流间的关系	并联电路总电流等于各个电阻上电流之和： $I=I_1+I_2+\cdots+I_n$ 式中　I——总电流； I_1、I_2、…、I_n——分电流
串联电路总电流与分总电流间的关系	串联电路总电流与各电流相等： $I=I_1=I_2=I_3=\cdots=I_n$ 式中　I——总电流； I_1、I_2、…、I_n——分电流

（续）

名称	电流计算公式
纯电阻负载的功率求电流	纯电阻有功功率 $P=UI \rightarrow P=I^2R$，则 $I=\sqrt{P/R}$ 式中　U——电压，单位为 V； I——电流，单位为 A； P——有功功率，单位为 W； R——电阻
纯电感负载的功率求电流	纯电感无功功率 $Q=I^2X_L$，则 $I=\sqrt{Q/X_L}$ 式中　Q——无功功率，单位为 W； X_L——电感感抗，单位为 Ω； I——电流，单位为 A
纯电容负载的功率求电流	纯电容无功功率 $Q=I^2X_C$，则 $I=\sqrt{Q/X_C}$ 式中　Q——无功功率，单位为 V； X_C——电容容抗，单位为 Ω； I——电流，单位为 A
电功（电能）求电流	电功（电能）$W=UIt$，则 $I=W/(Ut)$ 式中　W——电功，单位为 J； U——电压，单位为 V； I——电流，单位为 A； t——时间，单位为 s
发电机绕组三角形联结的电流	发电机绕组三角形联结的电流：$I_{线}=\sqrt{3}I_{相}$ 式中　$I_{线}$——线电流，单位为 A； $I_{相}$——相电流，单位为 A
发电机绕组的星形联结的电流	发电机绕组的星形联结的电流：$I_{线}=I_{相}$ 式中　$I_{线}$——线电流，单位为 A； $I_{相}$——相电流，单位为 A
交流电的总功率求电流	交流电的总功率求电流：$P=\sqrt{3}U_{线}I_{线}\cos\varphi$ 式中　P——总功率，单位为 W； $U_{线}$——线电压，单位为 V； $I_{线}$——线电流，单位为 A； φ——初相角
变压器工作原理中的电流	变压器工作原理：$U_1/U_2=N_1/N_2=I_2/I_1$ 式中　U_1、U_2——一次、二次电压，单位为 V； N_1、N_2——一次、二次绕组匝数； I_2、I_1——二次、一次电流，单位为 A

（续）

名称	电流计算公式
电阻、电感串联电路中的电流	电阻、电感串联电路：$I=U/Z$，$Z=\sqrt{(R^2+X_L^2)}$ 式中　Z——总阻抗，单位为 Ω； I——电流，单位为 A； R——电阻，单位为 Ω； X_L——感抗，单位为 Ω
电阻、电感、电容串联电路中的电流	电阻、电感、电容串联电路中的电流： $I=U/Z$，$Z=\sqrt{[R^2+(X_L-X_C)^2]}$ 式中　Z——总阻抗，单位为 Ω； I——电流，单位为 A； R——电阻，单位为 Ω； X_L——感抗，单位为 Ω； X_C——容抗，单位为 Ω
欧姆定律	$I=U/R$ 式中　U——电压，单位为 V； R——电阻，单位为 Ω； I——电流，单位为 A
全电路欧姆定律	$I=E/(R+r)$ 式中　I——电流，单位为 A； E——电源电动势，单位为 V； r——电源内阻，单位为 Ω； R——负载电阻，单位为 Ω
交流电路电流瞬时值与最大值	交流电路电流瞬时值与最大值：$I=I_{max}\times\sin(\omega t+\varphi)$ 式中　I——电流，单位为 A； I_{max}——最大电流，单位为 A； $(\omega t+\varphi)$——相位，其中 φ 为初相角
交流电路电流最大值与有效值	交流电路电流最大值与有效值：$I_{max}=\sqrt{2}I$ 式中　I——电流，单位为 A； I_{max}——最大电流，单位为 A

1.22　自感电动势与互感电动势的特点

自感电动势与互感电动势的特点见表 1-15。

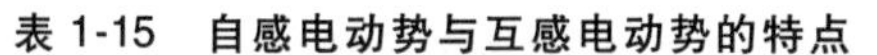

表 1-15 自感电动势与互感电动势的特点

名称	特 点
互感电动势	相邻的线圈(互感线圈),当其中一个线圈的电流变化时,必然使通过相邻线圈的磁通发生变化,从而在相邻的线圈内产生感应电动势,这个感应电动势被称为互感电动势 线圈周围没有磁性物质时,互感磁链与产生这个磁链的电流的比值为一常数,把它称为互感系数,简称互感 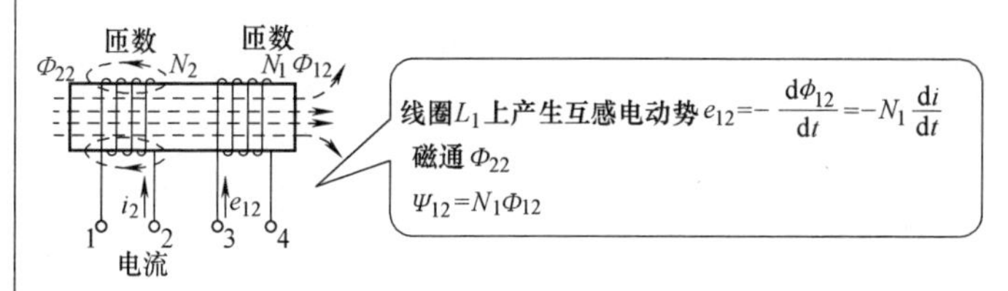 互感线圈具有同名端与异名端——在同一变化电流的作用下,感应电动势极性相反的一端叫异名端,感应电动势极性相同的一端叫同名端,同名端往往用点表示,如下图: 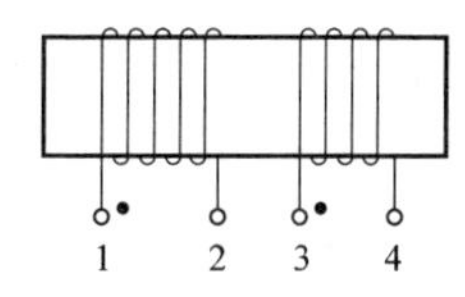 1、3;2、4 同名端。1、4;2、3 异名端。 互感线圈具有串联与并联方式,如下图所示: 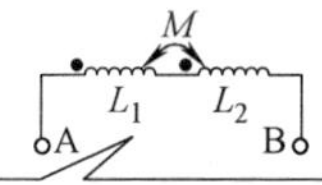 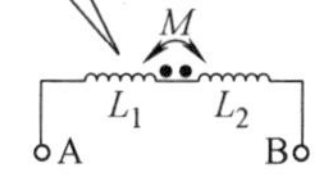 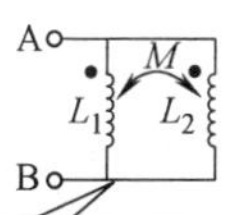 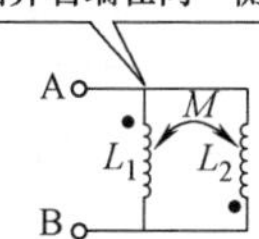

（续）

名称	特　点
自感电动势	闭合线圈通以电流后会在其周围产生磁通，磁通的变化可使其周围的线圈产生感应电动势。当线圈中的电流发生变化时，由于线圈自身电流变化而使线圈自身产生的感应电动势，称为自感电动势，用 e_L 表示 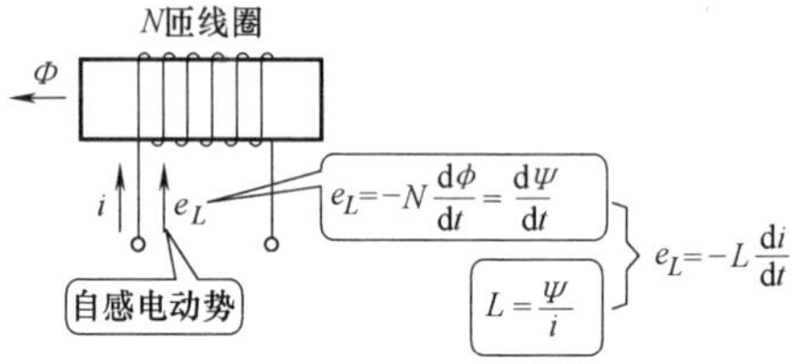 N匝线圈　Φ　i　e_L　自感电动势　$e_L=-N\frac{d\phi}{dt}=\frac{d\Psi}{dt}$　$L=\frac{\Psi}{i}$　$e_L=-L\frac{di}{dt}$ 其中，磁链 Ψ 与电流 i 的比值，称为线圈的自感系数，简称自感，用 L 表示

1.23　电压计算公式

电压计算公式见表1-16。

表1-16　电压计算公式

名称	电流计算公式
串联电路总电压与分电压	串联电路，总电压等于各个电阻上电压之和：$U=U_1+U_2+\cdots U_n$ 式中　U——总电压，单位为V； U_1、U_2、…、U_n——分电压，单位为V
并联电路总电压与分电压	并联电路，总电压与各电压相等：$U=U_1=U_2=U_3=\cdots=U_n$ 式中　U——总电压，单位为V； U_1、U_2、…、U_n——分电压，单位为V
纯电阻负载的功率求电压	纯电阻有功功率：$P=UI\rightarrow P=U^2/R$，则 $U=\sqrt{P\ R}$ 式中　U——电压，单位为V； I——电流，单位为A； P——有功功率，单位为W
纯电感负载的功率求电压	纯电感无功功率：$Q=U^2/X_L$，则 $U=\sqrt{Q\ X_L}$ 式中　Q——无功功率，单位为V； X_L——电感感抗，单位为Ω；

（续）

名称	电流计算公式
纯电容负载的功率求电压	纯电容无功功率：$Q=U^2/X_C$，则 $U=\sqrt{Q\ X_C}$ 式中　Q——无功功率，单位为 V； X_C——电容容抗，单位为 Ω
电功（电能）求电压	电功（电能）求电压：$W=UIt$，则 $U=W/(It)$ 式中　W——电功，单位为 J； U——电压，单位为 V； I——电流，单位为 A； t——时间，单位为 s
发电机绕组星形联结电压关系	发电机绕组星形联结：$U_{线}=\sqrt{3}U_{相}$ 式中　$U_{线}$——线电压，单位为 V； $U_{相}$——相电压，单位为 V
发电机绕组的三角形联结电压关系	发电机绕组的三角形联结：$U_{线}=U_{相}$ 式中　$U_{线}$——线电压，单位为 V； $U_{相}$——相电压，单位为 V
交流电的总功率求电压	交流电的总功率：$P=\sqrt{3}U_{线}\ I_{线}\ \cos\varphi$，则 $U_{线}=P/(\sqrt{3}I_{线}\ \cos\varphi)$ 式中　P——总功率，单位为 W； $U_{线}$——线电压，单位为 V； $I_{线}$——线电流，单位为 A； φ——初相角
变压器工作原理求电压	变压器工作原理：$U_1/U_2=N_1/N_2=I_2/I_1$ 式中　U_1、U_2——一次、二次电压，单位为 V； N_1、N_2——一次、二次绕组匝数； I_2、I_1——二次、一次电流，单位为 A
电阻、电感串联电路中的电压	电阻、电感串联电路中的电压：$U=\sqrt{(U_R^2+U_L^2)}$ 式中　U——电压，单位为 V； U_R——电阻电压，单位为 V； U_L——电感电压，单位为 V

（续）

名称	电流计算公式
电阻、电感、电容串联电路中的电压	电阻、电感、电容串联电路中的电压：$U=\sqrt{[U_R^2+(U_L-U_C^2)]}$ 式中 U——电压，单位为V； U_R——电阻电压，单位为V； U_L——电感电压，单位为V； U_C——电容电压，单位为V
欧姆定律	欧姆定律：$I=U/R$，则 $U=IR$ 式中 U——电压，单位为V； R——电阻，单位为Ω； I——电流，单位为A
全电路欧姆定律	全电路欧姆定律：$I=E/(R+r)$，则 $E=I(R+r)$ 式中 I——电流，单位为A； E——电源电动势，单位为V； r——电源内阻，单位为Ω； R——负载电阻，单位为Ω
交流电路电压瞬时值与最大值的关系	交流电路压瞬时值与最大值的关系：$U=U_{max}\sin(\omega t+\varphi)$ 式中 U——电压，单位为V； U_{max}——最大电压，单位为V； $(\omega t+\varphi)$——相位，其中 φ 为初相角
交流电路电压最大值与在效值的关系	交流电路压最大值与有效值的关系：$U_{max}=\sqrt{2}U$ 式中 U——电压，单位为V； U_{max}——最大电压，单位为V

1.24 三相、单相功率计算公式

三相、单相功率计算公式见表1-17。

1.25 有关电路的特点

有关电路的特点见表1-18。

表 1-17 三相、单相功率计算公式

<table>
<tr><th></th><th>项目</th><th colspan="2">公　式</th><th>单位</th><th>说明</th></tr>
<tr><td rowspan="4">单相电路</td><td>有功功率</td><td colspan="2">$P=UI\cos\varphi=S\cos\varphi$</td><td>W</td><td rowspan="12">U_X——相电压(V)
I_X——相电流(A)
U_L——线电压(V)
I_L——线电流(A)
$\cos\varphi$——每相的功率因数
$P_A P_B P_C$——每相的有功功率
$Q_A Q_B Q_C$——每相的无功功率</td></tr>
<tr><td>视在功率</td><td colspan="2">$S=UI$</td><td>VA</td></tr>
<tr><td>无功功率</td><td colspan="2">$Q=UI\sin\varphi$</td><td>var</td></tr>
<tr><td>功率因数</td><td colspan="2">$\cos\varphi=\frac{P}{S}=\frac{P}{UI}$</td><td></td></tr>
<tr><td rowspan="6">三相对称电路</td><td>有功功率</td><td colspan="2">$P=3U_X I_X\cos\varphi=\sqrt{3}U_L I_L\cos\varphi$</td><td>W</td></tr>
<tr><td>视在功率</td><td colspan="2">$S=3U_X I_X=\sqrt{3}U_L I_L$</td><td>VA</td></tr>
<tr><td>无功功率</td><td colspan="2">$Q=3U_X I_X\sin\varphi=\sqrt{3}U_L I_L\sin\varphi$</td><td>var</td></tr>
<tr><td>功率因数</td><td colspan="2">$\cos\varphi=\frac{P}{S}$</td><td></td></tr>
<tr><td rowspan="2">线电压、线电流相电压、相电流换算</td><td>Y</td><td colspan="2">$U_L=\sqrt{3}U_X$　　$I_L=I_X$</td></tr>
<tr><td>Δ</td><td colspan="2">$U_L=U_X$　　$I_L=\sqrt{3}I_X$</td></tr>
<tr><td rowspan="2">三相不对称电路</td><td>有功功率</td><td colspan="3">$P=P_A+P_B+P_C$</td></tr>
<tr><td>无功功率</td><td colspan="3">$Q=Q_A+Q_B+Q_C$</td></tr>
</table>

表 1-18 有关电路的特点

电路名称	特　点
单相交流电路	平时讲的家用电是单相电,也就是家用电路是单相交流电路。单相交流电的产生是发电机线圈在磁场中运动旋转,旋转方向切割磁力线产生的感应电动势 单相正弦交流电一般有相线与零线供用电消费连接。单相正弦交流电是按周期改变电流方向,相线是按正弦周期变化的。零线对地电压始终是相同的,也就是为0。接用电器后零线也有电流,并且电流变化是有规律的
交流电路	交流电路就是交流电流通过的途径。交流电是指其电动势、电压、电流的大小与方向均随时间按一定规律作周期性变化的电。家庭家居用的市电就是交流电。家庭家居用的市电是从电力系统经过发电、输电、变电、配电等环节引入到家居消费系统。家庭家居用的市电的电路就是由电线、灯具、开关、插座、电器等组成
三相交流电路	三相交流电就是发电机的磁场里有三个互成角度的绕组同时转动,电路里就产生三个相位依次互差120°的交变电动势。三相交流电每一单相称为一相。产生三相交流电的发电机具有转速相同、电动势相同、绕组形状相同、绕组匝数相同、电动势的最大值(有效值)相等等特点

（续）

电路名称	特点
直流电路	直流电路就是直流电流通过的途径，其主要由电源、负载、连接导线、开关等组成。负载可以是电器、灯具等。电源就是能将其他形式的能量转换成电能的设备。直流电路外电路包括负载、导线、开关，内电路就是电源内部的一段电路。直流电路中的电流方向是不变的，电流的大小是可以改变的。一些电器中用的电子线路就是直流电路
纯电感电路	由电感组成的电路（电路中的电阻和电容很小从而可以略去）
纯电容电路	由电容器组成的电路（电路中的电阻和电感很小从而可以略去）
纯电阻电路	负载的电路上电感与电容很小从而可以略去不计的电路

1.26 常见电路的功率因数

常见电路的功率因数见表 1-19。

表 1-19 常见电路的功率因数

纯电阻电路	$\cos\varphi=1(\varphi=0)$
纯电感电路或纯电容电路	$\cos\varphi=0(\varphi=\pm90°)$
R-L-C 串联电路	$0<\cos\varphi<1$ $(-90°<\varphi<+90°)$
电动机 空载	$\cos\varphi=0.2\sim0.3$
电动机 满载	$\cos\varphi=0.7\sim0.9$
荧光灯（*R-L-C* 串联电路）	$\cos\varphi=0.5\sim0.6$

1.27 并联电路与串联电路及其计算公式

并联电路与串联电路图例如图 1-3 所示。并联电路与串联电路一些计算公式见表 1-20。

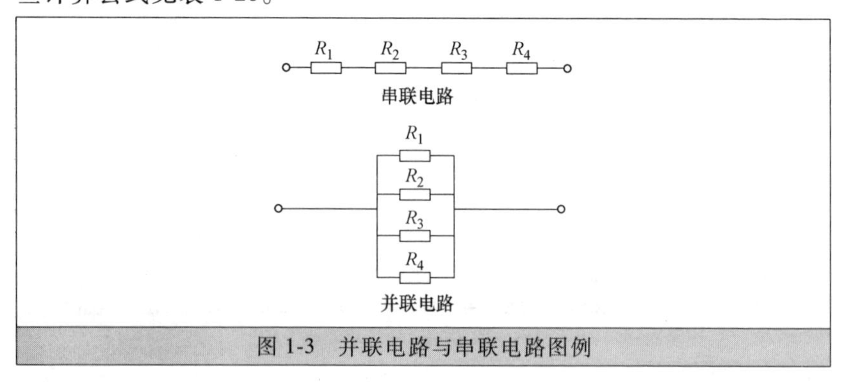

图 1-3 并联电路与串联电路图例

表 1-20 并联电路与串联电路一些计算公式

	串联电路	并联电路	
电流	$I_1=I_2=\cdots=I_n$	$I=I_1+I_2+\cdots+I_n$	
电压	$U=U_1+U_2+\cdots+U_n$	$U_1=U_2=\cdots=U_n$	
电阻	$R=R_1+R_2+\cdots+R_n$ n 个等效电阻 R_0 串联; $R=nR_0$	$\frac{1}{R}=\frac{1}{R_1}+\frac{1}{R_2}+\cdots+\frac{1}{R_n}$ 两个电阻并联:$R=\frac{R_1R_2}{R_1+R_2}$ n 个等效电阻 R_0 并联:$R=R_0/n$	
分压	$\frac{U_1}{U_2}=\frac{R_1}{R_2}$	分流	$\frac{I_1}{I_2}=\frac{R_2}{R_1}$
电功	常用:$W=I^2Rt$	常用:$W=U^2t/R$	
电功率	$P=I^2R$	$P=U^2/R$	
比例	$\frac{W_1}{W_2}=\frac{P_1}{P_2}=\frac{U_1}{U_2}=\frac{R_1}{R_2}$	$\frac{W_1}{W_2}=\frac{P_1}{P_2}=\frac{I_1}{I_2}=\frac{R_2}{R_1}$	
总功与总功率	$W=W_1+W_2+\cdots+W_n$;$P=P_1+P_2+\cdots+P_n$		

1.28 不同用电负荷级别的特点

不同用电负荷级别的特点见表 1-21。

表 1-21 不同用电负荷级别的特点

级别	特 点
三级负荷用户、三级负荷设备的供电	三级负荷是指突然停电损失不大的负荷,包括不属于一级与二级负荷范围的用电负荷 三级负荷用户与三级负荷设备的供电均无特殊要求,但是,应尽量把配电系统设计得简洁可靠,尽量减少配电级数
二级负荷用户、二级负荷设备的供电	二级负荷是指突然停电将产生大量废品,大量减产,损坏生产设备,在经济上造成较大损失的负荷 1)二级负荷宜由两回线路供电。第二电源可来自地区电力网或邻近单位,也可根据实际情况设置柴油发电机组(必须采取措施防止其与正常电源并列运行的措施)。在最末一级配电装置处自动切换。 2)采用电缆线路时,应采用两根电缆组成的线路供电,其每根电缆应能承受 100%的二级负荷。 3)也可以由同一区域变电站的不同母线引两回线路供电。 4)由变电所引出可靠的专用的单回路供电(消防设备不适用)。 5)应急照明等比较分散的小容量用电负荷可以采用一路市电加 EPS,也可采用一路电源与设备自带的(干)蓄电池(组)在设备处自动切换。

（续）

级别	特　点
二级负荷用户、二级负荷设备的供电	6）在负荷较小或地区供电条件困难时，二级负荷可由一回 6kV 及以上专用的架空线路或电缆供电。 7）采用架空线时，可为一回架空线供电。 8）双回路（有条件则用双电源）供电到适当的配电点，自动互投后用专线放射式送到用电设备或者用电设备的控制装置上（消防设备不适用）
一级负荷的供电电源	以下情况属于一级负荷：中断供电将造成重大政治影响者、中断供电将造成重大经济损失者、中断供电将造成人身伤亡者、中断供电将造成公共场所秩序严重混乱者 一级负荷的供电电源的特点： 1）一般需要采用两个独立电源供电，也就是当一个电源发生故障时，另一个电源不应同时受到损坏。每个电源均应有承担全部一级负荷的能力。 2）有条件的一级负荷在最末一级配电装置处自动切换，消防用一级负荷必须在最末一级配电装置处自动切换。无条件的一些非消防用的一级负荷可以在适当的配电点自动互投后用专线送到用电设备或者用电设备的控制装置上即可。特别重要的负荷用户，必须考虑在第一电源检修或故障的同时第二电源发生故障的可能，因此应有应急电源。 3）一级负荷用户变配电室内的高压配电系统与低压配电系统均应采用单母线分段、分列运行，互为备用的做法。 4）如果是特别重要的负荷，除由两个独立电源供电外，还需要增设应急电源、自备电源（视具体情况采用柴油发电机组等），并且严禁将其他负荷接入应急供电系统。并且，变电所内的低压配电系统中应设置专供普通一级负荷及特别重要一级负荷的应急供电系统，此系统严禁接入其他级别的用电负荷

1.29　相关负荷的特点

相关负荷的特点见表 1-22。

表 1-22　相关负荷的特点

名　称	特　点
低谷负荷	低谷负荷就是出现的最小负荷
高峰负荷	高峰负荷就是在一昼夜内出现的最大负荷。高峰负荷又分为早高峰、午高峰、晚高峰等
供电负荷	用电负荷加上同一时刻的线路损失负荷称为供电负荷
平均负荷	平均负荷就是指在某一时间范围内电力负荷的平均值。平均负荷一般用符号 P_p 表示，单位一般用 kW 或 MW 表示

（续）

名称	特点
厂用负荷	发电厂厂用设备所消耗的功率称为厂用负荷
线路损失负荷	电能在输送过程中发生的功率和能量损失就是线路损失负荷
发电负荷	供电负荷加上同一时刻各发电厂的厂用负荷，构成电网的全部生产负荷，也就是电网发电负荷
用电负荷	用户的用电设备在某一时刻实际取用的功率的总和，也就是用户在某一时刻对电力系统所要求的功率。从电力系统来讲，则是指该时刻为了满足用户用电所须具备的发电出力
最高负荷、最大负荷	电力负荷的大小随时间变化而变化，因此，在某个时间间隔内会出现一个最大值，也就是最高负荷、最大负荷。在 0~24h 内出现的最高负荷叫作日最高负荷，一般用 P_{max} 表示，单位一般用 kW、MW 等表示

1.30 家装用电参考负荷

家装每套住宅用电参考负荷见表 1-23。

表 1-23 家装每套住宅用电参考负荷

套型	建筑面积 S /m^2	普通住宅用电负荷/kW	全电气化住宅用电负荷/kW
单间配套	$S\leqslant40$	3~4	6~7
一居室	$40<S\leqslant60$	4~5	7~8
二居室	$60<S\leqslant80$	5~6	8~9
三居室	$80<S\leqslant120$	6~8	9~11
四居室	$120<S\leqslant150$	7~9	10~12
四居室	$150<S\leqslant200$	8~10	11~13

注：当住宅建筑面积大于 $200m^2$ 时，超出部分的面积可根据 $50W/m^2$ 来计算用电负荷。

1.31 设备电击防护类型与图形符号

设备电击防护类型与图形符号见表 1-24。

表 1-24 设备电击防护类型与图形符号

类别	符号	符号含义
Ⅰ类		表示接地
Ⅱ类		表示双重绝缘
Ⅲ类	Ⅲ	表示Ⅲ类

注：Ⅲ类设备电击防护类型表示产品通过使用安全特低电压来实现电击防护，同时产品不会产生高于安全特低电压而导致电击的危险电压的一种防护类型。Ⅲ类，也就是设计成安全特低压供电的防护类型。

1.32 电气火灾产生的原因

几乎所有的电气故障都可能导致电气着火。一些电气引起的火灾、电弧的原因如下：

1）电烙铁、电炉、溶解器、热得快等电热器使用不当、用完后忘记断电，也可能引起火灾。

2）过载、短路的保护电器失灵，使得电器设备过热。

3）绝缘导线端子螺钉松动、接口接触不良，使接触电阻增大而过热，可能使绝缘材料燃烧，从而引发火灾。

4）照明与电热设备故障、雷击、静电等，均可能引起高温、高热，或产生电弧、放电火花，从而引发火灾事故。

5）电气设备的绝缘材料很多都是可燃物质，容易燃烧。

6）材料选择不当，容易造成过载、短路、漏电现象，从而引发火灾事故。

7）一些材料老化、渗入杂质，而失去绝缘性能，从而可能引起火花、电弧。

1.33 电气火灾的预防方法

电气火灾预防的一些方法如下：

1）施工现场不得大量积存可燃材料。

2）易燃易爆材料的施工，需要避免敲打、碰撞、摩擦等可能出现火花的操作。

3）对木质装饰装修材料进行防火涂料涂布前，需要对其表面进行清洁。涂布至少分两次进行，以及第二次涂布应在第一次涂布的涂层表干后进行。

4）选择电线，需要考虑负载容量与合理的过载能力。

5）施工人员必须严格遵守施工单位制定的施工防火安全制度。

6）严禁在施工现场吸烟。

7）住宅装饰装修材料的燃烧性能等级要求需要符合现行国家标准。

8）对易引起火灾的场所，需要加强防火，配置防火器材、沙箱或其他灭火工具。

9）用电上，需要禁止过度超载、乱接乱搭电源线等异常现象。

10）易燃物品需要相对集中放置在安全区域，以及设置明显的标识。

11）明敷塑料导线需要穿管或加线槽板保护，吊顶内的导线应穿金属管或 B_1 级 PVC 管保护，导线不得裸露。

12）配套使用的照明灯、电动机、电气开关需要有安全防爆装置。

13）使用油漆等挥发性材料时，应随时封闭其容器，擦拭后的棉纱等物品需要集中存放且远离热源。

14）配电箱的壳体与底板需要采用 A 级材料制作。配电箱不得安装在 B_2 级以下（含 B_2 级）的装修材料上。开关、插座需要安装在 B_1 级以上的材料上。

15）施工现场动用气焊等明火时，必须清除周围及焊渣滴落区的可燃物质，以及设专人监督。

16）严禁在运行中的营道、装有易燃易爆的容器与受力构件上进行焊接、切割。

17）卤钨灯灯管附近的导线需要采用耐热绝缘材料制成的护套，不得直接使用具有延燃性绝缘的导线。

18）进行热熔接时，需要注意周围不得有易燃易爆物体，以及带有易燃易爆物体的垃圾堆。

19）照明、电热器等设备的高温部位靠近非 A 级材料，或导线穿越 B_2 级以下装修材料时，需要采用岩棉、瓷管或玻璃棉等 A 级材料隔热。

20）照明灯具或镇流器嵌入可燃装饰装修材料中时，需要采取隔热措施予以分隔。

1.34 电气火灾的紧急处理

电气火灾的紧急处理的方法如下：首先需要切断电源，并且同时拨打火警电话报警。注意不能够用水或普通灭火器（如泡沫灭火器）灭火。需要使用干粉二氧化碳或 1211 等灭火器灭火。另外，也可以用干燥的黄沙灭火。

常用电气灭火器主要性能与特点见表 1-25。

表 1-25 常用电气灭火器主要性能与特点

种类	干粉灭火器	二氧化碳灭火器	1211 灭火器
药剂	筒内装有钾或钠盐干粉，以及备有盛装压缩空气的小钢瓶	瓶内装有液态二氧化碳	筒内装有二氟-氯-溴甲烷，以及充填压缩氮
规格	8kg、50kg	2kg、2～3kg、5～7kg	1kg、2kg、3kg

1.35 消防设施的保护

对消防设施的保护的一些要求如下：

1）住宅内部火灾报警系统的穿线管、自动喷淋灭火系统的水管线需要用独立的吊管架固定。不得借用装饰装修用的吊杆与放置在吊顶上固定。

2）消火栓门四周的装饰装修材料颜色应与消火栓门的颜色有明显区别。

3）住宅装饰装修不得遮挡消防设施、疏散指示标志、安全出口，以及不应妨碍消防设施与疏散通道的正常使用，不得擅自改动防火门。

4）装饰装修重新调整了住宅房间的平面布局时，需要根据有关设计规范针对新的平面调整火灾自动报警探测器与自动灭火喷头的布置。

5）喷淋管线、报警器线路、接线箱与相关器件一般需要暗装处理。

1.36 电气防爆与防爆措施

电气防爆与防爆措施见表1-26。

表1-26 电气防爆与防爆措施

项目	解说
防爆措施	在有易燃、易爆气体、粉尘的场所，以及存在燃气管道、燃气灶具的场所，采用的一些防爆措施如下： 1）合理选用防爆电气设备。 2）安装自动断电保护装置，对危险性大的设备，需要安装在危险区域外，或者合理的安放位置。 3）保持场所良好的通风。 4）正确敷设电气线路。 5）保证电气设备的正常运行，防止短路、过载等异常现象的发生
电气防爆	当空气中所含可燃固体粉尘、可燃气体达到一定程度时，一旦遇到电火花、电弧、电气引起的其他明火均会发生爆炸燃烧。因此，在一些存在燃气管道、燃气灶具的场所，需要注意电气防爆

1.37 触电事故的种类

触电就是电流通过人体，与大地或其他导体形成闭合回路。触电对人体的伤害主要有电击、电伤等种类。触电事故的种类见表1-27。

表1-27　触电事故的种类

类型	种类	解　说
电击	直接接触电击	电流直接通过人体的伤害称为电击。电流通过人体内部会造成人体器官的损伤,会破坏人体内细胞的正常工作。直接接触电击是触及设备与线路正常运行时的带电体发生的电击,也称为正常状态下的电击
	间接接触电击	间接接触电击是触及正常状态下不带电,而当设备或线路故障时意外带电的导体发生的电击,也称为故障状态下的电击
电伤	电流灼伤	电流灼伤是人体与带电体接触,电流通过人体由电能转换成热能造成的一种伤害。电流灼伤一般发生在低压设备、低压线路上
	电弧烧伤	电弧烧伤是由弧光放电造成的一种伤害,它分为直接电弧烧伤、间接电弧烧伤。直接电弧烧伤是带电体与人体之间发生电弧,有电流流过人体的烧伤。间接电弧烧伤是电弧发生在人体附近对人体的烧伤。直接电弧烧伤与电击往往同时发生 高压电弧烧伤比低压电弧严重,直流电弧烧伤比工频交流电弧严重。发生直接电弧烧伤与电击不同:电弧烧伤都会在人体表面留下明显痕迹,而且致命电流较大
	皮肤金属化	皮肤金属化是在电弧高温的作用下,金属熔化、汽化,金属微粒渗入皮肤,使皮肤粗糙而张紧的一种伤害。皮肤金属化往往与电弧烧伤同时发生
	电烙印	电烙印是在人体与带电体接触的部位留下的永久性斑痕。斑痕处皮肤失去原有弹性、色泽,表皮坏死,失去知觉等症状
	机械性损伤	机械性损伤是电流作用于人体时,由于中枢神经反射、肌肉强烈收缩等作用导致的机体组织断裂、骨折等伤害
	电光眼	电光眼是发生弧光放电时,由可见光、红外线、紫外线对眼睛的伤害。电光眼表现为角膜炎、结膜炎

1.38　触电的类型

触电的类型见表1-28。

表1-28　触电的类型

种类	解　说
跨步电压触电	高压(600V以上)电线断裂,电线一端落地,使落地点周围地面带电,当人在高压线断裂的着地点的周围地区,人的两脚着地之间就有电压,电流通过人体引起跨步电压触电
单相触电	人体的某一部位触及一根相线,或者触及与相线相接的其他带电体就形成了电流通过人体造成的触电
双相触电	人体的不同部位同时触及两根相线而引起的触电

1.39 人体对电流的反应情况

电流通过人体时，每个人的体质不同，电流通过的时间与大小不同，存在着不同的后果。一般人体通过电流后，人体对电流的反应情况见表1-29。

表1-29 人体对电流的反应情况

人体通过电流/mA	直流电	50Hz交流电
0.6~1.5	无感觉	手指开始感觉发麻
2~3	无感觉	手指感觉强烈发麻
5~7	手指感觉灼热、刺痛	手指肌肉感觉痉挛
8~10	灼热感增加	手指关节与手掌感觉痛，手已难以脱离电源，但是尚能摆脱电源
20~25	灼热感更增，手的肌肉开始痉挛	手指感觉剧痛，迅速麻痹，不能摆脱电源，呼吸困难
50~80	强烈灼痛，手的肌肉痉挛，呼吸困难	呼吸麻痹，心房开始震颤
90~100	呼吸麻痹	呼吸麻痹，持续3min后或更长时间后，心脏停搏或心房停止跳动

1.40 供水常见的术语与定义

供水常见的术语与定义见表1-30。

表1-30 供水常见的术语与定义

名　称	定　　义
分散式供水	用户直接从水源取水，未经任何设施或仅有简易设施的供水方式
集中式供水	自水源集中取水，通过输配水管网送到用户或者公共取水点的供水方式，包括自建设施供水。为用户提供日常饮用水的供水站和为公共场所、居民社区提供的分质供水也属于集中式供水
农村小型集中式供水	日供水在1000m^3以下(或供水人口在1万人以下)的农村集中式供水
生活饮用水	供人生活的饮水和生活用水
常规指标	能反映生活饮用水水质基本状况的水质指标
非常规指标	根据地区、时间或特殊情况需要的生活饮用水水质指标
二次供水	集中式供水在入户之前经再度存储、加压和消毒或深度处理，通过管道或容器输送给用户的供水方式

1.41 自来水水压的特点

一般自来水水压是0.7kg左右。根据自来水供水规范，水龙头水一般认为是 0.1MPa=10m。国家规定的管网末梢供压是 0.14MPa，直观地说，0.1MPa 就相当于一个标准大气压，管网末梢供压是 0.14MPa，也就相当于水龙头离供水塔（池、箱）有 14m 的高度。因此，家住的位置越高，水压就会越低。

1）水压与水的多少无关，只与水的深浅、密度有关系。水越深，水压越大。密度越大，水压也越大。实际生活中，家中水压还受水管的弯折度、管壁等因素的影响，弯折次数越多，水压也会有所减小。

2）水压的计算公式：$P=\rho gh$，其中 P 表示压强，ρ 表示液体密度，水的密度为 1×10^3kg/m^3，g 表示重力加速度，一般取 9.8N/kg。h 表示取压点到液面高度。

3）水越深，水压越大。

4）在同样的深度上，水压对四周都有压力。

1.42 PVC 电线管弯管器的特点与应用

PVC 电线管弯管器又叫作弯管弹簧，其有多种规格，需要根据电线管规格来选择。弯管弹簧的特点与有关要求如下：

1）弯管器分为 205#弯管器 、305#弯管器。其中，205#弯管器适合轻型线管。305#弯管器适合中型线管。

2）1 寸电线管外径为 25mm，有壁厚 1mm 的，需要选用 205#弯管器，弹簧外径 22mm。

3）1 寸弯管器可以选择直径为 21.5mm、长度为 43cm。

4）6 分电线管外径为 20mm，有壁厚 1mm 的，需要选用 205#弯管器，弹簧外径 17mm。

5）6 分电线管外径为 20mm，有壁厚 1.5mm 的，需要选用 305#弯管器，弹簧外径 16mm。

6）6 分管 PVC 电线弯管器可以选择直径为 16.5mm、长度为 41cm。

7）4 分电线管外径为 16mm，壁厚 1mm 的，需要选用 205# 弯管器，弹簧外径 13mm。

8）4 分电线管外径为 16mm，壁厚 1.5mm 的，需要选用 305#弯管器，弹簧外径 12mm。

9）4 分 PVC 电线管弯管器可以选择直径为 13.5mm、长度为 38cm。

10）32mm 的 PVC 电线管弯管器可以选择直径为 28mm、长度为43mm。

11）4分弹簧（直径16mm）一般比6分弹簧（直径20mm）要贵一些。

12）另外，还有加长型的弯管器。加长型的弯管器长度达到410mm、450mm、510mm、540mm等长度。

13）PVC电线管有厚有薄，厚的电线管也叫作中型线管，需要选择直径比较小的弹簧。薄的电线管也叫作轻型线管，需要选择直径比较粗的弹簧。

PVC电线管专用弯管弹簧的应用见表1-31。

表1-31 PVC电线管专用弯管弹簧的应用

英制公制	型号	PVC电线管壁厚度	PVC电线管弹簧外径	PVC电线管代号
（管外径）4分 Φ16mm	超轻型	0.8～0.9mm	Φ14.1～14.2mm	105#
	轻型	1.1～1.15mm	Φ13.6～13.7mm	205#/215#
	中型	1.3～1.45mm	Φ12.6～12.8mm	305#/315#
	重型	1.6～1.8mm	Φ12.1～12.2mm	405#/415#
（管外径）6分 Φ20mm	超轻型	0.8～1mm	Φ17.8～17.9mm	105#
	轻型	1.1～1.15mm	Φ17.4～17.6mm	205#/215#
	中型	1.35～1.45mm	Φ16.5～16.8mm	305#/315#
	重型	1.5～2mm	Φ15.4～15.6mm	405#/415#
（管外径）1寸 Φ25mm	超轻型	1.25～1.3mm	Φ22.3～22.4mm	105#
	轻型	1.4～1.5mm	Φ21.6～21.8mm	205#/215#
	中型	1.6～1.7mm	Φ20.8～21.1mm	305#/315#
	重型	1.8～2.2mm	Φ20.2～20.5mm	405#/415#
（管外径）1.2寸 Φ32mm	超轻型	1.7mm	Φ28.8～28.9mm	105#
	轻型	1.7～1.8mm	Φ28.2～28.3mm	215#
	中型	2.2～2.3mm	Φ27.1～27.2mm	315#
	重型	2.8mm	Φ26.4～26.6mm	415#
（管外径）1.5寸 Φ40mm	中型	2.3mm	Φ35.5～35.6mm	315#

1.43 美工刀的特点与应用

使用美工刀的一些注意事项如下：

1）美工刀有大小等多种型号，根据实际情况来选择。美工刀片中刀产品规格为0.5mm×18mm×100mm，小刀产品规格为0.4mm×9mm×80mm等。

2）美工刀与其他刻刀的区别：刻刀刀锋短，刻刀刀身厚，刻刀特别适合于雕刻各种坚硬材质（例如木头、石头、金属材料）。美工刀刀锋长，美工刀刀尖多为斜口，美工刀刀身薄，可以用于雕刻、裁切比较松软单薄的材料（例如纸张、松软木材等）。

3）很多美工刀为了方便折断都会在折线工艺上做处理，但是需要注意，这些处理对于惯用左手的人来说可能会比较危险，使用时需要多加小心。

4）美工刀刀身的硬度与耐久因刀身质地不同而有差异。

5）美工刀正常使用时一般只使用刀尖部分。因刀身很脆，因此，使用时不能伸出过长的刀身。

6）刀柄的选用需要根据手型来挑选，并且握刀手势要正确。

7）如果不慎操作美工刀受伤，则应该学会一些处理方法：

① 首先需要消毒，例如用消毒棉棒沾消毒液消毒。如果创口没有消毒直接包扎，则可能会因此导致伤口坏损。

② 止血包扎，消毒后对于新鲜伤口最大的敌人就是空气中的氧气与水分，此时应作包扎隔绝伤口。

③ 只要伤口有任何异常或者超过一般认为的处理范围，则一定要即时就医。

1.44 管钳的特点与应用

管钳是管件连接时，用来紧固或松动的一种工具，也就是说管钳可以用来拧紧或拧松束节、管螺母，转动金属管或其他圆柱形工件。其外形有多种类型。

管钳是用钳口的锥度增加扭矩，通常锥度在3°~8°，咬紧管状物。自动适应不同的管径，自动适应钳口对管施加应力而引起的塑性变形。

使用时，管钳是通过滚花螺栓调整浮动卡爪，以适合不同管径，在钳口闭合时可自动卡紧。管钳规格是指管钳合口时整体长度。管钳一些规格见表1-32。

管钳使用的一些注意事项如下：

1）要选择合适规格的管钳。

2）用加力杆时长度要适当，不能用力过猛或超过管钳允许强度。

3）不能夹持温度超过300℃的工件。

4）管钳钳头开口要等于工件的直径。

5）一般管钳不能作为锤头使用。

表 1-32　管钳一些规格

规格	基本尺寸	偏差	最大夹持管径/mm
6″	150mm	±3%	20
8″	200mm	±3%	25
10″	250mm	±3%	30
12″	300mm	±4%	40
14″	350mm	±4%	50
18″	450mm	±4%	60
24″	600mm	±5%	75
36″	900mm	±5%	85
48″	1200mm	±5%	110

6）不能用管钳扳拧六角螺栓、螺母，以免损坏螺栓、螺母的六角。

7）管钳牙与调节环要保持清洁。

8）管钳的螺纹调节部分需要保持干燥，以及经常上油，避免锈蚀。

9）不能用钢锤敲击管钳，管钳在冲击载荷下极易变形损坏。

10）管钳钳头要卡紧工件后再用力扳，防止打滑伤人。

1.45　金属管子割刀的特点与应用

金属管子割刀是用于割断金属管子的一种工具。使用金属管子割刀时要正确操作，其不得做敲击工具使用。管子割断后，需要除掉管道上的毛刺。

管子割刀的规格见表 1-33。

表 1-33　管子割刀的规格

以刀型（号）来确定规格

号码	割管范围/mm	割轮直径/mm	滚轮直径/mm
2	3~50	32	27
3	25~75	40	32
4	50~100	45	38
6	100~150	45	38

使用管子割刀前的要求如下：

1）需要根据所切割管子的直径选择合适的割刀；

2）需要检查割刀、刀片与丝杠的完好情况，并且割刀没有裂痕；

3）需要清理管子，并且将所割管材用压力钳夹持牢靠，以及量出切割长度，做好记录。

1.46 PPR热熔工具的特点与应用

PPR热熔器又叫作PPR焊接机。PPR热熔工具有电子型PPR热熔器、调温型PPR热熔器、双温双控型PPR热熔器、20~32mm的PPR热熔器、20~63mm的PPR热熔器等种类。

PPR热熔工具加热温度一般是大约260℃，功率常见的有700W、800W等。选择PPR热熔工具模头的方法：应选择中心眼处理不能粗糙，进口漆在模头上覆盖要完全，固定模头螺钉不容易脱落的模头。

1.47 PVC管子割刀的特点与应用

PVC管子割刀是用于割断PVC管子的一种工具。PVC管子割刀存在最大切割直径，因此，选择时需要注意选择适合的最大切割直径。一般情况选择最大切割直径为42mm即可。有的PVC管子割刀适用范围广泛，例如除可以切割PVC管外，还可以切割PP-R、PU、PE等管材。有的PVC管子割刀只能够用于PVC管的切割。

PVC管子割刀操作方法：

1）选择适合管子尺寸的割刀，注意管子外径不能超出对应割刀的切割范围。

2）切割时，先在需要切割的长度做好标记。

3）然后将管子放入刀架，并且标记对准刀片，下压手柄，直到刀片挤压住管子且保证刀片与管子呈90°。

4）一手握住管子，一手下压割刀手柄，利用杠杆原理对管子进行挤压式切割，直到切割完成。

5）切割完后，对切口进行整洁，使其无明显毛刺。

使用PVC管子割刀的一些方法与注意事项如下：

1）如果没有PVC/PPR管子割刀，而又需要切割PVC/PPR管，则应急切割可以借助手工锯、砂轮机进行切割。

2）如果经验不足，为防止切口不整齐，则可以先划好线，再把刀口切口对准好线切割即可。

3）冬天天气冷使用PVC管子割刀时，需要将管材用热水浸泡一下，再进行切割，这样避免管材破裂。

4）切割时，需要一切到位。如果断断续续切到位，则可能切得的切口不整齐。

5）切管时，需要注意刀口与管子垂直。管子需要放平稳，尤其是切长管子时管子放平稳更为重要。

1.48　水电开槽机的特点与应用

有的水电开槽机可以通过增减锯片（刀片）的数量实现开槽宽度的调节。使用中，合适的开槽宽度能提高开槽的效率，以及延长水电开槽机的使用寿命。

根据需要切割不同的尺寸，选择适合的刀具。有的选择直径106mm刀片，可以切割25mm×25mm的槽。选择直径127mm的刀片，可切割35mm×35mm的槽。

水电开槽机有3刀片、5刀片等类型，根据实际情况选择。安装刀片时，刀片与刀片间需要留有间隙（加隔开环）。

1.49　电锤的特点与应用

电锤主要是用来在大理石、混凝土、人造石料、天然石料及类似材料上钻孔的一种用电类工具，其具有内装冲击机构，进行冲击带旋转作业的一种锤类工具。

使用电锤在瓷砖上打孔的方法、要点如下：

1）首先把电锤调整到冲击打孔档，并且装好适合的钻头，再接通电源后，先按下电锤开关试一下，看是否在冲击打孔档。正确无误后，确定打孔部位，做好标记，并且把钻头对准打孔标记，然后轻按开关让电锤低速旋转（此时绝对不要用力按开关），等瓷砖墙面有凹洞时，再稍用力按开关让转速稍微快一点，并且要用力往前推把力量集中在钻头上。如果瓷砖已经被打穿，才可以把开关用力按到底，让电锤高速转起来直到要打出孔的深度。

2）在瓷砖地面上打孔，也是装上冲击钻头，调到冲击档，开始电锤一定要慢转速，等瓷砖上有凹洞时，才能够慢慢提高转速。

3）新手用电锤在瓷砖上打孔时，往往速度控制不好，会出现打裂瓷砖的现象。因此，可先用陶瓷钻头，调到电钻档位打穿瓷砖表面，再换用冲击钻头，调到冲击档位钻进混凝土。

4）瓷砖的边角部位比较脆，电锤打孔时更容易裂，因此，尽量不要靠近瓷砖的边角打孔。如果必须要在瓷砖的边角打孔，则可以首先选用玻璃钻头对瓷砖边角进行钻孔。

选择电锤的方法、要点见表1-34。

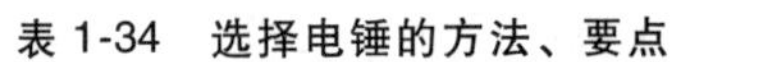
表 1-34 选择电锤的方法、要点

项 目	解 说
根据作业性质、对象和成孔直径来选择	用电锤在混凝土建筑物上凿孔,一般会使用金属膨胀螺栓,为此,可以根据成孔直径来选择电锤: 1)成孔直径在 12~18mm 间,可以选用 16mm、18mm 规格的电锤。 2)成孔直径在 18~26mm 间,可以选用 22mm、26mm 规格的电锤。 3)成孔直径在 26~32mm 间,可以选用 38mm 规格的电锤。 另外,选择电锤还需要考虑作业性质、对象: 1)在混凝土构件上进行扩孔作业时,需要选用大规格的电锤。 2)在混凝土构件表面进行打毛、开槽等作业,需要选用大规格的电锤,具体如下: ①在 2 级配混凝土上凿孔时,需要根据凿孔的直径来选用相应规格的电锤。 ②在 3 级配或 3 级配以上的混凝土上凿孔时,根据电锤规格需要大于凿孔的直径来选择。 ③在瓷砖、红砖、轻质混凝土上使用电锤凿孔时,需要选用 16mm、18mm 等规格的电锤。 说明:大规格的电锤质量较重,打孔速度与效率都高一些。 3)在一些不是很坚硬的材料上作业,可以选择小规格的电锤。 说明:小规格的电锤输出力率小、冲击力小、冲击频率高,能使成孔圆整、光洁。 4)电锤的冲击力远大于普通冲击钻,因此,要求穿墙的作业需要选择电锤
选择两用电锤	如果购买电锤只是为了对混凝土钻孔,不需要其他的任何功能,则可以选择单用电锤。如果考虑以后可能会需要使用电钻功能,则应选择电锤、电钻两用电锤。如果考虑以后可能会需要使用电镐功能,则需要选择电锤两电镐两用电锤
根据操作环境来选择	根据操作环境来选择电锤: 1)用于爬高与向上凿孔作业时,尽量选择小规格的电锤。 2)用于地面、侧面凿孔作业时,尽量选择大规格的电锤
根据功率来选择	如果家用,一般选购 200W 功率的电锤即可
根据钻头来选择	1)电锤无论功率大小都可以换上相同规格的打穿墙洞的钻头,只是功率过小,会造成电锤损坏。 2)电锤有翼钻头,可用于打墙,如果孔径过大,可选装扩眼器。 3)电锤无翼钻头,可用来钻木材与金属。 4)打空调穿墙眼一般用有翼钻头加扩眼器。 5)如果是长期从事打穿墙孔工作,则需要选择水钻。这样眼孔整齐、工作量小,但需要注意:水钻不好控制,需要专业人员操作
经验法选择电锤	选择电锤时,首先需要确定经常钻孔的直径大小 D,再用钻孔的直径 D 除以 0.618 得到的数值 D_1,这个 D_1 就作为最大钻孔直径来选择电锤 例如,经常钻孔的直径为 14mm 左右(也就是钻孔的直径大小 D),再用 14 除以 0.618 等于 22.6,那么,选择 22mm 的电锤即可

使用电锤的一些注意事项见表 1-35。

表 1-35　使用电锤的一些注意事项

项目	解　　说
防护	1）电锤操作者需要戴好防护眼镜。当面部朝上作业时，需要戴上防护面罩。 2）长期作业后，钻头处在灼热状态，更换钻头时需要注意。 3）长期作业时，要塞好耳塞，以减轻噪声的影响
使用前	1）确认现场所接电源与电锤铭牌是否相符，是否接有漏电保护器。电源电压不应超过电锤铭牌上所规定电压的±10%方可使用，并且电压稳定。 2）相关监督人员在场。 3）检查电锤外壳、手柄、紧固螺钉、橡胶件、防尘罩、钻头、保护接地线等是否正常。 4）如果作业场所在远离电源的地点，需延伸线缆时，必须使用容量足够的合格的延伸线缆，并且有一定的保护措施。 5）确认所采用的电锤符合钻的孔的要求。 6）钻头与夹持器要适配，并且妥善安装。 7）安装或拆卸钻头前，必须关闭工具的电源开关并拔下插头。 8）安装钻头前，需要清洁钻头杆，并且涂上钻头油脂。 9）电锤的电源插头插入前，一定要确认扳机开关开动正常，并且要松释后退回到关位置。 10）确认电锤上开关是否切断，如果电源开关接通，则插头插入电源插座时电动工具将出其不意地立刻转动，从而可能招致一些危险。 11）钻凿墙壁、天花板、地板时，需要先确认有无埋设电缆、管道等。 12）新机或者长时间不使用的电锤，使用前，需要空转预热 1~2min，使润滑油重新均匀分布在机械传动的各个部件，从而减少内部机件的磨损。 13）作业孔径在 25mm 以上时，需要有一个稳固的作业平台，并且周围需要设护栏。 14）使用前空转 30~40s，检查传动是否灵活，火花是否正常
使用	1）站在梯子上工作或高处作业需要做好高处坠落防护措施。 2）在高处作业时，要充分注意下面的物体和行人安全，必要时设警戒标志。 3）机具转动时，不得撒手不管，以免造成危险。 4）作业时需要使用侧柄，双手操作，以防止堵转时反作用力扭伤胳膊。 5）电锤在凿孔时，需要将电锤钻顶住作业面后再起动操作。 6）使用电锤打孔时，电锤必须垂直于工作面。不允许电锤在孔内左右摆动，以免扭坏电锤、钻头。 7）起动电锤时，只须扣动扳机开关即可。增加对扳机开关的压力时，工具速度就会增加，松释扳机开关就可关闭工具。连续操作，扣动扳机然后推进扳机锁钮。如要在锁定位置停止工具，就将扳机开关扣到底，然后再松开。 8）在混凝土、砖石等材料钻孔时，压下旋钮插销，将动作模式切换按钮旋转到标记处。并且使用锥柄硬质合金（碳化钨合金）钻头。 9）在木材金属和塑料材料上钻孔时，压下旋钮插销，将动作模式切换按钮旋转到标记处。并且使用麻花钻或木钻头。 10）电锤负载运转时，不要旋转动作模式切换按钮，以免损坏电锤。 11）为避免模式切换机械装置磨损过快，要确保动作模式切换按钮端处在任意一个动作模式选定位置上。

（续）

项目	解　说
使用	12）不要对电锤太用力，一般轻压即可，严禁用木杠加压。 13）将电锤保持在目标位置，注意防止其滑离钻孔。 14）在凿深孔时，需要注意电锤钻的排屑情况：及时将电锤钻退出，反复掘进，不要猛进，以防止出屑困难造成电锤钻发热磨损与降低凿孔效率。 15）当孔被碎片、碎块堵塞时，不要进一步施加压力。而是需要立刻使工具空转，然后将钻头从孔中拨出一部分。这样重复操作几次，就可以将孔内碎片、碎块清理掉，以及恢复正常钻入。 16）电锤为40%断续工作制，不得长时间连续使用。 17）电锤作业振动大，对周边构筑物有一定程度的破坏作用。 18）作业中需要注意音响、温升，发现异常需要立即停机检查。 19）作业时间过长，电锤温升超过60℃时，需要停机，自然冷却后才能再作业。 20）作业中，不得用手触摸钻头等，发现其磨钝、破损等情况，需要立即停机或更换，然后才能够继续进行作业。 21）电锤向下凿孔时，只需双手分别紧握手柄和辅助手柄，利用其自重进给，不需施加轴向压力。向其他方向凿孔时，只需稍微施加轴向压力即可，如果用力过大，会影响凿孔速度、电锤及电锤钻使用寿命。 22）对成孔深度有要求的凿孔作业，可以装上定位杆，调整好钻孔深度，然后旋紧紧固螺母。 23）电锤冲击力明显不足时，需要及时更换冲击环，以免把活塞撞坏。 24）每次使用完电锤后，需要使用空压机对机体外部及内部进行清洁。 25）保持电锤出风口的畅通。 26）电锤防尘帽要定期更换

1.50 石材切割机的特点与应用

石材切割机主要用于天然或人造的花岗岩、大理石及类似材料等石料板材、瓷砖、混凝土、石膏等材料的切割，其广泛应用于地面、墙面石材装修工程施工中。

使用电动石材切割机需要注意的事项如下：

1）工作前，穿好工作服、戴好护目镜，如果是女性操作工人一定要把头发挽起带上工作帽。如果在操作过程中会引起灰尘，可以戴上口罩或者是面罩。

2）工作前，要调整好电源闸刀的开关与锯片的松紧程度，护罩和安全挡板一定要在操作前做好严格的检查。

3）石材切割机作业前，需要检查金刚石切割片有无裂纹、缺口、折弯等异常现象，如果发现有异常情况，需要更换新的切割片后，才能够使用。

4）检查石材切割机的外壳、手柄、电缆插头、防护罩、插座、锯片、电源延长线等应没有裂缝与破损。

5）操作台一定要牢固，夜间工作时得有充足的光线。

6）开始切割前，需要确定切割锯片已达全速运转后，方可进行切割作业。

7）为了使切割作业容易进行，以及延长刃具寿命、不使切割场所灰尘飞扬，切割时需要加水进行。

8）安装切割片时，要确认切割片表面上所示的箭头方向与切割机护罩所示方向一致，并且一定要牢牢拧紧螺栓。

9）严禁在机器起动时，有人站在其面前。

10）不能起身探过和跨过切割机。

11）要会正确地使用具体种类的石材切割机。

12）在工作时，一定要严格按照石材切割机规定的标准进行操作。

13）不能尝试着用切锯未加紧的小零件。

14）不得用石材切割机来切割金属材料，否则，会使金刚石锯片的使用寿命大大缩短。

15）当使用给水时，要特别小心不能让水进入电动机内，否则将可能导致触电。

16）不可用手接触切割机旋转的部件。

17）手指要时刻避开锯片，任何的马虎大意都将带来严重的人身伤害。

18）防止意外突然起动，将石材切割机插头插入电源插座前，其开关应处在断开的位置，移动切割机时，手不可放在开关上，以免突然起动。

19）石材切割机使用时，应根据不同的材质，掌握合适的推进速度，在切割混凝土板时，如遇钢筋应放慢推进速度。

20）操作时应握紧切割机把手，将切割机底板置于工件上方而不使其有任何接触，试着空载转几圈，等到确保不会有任何危险后才开始运作，即可起动切割机，获得全速运行时，沿着工件表面向前移动工具，保持其水平、直线缓慢而匀速前进，直至切割结束。

21）切割快完成时，更要放慢推进速度。

22）石材切割机切割深度的调节是由调节深度尺来实现的。调整时，先旋松深度尺上的蝶形螺母并上下移动底板，确定所需切割深度后，拧紧蝶形螺母以固定底板。

23）有的石材切割机仅适合切割符合要求的石材。绝对不允许用蛮力切割石材，电动机的运转速度最佳时，才可进行切割。

24）在切割机没有停止运行时，要紧握，不得松手。

25）如果切割机产生异常的反应，均需要立刻停止运作，待检修合格后才能够使用。例如切割机转速急剧下降或停止转动，切割机电动机出现换向器火花过大及环火现象，切割锯片出现强烈抖动或摆动现象，机壳出现温度过高现象等，需要待查明原因，经检修正常后才能继续使用。

26）瓷片切割机作业时，需要防止杂物、泥尘混入电动机内，并且随时观察机壳温度，如果机壳温度过高及产生电刷火花时，需要立即停机检查处理。

27）瓷片切割机切割过程中用力要均匀适当，推进刀片时不得用力过猛。当发生刀片卡死时，需要立即停机，慢慢退出刀片。重新对正后，才可再切割。

28）检修与更换配件前，一定要确保电源是断开的，并且切割机已经停止运作。停止运作后，需要拔掉总的电源。清扫干净废弃、残存的材料、垃圾。

1.51 绝缘电阻表的特点与应用

所应用的绝缘电阻表的电压等级需要高于被测物的绝缘电压等级：

1）测量额定电压在500V以下的设备或线路的绝缘电阻时，可选用500V或1000V绝缘电阻表。

2）测量额定电压在500V以上的设备或线路的绝缘电阻时，应选用1000~2500V绝缘电阻表。

3）一般情况下，测量低压电气设备绝缘电阻时可选用0~200MΩ量程的绝缘电阻表。

指针绝缘电阻表的使用方法与使用注意事项如下：

1）测量前，需要将绝缘电阻表进行一次开路与短路试验，以检查绝缘电阻表是否良好。

2）绝缘电阻表使用时需要放在平稳、牢固的地方，并且远离大的外电流导体与外磁场。

3）测量前，需要将被测设备电源切断，并且对地短路放电。

4）被测物表面要清洁，减少接触电阻，以确保测量结果的正确性。

5）正确接线，绝缘电阻表上一般有三个接线柱，其中 L 接在被测物与大地绝缘的导体部分，E 接被测物的外壳或大地，G 接在被测物的屏蔽上或不需要测量的部分。

6）为了防止被测设备表面泄漏电阻，使用绝缘电阻表时，需要将被测设备的中间层接于保护环。

7）绝缘电阻表在不使用时，需要放在固定的橱内，环境气温不宜太冷或太热，切忌放于污秽、潮湿的地面上。

8）避免剧烈、长期的振动。

9）接线柱与被测物间连接的导线不能用绞线，应分开单独连接。

10）在雷电或邻近带高压导体的设备时，禁止用绝缘电阻表进行测量。

11）摇测过程中，被测设备上不能有人工作。

12）测量绝缘电阻时，一般只用“L”和“E”端。测量电缆对地的绝缘电阻或被测设备的漏电流较严重时，需要使用“G”端，并且将“G”端接屏蔽层或外壳。

13）线路接好后，按顺时针方向转动摇把。摇动的速度由慢而快，当转速达到 120 转/min 左右时，保持匀速转动，1min 后读数。

14）绝缘电阻表接线柱引出的测量软线绝缘需要良好，两根导线间、导线与地间需要保持适当距离，以免影响测量准确度。

15）绝缘电阻表未停止转动前或被测设备未放电前，严禁用手触及。

16）绝缘电阻表拆线时，不要触及引线的金属部分。

17）要定期校验绝缘电阻表的准确度。

18）读数完毕，需要将被测设备放电。

1.52 电动试压泵的特点与应用

电动试压泵简称试压泵，其适用于水或液压油介质，对各种压力容器、管道、阀门等进行压力试验，也可以用作液压能源，提供所需的压力。

使用电动试压泵的一些方法与注意事项如下：

1）有的电动试压泵对使用的工作介质有要求。

2）停止使用后，应用煤油或火油作介质过滤一下。

3）使用前，需要将开关顺时针拧紧。

4）一般电动试压泵组件不宜在有酸碱、腐蚀性物质的工作场合使用。

5）有的电动试压泵不能没有水负载。

1.53　手动试压泵的特点与应用

手动试压泵简称试压泵，其与电动试压泵的主要差异，就是手动试压泵可以通过人工操作达到增压的目的，电动试压泵则是通过电力带动达到增压的目的。一般家装试压，采用手动试压泵居多。

使用手动试压泵的一些方法与注意事项如下：

1）为提高试压效率，可先将被测试容器或设备先注满水，然后接试压泵的出水管。

2）使用试压泵前，需要详细检查各部件连接处是否拧紧，压力表是否正常，进出水管是否安装好，以及泵工作介质是否符合要求。

3）试压过程中，如果发现有任何细微的渗水现象，则需要立即停止工作进行检查与修理，严禁在渗水情况下继续加大压力。

4）试压过程中，如果发现水中有多量空气，则可以拧开放水阀，把空气放掉。

5）一般手动试压泵不宜在有酸碱、腐蚀性物质的工作场合使用。

6）试压完毕后，应先松开放水阀，使压力下降，以免压力表损坏。

7）试压泵不用时，应放尽泵内的水，吸进少量机油，防止锈蚀。

1.54　石灰石硅酸盐水泥强度指标

石灰石硅酸盐水泥强度指标见表1-36。

表1-36　石灰石硅酸盐水泥强度指标　（单位：MPa）

强度等级	抗压强度		抗折强度	
	3d	28d	3d	28d
32.5	≥11.0	≥32.5	≥2.5	≥5.5
32.5R	≥16.0	≥32.5	≥3.5	≥5.5
42.5	≥16.0	≥42.5	≥3.5	≥6.5
42.5R	≥21.0	≥42.5	≥4.0	≥6.5

1.55 轻质陶瓷砖尺寸允许偏差

轻质陶瓷砖尺寸允许偏差见表1-37。

表1-37 轻质陶瓷砖尺寸允许偏差

<table>
<tr><th colspan="2" rowspan="2">尺寸类别</th><th colspan="4">产品上表面积 S/cm^2</th></tr>
<tr><th>$S \leqslant 190$</th><th>$190 < S \leqslant 410$</th><th>$410 < S \leqslant 1600$</th><th>$S > 1600$</th></tr>
<tr><td rowspan="3">长度和宽度</td><td>每块砖(2条或4条边)的平均尺寸相对于工作尺寸(W)的允许偏差(%)</td><td>±0.8</td><td>±0.6</td><td>±0.5</td><td>±0.4</td></tr>
<tr><td>每块砖(2条或4条边)的平均尺寸相对于10块砖(20条或40条边)平均尺寸的允许偏差(%)</td><td>±0.4</td><td>±0.4</td><td>±0.4</td><td>±0.3</td></tr>
<tr><td colspan="5">制造商应选用以下尺寸:
1)模数砖名义尺寸连接宽度允许在(2~5)mm之间。
2)非模数砖工作尺寸与名义尺寸之间的偏差不大于±2%,最大5mm</td></tr>
<tr><td>厚度</td><td>每块砖厚度的平均值相对于工作尺寸的允许偏差(%)</td><td colspan="4">±10</td></tr>
<tr><td colspan="2">边直度①(正面)
相对于工作尺寸的最大允许偏差(%)</td><td>±0.5</td><td>±0.5</td><td>±0.5</td><td>±0.3</td></tr>
<tr><td colspan="2" rowspan="2">直角度①
相对于工作尺寸的最大允许偏差(%)</td><td>±0.6</td><td>±0.6</td><td>±0.6</td><td>±0.5</td></tr>
<tr><td colspan="4">边长 $L>600$mm 的砖,直角度用大小头和对角线的偏差表示,最大偏差≤2.0mm</td></tr>
<tr><td rowspan="4">表面平整度②
最大允许偏差(%)</td><td>1)相对于由工作尺寸计算的对角线的中心弯曲度</td><td colspan="4">-0.3,+0.5</td></tr>
<tr><td>2)相对于工作尺寸的边弯曲度</td><td colspan="4">-0.3,+0.5</td></tr>
<tr><td>3)相对于由工作尺寸计算的对角线的翘曲度</td><td colspan="4">-0.3,+0.5</td></tr>
<tr><td colspan="5">边长大于500mm的砖,表面平整度用上凸和下凹表示,其最大偏差不超过2.0mm</td></tr>
</table>

① 不适用于有弯曲形状的砖。

② 不适用于砖的表面有意制造的不平整效果。砖的表面有意制造不平整效果时应测量产品底面。

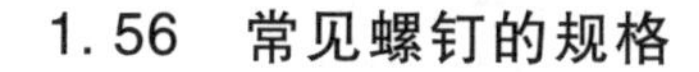

1.56　常见螺钉的规格

常见螺钉规格见表1-38。

表1-38　常见螺钉规格

项　目	解　说
螺钉的规格	螺钉的规格用多少乘以多少来表示，例如M8 * 60是指螺钉直径为8mm，长度为60mm的螺钉
螺母、平垫圈、挡圈等尺寸	螺母、平垫圈、挡圈等尺寸是以配套使用的螺钉的直径(粗细)为准表示的
螺钉直径	一般螺钉的规格是指螺纹部分的粗细表示的。螺钉的直径一般是有下公差的，例如11.7mm、11.8mm等均属于12mm的螺钉。9.7mm、9.75mm、9.68mm等均属于10mm螺钉，以此类推即可
螺钉的长度	沉头(平头)螺钉是根据螺钉总长度来计算的。其他六角头、内六角等长度是根据螺杆的长度来计算的。螺钉的长度也存在正负公差

1.57　玻璃胶的应用

玻璃胶是一种家庭常用的粘结剂，将各种玻璃、陶瓷与其他基材进行粘结与密封的材料。

玻璃胶使用方法：用打胶枪将玻璃胶从胶瓶内打出，并且可以用抹刀或木片修整其表面。使用玻璃胶的一些安全须知如下：

1）一旦触及眼部或皮肤，应立即用水冲洗。如果不良反应加剧，应立即就医。

2）避免孩童接触玻璃胶。

3）过度暴露于固化时散发的气体环境中会刺激睛、鼻、喉。

4）需要避免接触皮肤。

5）直接接触未固化的密封胶将刺激皮肤和眼睛。

6）使用时，需要戴适合的手套。

第2章 管工（水暖）用材

2.1 管道性能对比

部分管道的性能对比见表2-1。

表2-1 部分管道的性能对比

性能	镀锌管	铜管	铝塑复合管	PP-R稳态管	普通PP-R管
连接可靠性	一般	一般	差	高	高
导热系数	50~60 W/(m·K)	383 W/(m·K)	0.24 W/(m·K)	0.24 W/(m·K)	0.24 W/(m·K)
管壁粗糙度	0.2μm	0.1μm	≤0.01μm	≤0.01μm	≤0.01μm
抗腐蚀能力	极差	较差	强	强	强
造价	一般	高	中等	中等	低
抗冲击能力	高	高	高	略高	一般
防渗透性	隔氧、隔光	隔氧、隔光	隔氧、隔光	隔氧、隔光	不隔氧、透光
抗紫外线	优	优	优	优	一般
受热变形	理想	理想	较理想	较理想	易变形
使用寿命	5~10年	50年	无定论	50年	50年
承压强度	高	高	一般	较高	一般
耐温性能	<100℃	<100℃	<90℃	≤85℃	<70℃
卫生性能	不卫生	不卫生	卫生	卫生	卫生
连接方式	螺纹连接	螺纹连接	螺纹挤压连接	热熔连接	热熔连接

2.2 给水管的种类与特点

一些给水管的种类与特点见表2-2。

表2-2 一些给水管的种类与特点

名称	介绍	主要特点	应用范围
PPR环保健康给水管	PPR环保健康给水管是家装常见的水管	卫生、安装方便可靠、保温节能、重量轻、产品内外壁光滑、耐热能力高、耐腐蚀、不结垢、使用寿命长	建筑物内的冷热水管道系统、直接饮用的纯净水供水系统、中央（集中）空调系统、建筑物内的采暖系统等

（续）

名称	介绍	主要特点	应用范围
PPR铝塑稳态复合管	PPR铝塑稳态复合管道是新型高性能输水管道。其管材由PPR内管、内胶粘层、铝层、外胶粘层、PPR外覆层组成	线膨胀系数小、不渗氧、不透光、卫生性能、连接简易	民用及工业建筑内冷热水输送系统、饮用水输送系统、中央空调系统及传统供热供暖系统等
PVC-C环保冷热饮水管	PVC-C环保冷热饮水管是一种高性能管道	高强度、耐高温、安装方便 、无透氧腐蚀、不受水中氯的影响、良好的阻燃性、耐酸碱 、导热性能低、细菌不易繁殖、较低的热膨胀等	一般家庭公寓旅馆用管、饮用水及冷热水的配管系统、辐射热太阳能加热系统、温泉水输送系统等
PVC-U环保给水管	硬聚氯乙烯（PVC-U）给水管道是一种发展成熟的供水管材	具有耐酸、耐碱、耐腐蚀性强、耐压性能好、强度高、质轻、流体阻力小、无二次污染等特点	民用建筑、工业建筑的室内供水系统。居住小区、厂区埋地给水系统。城市供水管道系统。园林灌溉、凿井等工程及其他工业用管
钢丝网骨架塑料（PE）复合管（给水用）	钢丝网骨架塑料（PE）复合管是以高强度钢丝、聚乙烯塑料为原材料，以缠绕成型的高强度钢丝为芯层，以高密度聚乙烯塑料为内、外层，形成整体管壁的一种新型复合结构壁管材	有更高的承压强度与抗蠕变性能、具有超过普通纯塑料管的刚性、内壁光滑不结垢、耐腐蚀性好、重量轻等特点	市政工程、化学工业、冶金矿山、农业灌溉用管等
环保安全钢塑复合管（衬塑环保钢塑复合管）	衬塑环保钢塑复合管是采用镀锌钢管为外管，内壁复衬PVC-U、PE-RT或PVC-C管，经特殊工艺复合而成	卫生安全、良好力学性能、密封性能好等	民用供水工程、工业用管道系统、化工管道系统等
环保安全钢塑复合管（涂塑环保钢塑复合管）	涂塑（PE）环保钢塑复合管采用镀锌钢管为基体，以先进的工艺在内壁喷涂、吸附、熔融PE粉末涂料并经高温固化的复合管材	内壁光滑、不生锈、不结垢、流体阻力小、耐冲磨、防腐蚀、抗菌卫生性能好等	建筑用供水系统、工业品输送用管道、自来水管网系统等

（续）

名称	介绍	主要特点	应用范围
聚氯乙烯改性高抗冲(PVC-M)环保给水管	聚氯乙烯高抗冲(PVC-M)环保给水管是以PVC树脂粉为主材料,添加抗冲改性剂,通过加工工艺挤出成型的兼有高强度、高韧性的高性能新型管道	质量轻、良好的刚度和韧性、卫生环保、连接方式简便、管道运行维护成本低、耐腐蚀	市政给排水、民用给排水、工业供水、工业排水等
PB环保冷热水管(灰色)	以聚丁烯PB材料制成的PB管道	重量轻、耐久性能好、抗紫外线、耐腐蚀、抗冻耐热性好、管壁光滑、热伸缩性好、节约能源、易于维修改造等	给水(卫生管)及热水管、供暖用管 、空调用管、工业用管等
PE环保健康给水管	PE环保健康给水管材、管件采用进口PE100或PE80为原料生产 PE管材、管件连接可采用热熔承插、热熔对接、电熔等连接方式	使用寿命长、卫生性好、可耐多种化学介质的腐蚀、内壁光滑、柔韧性好、焊接工艺简单。有的PE环保健康给水管材DN20~DN90为蓝色,DN110以上为蓝色或黑色带蓝线	市政供水系统、建筑给水系统、居住小区埋地给水系统、工业和水处理管道系统等

2.3 PVC水管

聚氯乙烯（PVC）管是指未加或加少量增塑剂的聚氯乙烯管。PVC一般分为Ⅰ型、Ⅱ型、Ⅲ型，它们的名称如下：

Ⅰ型——普通硬质聚氯乙烯。

Ⅱ型——添加改性剂的PVC-U管。

Ⅲ型——具有良好的耐热性能的氯化PVC管材。

PVC排水管应用很广，称之排水管王不为过。PVC管壁面光滑，流体阻力小，比重仅铁管的1/5。常用PVC-U排水管规格：公称外径32mm、40mm、50mm、75mm、90mm、110mm、125mm、160mm、200mm、250mm、315mm。PVC-U管材的长度一般为4m或6m。

大口径PVC排水管是指口径200mm以上的管材。主流的大口径PVC排水管规格是直径200mm、250mm、315mm、400mm、500mm。大口径PVC排水管管材接口有直接、带承插口等种类。

PVC管的优点如下：

1）不溶于石油、矿物油等非极性溶剂，能耐一般的酸、碱侵蚀。

2）有良好的自熄性能。

3）产品重量轻，施工容易。

4）产品规格最多，管材直径从 dn20 ~dn750，全塑管件直径从 dn20 ~dn200，直径 dn200 以上的管材也有金属管件、塑钢管件可供连接。

5）内径光滑，降低输水能耗 。

6）符合饮用水卫生指标，已可达到自来水生饮的严格要求。

7）售价比镀锌管便宜 30%，比球墨铸铁管材便宜 40%。

PVC 管的缺点如下：

1）不宜用于热水管道。

2）可作生活用水供水管。

3）不宜作为直接饮用水供水管。

4）受冲击时易脆裂。

5）某些低质的 PVC-U 管，生产中加入了增塑剂，其可以造成介质污染，且大大缩短了 PVC-U 管的老化期。

PVC 排水管室内、室外安装方法有点区别。室内安装，可以直接靠墙角开孔装上 PVC 排水管，然后固定装好后，做好防水。室外安装一般采用专门的卡口，一头用膨胀螺钉等固定在外墙，另一头用 PVC 的卡口卡住管子，接口处用直接加 PVC 胶水粘结即可。如果 PVC 排水管需要活动，则需要采用活结。

2.4 PVC-U 管

PVC 排水管主要是以 PVC 树脂粉为主体，另外，还有硬脂酸钙、硬脂酸、三盐、二盐、石蜡、钙粉、聚乙烯、钛白粉、蜡以及其他助剂等组成。

PVC-U 管就是硬 PVC。PVC-U 就是氯乙烯单体经聚合反应而制成的无定形热塑性树脂加一定的添加剂或者除了用添加剂外，还采用与其他树脂进行共混改性的办法组成的管材。

PVC-U 管是一种塑料管，接口处一般用胶粘结。PVC-U 管具有抗冻差、耐热性差、承压性差、熔体粘度大、易分解。因此，PVC-U 管不可以作为热水管，也不宜作为冷水管。一般适用于电线管道、排污管道。

PVC-U 排水管管材与管件物理力学性能见表 2-3。

表 2-3 PVC-U 排水管管材与管件物理力学性能

类别	项目	指标	
		优等品	合格品
管件	维卡软化温度	≥77℃	≥70℃
	烘箱试验	无气泡剥离现象	无气泡剥离现象
	坠落试验	无破裂	无破裂
管材	拉伸屈服强度	≥43MPa	≥40MPa
	断裂伸长率	≥80%	≥80%
	维卡软化温度	≥79℃	≥79℃
	扁平试验	无破裂	无破裂
	落锤冲击试验(20℃)	TIR≤10%	9/10 通过
	落锤冲击试验(0℃)	TIR≤5%	9/10 通过
	纵向回缩率	≤5.0%	≤9.0%

给水 PVC-U 管管材外径和壁厚见表 2-4。

表 2-4 给水 PVC-U 管管材外径和壁厚

公称外径/mm	壁厚(公称压力)/mm				
	0.6MPa	0.8MPa	1.0MPa	1.25MPa	1.6MPa
20					2.0
25					2.0
32				2.0	2.4
40			2.0	2.4	3.0
50		2.0	2.4	3.0	3.7
63	2.0	2.5	3.0	3.8	4.7
75	2.2	2.9	3.6	4.5	5.6
90	2.7	3.5	4.3	5.4	6.7
110	3.2	3.9	4.8	5.7	7.2
125	3.7	4.4	5.4	6.0	7.4
140	4.1	4.9	6.1	6.7	8.3
160	4.7	5.6	7.0	7.7	9.5
180	5.3	6.3	7.8	8.6	10.7
200	5.9	7.3	8.7	9.6	11.9
225	6.6	7.9	9.8	10.8	13.4
250	7.3	8.8	10.9	11.9	14.8
280	8.2	9.8	12.2	13.4	16.6
315	9.2	11.0	13.7	15.0	18.7
355	9.4	12.5	14.8	16.9	21.1
400	10.6	14.0	15.3	19.1	23.7
450	12.0	15.8	17.2	21.5	26.7
500	13.3	16.8	19.1	23.9	29.7
560	14.9	17.2	21.4	26.7	
800	21.2	24.8	30.6		

排水 PVC-U 管管材外径和壁厚见表 2-5。

表 2-5 排水 PVC-U 管管材外径和壁厚

公称外径/mm	平均外径/极限偏差/mm	壁厚/mm		长度 L/mm	
		基本尺寸	极限尺寸	基本尺寸	极限偏差
40	+0.3/0	2.0	+0.4	4000/6000	±10
50	+0.3/0	2.0	+0.4		
75	+0.3/0	2.3	+0.4		
90	+0.3/0	3.2	+0.6		
110	+0.4/0	3.2	+0.6		
125	+0.4/0	3.2	+0.6		
160	+0.5/0	4.0	+0.6		

注：上表仅供参考。

PVC-U 建筑用排水用消音管材见表 2-6。

表 2-6 PVC-U 建筑用排水用消音管材

公称外径/mm	平均外径偏差/mm	壁厚及偏差/mm	长度/m
75	+0.3 0	2.3+0.4 0	4 或 6
110	+0.4 0	3.2+0.6 0	4 或 6
160	+0.5 0	4.0+0.6 0	4 或 6

2.5 PVC-U 排水管的选购

选择 PVC-U 排水管的方法与注意事项如下：

1）断口：质量好的管子：断口越细腻，说明管材均化性、强度、韧性越好。

质量差的管子：断口粗糙。

2）抗冲击性：质量好的管子：抗冲击性好。锯成 200mm 长的管段（对 110mm 管），用铁锤猛击，好的管材，用人力很难一次击破。

质量差的管子：抗冲击性差。锯成 200mm 长的管段（对 110mm 管），用铁锤猛击，差的管材，用人力容易一次击破。

3）颜色：质量好的管子：白色 PVC-U 排水管应乳白色均匀，内外壁均比较光滑但又有点韧的感觉为好的 PVC-U 排水管。

质量差的管子：低档次的 PVC-U 排水管颜色雪白，或者有些发黄且较硬，或者颜色不均，外壁特别光滑内壁显得粗糙，有时有针刺或小孔等异常现象。

4）脆性与韧性：质量好的管子：韧性大的管，如果锯成窄条后，试折 180°，如果一折不断，说明韧性好。

质量差的管子：试折，一折就断，说明韧性差，脆性大。

2.6 PPR 水管与配件

PPR 是无规共聚聚丙烯的简称，俗称三型聚丙烯。PPR 管是采用无规共聚聚丙烯经挤出成为管材，注塑成为管件：PPR 采用气相共聚工艺使 5%左右 PE 在 PP 的分子链中随机地均匀聚合（无规共聚）而成为新一代管道材料。它具有较好的抗冲击性能、长期蠕变等性能。

PPR 管主要应用领域如下：

1）可直接饮用的纯净水供水系统。

2）输送或排放化学介质等工业用管道系统。

3）中央空调系统。

4）建筑物的冷热水系统。

5）建筑物内的采暖系统。

PPR 管材的公称外径与壁厚以及允许偏差见表 2-7。

表 2-7 PPR 管材的公称外径与壁厚以及允许偏差

（单位：mm）

公称外径 d_n		壁厚(e_n)									
		管系列(S)									
		S5		S4		S3.2		S2.5		S2	
		壁厚尺寸及偏差									
20	+0.3 0	2.0	+0.3 0	2.3	+0.4 0	2.8	+0.4 0	3.4	+0.5 0	4.1	+0.6 0
25	+0.3 0	2.3	+0.4 0	2.8	+0.4 0	3.5	+0.5 0	4.2	+0.6 0	5.1	+0.7 0
32	+0.3 0	2.9	+0.4 0	3.6	+0.5 0	4.4	+0.6 0	5.4	+0.7 0	6.5	+0.8 0
40	+0.4 0	3.7	+0.5 0	4.5	+0.6 0	3.5	+0.7 0	6.7	+0.8 0	8.1	+1.0 0
50	+0.5 0	4.6	+0.6 0	5.6	+0.7 0	6.9	+0.8 0	8.3	+1.0 0	10.1	+1.2 0
63	+0.6 0	5.8	+0.7 0	7.1	+0.9 0	8.6	+1.0 0	10.5	+1.2 0	12.7	+1.4 0
75	+0.7 0	6.8	+0.8 0	8.4	+1.0 0	10.3	+1.2 0	12.5	+1.4 0	15.1	+1.7 0
90	+0.9 0	8.2	+1.0 0	10.1	+1.2 0	12.3	+1.4 0	15.0	+1.6 0	18.1	+2.0 0
110	+1.0 0	10.0	+1.1 0	12.3	+1.4 0	15.1	+1.7 0	18.3	+2.0 0	22.1	+2.4 0

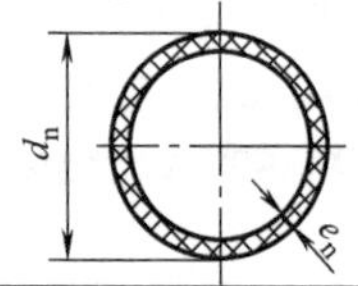

2.7 PPR管优劣的判断方法

PPR 管优劣的判断方法见表 2-8。

表 2-8 PPR 管的优劣判断

方法	优　质	劣　质
烧	优质的 PPR 原料是一种烃链化合物，在火苗温度高于 800℃以上，理想燃烧情况下并有充足的氧气条件下，燃烧时只有二氧化碳和水蒸气释放，燃烧时应该是没有任何异味、残渣	劣质的 PPR 水管由于混入劣质塑料、其他杂质，燃烧时会有异味和残渣
使用寿命	优质产品质保 50 年	劣质产品仅 5~6 年
闻	好的管材没有气味	差的管材有怪味
砸	砸 PPR 管时，“回弹性”好	容易砸碎
掂	优质 PPR 水管用手掂掂分量要比劣质 PPR 水管重一些。由于优质 PPR 金属管件大多数具有三道以上防水渗漏沟槽的铜件（铜含量要大于 58%），其铜件尺寸较长，厚度也较厚	劣质 PPR 水管要比优质的轻一些
灰渣	取少许 PPR 材料点燃，烧熔滴在白纸上：像蜡一样，色泽呈半透明状	取少许 PPR 材料点燃，待烧熔后再看灰渣：劣质的 PPR 灰渣多
看	优质的 PPR 水管色泽柔亮并有油质感。优质管采用 100%进口 PPR 原料，外表光滑，标识齐全，配件上也有防伪标识	劣质的 PPR 水管由于混入了劣质塑料甚至是石灰粉，其色泽不自然，切口断面干涩无油质感，所以感觉像加入了粉笔灰
捏	PPR 管具有相当的硬度，捏不会变形	随便一捏便变形的管则为劣质管
热胀冷缩	热胀冷缩符合要求	水温下就被软化
韧性	好的 PPR 管韧性好，可轻松弯成一圈不断裂	劣质管较脆，一弯即断
拉丝	首先把少许 PPR 材料熔化，然后用铁钳夹住拉丝，质量好的丝长	首先把少许 PPR 材料熔化，然后用铁钳夹住拉丝，劣质管丝短，容易拉断
摸	优质 PPR 水管的内外壁光滑，无凹凸裂纹	劣质 PPR 水管内壁粗糙有凹凸感

2.8 常见PPR冷热水管件（配件）的功能与特点

常见 PPR 冷热水管件（配件）的功能与特点见表 2-9。

表 2-9 常见 PPR 冷热水管件（配件）的功能与特点

名称	解说
异径直接	异径直接是两头的规格不同的直接，即连接管径不同的两根水管的连接件。异径直接也就是大小头
异径三通	异径三通是两头的规格相同，单一端头规格不相同的三通
内丝	内丝就是具有内螺纹的配件，有龙头、水表、软管等地方一般需要用内丝。内丝具有弯头内丝、直接内丝、三通内丝
外丝	外丝就是具有外螺纹的配件，例如有的热水器连接需要外丝。外丝具有弯头外丝、直接外丝、三通外丝
堵头	堵头又叫作管堵、闷头，堵头就是装龙头之前，堵住水路的。如果有管子经常不用的话，建议用不锈钢堵头堵住内丝口。另外，装堵头要缠上生料带，否则会漏水。堵头是配合内螺纹使用的
堵帽	堵帽是配合外螺纹使用的
三通	三通又叫作正三通，三通就是连接三根 PPR 水管
弯头	PPR 水管均是直的管子。弯头主要用于当管子需要拐弯的连接处。弯头是水管工中用得最多的一种工具。弯头可以分为 90°弯头、45°弯头
直接	直接又叫作套管、管套接头。当水管直通长度不够时，连接两根管子或者加长管子就用直接。直接是连接 2 路水路
PPR 球阀	PPR 球阀要采用热熔接头类型的
绕曲管	绕曲管又叫作过桥。当两路独立的水路交叉，需要其中一路绕一个弯，这样可以避免互相影响
管卡	管卡是用来把管子固定在槽里或墙上的一种配件
截至阀/球阀	主要起到启闭水流用

注：PPR 冷热水管件（配件）规格型号与管径有关，常用的有 20、25、32 等。PPR 的尺寸是以外径来算的，常标 DE××；以内径来算的，常标 dn××。

2.9 家装 PPR 管件的用量

家装 PPR 管件的用量见表 2-10。

表 2-10 家装 PPR 管件的用量

名称	二卫生间一厨房一般用量	一卫生间一厨房一般用量	一卫生间一厨房一阳台一般用量	二卫生间一厨房一阳台一般用量
45°弯头	10 只	5 只	5~10	10~15
90°弯头	70 只	40 只	20~30	30~40
PPR 热水管	80 米	40 米		
堵头	13 只	7 只	10~20	20~30
管卡	60 只	40 只	10~20	15~40

（续）

名称	二卫生间一厨房一般用量	一卫生间一厨房一般用量	一卫生间一厨房一阳台一般用量	二卫生间一厨房一阳台一般用量
过桥弯	3 根	1 根	1~2	3~4
内丝三通	2 只	1 只		
内丝直接	4 只	2 只	2~4	3~5
内丝直弯	13 只	7 只	10~12	17~20
生料带	4 卷	2 卷	1~2	2~5
同径三通	14 只	7 只	4~8	5~10
外丝直接	2	1	1	1~2
外丝直弯	2	1	1	1~2
直接头	10 只	5 只	5~10	3~6

2.10 耐高温聚乙烯管（PE-RT）的规格

采暖工程常采用耐高温聚乙烯管（PE-RT），耐高温聚乙烯管（PE-RT）的规格见表 2-11。

表 2-11 耐高温聚乙烯管规格

公称外径/mm	允许误差/mm	管系列					
		S5		S4		S3.2	
		公称壁厚/mm					
		基本尺寸	允许偏差	基本尺寸	允许偏差	基本尺寸	允许偏差
12	+0.3	1.3	+0.4	1.4	+0.4	1.8	+0.4
16	+0.3	1.5	+0.4	1.8	+0.4	2.2	+0.4
20	+0.3	1.9	+0.4	2.3	+0.5	2.8	+0.5
25	+0.3	2.3	+0.5	2.8	+0.5	3.5	+0.6
32	+0.3	2.9	+0.5	3.6	+0.6	4.4	+0.7

2.11 一些软硬水管的特点与应用

一些软硬水管的特点见表 2-12。

表 2-12 一些软硬水管的特点与应用

名称	特点与应用
不锈钢波纹管	热水器上一般使用波纹管。不锈钢波纹管的一些特点如下： 1）不锈钢波纹管又叫作不锈钢波纹防爆管。 2）不锈钢波纹管常见的规格有 4 分口径（20mm 内丝）等。6 分波纹软管主要适用于连接总进水处的水处理设备，例如中央净水机、太阳能热水器、增压泵、前置过滤器、软水机、燃气热水器等。 3）不锈钢波纹管适合于坐便器进水管、双孔台盆龙头进水管、热水器等进水配套使用。

（续）

名　称	特点与应用
不锈钢波纹管	4）不锈钢波纹管避免了普通软管橡胶内管老化的现象，橡胶管老化后易爆裂。 5）不锈钢波纹管一般适用温度为-10～100℃。 6）不锈钢波纹管具有安装时可适度弯曲、硬度高、耐高压、外观亮、耐腐蚀、抗低温、抗高温等特点性能。 使用不锈钢波纹管的方法与要点如下： 1）根据安装需要，调整波纹管的长度。 2）根据具体位置，弯曲波纹管管体。 3）把两端螺母旋入连接丝口，调整管体，使之为最佳形态。 4）不得用尖锐金属等硬物挤压、冲击、碰撞不锈钢波纹管管体。 5）不锈钢波纹管不要接近火源，防止密封圈变形失效。 6）通水试用时，需要仔细观察螺母连接处、管体是否渗漏。 7）安装顺序为：检查外观、密封圈→安装→密封检查→通水试用。 8）安装前需要关闭水源阀门
单头连接软管	单头连接软管主要用于冷、热单孔龙头和厨房龙头的进水（一般水龙头里面有配送）
花洒软管	花洒软管的一些特点如下：有的花洒软管有超弹性，可以防止拉断，伸缩自如。花洒软管接口有为全铜螺母，有的为镀锌产品。常见接口为4分国标通用口
淋浴软管	一般1.5m长度两头4分标准淋浴软管
双头4分连接管	主要用于双孔水龙头进水、热水器、坐便器等
水龙头进水软管	水龙头软管一般用编织软管。水龙头进水软管的一些特点如下： 1）冷、热水龙头安装一般需要2根进水软管。 2）冷、热水厨房水龙头常用的进水软管。 3）水龙头进水软管一般采用不锈钢丝编织软管。 4）水龙头进水软管长度有30cm、50cm、60cm、70cm等。 5）水龙头进水软管常见的口径为4分（通用）管。双头软管是用在热水器与角阀间的连接管进水管，或者用在坐便器与角阀间的连接管进水管。冷水热水面盆水龙头、单冷水龙头也用该双头软管

2.12 软水管好坏的判断方法

软水管好坏的判断方法见表2-13。

表2-13　软水管好坏的判断方法

项　目	判断解说
鼻闻软水管水口处是否发出刺鼻气味	管内含胶量越高刺鼻性越好，拉力爆破等性能也强

（续）

项　目	判断解说
看软水管的编织效果	如果编织不跳丝、丝不断、不叠丝、密度高，则说明编织好。编织软管密度高低可以通过看每股丝间的空隙与丝径
区分材质	软水管主要有不锈钢材质、铝镁合金丝。不锈钢丝的拉力大于铝镁合金丝，不锈钢丝耐腐蚀性好、不易氧化。判断是不锈钢材质还是铝镁合金丝的方法如下：摩擦不锈钢编织软管表面，手不会变黑。如果摩擦铝镁合金丝软水管表面，手会变成灰的。不锈钢软水管表面颜色黑亮，铝镁合金丝软水管表面颜色苍白暗亮

第3章 水技能概述与管道配件

3.1 室内给水系统的给水方式的种类与其特点

室内给水系统的给水方式的种类及其特点见表3-1。

表3-1 室内给水系统的给水方式的种类及其特点

种类	特点
直接给水	直接给水的特点如下：水由引入管、给水干管、给水立管、给水支管由下向上直接供到各用水或配水设备，中间没有任何储水设备、没有任何增压设备，水的上行完全是在室外给水管网的压力下进行。低层或多层建筑物业可以采用直接给水方式给水
单设水箱给水方式	单设水箱给水方式属于设置升压设备的给水方式。其一般在给水的最高点设置储水水箱，由室外给水管网接入直接送水到水箱内存储，再通过水的重力作用把水供给比水箱高度低的各用水点
单设水泵给水	单设水泵给水属于设置升压设备的给水方式。其一般是直接从市政供水管网，用水泵加压供水的方式。该种方式需要防止外网负压
水泵-水箱联合给水	水泵-水箱联合给水属于设置升压设备的给水方式。其一般是在建筑物的底部设储水池，将室外给水管网的水引到水池内存储，并且在建筑物的顶部设水箱，用水泵从储水池中抽水送到水箱中，然后由水箱分别给各用水点供水
分区供水	分区供水是将建筑物分成上、下两个供水区（或者多个供水区域），其中，上区由水箱-水泵联合供水，下区直接在城市管网压力下工作。两区间由一根或两根立管连通，并且在分区处装设阀门，必要时可使整个管网全部由水箱供水 注：如果设有室内消防设施时，消防水泵必须按分区用水考虑。高层建筑给水系统竖向分区有分区减压给水方式、分区并联给水方式
气压罐给水	气压罐给水主要用于室外给水管网水压不足、建筑物不宜设置高位水箱、设置水箱有困难的物业。气压给水装置其作用相当于高位水箱或水塔，水泵从储水池吸水，经加压后送到给水系统、气压罐内。停泵时，再由气压罐向室内给水系统供水，并由气压水罐调节、贮存水量、控制水泵运行。气压给水装置是一种利用密闭压力水罐内气体的可压缩性存储、调节、升压送水的给水装置

3.2　给水管道经济流速

给水管道经济流速见表3-2。

表3-2　给水管道经济流速参考数值

管道系统形式	管径/mm	流速/(m/s)
室外长距离管道	当管径大于500时	1~1.5
	当管径小于500时	0.5~1
水泵出口管	当管径小于250时	1.5~2
	当管径等于或大于250时	2.0~2.5
水泵吸水管	当管径小于250时	1.0~1.2
	当管径等于或大于250时	1.2~1.6
住宅一般管道		1.5~2.0

3.3　家装防潮的基本要求

家装防潮的一些基本要求如下：

1）住宅装饰装修防潮施工范围，包括所有与墙、地面接触的木制品施工面，均需要做好防潮层。

2）做防潮部位，要平整、严密无缝隙、无洞眼、无漏刷。

3）防潮使用的材料要使用环保材料，避免有害物质。

4）接触处易受潮的木制品，要做防潮层。木制品，一般刷防水光油。墙面与板面间，还需夹好防潮膜、锡铂纸、珍珠棉等环保材料。

5）防潮施工前，要清理基层，修补好基层，然后才能够施工。

6）接触处易受潮的部位原墙面均要批刮防潮腻子、防潮固墙宝等，墙面涂刷面积应超出木制品的100mm，并且涂刷两遍，以及要求均匀、严密。

3.4　家装防水工程的基本要求

家装防水工程的一些基本要求如下：

1）对于一楼无架空层的地面，在铺强化地板前，要先刷一遍刚性防水，然后刷一遍柔性防水。

2）在做闭水试验的同时，打开楼下排水管的S弯检修盖，清理S弯里的建筑垃圾。

3）在刷卫生间墙面防水涂料前，要仔细检查原墙面基层是否有空鼓、开裂、小孔等情况，如果存在该方面的问题，则先要进行处理。等干透后，再用水进行冲洗，然后把墙面的浮灰冲洗干净后再刷防水涂料。

4）如果选定的防水涂料是柔性防水或者是通用型的防水涂料，要等涂料干透后，还需要用素水泥加无甲醛建筑胶调成乳胶状后，然后用滚筒把已做好的防水涂料墙面进行拉毛处理，滚好干透后，才能够开始贴砖。

5）地面防水，要采用刚、柔二性防水，以及由地面向墙面上翻300mm，对排水管道口需向上翻150mm。

6）墙面防水涂刷高度要在1500mm以上，并且要用刚性防水刷两遍。

7）所需做的墙、地面防水部位要平整，所刷的防水涂料要做到严密无缝隙、无洞眼、无漏刷。

8）在刷卫生间、阳台地面防水前，要先做洒水坡。做洒水坡前，要先检查原地面基层是否有空鼓、开裂等情况。如果存在该方面的问题，则要先进行处理，然后再把地面清扫干净，反复用水冲洗，等第二天后，再用素水泥加刚性防水涂料调成乳胶状用毛刷直接刷在原地面基层上，不可漏刷，微干后再用水泥砂浆做洒水坡，以及注意在做洒水坡时，要保证地面流水放坡的方面，严禁出现倒泛、积水等现象，地漏的PVC管壁要留有洒水坡流水口。

9）做完卫生间、阳台洒水坡后，先铺门坎石材。铺设石材时，要在面层下侧面做足防水。等地面防水涂料干透后，需进行48h的闭水试验，无渗漏现象后方可铺地砖。

3.5 室内给水系统的组成以及特点

室内给水系统的组成见表3-3。

表3-3 室内给水系统的组成

名称	特点解说
引入管	引入管把室内管道与室外管网连接起来，一般是在其与室外管网连接处设阀门井
水表节点	水表节点包括水表及其前后的阀门、旁通阀、泄水装置等。设置在引入管段的阀门井内，用于计量室内给水系统的总用水量
室内管道	室内管道包括水平、垂直干管、立管、水平支管、立支管等，用于室内用水的输送、分配
给水局部处理设备	建筑物所在地点的水质不符合要求、高级宾馆、涉外建筑给水水质要求超出我国现行标准的情况下，需要设置给水深处理设备、局部进行给水深处理

（续）

名称	特点解说
给水附件	给水附件包括阀门、水嘴、过滤器等
升压、贮水设备	外网不能满足建筑物水压、水量要求时，需要设置水泵、水箱、气压装置、水塔等升压、贮水设备
室内消防设备	根据建筑物的防火要求及规定，需要设置消防给水系统时，设置消火栓灭火系统或装设自动喷水灭火系统

3.6 室内给水系统的给水方式

室内给水系统的给水方式见表3-4。

表3-4 室内给水系统的给水方式

方式	解说
室外给水管网直接供水	如果室外给水管网能够保证最不利点的卫生器具和用水设备连续工作所需要的水压、水量，则可以直接用作室内生活或生产给水系统的水源
水泵连续运转供水	现代一些高层建筑，多采用吸水池贮水，用自动化装置控制水泵与保持管内水压
由加压水泵、高位水箱供水	如果室外给水管网的水压经常不足，以及用水量很不均匀，则必须用水泵加压，以及由水箱调节存储。为了防止用水泵直接自室外管网吸水，影响相邻建筑的正常供水，则一般需要设吸水池
高位水箱供水	如果室外给水管网中的水压周期性地不足，则可以采用高位水箱供水方式
气压罐供水	如果室外给水管网中的水压经常不足而室内又不能够设置高位水箱，则可以采用气压罐供水方式 气压罐供水是用水泵自吸水池吸水送入充满压缩空气的密闭罐内，然后靠压缩空气的压力，向各用水点供水

3.7 家装给水、排水管道改造的基本要求

家装给水、排水管道改造一些基本要求如下：

1）对排水管道，应在施工前对原有管道做检查，确认畅通后，进行临时封堵，避免杂物进入管道。

2）各种管道不得改变管道的原有性质。

3）管道采用热熔连接时，其连接处，要严格根据热熔规范操作，安装完毕要及时用管卡固定，管材与管件或阀门间不得有松动。

4）安装的各种阀门位置，要符合有关标准、要求，以及便于使用、维修。

5）金属裸管必须做隔热处理。

6）PPR 热水管在顶部必须做保温处理，以利于节能。

7）厨房、卫生间的给水改造原则上必须走顶（除了特殊要求外）。穿越客厅、餐厅到阳台的冷水管、热水管必须要从顶上走，以便于维修，并且吊卡间距不得大于 800mm。

8）燃气热水器插座高度，需根据燃气热水器的电源接口来决定，一般为 1.8m 左右。

9）燃气热水器预埋 40PVC 管预留位置上管口低于出水管内丝弯头 10cm，下管口离地 27cm 左右，预埋 40PVC 管两头一般都要用 45°弯头连接。

10）燃气热水器的排布，一般为水管左热右冷，以及间隔一般为 18cm，离地高度一般为 1.4m。

11）为了防止厨房洗槽下面的给水管出水口、卫生间浴室柜下面的出水口的角阀，安装不到位，出现汗滴等现象，可以由常用的内丝弯头改为内丝直接管件，以及达到离原墙面 5 ~8cm 的距离。一旦出现汗滴、软管爆裂等现象，业主能够及时发现从而不会造成更大损失。

12）管外径在 25mm 以下给水管的安装，管道在转角、水表、水龙头、角阀、管道终端的 100mm 处，要设管卡，并且管卡安装要牢固。

13）施工后管道要畅通无渗漏。

14）新增给水管道，必须根据要求进行加压试验检查，如果采用嵌装或暗敷时，必须检查合格后，才能够进入下道工序施工。

15）混水阀的两个出水口间距要端正、水平，所有出水口与贴完墙砖后的墙体平齐，混水固定阀出水口中心间距一般为 15cm，并且左热右冷。

16）混水阀的冷水管、热水管要用固定的卡件控制，在瓷砖铺贴后，冷水、热水内丝弯头不可突出瓷砖面 3mm，平整不歪曲，更不能凹进瓷砖的厚度，水管固定要用管卡，不可使用铜丝或铁丝，混水弯头最好用联体弯管件连接。

17）洗衣机、拖把池、洗衣池的排水口与地漏共用一根横向排水管时，一定要考虑地漏的返水现象，一般用 45°三通逆排水方向连接地漏排水口。

18）卫生间、阳台排水管改造时，所增加、移位的地漏，其排水口管径一般为 50mm。

19）浴室柜墙排管道改造时，排水口与墙、地面拐弯处，一般用45°管弯连接。

20）厨房主排水管三通要下降到地面上，洗槽下面的横向排水管管径一般为 75mm，其竖向排水口管径一般由 75mm 变为 50mm。

21）排水管，一般都要做通水试验。

3.8 PPR 管的熔接操作

PPR 管的熔接操作见表 3-5。

表 3-5 PPR 管的熔接操作

步骤	项目	图解与解说
步骤 1	安装前的准备	1)需要准备熔接机、直尺、剪刀、记号笔、清洁毛巾等。 2)检查管材、管件的规格尺寸是否符合要求。 3)熔接机需要有可靠的安全措施。 4)安装好熔接头,并且检查其规格要正确,连接要牢固可靠。安全合格后才可以通电。 5)一般熔接机红色指示灯亮表示正在加温,绿色指示灯亮表示可以熔接。 6)一般家装不推荐使用埋地暗敷方式,一般采用嵌墙或嵌埋天花板暗敷方式
步骤 2	清洁管材、管件熔接表面	1)熔接前需要清洁管材熔接表面、管件承口表面。 2)管材端口在一般情况下,需要切除 2~3cm,如果有细微裂纹需要剪除 4~5cm
步骤 3	管材熔接深度划线	熔接前,需要在管材表面划出一段沿管材纵向长度不小于最小承插深度的圆周标线

（续）

步骤	项目	图解与解说
步骤 4	熔接加热	1）首先将管材、管件均速地推进熔接模套与模芯，并且管材推进深度为到标志线，管件推进深度为到承口端面与模芯终止端面平齐即可。 2）管材、管件推进中，不能有旋转、倾斜等不正确的现象。 3）加热时间需要根据规定执行，一般冬天需要延长加热时间 50%
步骤 5	对接插入、调整	1）对接插入时，速度尽量快，以防止表面过早硬化。 2）对接插入时，允许不大于 5°的角度调整
步骤 6	定型、冷却	1）在允许调整时间过后，管材与管间，需要保持相对静止，不允许再有任何相对移位。 2）熔接的冷却，需要采用自然冷却方式进行，严禁使用水、冰等冷却物强行冷却
步骤 7	管道试压	1）管道安装完毕后，需要在常温状态下，在规定的时间内试压。 2）试压前，需要在管道的最高点安装排气口，只有当管道内的气体完全排放完毕后，才能够试压。 3）一般冷水管验收压力为系统工作压力的 1.5 倍，压力下降不允许大于 6%。 4）有的需要先进行逐段试压，然后各区段合格后再进行总管网试压。 5）试压用的管堵属于试压用。试压完毕后，需要更换金属管堵

3.9　热熔 PPR 管有关的时间要求

热熔 PPR 管有关的时间要求见表 3-6。

表 3-6　热熔 PPR 管有关的时间要求

管材外径/mm	熔接深度/mm	插接时间/s	冷却时间/s	加热时间/s
20	14	4	2	5
25	15	4	2	7
32	16.5	6	4	8
40	18	6	4	12
50	20	6	4	18
63	24	8	6	24
75	26	10	8	30
90	32	10	8	40
110	38.5	15	10	50
160	56	20	15	80

注：在室外有风的地方作业时，加热时间延长 50%。

3.10　PPR 管的安装要求

建筑物埋地引入 PPR 管与室内埋地 PPR 管敷设的一些要求如下：

1）室内地坪±0.00 以下 PPR 管道铺设需要分两段进行：首先进行地坪±0.00 以下到基础墙外壁段的铺设，待土建施工结束后，然后进行户外连接管的铺设。

2）铺设 PPR 管道的沟底应平整，不得有突出的坚硬物体。土壤的颗粒径不宜大于 12mm，必要时可以铺 100mm 厚的砂垫层。

3）PPR 管道出地坪处应设置护管，其高度应高出地坪 100mm。

4）埋地 PPR 管道回填时，管的周围回填土不得夹杂坚硬物直接与管壁接触。需要先用砂土或颗粒径不大于 12mm 的土壤回填至管顶上侧 300mm 处，经夯实后方可回填原土。

5）PPR 管道在穿基础墙时，应设置金属套管。套管与基础墙预留孔上方的净空高度，无规定时不应小于 100mm。

6）室内埋地管道的埋置深度不宜小于 300mm。

7）室内地坪以下 PPR 管道铺设应在土建工程回填土夯实后，重新开挖进行。严禁在回填土前或未经夯实的土层中铺设。

3.11　PPR 管安装施工中的注意事项

PPR 管在安装施工中的一些注意事项如下：

1）不同品牌的 PPR 管热熔系数不一样，不推荐两种品牌的水管连接。

2）正确选择管道总体使用系数即安全系数 C：

一般场合长期连续使温度<70℃，可选 $C=1.25$。

重要场合长期连续使用温度≥70℃，并有可能较长时间在更高温度运行，可选 $C=1.5$。

3）用于冷水≤40℃的系统，选用 PN1.0~1.6MPa 管材、管件。

4）PPR 管的线膨胀系数较大，在明装或非直埋暗敷布管时必须采取防止管道膨胀变形的措施。

5）管道安装后在封管（直埋）、覆盖装饰层（非直埋暗敷）前必须试压。

6）用于热水系统选用≥PN2.0MPa 管材、管件。

7）暗敷后要标出管道位置，以免二次装修破坏管道。

8）PPR 管 5℃以下存在一定低温脆性，冬季施工要注意。

9）切管时要用锋利刀具缓慢切割为适宜。

10）对已安装的管道不能重压、敲击，必要时对易受外力部位覆盖保护物。

11）PPR 管长期受紫外线照射容易老化降解，安装在户外或阳光直射处必须包扎深色防护层。

12）PPR 管除了与金属管、用水器连接使用带螺纹嵌件或法兰等机械连接方式外，其余均应采用热熔连接，使管道一体化，没有渗漏点。

13）冷水管试压压力为系统工作压力的 1.5 倍，但不得小于 10MPa。

14）热水管试验压力为工作压力的 2 倍，但不得小于 1.5MPa。

15）钢塑管件的管件的壁厚应不小于同规格管材壁厚。

16）PPR 管较金属管硬度低、刚性差，搬运、施工中应加以保护，避免不适当外力造成机械损伤。

17）PPR 管明敷或非直埋暗敷布管时，必须按规定安装支架、吊架。

3.12 PPR 稳态覆铝水管的熔接

PPR 稳态覆铝水管的熔接方法与要点如下：

1）热熔时间需要严格根据国家标准上对应的规格与时间进行热熔连接。PPR 稳态覆铝水管熔接操作技术参数见表 3-7。

表 3-7 PPR 稳态覆铝水管熔接操作技术参数

公称外径/mm	热熔深度/mm	加热时间/s	加工时间/s	冷却时间/min
20	11.0	5	4	3
25	12.5	7	4	3
32	14.6	8	4	4
40	17.0	12	6	4
50	20.0	18	6	5
63	23.9	24	6	6
75	27.5	30	10	8
90	32.0	40	10	8
110	38.0	50	15	10

2）安装前，安装人员需要熟悉 PPR 稳态管的性能，掌握必要的操作要点，避免盲目施工。

3）安装前，对材料的外观与接头配合的公差需要进行仔细检查，以及清除管材、管件内外的污垢与杂物。

4）施工前，需要根据图样正确掌握管道、附件等品名、规格、长度、数量、位置等。

5）管道系统安装过程中，需要防止油漆、沥青等有机物与 PPR 稳态管、稳态管管件接触。

6）开始熔接前，需要检查铝塑复合层是否被完全清除。

7）加工的时间内，刚熔接好的接头还可以校正，但是严禁旋转。

8）与管子成直角方向将管子切断后，需要将管端面的毛刺与切割碎屑进行清理。

9）对铝塑 PPR 稳态管进行熔接前，需要完全剥去铝塑复合层。

10）加热后的管材与管件垂直对准推进时，用力不要过猛，以防止管头弯曲。

11）室内明装管道，需要在土建粉饰完毕后进行。安装前，需要先复核预留管槽的位置是否正确。

12）室内横支管铺设于地面平层内，室内竖支管铺设于预留的管槽内。

3.13 PE 给水管的熔接

目前，PE 给水管一般不应用于家装领域，在一些大型公装等场所中有应用。PE 管热熔连接程序参数见表 3-8。

表 3-8 PE 管热熔连接程序参数

参　　数	对应值
加热板温度/℃	225～240
初始卷边压力/MPa	0.17±0.02
初始卷边的最小尺寸/mm	$0.5+0.1e_n$①
最短吸热时间/s	$(11\pm1)e_n$①
吸热压力/MPa	0～拖动压力
加热板移除的最长时间/s	$0.1e_n$①$+4$
熔接连接压力/MPa	0.17±0.02
达到界面压力的最长时间/s	$0.4e_n$①±2
在焊机内保压冷却的最短时间/min	e_n①±3
在焊机内无压冷却的最短时间/min	e_n①$+3$

注：以上参数基于 23℃ 环境温度。

① 不超过 6mm。

PE 环保健康给水管连接方式如下：

1）与金属管、管路附件连接，可以采用法兰连接，或过渡管件连接等方法进行。

2）$dn\geqslant75$ 时，需要采用热熔对接或电熔连接。

3）$dn\leqslant63$ 时，需要采用热熔承插连接或电熔连接。

3.14 室内排水系统部分组成的特点

室内排水系统部分组成的特点见表 3-9。

表 3-9 室内排水系统部分组成的特点

名称	特点解说
排出管	排出管是用来收集一根或几根立管排出的污水，以及将其排到室外排水管网中去。排出管是室内排水立管与室外排水检查井间的连接管段，其管径不得小于其连接的最大立管管径
排水横支管	排水横支管的作用是将器具排水管送来的污水转输到立管中去。排水横支管需要具有一定的坡度，并且坡向立管
排水立管	排水立管是用来收集其上所接的各横支管排来的污水，然后再排到排出管
器具排水管	器具排水管是指连接卫生洁具与排水横支管间的短管。除了坐便器外，其他的器具排水管均应需要设水封装置
卫生器具	卫生器具又称为卫生洁具、卫生设备，其是供水，以及接受、排出污废水或污物的容器或装置。卫生器具是建筑内部排水系统的起点，也是用来满足日常生活、生产过程中各种卫生要求，收集、排除污废水的一种设备
清通设备	为了疏通排水管道，在室内排水系统中，一般均需设置清扫口、检查口、检查井等清通设备
通气管系统	通气管的作用是把管道内产生的有害气体排到大气中，以免影响室内的环境卫生，减轻废水、废气对管道的腐蚀，以及在排水时向管内补给空气，减轻立管内的气压变化幅度，防止洁具的水封受到破坏。通气管系统的管径不得小于其并排连接的最大立管管径

3.15 一些排水系统附件的特点

一些排水系统附件的特点见表 3-10。

表 3-10 一些排水系统附件的特点

名称	特点解说
存水弯	存水弯的作用是在其内形成一定高度的水封，通常为 50～100mm，阻止排水系统中的有毒有害气体、虫类进入室内，保证室内的环境卫生 为了防止排水管道中的臭气由卫生器具等的排水口进入室内，在排水口以下或器具构造内设存水弯。即在每次冲洗器具以后，在袋状弯管内存留一部分水，形成一般为深 50mm 的水封，防止臭气漏出
检查口	一般装于立管，供立管或立管与横支管连接处有异物堵塞时清掏用，多层或高层建筑的排水立管上每隔一层就应装一个，检查口间距不大于 10m。检查口设置高度一般从地面至检查口中心 1m 为宜
清扫口	一般装于横管，尤其是各层横支管连接卫生器具较多时，横管长度超过一定长度时，横支管起点应装置清扫口
地漏	通常装在地面须经常清洗或地面有水需排泄处，地漏水封高度不能低于 50mm

3.16 排水安装的概述

排水改造、安装的工序如下：预制加工→管道安装→固定→通水试验→管口封堵，主要步骤的特点见表 3-11。

表 3-11 排水安装主要步骤的特点

项目	特点解说
预制加工	根据所要安装的洁具排水要求，以及结合实际情况，量好各管道尺寸，然后进行断管。断管的断口需要平齐，断口内外的飞刺需要剔除
管道安装	如果是整体排水改造，则首先需要做干管，然后做支管。正式安装前，需要进行试插，试插合格后，用棉布将插口部位的水分、灰尘擦拭干净，再涂胶粘结（即用力垂直插入），插入粘结时，将插口稍作转动，以有利于粘结剂分布均匀，待 30～60s 粘结牢固即可。并且在粘牢后立即将溢出的粘结剂擦拭干净
管道固定	如果管道埋在地面，则按坡向坡度开槽，以及用水泥砂浆夯实。如果管道采用托吊安装时，则按坡向做好吊架安装
通水试验	管道安装后需要进行通水试验，以检测是否存在渗漏现象
管口封堵	确认都合格后，可以将所有的管口进行“伞”式封闭

3.17 室内排水立管的选择

室内排水立管的选择如下：

1）别墅、多层公寓的污废水管道一般可以选用硬聚氯乙烯

(PVC-U) 平壁排水管材；对排水噪声要求较高时，可以选择硬聚氯乙烯（PVC-U）内螺旋或柔性接口铸铁排水管材。

2）高层公寓转换层以上的污废水管道，可以选用硬聚氯乙烯（PVC-U）内螺旋排水管材，也可以选用柔性接口铸铁排水管；转换层及地下室，一般选用柔性接口铸铁排水管。

3）雨水立管一般选择硬聚氯乙烯（PVC-U）排水管材（国标），高层公寓也可以选用高密度聚乙烯（HDPE）管和热镀锌钢管，暗敷雨水管道一般选用热镀锌钢管。虹吸式雨水系统一般选用高密度聚乙烯（HDPE）管或热镀锌钢管。

室外埋地排水管道范围包括室外的污废水管道、雨水排水管道。室外埋地排水管道安装部位，主要有室外道路、绿化带等地下埋设等。室外埋地排水管道管材规格涉及各种规格。室外埋地排水管道管材要求：具有较好的水力性能、刚性好、抗沉降、抗震耐压、强度高、耐腐蚀、耐老化、内壁光滑、不易阻塞、流通量大、安装维护方便等。

室外埋地排水管道为重力流无压管道，主要是承受泥土等外压荷载。可以选用的排水管材主要有：

1）硬聚氯乙烯（PVC-U）环肋加筋管：内壁光滑，外壁带有等距排列的 T 形环肋，该种管材既减薄了管壁厚度，又增大了管材的刚度，提高了管材承受外荷载的能力。该种管材采用橡胶密封圈承插式接口，施工安装方便。一般可以用于管径≤500mm 的排水管道，环刚度不应小于 $8kN/m^2$；绿化带下敷设的管道也可以选择环刚度 $6kN/m^2$ 的排水管道。

2）高密度聚乙烯（HDPE）螺旋缠绕管：该材料属于新一代塑料管材，由带有等距排列的 T 形肋的带材通过螺旋卷管机卷成不同直径的管材。该种管材的特点是重量轻、刚性好、耐腐蚀、流通能力大，适合于管径>500mm 的排水管道。

3）硬聚氯乙烯（PVC-U）平壁管：管壁截面是均质实心的，管壁截面相等的管材。该种管材承受内压外压的性能都很好，可以用于管径≤200mm 的出墙排水管道。

4）硬聚氯乙烯（PVC-U）双壁波纹管、高密度聚乙烯（HDPE）双壁波纹管：管壁截面为双壁结构，内壁的表面光滑、外壁为等距排列的空芯环肋结构。该种管材采用橡胶密封圈承插式接口，一般可用于管径≤500mm 的排水管道，环刚度不应小于 $8kN/m^2$；绿化带下敷设的管道也可以选择环刚度 $6kN/m^2$ 的排水管道。

5）钢筋混凝土排水管：一般用于管径>500mm 的排水管道。

3.18 铸铁排水管的安装方法与要点

铸铁排水管的安装方法与要点见表 3-12。

表 3-12 铸铁排水管的安装方法与要点

名称	方法与要点
管道连接	管道连接的要点与一些注意事项： 1)排水铸铁承插接口根据实际情况采用石棉水泥、纯水泥、沥青马蹄脂等作填料。 2)接口做好后需要进行养护。 3)柔性排水铸铁管可以采用橡胶压盖用螺栓紧固。 4)排水系统安装后，需要做试漏的灌水试验
排出管安装	排出管一般埋地或地沟敷设。埋地管道的管沟需要底面平整，无突出的坚硬物。排出管的埋设深度、坡度需要符合要求 排出管与立管相连一般采用两个 45°弯头或弯曲半径不小于 4 倍管径的 90°弯头。排出管与横管及横管与立管相连，一般采用 45°三通或 45°四通和 90°斜三通或 90°斜四通
立管安装	排水立管一般设在最脏、杂质最多的排水点附近。其安装方式有明敷方式、暗敷方式。排水立管的安装需要在固定支架或支承件设置后进行。一般先将管段吊正，再将管端插口平直插入承口中。安装完后把立管固定 立管安装时应一些注意事项： 1)立管底部的弯管处需要设支墩或采取固定措施。 2)铸铁管的固定间距不大于 3m，层高小于或等于 4m 时，立管可安设一个固定件。 3)立管上需要设检查口，每隔一层需要设置一个。在最低层与卫生器具的最高层也必须设置。 4)检查口中心距地或者楼面距离一般 1m，并高于该层卫生器具上边缘 150mm。 5)立管安装时，注意将三通口的方向对准横管方向，三通口与楼板的间距一般大于 250mm，但不得大于 300mm。 6)检查口的朝向需要便于检修。 7)检查口盖的垫片一般选用厚度不小于 3mm 的橡胶片。 8)透气管的安装不得与风管、烟道相连接。 9)透气管高出屋面不得小于 300mm。 10)经常上人的平屋面顶上，透气管需要高出屋面 2m。 11)透气管出口 4m 内有门窗者，需要高出门窗顶 600mm 或引向无门窗一侧。 12)透气管为了把下水管网中有害气体排到大气中，需要保证管网中不产生负压破坏卫生设备的水封设置
排水横管安装	排水横管一般需要底层在地下埋设、楼板下吊设。排水横管安装的要点与一些注意事项： 1)安装时，先测量要安装的横管尺寸。 2)再在地面进行预制。

（续）

名称	方法与要点
排水横管安装	3）再将吊卡装在楼板上，并且调整好吊卡高度。 4）再开始吊管。吊装时要将横管上的三通口或弯头的方向及坡度调好。 5）吊卡收紧打麻、捻口后，将横管固定于立管上，并把管口堵好。 6）横管上吊卡间距不得大于2m。 7）横管与立管的连接和横管与横管的连接，一般采取45°三通或四通、90°斜三通。一般不采用正四通、90°正三通连接
排水支立管安装	排水支立管安装的要点与一些注意事项： 1）安装前，检查附件、规格型号、预留孔洞位置、尺寸是否符合要求。 2）配制支管时，需要根据卫生器具的种类、数量、尺寸来进行。 3）地漏一般需要低于地面5~10mm，坐便器落水处的铸铁管一般要高出地面10mm

3.19 排水管安装的一些方法与要点

排水管安装的一些方法与要点如下：

1）家装排水管的布局需要根据水设施来考虑。

2）家装排水管如果防水做得差，出现漏水现象，会出现粉刷层起泡等现象。

3）污水采用PVC-U芯层发泡排水管，可以粘结与法兰接口。

4）根据要求，并且结合实际情况，按预留口位置测量尺寸，以及绘制草图。

5）根据草图量好管道尺寸，进行断管。断口要平齐，并且用锉刀或刮刀除掉断口内外飞刺，以及外棱锉出15°的角。

6）粘结前，需要对承插口先插入试验，不得全部插入，一般为承口的3/4深度。

7）试插合格后，用棉布将承插口需粘结部位的水分、灰尘擦拭干净。有油污，则需要丙酮除掉。

8）用毛刷涂抹粘结剂，首先涂抹承口，后涂抹插口。随即用力垂直插入，插入粘结时，将插口稍做转动，以利于粘结剂分布均匀。一般30~60min即可粘结牢固。

9）塑料排水管道安装时，可采用铅丝临时吊挂，进行预安装。

10）塑料排水管道安装时，需要调整甩口坐标、位置、管道标高、坡度符合要求后，再进行粘结，以及及时校正甩口坐标位置、标高坡度。等粘结固化后，安装固定支撑件，注意不要卡固过紧。采用金属支架时，需要在与管外径接触处垫好橡胶垫片。

11）排水立管最低层与最高层需要设检查口，检查口中心距地面一般为1.0m。

12）管道安装好后，需要及时堵管洞。安装后的管道严禁攀登或借做他用。

3.20 排水管噪声的一些特点、排除方法

排水管的噪声的一些特点、排除方法如下：

1）普通PVC-U管道的排水噪声比铸铁排水管高约10dB。

2）不同的Φ110mm管材噪声不同：PVC-U管有58dB噪声；铸铁管有46.5dB噪声；超级静音排水管有45dB噪声。

3）排水立管靠近卧室、客厅，现浇楼板的隔音效果较差，能够感觉到排水管道的噪声。因此，卫生器具布置时要考虑使排水立管远离客厅、卧室。

4）施工时要注意立管与底层排出管交接处的要求：弯头要用两只45°弯头连接，立管底部需要设支墩以防沉降。塑料管支墩必须位于立管轴线下端，并且将整个弯头部分包裹起来，使立管中的水流落在实处。

5）可以选择芯层发泡PVC-U管道、PVC-U螺旋管、超级静音排水管，它们有明显降低噪声的性能。

6）为减轻底层噪声，在底层立管的抱卡内侧还可以垫入一些毡子、橡皮垫子以适当收紧，这样可以消除部分管道的空鸣声。

3.21 家装给水排水技能要求、方法与注意事项

家装给水排水技能的一些要求、方法与注意事项如下：

1）水路施工主要步骤为：水路开槽→铺设冷水管和热水管→安装龙头和五金挂件→闭水测试。

2）安装排水管需要以明装为主，以方便清通修理。

3）暗装也需要考虑设备打开方便。

4）一般而言，立管和横干管保温，支管不必保温。如果支管太长，则也要保温处理。

5）一般水管不需要保温处理，也就是短距离热耗损不是很大的水管，可以不需要保温处理。如果走管太长，则热耗损大，水管需要保温处理。

6）原则上水管能够明装就明装，因为，明装维修方便，维修受

牵连的方面也少。因此，家装吊顶、隔断等能够遮住的情况下，一般明装。

7）布线需要符合水管在下、线管在上的要求。

8）穿墙洞尺寸要求：单根水管的墙洞直径一般为 6cm，两根水管墙洞直径一般在 10cm 或打 2 个直径为 6cm 的墙洞分开走。

9）镀锌管道端头接口连接必须绞八牙以上，进管必须五牙以上，不得有爆牙现象。另外，生料带必须在六圈以上方可接管绞紧。

10）各给水管水头出水情况需要正常。

11）各空调排水位置、排水管道布置与室外机的位置要合理。

12）各类阀门安装位置需要正确且平正，并且留有合适的检修口，便于维修。

13）给排水管材、管件需要符合现国家标准的要求。冷水管、热水管可以采用塑覆铜管或塑覆铝管，排水管需要采用硬质 PVC 排水管材管件。

14）给排水管道敷设需要符合横平竖直的原则。

15）高层建筑，底层污水管道不宜与其他管连接，应单独排至室外。

16）各常用水头与排水位置需要正确、合理。

17）各地漏、排污管等需要考虑做防臭弯。

18）给水管道上如有水表，需要查明水表型号、安装位置、水表前后阀门设置情况。

19）给水系统在家庭用户中主要是指进水管的布置。

20）管道敷设在转角、水表、水龙头、闸筏、管道终端 10cm 处均需要设置管卡，与管卡连接的墙体或其他结构物必须牢固不能松动。

21）合理布置进水管、排水管，不仅起到优化组合、合理利用的目的，也可以起到对房屋装饰美观的作用。

22）开墙水槽的宽度，单槽为 4cm，双槽为 10cm，墙槽深度一般为 3~4cm。

23）冷水管与热水管间一定要留出间距。

24）明管热水管一般需要保温处理，这样可以防止热耗损，还可以避免水管烫人，以及冬季炸管的发生。

25）嵌入墙体、地面的不锈钢管道需要进行防腐处理，以及用水泥砂浆保护。

26）热水器安装需要端正，进水口与进气口均需要安装阀门。

27）热水器的冷水管、热水管的水头间距为15cm。

28）室内给水管总阀位置需要合理，便于维修，以及有利于后续设备的安装。

29）室内排水管需要查明设备布置情况，对阳台污水管，需要查明雨水斗的型号等。

30）水电管线验收合格后，需做水泥砂浆护坡层保护管线。

31）水管材料需要符合设计与业主的要求。

32）水管管道敷设需要符合左热右冷，上热下冷的原则。

33）水管需要选择厚壁的水管，严禁使用薄壁管。

34）开水槽需要横平竖直，墙槽高度根据用水设备而定。

35）冷水管、热水管水头需要水平，位置应便于热水器的安装，以及不得安装在瓷砖腰线上。

36）水路管线固定卡子每400mm固定一个。

37）水路开槽后，需要用防水涂料对管槽进行涂刷，以防止漏水发生造成损失过大。

38）水路施工前，需要对预计进行水路改造的线路进行弹线确认。

39）水路在吊顶内施工时，遇到水管交叉情况，需要热水管在上，冷水管在下，间距在20mm以上。

40）水压测试需要打到0.6MPa以上，并且保持在20min以上，允许压力下降0.1MPa。

41）踢脚线处的管线需要符合后续踢脚线与墙面的平直安装。

42）拖把池水头位置、排水方式需要合理。

43）排水管安装要便于安装和维修。

44）排水管需要都做通水试验。

45）排水管宜以最短距离通至室外。

46）排水系统在家庭用户中主要是指排水管的布置，例如盥洗室中洗脸盆、浴盆、坐便器、阳台上污水管等。

47）污水排水立管应设置在靠近杂质最多、最脏及排水量最大的排水处，以尽快地接纳横支管的污水，减少管道堵塞机会。另外，污水换管的布置应尽量减少不必要的转角及曲折，尽量作直线连接。

48）洗衣池水头位置、排水方式需要合理。

49）洗衣机下水口不能有地漏返水等异常现象。

50）排水管的排水坡度需要符合规范要求：排水管不小于2%，排污管不小于5%。

51）排水管间的套管内必须涂刷专用胶水。

52）新装的给水管道必须按有关规定进行加压试验，金属及其复合管试验压力0.6MPa稳定10min，管内压力下降需要不大于0.02MPa，无渗漏。塑料管内试验压力0.8MPa，稳压20min，管内压力下降需要不大于0.05MPa，大于0.05MPa，无渗漏。塑料管检测时，需要采用试验力0.05MPa，无渗漏。

53）装修时，需要查明卫生器具、用水设备的类型、数量、安装位置、定位尺寸等。

54）装修时，需要弄清楚干管、立管、支管的平面位置与走向、管径尺寸、立管编号，以及从平面上可以清楚地查明管路是明装还是暗装，以及施工方法。

55）装修时，需要弄清楚给水引入管、污水排水管的平面位置、走向、定位尺寸，以及与室外给水排水管网的连接形式、管径、坡度等要求。

56）坐便器下水孔位置需要便于安装。

57）目前，家装水管一般采用PPR水管。

58）工程竣工后，需要提供水路图。

3.22 PVC管的应用要求

PVC管的应用要求如下：

1）立管每层装伸缩节一只，用以补偿逆流管的热胀冷缩。

2）通气立管与排水立管需要隔层相连，连接方法应优先采用H管。并且H管与通气立管的连接点需要高出卫生器具边缘150mm。

3）连接多支立管的横向截流管需要采用弹性密封圈连接管道，采用该连接方法可以不设伸缩节，但是需要将承口牢固固定，以及管路系统折角转弯处需要设置防推脱支承。

4）伸缩节承口需要迎水流方向。

5）排水立管需要设伸顶通气管，并且顶端需要设通气帽。如果无条件设置通气管时，需要设置补气阀。

6）伸顶通气管高出不上人屋面（含隔热层）不得小于0.3m，并且大于最大积雪厚度。

7）三通安装时，需要注意顺水方向，便于安装横管时自然形成坡度。

8）立管每层高在 3m 内，需要考虑设管箍一只。横管则每隔 0.6m时装吊卡一只。

9）排水管道敷设需要有一定的坡度。

10）在经常有活动的屋面，通气管伸出屋面不得小于 2m。

11）伸顶通气管管径不宜小于排水立管管径。

12）立管活动支承当管径 $dn \leqslant 50$ 为 1.2m，管径 $dn>75$ 为 2m，管道每层至少需要设有一管卡。

13）立管穿楼板处需要做固定支承，其余管段固定支承距不宜大于 4m。

14）管径大于或等于 110mm 的明装管道，穿越管道井壁、管窿时，需要在穿越部位安装长度不小于 300mm 防火套管或阻火圈。

15）立管转为横干管时，需要在转角部位采用带支座增强型大弯弯管，立管底部弯头处需要固定牢固。

3.23 同层排水系统（PVC 管同层排水）

同层排水是指同楼层的排水支管均不穿越楼板，在同楼层内连接到主排水管。如果发生需要清理疏通的情况，在本层套内即能够解决问题的一种排水方式。

PVC 管同层排水系统可以采用卫生间楼板下沉的排水方式。具体做法是指卫生间的结构楼板下沉（局部）30cm，作为管道敷设空间。下沉楼板采用现浇并做好防水层。然后根据设计标高、坡度沿下沉楼板面敷设给水、排水管道，以及用水泥砟等轻质材料填实作为垫层，垫层上用水泥砂浆填平后，再做防水层与面层即可。

PVC 管同层排水系统的一些类型的特点如下：

1. 降板式同层排水系统

降板式同层排水系统的卫生间结构楼板（局部）下沉 300mm 作为管道敷设空间。其缺点：P 形弯清扫口形同虚设无法检修、排水管道采用管件管段现场粘结、管道安装质量无法保证、回填炉渣过程易对安装的管道造成破坏等。

2. 垫层式同层排水系统

垫层式同层排水系统需要垫高卫生间的地面。该方式容易产生“内水外溢”，在老房改造中不得已的情况下偶尔采用，新工程由于其费工费料，增加楼体的承载负荷，影响美观，一般不采用。

3. 假墙同层排水系统

假墙同层排水系统的卫生间洁具后方砌一堵假墙，从而形成一定宽度布置管道的专用空间，排水支管不穿越楼板在假墙内敷设、安装，以及在同一楼层内与主管相连接。墙排水方式一般要求卫生洁具选用悬挂式洗脸盆、后排水式坐便器。该方式的缺点有：卫生器具的选择余地比较小，地漏难设置，穿墙管件多，不好解决卫生间的地表排水，管道维修比较困难，投资大等。

3.24 PVC-U 排水管施工注意点

PVC-U 排水管施工需要注意的一些问题如下：

1）PVC-U 螺旋管排水系统为了保证螺旋管水流螺旋状下落，立管不能与其他立管连通，因此必须采取独立的单立管排水系统。

2）较细的排水出户管及出户管上增加的管件会使管内的压力分布发生不利的变化，减少允许流量值并且在以后使用过程中易发生坐便器排水不畅的现象。

3）埋地的排出管施工中由于室内地坪以下管道铺设未在回填土夯实以后进行。造成回填土夯实以后虽在夯实前灌水实验合格，但使用后管道接口开裂变形渗漏。另外，隐蔽管道时左右侧及上部未用砂子覆盖，造成尖硬物体或石块等直接碰触管外壁，导致管壁损伤变形或渗漏。

4）地漏的顶面标高应低于地面 5～10mm，地漏水封深度不得小于 50mm。

5）室内明设 PVC-U 螺旋管道安装需要在土建墙面粉饰完成后连续进行。如果与装修同步进行，需要在 PVC-U 螺旋管安装后及时用塑料布缠绕保护，以及加强施工中对 PVC-U 螺旋管道的成品保护，严禁在管道上攀登、系安全绳、搭脚手板、用作支撑或借作它用。

6）与螺旋管配套使用的侧面进水专用三通或四通管件，属于螺母挤压胶圈密封滑动接头，一般允许伸缩滑动的距离均在常规施工和使用阶段的温差范围内，根据 PVC-U 管线膨胀系统，允许管长为 4m，即无论是立管还是横支管，只要管段在 4m 以内，均不要再另设伸缩节。

7）排水出户管的布置对排水系统的设计流量有影响。立管与排出管连接要用异径弯头，出户管应比立管大一号管径，出户管尽可能通畅地将污水排出室外，中间不设弯头或乙字管。

8）在某些高层建筑中，为了加强螺旋管排水系统立管底部的抗水流冲击能力，转向弯头与排出管使用了柔性排水铸铁管。施工时，需要将插入铸铁管承口的塑料管的外壁打毛，增加与嵌缝的填料的摩擦力、紧固力。

9）PVC-U 螺旋管采用螺母挤压胶圈密封接头，该种接头是一种滑动接头，可以起伸缩的作用，因此需要根据规程考虑管子插入后适当的预留间隙。以免预留间隙过大或过小，随季节温度变化，管道变形引起渗漏。

10）伸出屋面的通气管，因受室内外温差影响及暴风雨袭击，经常出现通气管管周与屋面防水层或隔热层的结合部产生伸缩裂缝，导致屋面渗漏。防止的方法就是在屋面通气管周围做高出顶层 150~200mm 的阻水圈。

11）硬质聚氯乙烯塑料排水横管固定件的间距见表 3-13。

表 3-13　硬质聚氯乙烯塑料排水横管固定件的间距

公称直径/mm	50	75	100
支架间距/mm	0.6	0.8	1.0

3.25　铺设 PVC-U 管道基础的方法

铺设 PVC-U 管道基础的方法如下：

1）为保证管底与基础紧密接触并控制管道的轴线高程、坡度，PVC-U 管道仍应做垫层基础。

2）一般土质常只做一层 0.1m 厚的砂垫层即可。软土地基，并且当槽底处在地下水位以下时，需要铺一层沙砾或碎石，厚度不小于 0.15m，碎石粒径为 5~40mm，上面再铺一层厚度不小于 0.05m 的砂垫层。

3）对在坑塘、软土地带，为减少管道与检查井的不均匀沉降，可以用一根不大于 2m 的短管与检查井连接，下面再与整根长的管子连接，使检查井与管道的沉降差形成平缓过渡。

4）沟槽回填柔性管是按管土共同工作来承受荷载，沟槽回填材料和回填的密实程度对管道的变形和承载能力有很大影响。

5）回填土的变形模量越大，压实程度越高，则管道的变形越小，承载能力越大。

6）沟槽回填除应遵照管道工程的要求外，还需要根据 PVC-U 管的特点采取相应的必要的措施。

7）承插口管安装时需要将插口顺水流方向，承口逆水流方向由下游向上游依次安装。

8）管道接口以橡胶圈接口居多，但需要注意橡胶圈的断面型式和密封效果。

9）圆形胶圈的密封效果欠佳，并且变形阻力小又能防止滚动。异形橡胶圈的密封效果则比较好。

10）基础在承插口连接部位需要先留出凹槽便于安放承口，安装后随即用砂回填。

11）管底与基础相接的腋角，必须用粗砂或中砂填实，紧紧包住管底的部位，形成有效支承。

12）管道安装一般均采用人工安装，槽深大于 3m 或管径大于 dn400mm 的管材可用非金属绳索向槽内吊送管材。

13）普通的粘结接口仅适用 DN110mm 以下的管材。

14）管道安装完毕应立即回填，不宜久停再回填。

15）从管底到管顶以上 0.4m 范围内的回填材料必须严格控制。可采用碎石屑、砂砾、中砂粗砂或开挖出的良质土。

16）管材的长短可用手锯切割，但需要保持断面垂直平整不得损坏。

17）小口径管的安装可用人力，在管端设木挡板用撬棍使被安装的管子对准轴线插入承口。

18）直径大于 dn400mm 的管子可用手搬葫芦等工具，但不得用施工机械强行推顶管子就位。

19）管道位于车行道下，并且铺设后即修筑路面时，应考虑沟槽回填沉降对路面结构的影响，管底到管顶 0.4m 范围内须用中、粗砂或石屑分层回填夯实。回填的压实系数从管底到管顶范围应大于或等于 95%；对管顶以上 0.4m 范围内应大于 80%；其他部位应大于等于 90%；雨季施工还应注意防止沟槽积水，管道漂浮。

20）水泥砂浆与 PVC-U 的结合性能不好，不宜将管材或管件直接砌筑在检查井壁内。可采用中介层作法，即在 PVC-U 管外表面均匀地涂一层塑料粘结剂，紧接着在上面撒一层干燥的粗砂，固化 20min 后即形成表面粗糙的中介层，砌入检查井内可保证与水泥砂浆的良好结合。

21）肋式卷绕管需要使用生产厂特制的管接头、粘结剂以确保接口质量。

22）管道与检查井的连接一般采用柔性接口，可采用承插管件连接。也可采用预制混凝土套环连接，将混凝土套环砌在检查井壁内，套环内壁与管材间用橡胶圈密封，形成柔性连接。

3.26 PVC 水管的加工、粘结

PVC 水管的加工、粘结见表 3-14。

表 3-14 PVC 水管的加工、粘结

项目	解 说
管材的加工	当管材的长度量取决定后，可以用手工钢锯、圆锯片、锯床割锯等工具来切断 PVC 管。切断 PVC 管时，需要两端切口保持平整，并且用蝴蝶矬除去毛边以及倒角，注意倒角不能够过大
管材、管件的粘结	管材、管件的粘结主要步骤如下： 1）粘结前，需要进行试组装，并且清洗插入管的管端外表约 50mm 长度与管件承接口内壁。 2）然后涂有丙酮的棉纱擦洗一次。 3）再在两者粘合面上用毛刷均匀地涂上一层粘结剂，不得漏涂。 4）涂毕即旋转到理想的组合角度，把管材插入管件的承接口，用木槌敲击，使管材全部插入承口。 5）2min 内不能拆开或转换方向。 6）及时擦去接合处挤出的粘胶，保持管道清洁

3.27 PVC-U 排水立管简易消能装置与清扫口、检查口的安装

PVC-U 排水立管清扫口、检查口的一些安装要求如下：

1）横管水流转角小于 135°时，需要在横主管上设检查口或清扫口。

2）排水立管的底层与最高层需要设立管检查口，检查口中心离地大约 1m。

3）立管每隔 6 层需要设检查口。

4）公共建筑内连接 4 个或 4 个以上坐便器的横管需要设清扫口。

5）排水立管在楼层转弯处，需要设置检查口或清扫口。

3.28 家装排水管道安装允许偏差

家装 PVC 排水管道安装允许偏差见表 3-15。

表 3-15 家装 PVC 排水管道安装允许偏差

PVC 管直径/mm	横向铺设管卡间距/mm	竖向铺设管卡间距/mm	方法
110	≤1100	≤2000	用钢卷尺检测
75	≤750	≤1500	
50	≤500	≤1200	
40	≤400	≤1000	

3.29 家装管道排列验收要求与方法

家装管道排列验收要求与方法见表 3-16。

表 3-16 家装管道排列验收要求与方法

项目	要 求	验收	
		量具	检测方法
管道间间距	给水管与燃气管平行敷设，距离一般≥50mm；交叉敷设，距离一般≥10mm	钢卷尺	测量
水龙头、阀门、水表安装	应平整、开启灵活、运转正常、出水畅通、左热右冷	目测、手感	通水观察
新增的给水管道必须进行加压试验	无渗漏	试压泵	试验压力 0.6MPa，金属、其复合管恒压 10min，压力下降一般不应大于 0.02MPa，塑料管恒压 1h，压力下降一般不应大于 0.05MPa
给水排水管材、管件、阀门、器具连接	安装牢固、位置正确、连接处无渗漏	目测、手感	通水观察
管道安装(说明)	地暖热水器应在冷水管左侧，冷、热水管间距≥100mm	目测、钢卷尺	观察、测量

注：管道安装为套内热水器出水的冷热水管安装要求，当小区采用集体供暖时，管道安装符合现行的《住宅装饰装修工程施工规范》的有关规定。

3.30 排水横管的直线管段上检查口或清扫口间的最大间距

排水横管的直线管段上检查口或清扫口间的最大间距，需要符合表 3-17 的规定。污水管起点设置堵头，代替清扫口时，堵头与墙面应有不小于 0.4m 的距离。管径小于 100mm 的排水管道上设置清扫口，其尺寸应与管道同径；管径等于或大于 100mm 的排水管道上设置清扫口，其尺寸要采用100mm管径。

表3-17　排水横管的直线管段上检查口或清扫口间的最大间距

公称外径/mm	管件种类	最大距离/m	
		生活废水	生活污水
50~75	检查口	15	12
	清扫口	10	8
110~160	检查口	20	15
	清扫口	15	10
200	检查口	25	20

3.31　间接排水口最小空气间隙

设备间接排水宜排入邻近的洗涤盆。如果不可能时，则可以设置排水明沟、排水漏斗或容器。间接排水口最小空气间隙，宜根据表3-18来确定。

表3-18　间接排水口最小空气间隙

间接排水管管径/mm	排水口最小空气间隙/mm
≤25	50
32~50	100
>50	150

注：饮用贮水箱的间接排水口最小空气间隙，不得小于150mm。

3.32　最低横支管与立管连接处至立管管底的垂直距离

靠近排水立管底部的排水支管连接，需要符合的垂直距离要求：排水立管仅设置伸顶通气管时，最低排水横支管与立管连接处距排水立管管底垂直距离，不得小于表3-19的规定。

表3-19　最低横支管与立管连接处至立管管底的垂直距离

立管连接卫生器具的层数/层	垂直距离/m	立管连接卫生器具的层数/层	垂直距离/m
≤4	0.45	13~19	3.0
5~6	0.75	≥20	6.0
7~12	1.2		

注：当与排出管连接的立管底部放大一号管径或横干管比与之连接的立管大一号管径时，可将表中垂直距离缩小一档。

3.33　厂房内排水管的最小埋设深度

一般的厂房内，为防止管道受机械损坏，排水管的最小理设深度应根据表 3-20 来确定。

表 3-20 厂房内排水管的最小埋设深度

管材	地面至管顶的距离/m	
	素土夯实、缸砖、木砖地面	水泥、混凝土、沥青混凝土、菱苦土地面
排水铸铁管	0.70	0.40
混凝土管	0.70	0.50
带釉陶土管	1.00	0.60
硬聚氯乙烯管	1.00	0.60

注：在铁路下要敷设钢管或给水铸铁管，管道的埋设深度从轨底到管顶距离不得小于 1.0m。在管道有防止机械损坏措施或不可能受机械损坏的情况下，其埋设深度可小于有关的规定值。

3.34 排水管道的最大计算充满度

排水管道的最大计算充满度需要根据表 3-21 来确定。

表 3-21 排水管道的最大计算充满度

排水管道名称	排水管道管径/mm	最大计算充满度/(以管径计)
生产污水排水管	150 以下	0.5
生活污水排水管	150～200	0.6
工业废水排水管	50～75	0.6
工业废水排水管	100～150	0.7
生产废水排水管	200 及 200 以上	1.0
生产污水排水管	200 及 200 以上	0.8

注：排水沟最大计算充满度为计算断面深度的 0.8。

3.35 设有通气的生活排水立管最大排水能力

生活排水立管的最大排水能力，需要根据表 3-22、表 3-23 来确定。但是立管管径不得小于所连接的横支管管径。

表 3-22 设有通气的生活排水立管的最大排水能力

生活排水立管管径/mm	排水能力/(L/s)	
	无专用通气立管	有专用通气立管或主通气立管
50	1.0	—
75	2.5	5
100	4.5	9
125	7.0	14
150	10.0	25

表 3-23 不通气的生活排水立管的最大排水能力

立管工作高度/m	排水能力/(L/s)			
	立管管径/mm			
	50	75	100	125
≤2	1.0	1.70	3.80	5.0
3	0.64	1.35	2.40	3.4
4	0.50	0.92	1.76	2.7
5	0.40	0.70	1.36	1.9
6	0.40	0.50	1.00	1.5
7	0.40	0.50	0.76	1.2
≥8	0.40	0.50	0.64	1.0

注：排水立管工作高度，根据最高排水横支管和立管连接点至排出管中心线间的距离计算。如果排水立管工作高度在表中列出的两个高度值之间时，可以用内插法求得排水立管的最大排水能力数值。当建筑物内底层的生活污水管道单独排出时，排水能力可采用有关立管工作高度小于等于 3m 时的数值。

3.36 污水立管或排出管上的清扫口到室外检查井中心的最大长度

生活污水管道不宜在建筑物内设检查井。当必须设置时，应采取密闭措施。排出管与室外排水管道连接处，需要设检查井。检查井中心到建筑物外墙的距离，不宜小于 3.0m。从污水立管或排出管上的清扫口到室外检查井中心的最大长度，需要根据表 3-24 来确定。检查井的内径，需要根据所连接的管道管径、数量、埋设深度来确定。井深小于或等于 1.0m 时，井内径可小于 0.7m；井深大于 1.0m 时，其内径不宜小于 0.7m。

表 3-24 污水立管或排出管上的清扫口到室外检查井中心的最大长度

管径/mm	50	75	100	100 以上
最大长度/m	10	12	15	20

注：井深系指盖板顶面到井底的深度，方形检查井的内径指内边长。

3.37 通气管最小管径

通气管的管径，需要根据排水管排水能力、管道长度来确定，不宜小于排水管管径的 1/2，其最小管径可以根据表 3-25 来确定。

表 3-25 通气管最小管径

通气管名称	排水管管径/mm						
	32	40	50	75	100	125	150
器具通气管	32	32	32	—	50	50	—
环形通气管	—	—	32	40	50	50	—
通气立管	—	—	40	50	75	100	100

注：通气立管长度在 50m 以上者，其管径要与排水立管管径相同。两个及两个以上排水立管同时与一根通气立管相连时，要以最大一根排水管按有关规定确定通气立管管径，并且管径不宜小于其余任何一根排水立管管径。结合通气管的管径不宜小于通气立管管径。

3.38 PVC-U、HDPE、PE 管道铺设允许偏差

PVC-U、HDPE、PE 管道铺设允许偏差见表 3-26。

表 3-26 PVC-U、HDPE、PE 管道铺设允许偏差

项目	允许偏差/mm	检验频率范围	检验频率点数	检验方法
轴线	≤30	20m	1	采用挂中心线,用尺量
高程	±20	20m	1	采用水准仪测量
接口	符合有关规定	每口	1	观测
竖向变形	3%D	每井段	3	采用钢直尺分别测量起点、中间点、终点附近处平行测两个断面,在测量点垂直断面测垂直直径

注：1. 当沟槽回填到设计标高后，需要在 12~24h 内测量管道竖向变形量。
2. 管道内径 D≤800mm 时，管道竖向变形量可以采用光学电测、圆形心轴或闭路电视方法来检测。管径 D>800mm 时，可以采用人工管内方法来检测。

3.39 雨水排水管道的最小坡度

雨水排水管道的最小坡度见表 3-27。

表 3-27 雨水排水管道的最小坡度参考值

管径/mm	最小坡度/(‰)	管径/mm	最小坡度/(‰)
50	20	125	6
75	15	150	5
100	8	200~400	4

3.40 家装水路的验收

家装水路验收的一些方法与要求如下：

1）穿过墙体、楼板等处已稳固好的管根不得有碰损、变位等现象。

2）地漏、蹲坑、排水口等需要保持畅通，以及保持完整。

3）检验冷水管、暖水管两个系统安装是否正确。

4）检验上水走、下水走向是否正确。

5）一般热水管为红色，热水龙头开关中间有红色标识，可通过试水来检查冷、热水安装是否正确。

6）有地漏的厨房与所有厕所的地面防水层四周与墙体接触处，需要向上翻起，高出地面300~500mm，以及不积水、无渗漏等现象。

7）对所有易产生空隙的部位需要加细处理，以防止渗漏。

8）防水材料的品种、牌号、配合比，可以根据标准来检查。

9）防水层需要粘贴牢固，没有滑移、翘边、起泡、皱折等缺陷。

10）检验水管敷设与电源、燃气管位置，一般间距≥50mm，可以采用卷尺来检验。

11）涂刷防水层的基层表面，不得有凹凸不平、松动、空鼓、起砂、开裂等缺陷，含水率需要小于9%。

3.41 膨胀管设置要求和管径选择

膨胀管设置要求和管径选择，需要符合的一些要求：膨胀管上严禁装设阀门，膨胀管如有冻结可能时要采取保温措施，膨胀管的最小管径需要根据表3-28来确定。

表3-28 膨胀管最小管径

锅炉或水加热器传热面积/m^2	<10	≥10且<15	≥15且<20	≥20
膨胀管最小管径/mm	25	32	40	50

注：对多台锅炉或水加热器，需要分设膨胀管。

3.42 办公建筑生活用水定额及小时变化系数

办公建筑生活用水定额及小时变化系数可以根据表3-29来确定。

表3-29 办公建筑生活用水定额及小时变化系数

办公方式	单位	最高日生活用水定额/L	使用时数/h	小时变化系数 K_h
坐班制办公	每人每班	30~50	8~10	1.5~1.2
公寓式办公	每人每日	130~300	10~24	2.5~1.8
酒店式办公	每人每日	250~400	24	2.0

3.43 办公建筑饮用水定额及小时变化系数

办公建筑饮用水定额及小时变化系数可以根据表3-30来确定。

表 3-30 办公建筑饮用水定额及小时变化系数

办公方式	单位	最高日生活用水定额/L	使用时数/h	小时变化系数 K_h
坐班制办公	每人每班	1~2	8~10	1.5
公寓式办公	每人每日	5~7	10~24	1.5~1.2
酒店式办公	每人每日	3~5	24	1.2

3.44 其他饮水定额及小时变化系数

饮水定额、小时变化系数，需要根据建筑物的性质、地区的条件，根据表 3-31 来确定。

表 3-31 饮水定额、小时变化系数

建筑物名称	单　　位	饮水定额/L	小时变化系数 K_h
热车间	每人每班	3~5	1.5
一般车间	每人每班	2~4	1.5
工厂生活间	每人每班	1~2	1.5
集体宿舍	每人每日	1~2	1.5
教学楼	每学生每日	1~2	2.0
医院	每病床每日	2~3	1.5
影剧院	每观众每场	0.2	1.0
招待所、旅馆	每客人每日	2~3	1.5
体育馆(场)	每观众每日	0.2	1.0

注：小时变化系数系指饮水供应时间内的变化系数。

第4章 水设施与设备

4.1 水龙头的种类

水龙头，也就是水阀。其是用来控制水流的大小开关，具有节水的功效。水龙头的更新换代速度非常快，从老式铸铁工艺发展到电镀旋钮式的，又发展到不锈钢单温单控水龙头、不锈钢双温双控龙头、厨房半自动龙头等。

水龙头的种类见表4-1。

表4-1 水龙头的种类

依据	种类
安装尺寸	单孔水龙头、4寸3孔水龙头、8寸3孔水龙头、入墙式水龙头等
材料	铸铁、全塑、黄铜、SUS304不锈钢、锌合金材料水龙头、高分子复合材料水龙头等
操作	自动水龙头、手动水龙头、自动回复水龙头等
阀体安装型	台式暗装水龙头、壁式明装水龙头、台式明装水龙头、壁式暗装水龙头等
阀体材料	不锈钢水龙头、铜合金水龙头、塑料水龙头等
阀芯	橡胶芯(慢开阀芯)、陶瓷阀芯(快开阀芯)、不锈钢阀芯等
功能	面盆水龙头、浴缸水龙头、淋浴水龙头、厨房水槽水龙头、电热水龙头等
结构	单联式水龙头、双联式水龙头、三联式水龙头等
开启方式	螺旋式水龙头、扳手式水龙头、抬启式水龙头、感应式水龙头等
控制方式	肘控制水龙头、脚踏控制水龙头、单柄控制水龙头、双柄控制水龙头、感应控制水龙头、电子控制水龙头等
密封件材料	铜合金水龙头、陶瓷水龙头、橡胶水龙头、工程塑料水龙头、不锈钢水龙头等
启闭结构	弹簧式水龙头、平面式水龙头、螺旋升降式水龙头、柱塞式水龙头、圆球式水龙头、铰链式水龙头等
手柄	单柄水龙头、双柄水龙头、单柄双控、双柄双控等
温度	恒温水龙头、单冷水龙头等
用途	洗脸盆用水龙头、浴缸用水龙头、淋浴水龙头、浴缸用水龙头、单淋浴用水龙头、厨房用水龙头、净身盆用水龙头、普通水嘴、便池水嘴、化验水嘴、接管水嘴、放水水嘴等

4.2 面盆水龙头的标志

面盆水龙头的标志如图4-1所示。

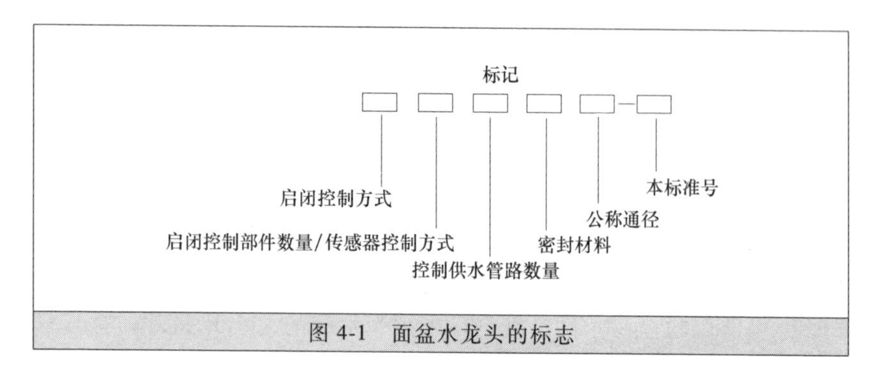

图 4-1 面盆水龙头的标志

面盆水龙头，根据启闭控制方式分为机械式、非接触式两类，代号见表 4-2。

表 4-2 启闭控制方式

启闭控制方式	机械式	非接触式
代号	J	F

机械式面盆水龙头，根据启闭控制部件数量分为单柄、双柄两类，代号见表 4-3。

表 4-3 启闭控制部件数量

启闭控制部件数量	单柄	双柄
代号	D	S

非接触式面盆水龙头，根据传感器控制方式分类见表 4-4。

表 4-4 传感器控制方式

传感器控制方式	反射红外式	遮挡红外式	热释电式	微波反射式	超声波反射式	其他类型
代号	F	Z	R	W	C	Q

面盆水龙头，根据控制供水管路的数量分为单控、双控两类，代号见表 4-5。

表 4-5 供水管路的数量

供水管路的数量	单控	双控
代号	D	S

面盆水龙头，根据密封材料分为陶瓷、其他两类，代号见表 4-6。

表 4-6 密封材料

密封材料	陶瓷	非陶瓷
代号	C	F

4.3 浴缸淋浴水龙头的种类

浴缸淋浴水龙头的种类见表 4-7。

表 4-7 浴缸淋浴水龙头的种类

名称	种 类
根据花洒支架类型	浴缸淋浴水龙头根据花洒支架类型可以分为固定支座水龙头、带升降水龙头、固定可旋转水龙头
根据功能	浴缸淋浴水龙头根据功能可以分为浴缸水龙头、淋浴水龙头
根据控制类型	浴缸淋浴水龙头根据控制类型可以分为单把双控水龙头、双把双控水龙头、恒温控制水龙头

4.4 浴缸淋浴水龙头的特点

浴缸淋浴水龙头的特点见表 4-8。

表 4-8 浴缸淋浴水龙头的特点

名称	特点解说
恒温控制水龙头	恒温控制水龙头是通过设定温度,水龙头自行控制水温。当温度高于恒温控制水龙头设定的温度时,恒温阀会阻止热水器出水,待温度降低时,热水器又会自动点燃
固定支座型水龙头	固定支座型水龙头就是整个花洒固定在一个支座上,不能够调整花洒的高度或者方向
浴缸水龙头	浴缸水龙头安装于浴缸一边上方,用于放冷热混合水。浴缸水龙头有双联式、螺旋升降式、金属球阀式、陶瓷阀芯式、单柄浴缸龙头、黄铜水龙头等
淋浴水龙头	淋浴水龙头安装于淋浴房上方,用于放冷热混合水。淋浴水龙头有软管花洒、嵌墙式花洒、恒温水龙头、带过滤装置的水龙头、有抽拉式软管的水龙头等种类
单把双控水龙头	单把双控水龙头主要是指使用一个龙头阀门来控制冷水、热水,调节沐浴时的水温
双把双控水龙头	双把双控水龙头主要是指冷水、热水的分成两个不同的水龙头阀门来控制
带升降型水龙头	带升降型水龙头就是花洒固定在一个杆子上,可以通过上、下移动来调整花洒的位置
固定可旋转型水龙头	固定可旋转型水龙头就是花洒固定在一个支点上,可以固定花洒,也可以调整高度与方向

4.5 水龙头安装概述

水龙头安装概述见表 4-9。

表 4-9 水龙头安装概述

项目	安装概述
安装暗装水龙头的方法与主要步骤	1)安装前,确认是否在墙内预埋了管道。 2)确认预埋了管道后,将止水垫片放入阀体进水孔处,利用活接头将进水管道与阀体相连接。连接时,需要在活接头上缠适量生料带。 3)再将上、下出水管连接好。 4)再将墙盖套在出水弯管上。 5)再将出水弯管缠上适量生料带旋入上出水管接头中。 6)再将出水接管缠适量生料带旋入下出水管接头。 7)再将出水嘴旋在出水接管上。 8)再将装饰面板套在阀体上。 9)再用螺钉将装饰面板固定在阀体上。 10)再用一字螺钉旋具将手柄装在阀芯杆上。 11)再将止水垫片放入出水喷头中。 12)然后将出水喷头旋在出水弯管上
水龙头安装的一些注意事项	水龙头安装的一些注意事项如下: 1)在墙上钻任何孔时,需要确保在准备钻孔的地方没有隐蔽的管道、电缆。 2)淋浴时,需要先将切换阀切换到手握花洒档位,以免烫伤。 3)浴室需要在装修清洁完成后,才能安装水龙头。 4)需要备足一些常用配件,以便以后检修。 5)在安装、更换、拆卸水龙头前,一定要先清理管道内污垢,然后断掉水源,再打开水龙头释放水压。 6)易冻地区需要采取防冻措施。 7)水龙头的工作压力为0.5kgf/cm²㊀~6kgf/cm²,则推荐压力一般为2kgf/cm²~5kgf/cm²。 8)PVC管道需要待胶水干固后再安装水龙头

4.6 菜盆水龙头的安装步骤与注意事项

菜盆水龙头的安装步骤与注意事项见表4-10。

表 4-10 菜盆水龙头的安装步骤与注意事项

项目	解说
安装步骤	1)清查配件是否全。 2)将进水管穿过塑料拼帽、垫片、台面安装孔、螺纹管后旋入水龙头底部进水孔中旋紧。 3)螺纹接管旋入水龙头底部后,再放进台面安装孔中,同时将塑料拼帽旋入螺纹接管锁紧。 4)进水管连接到三角阀,分别连接进水的冷水、热水。 5)完成后,打开水源检测连接处是否有泄漏现象。 6)无泄漏时,可以打开水龙头手柄检查出水。如果出水正常即安装完成
注意事项	1)不得拆卸水龙头主体。 2)安装时,不能损害水龙头。 3)注意压力、温度是否符合要求。 4)安装后,需要检查连接处的连接紧密性。 5)安装水龙头前,需要清除预埋水管内的杂质、污泥

4.7 其他水龙头的安装

其他水龙头的安装见表4-11。

表4-11 其他水龙头的安装

名称	安装解说
淋浴水龙头的安装	单把冷热淋浴水龙头尺寸两孔距离一般是15cm。另外,采用铜弯脚均可以调整一定的距离。浴盆与淋浴水龙头冷、热水标志的特点如下: 1)浴盆与淋浴水龙头冷、热水标志应清晰,蓝色(或C或COLD或冷字)表示冷水,红色(或H或HOT或热字)表示热水。 2)双控水龙头冷水标志在右,热水标志在左。 3)浴盆与淋浴水龙头连接要牢固。 4)浴盆与淋浴轮式手柄水龙头逆时针方向转动为开启,顺时针方向转动为关闭。 挂墙式淋浴水龙头安装方法与主要步骤如下: 1)安装前需要将进水管道内的污物清理干净,左、右冷热水进水管道中心距为150mm,进水管接头应与墙面垂直且高度一致。 2)再将左、右两只进水弯脚旋入左、右进水管上。为了防止渗漏,则在旋入前缠绕适量的生料带。 3)再将平脚盘旋入进水弯脚,扣住墙面为止。 4)再将主体组连同橡胶垫片一起与左、右两个进水弯脚对齐。 5)再用扳手将六角螺母锁紧。 6)然后调节进水弯脚将水龙头主体组调到水平。 7)然后将花洒软管六角螺母端旋合在主体底部螺纹上,旋合程度要适当,以拧紧后无渗漏为准,不要过度拧紧。 8)然后将花洒支架用锁紧螺钉固定在墙面的适当高度。 9)然后将花洒软管圆锥端与手握花洒的螺纹拧紧,不要过于用力拧紧。 10)然后将花洒放置在花洒支架上即可
浴缸水龙头的安装	安装浴缸水龙头的一些要点如下:浴缸配套常用的水龙头有:冷热水混合龙头、冷热水分别供水、三联混合水龙头(也就是冷热水混合供水再加软管淋浴装置)。三联混合水龙头安装时需要注意冷水管、热水管的孔距、伸出墙面的位置,安装好后应使护口盘能够正好紧贴墙面 热水给水管安装时需要采用具有保温性能的管材,并尽可能缩短管子长度以减少热损失
面盆水龙头的安装	面盆水龙头安装方法与主要步骤如下: 1)确认所购水龙头安装尺寸与预埋进水管道的安装尺寸相匹配。安装水龙头前需要清除管道内污物,并且开启水源冲洗管道。主体连接冷、热水管一定要注意左接热水,右接冷水。一般面盆水龙头适用水压:0.05~0.6MPa,推荐水压:0.2~0.5MPa。水龙头使用介质温度不能大于90℃。双把双孔与单把双孔面盆水龙头安装孔距一般为102mm。进水口管径为20mm,单把单孔面盆安装孔距为34mm,进水口管径为20mm。 2)再将防滑垫片套在进水脚上,紧贴在主体组底部。 3)再将主体组放入面盆孔内。 4)再将橡胶垫片、锁紧螺母套在固定螺杆上。

（续）

名称	安装解说
面盆水龙头的安装	5）再调节主体组方向，使水龙头出水嘴位置对正面盆正中。 6）然后将锁紧螺母锁紧，注意不要用力过大。 7）将进水软管与主体组进水脚进行旋合，保证进水软管与进水脚接合紧密无渗漏即可
洗衣机水龙头的安装	洗衣机水龙头的安装方法如下：洗衣机水龙头的安装只能高于或者持平洗衣机进水孔。尽管有软管做衔接，如果水龙头安装位置低于进水孔，会导致水压变小，影响正常使用
全自动洗衣机水龙头的安装	如果是洗衣机专用龙头，需要将有 4 颗螺钉的那部分拆除不要，余下部分有一个可上下活动的环，将环向后拉住不放，然后将管套套进专用水龙头后放开环即可

4.8 雨淋喷头的分类与型号

雨淋喷头的分类与型号如图 4-2 所示。

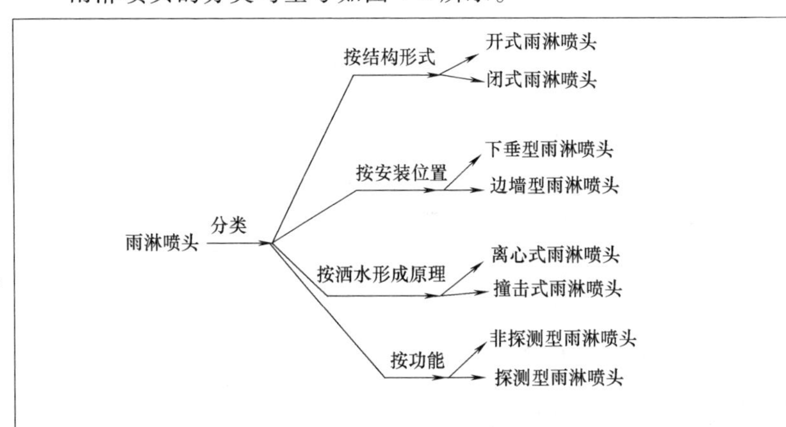

××－DS ××－×

类型特征代号

用“雨淋喷头”英文首写字母表示

喷头特性代号

流量系数

类型特征代号表示方法　喷头特性代号

类型特征代号				喷头特性代号			
开启机构		火灾探测组件		安装位置		喷洒结构形式	
开式雨淋喷头	闭式雨淋喷头	非探测型	探测型	下垂型	边墙型	离心式	撞击式
不标注	B	不标注	T	X	B	C	I

图 4-2　雨淋喷头的分类与型号

4.9 常用阀门

常用阀门的特点见表 4-12。

表 4-12 常用阀门的特点

名称	型号	适用介质	最高介质温度/℃	公称直径 DN/mm											
				15	20	25	32	40	50	65	80	100	125	150	200
内螺纹截止阀	J11T-16	水	200	■	■	■	■	■	■						
内螺纹截止阀(铜制)	J11W-16T	水	170	■	■	■	■	■	■						
法兰截止阀	J41T-16、16C	蒸汽、水	200	■	■	■	■	■	■	■	■	■	■	■	■
法兰截止阀(铜制)	J41W-16T	水	170						■	■	■	■	■	■	■
内螺纹闸阀	Z15T-10	水	120	■	■	■	■	■	■	■					
内螺纹闸阀(铜制)	Z15W-16T	水	180	■	■	■	■	■	■	■					
法兰楔式闸阀	Z41T-10、16	水	200						■	■	■	■	■	■	■
平行双闸板阀	Z44T-10、16	水	200						■	■	■	■	■	■	■
内螺纹旋塞	X13T-10	蒸汽、水	150	■	■	■	■	■	■						
手动对夹式蝶阀	D71X-10、16	水	135						■	■	■	■	■	■	■
涡轮传动蝶阀	D371X-10、16	水	135									■	■	■	■
电动蝶阀	D971X-10、16	水	150									■	■	■	■
全焊接球阀		水	200			■	■	■	■	■	■	■	■	■	■
外螺纹单弹簧安全阀	A27W-10T	蒸汽	200	■	■	■	■	■	■						
弹簧式带扳手安全阀	A47H-16	蒸汽	200						■	■	■	■	■	■	■
活塞式减压阀	Y43H-16	蒸汽	300			■	■	■	■	■	■	■	■	■	■
波纹式减压阀	Y44T-10	蒸汽	150			■	■	■	■						
升降式止回阀	H11T-16	蒸汽、水	200	■	■	■	■	■	■						
旋启式止回阀	H44T-10	蒸汽、水	200							■	■	■	■	■	■

注：表中■表示推荐采用的规格。

4.10 全焊接球阀的型号

全焊接球阀的型号规律如图 4-3 所示。

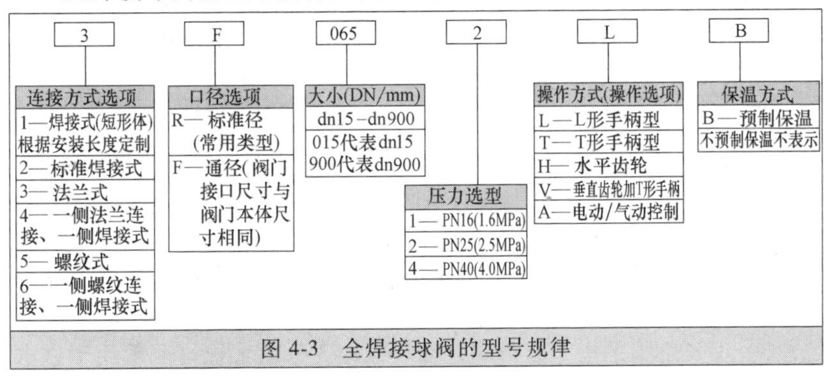

图 4-3 全焊接球阀的型号规律

4.11 角　阀

角阀又叫作角形阀、折角水阀。这是因为管道在角阀处成90°的拐角形状，该阀才有这种名称。

角阀的阀体一般有进水口、水量控制口、出水口三个口。当然，现在的角阀在不断地改进，尽管还是三个口，但也有不是角形的角阀了。

角阀的应用主要起4个作用：

1）起转接内外出水口的作用。

2）水压太大，可以在角阀上面调节，关小一点，可以减小水压。

3）开关的作用，如果水龙头漏水等现象发生，可以把角阀关掉，则就不必关掉总阀。

4）装修效果。

有的全铜角阀是指角阀主体为全铜，把手是ABS材质，装饰盖是不锈钢，阀芯是陶瓷阀芯。

角阀接口标准的为4分接口，公称压力小于1.0MPa，介质及温度小于90℃的冷热水，连接形式为G1/2螺纹联结。

角阀根据应用冷热区分为冷水角阀、热水角阀两种，分别用蓝、红标志区分。许多厂家同一型号中的冷、暖角阀材质绝大部分都是一样，区分冷暖的主要目的是区分热水与冷水的标识。只有部分低档的慢开角阀采用橡圈阀芯，橡圈材质不能承受90℃热水。因此，低档的慢开角阀需要分冷水角阀、热水角阀。如果是加厚的角阀，冷热水通用，不分冷水角阀、热水角阀。

角阀根据开启方式分为快开角阀与慢开角阀。快开角阀是指能够90°快速开启与关闭的阀门。慢开角阀是指需要360°不停地旋转角阀手柄才能够开启与关闭的阀门。目前，基本上都是用快开角阀。

角阀根据尺寸，有如下几种：

1）1/2角阀是指4分角阀，即可以接4分的水管（一般用于台面出水的龙头、坐便器、4分进出水的热水器、按摩浴缸、整体冲淋房、淋浴屏上，一般家庭使用1/2的角阀）。

2）3/4角阀（直阀）是指6分角阀，可以接6分的水管（一般家用的很少，如果用6分角阀，则进户总水管、热水器普遍用6分直阀）。

3）3/8角阀是指3分角阀，即可以接3分的水管（一般用于进水龙头上3分的硬管）。

角阀根据阀芯，有如下几种：

1）球形阀芯：球形阀芯具有口径比陶瓷阀芯大，不会减小水压与流量，操作便捷等特点。

2）陶瓷阀芯：开关的手感顺滑轻巧，其适用于家庭应用。

3）橡胶旋转式阀芯：其开启与关闭费时费力，目前家庭很少采用该种材质的角阀。

4）ABS（工程塑料）阀芯：比塑料阀芯造价低，质量没有保证。

角阀根据外壳材质，有如下几种：

1）黄铜角阀：具有容易加工、可塑性强、有硬度、抗折抗扭力强等特点。

2）塑料角阀：具有造价低廉，不易在极寒冷的北方使用等特点。

3）合金角阀：具有造价低、抗折抗扭力低、表面易氧化等特点。

4）铁角阀：具有易生锈，污染水源等特点。

家装角阀的一般选择：坐便器1只（可选装）、面盆龙头2只（可不装）、菜盆龙头2只（可不装）、热水器2只（一般需要安装）。如果是一厨一卫一般需要安装7只。

判断角阀好坏的方法如下：

1）光线充足的情况下，将角阀放在手里伸直后观察，好的角阀表面乌亮如镜、无任何氧化斑点、无烧焦痕迹。如果近看没有气孔、没有起泡、没有漏镀、色泽均匀等特点。

2）用手摸角阀，好的角阀没有毛刺、没有沙粒。

3）用手指按一下角阀表面，指纹很快散开，以及不容易附水垢。

4.12　地漏材质的特点

地漏的材质有PVC、锌合金、陶瓷、铸铝等，一些地漏的材质的特点见表4-13。

表4-13　一些地漏的材质的特点

名称	解　　说
黄铜	具有质重、高档、表面可做电镀处理等特点
陶瓷	具有价格便宜、耐腐蚀、不耐冲击等特点
铸铝	具有价格中档、重量轻、较粗糙等特点
铸铁	具有价格便宜、容易生锈、不美观、不易清理等特点
PVC	具有价格便宜、易受温度影响发生变形、耐划伤、冲击性较差等特点
不锈钢	具有价格适中、美观、耐用等特点

（续）

名称	解　说
工程塑料	具有使用寿命长、高档、价格较贵等特点
铜合金	具有价格适中、实用型等特点
锌合金	具有价格便宜、极易腐蚀等特点

4.13　淋浴室内地漏的直径

淋浴室内地漏的直径，可以根据表4-14来确定。

表4-14　淋浴室地漏直径

地漏直径/mm	淋浴器数量/个
50	1～2
75	3
100	4～5

如果采用排水沟排水时，8个淋浴器可设置一个直径为100mm的地漏。

4.14　屋面雨水排水系统的要求

屋面雨水的排水系统，需要根据建筑结构形式、气候条件、生产使用要求等因素来确定。当经技术经济比较合理时，屋面雨水宜采用外排水系统。天沟外排水的流水长度，需要结合建筑物伸缩缝布置，一般不宜大于50m，其坡度不宜小于0.003。天沟的排水，需要在女儿墙、山墙上或天沟末端设置溢流口。单斗与对立管对称布置的双斗系统，立管的管径需要与雨水斗规格一致。

屋面雨水斗的设计泄流量，不得大于表4-15中规定的雨水斗最大泄流量。雨水立管的设计泄流量，不得大于表4-16中规定的雨水立管最大设计泄流量。

表4-15　屋面雨水斗最大泄流量

雨水斗规格/mm	100	150
一个雨水斗泄流量/(L/s)	12	26

注：长天沟的雨水斗，需要根据雨水量另行设计。

表4-16　雨水立管最大设计泄流量

管　径/mm	最大设计泄流量/(L/s)
100	19
150	42
200	75

雨水悬吊管的敷设坡度，不得小于0.005。悬吊管的管径，不得小于雨水斗连接管的管径。立管的管径不得小于悬吊管的管径，当立管连接两根或两根以上悬吊管时，其管径不得小于其中最大一根悬吊管管径。雨水悬吊管与埋地雨水管道的最大计算充满度，需要根据表4-17来确定。

表4-17 雨水悬吊管与埋地雨水管道的最大计算充满度

管道名称	管径/mm	最大计算充满度
悬吊管		0.8
密闭系统的埋地管		1.0
敞开系统的埋地管	≤300	0.5
	350~450	0.65
	≥500	0.80

4.15 87型雨水斗的选用

87型雨水斗的选用见表4-18。

表4-18 87型雨水斗的选用

雨水斗类型	87型雨水斗		
规格	75(80)	100	150
额定泄流量/(L/s)	6.0	12.0	26.0
斗前水深/mm	—	—	—

4.16 虹吸式雨水斗的选用

虹吸式雨水斗的选用见表4-19。

表4-19 虹吸式雨水斗的选用

雨水斗类型	虹吸式雨水斗				
尾管直径	56	90	110	125	160
额定泄流量/(L/s)	12	25	45	60	100
斗前水深/mm	35	55	80	85	105

4.17 非陶瓷类卫生洁具的分类

非陶瓷类卫生洁具的分类见表4-20。

表4-20 非陶瓷类卫生洁具的分类

种类	类型	结构	安装方式	排污方向	按用水量分	使用用途	材质
坐便器	挂箱式 坐箱式 连体式 冲洗阀式	冲落式 虹吸式 喷射虹吸式 漩涡虹吸式	落地式 壁挂式	下排式 后排式	普通型 节水型	成人型 幼儿型 残疾人/老年人专用型	亚克力 人造石

（续）

种类	类型	结构	安装方式	排污方向	按用水量分	使用用途	材质
小便器	—	冲落式 虹吸式	落地式 壁挂式	—	普通型 节水型	—	亚克力 人造石
净身器	—	—	落地式 壁挂式	—	—	—	亚克力 人造石
洗面器	—	—	台式 立柱式 壁挂式	—	—	—	亚克力 人造石
洗涤槽	—	—	台式 壁挂式	—	—	住宅用 公共场所用	亚克力 人造石
浴缸	—	—	—	—	—	—	亚克力 人造石
淋浴盆	—	—	落地式	—	—	—	亚克力 人造石

4.18 非陶瓷类卫生洁具最大允许变形

非陶瓷类卫生洁具最大允许变形见表4-21。

表4-21 非陶瓷类卫生洁具最大允许变形

产品名称	安装面/mm	表面/mm	整体/mm	边缘/mm
坐便器	3	4	6	—
小便器	5	6mm/m，最大7	6mm/m，最大7	—
洗面器	3	6mm/m，最大10	6mm/m，最大10	4
净身器	3	4	6	—
洗涤槽	4	6mm/m，最大7	6mm/m，最大7	5
浴缸	—	6mm/m，最大10	6mm/m，最大10	—
淋浴盆	—	6mm/m，最大7	6mm/m，最大7	—

注：形状为圆形或艺术造型的产品，边缘变形不作要求。

4.19 非陶瓷类卫生洁具尺寸允许偏差

非陶瓷类卫生洁具尺寸允许偏差见表4-22。

表4-22 非陶瓷类卫生洁具尺寸允许偏差

尺寸类型	尺寸范围/mm	允许偏差/mm
外形尺寸	≤1000	+5 -5
	>1000	-10
孔眼直径	$\phi<15$	+2
	$15\leq\phi\leq30$	±2
	$30<\phi\leq80$	±3
	$\phi>80$	±5

（续）

尺寸类型	尺寸范围/mm	允许偏差/mm
孔眼圆度	$\phi \leqslant 70$	2
	$70<\phi \leqslant 100$	4
	$\phi>100$	5
孔眼中心距	≤100	±3
	>100	规格尺寸×(1±3%)
孔眼距产品中心线偏移	≤100	±3
	>100	规格尺寸×(1±3%)
孔眼距边	≤300	±9
	>300	规格尺寸×(1±3%)
安装孔平面度	—	2
排污口安装距	—	0 -30

4.20 非陶瓷类卫生洁具用水量

非陶瓷类卫生洁具用水量见表4-23。

表4-23 非陶瓷类卫生洁具用水量

产品名称	类　别	用水量限值/L
坐便器	普通型（单/双档）	9
	节水型（单/双档）	6
小便器	普通型	5
	节水型	3

4.21 卫生洁具进水口离地、离墙的尺寸

无论是暗装给水排水技能，还是明装给水排水技能，均会涉及卫生洁具进水口离地、离墙等有关尺寸，具体的一些卫生洁具进水口离地、离墙的尺寸见表4-24。

表4-24 卫生洁具进水口离地、离墙的尺寸

洁具名称	离地距离/mm	进出水口突出瓷砖的长度/mm	冷热进水口间距/mm
洗菜池	450~500	0	150
洗脸盆	450~500	0	150
冲洗阀	800~1000	0	
坐便器	150~250	0	
洗衣机	1100~1200	0	
混合龙头	800~1000	-5	150
拖把龙头	600	0	
热水器	1400	0	150

注：上表为实际参考高度。

4.22 卫生洁具安装尺寸

卫生洁具安装参考尺寸见表4-25。

表4-25 卫生洁具安装参考尺寸

	名称	数量/mm
普通浴盆	浴盆高度(距完成地面)	520
	排水栓距完成墙面	280
	排水距应为(距完成墙面)	50
	排水管距侧完成墙面	350
	预留排水管出完成地面	200
	水龙头距完成地面	620
	冷热水管甩口间距(单柄冷热水龙头)	150
	花洒固定点距浴盆上边缘	1300
	花洒金属软管长度	1500
裙边浴盆	名称	数量/mm
	浴盆高度(距完成地面)	400
	排水栓距完成墙面	210
	排水距应为(距完成墙面)	50
	排水管距侧完成墙面	400
	预留排水管出完成地面	200
	水龙头距完成地面	600
	冷热水管甩口间距(单柄冷热水龙头)	150
	花洒固定点距浴盆上边缘	1300
	花洒金属软管长度	1500
洗脸盆	名称	数量/mm
	托架式洗脸盆排水距(距完成墙面)	150
	托架式洗脸盆角阀安装高度(距完成地面)	490
	托架式洗脸盆冷热水管甩口间距	180
	立柱式洗脸盆(背出水)排水距(距完成墙面)	210
	立柱式洗脸盆角阀安装高度(距完成地面)	490
	立柱式洗脸盆冷热水管甩口间距	220
	台上式洗脸盆排水距(距完成墙面)	170
	台上式洗脸盆角阀安装高度(距完成地面)	490
	台上式洗脸盆冷热水管甩口间距	204
	台下式洗脸盆排水距(距完成墙面)	170
	台下式洗脸盆角阀安装高度(距完成地面)	490
	台下式洗脸盆冷热水管甩口间距	204
	角式洗脸盆排水距(距两侧完成墙面)	170
	角式洗脸盆角阀安装高度(距完成地面)	450
	角式洗脸盆角阀距两侧完成墙面距离	200
	洗脸盆边缘高度(距完成地面)	800
	所有洗脸盆金属软管长度	500
	所有洗脸盆预留排水管出完成地面	300

（续）

	名称	数量/mm
附盆背污水盆（排水座带存水弯）	污水盆边缘高度（距完成地面）	683
	排水距（距完成墙面）	128
	水嘴安装高度（距完成地面）	1000
	预留排水管出完成地面	100
住宅洗涤盆及洗池	名称	数量/mm
	洗盆边缘高度（距完成地面）	800
	排水距（距完成墙面）	110
	水嘴安装高度（距完成地面）	1000
	预留排水管出完成地面	400
厨房洗涤槽	名称	数量/mm
	台面高度（距完成地面）	800
	排水距（距完成墙面）	110
	水嘴安装高度（距完成地面）	1000
	预留排水管出完成地面	300
小便斗	名称	数量/mm
	小便斗排水距（距完成墙面）	100
	小便斗下边缘高度（距完成地面）	600
	小便斗冲洗阀门安装高度距小便斗上边缘	150
	小便斗感应器安装高度距小便斗上边缘	250
	预留排水管出完成地面	100
淋浴房（圆角型）	名称	数量/mm
	冷热水管甩口间距（单柄冷热水龙头）	150
	花洒金属软管长度	1500
	预留排水管出完成地面	150
	淋浴房排水管甩一个地漏，地漏距两侧完成墙面	210
	淋浴单柄水龙头距侧完成墙面	450
	淋浴单柄水龙头高度（底座+水龙头距底座）	100+1060
坐箱式坐便器	名称	数量/mm
	坐便器排水距（距完成墙面）	420
	给水管角阀安装高度（距完成地面）	150
	给水管角阀距坐便器中心线距离	140
	预留排水管出完成地面	100
蹲便器	名称	数量/mm
	蹲便器排水距（距完成墙面）	640
	蹲便器脚踏式冲洗阀距蹲便器中心线距离	360
	预留排水管出完成地面	100
淋浴器	名称	数量/mm
	淋浴单柄水龙头高度（距完成地面）	1150
	冷热水管甩口间距（单柄冷热水龙头）	150
	花洒金属软管长度	1500

4.23 卫生器具给水配件的安装高度

卫生器具给水配件的安装高度如设计无要求时需要符合表4-26的规定。

表4-26 卫生器具给水配件的安装高度

名称		配件中心距地面高度/mm	冷热水龙头距离/mm
架空式污水盆(池)水龙头		1000	—
落地式污水盆(池)水龙头		800	
洗涤盆(池)水龙头		1000	150
住宅集中给水龙头		1000	—
洗手盆水龙头		1000	—
洗脸盆	水龙头(上配水)	1000	150
	水龙头(下配水)	800	150
	角阀(下配水)	450	—
盥洗槽	水龙头	1000	150
	上下并行冷热水管其中热水龙头	1100	150
浴盆	水龙头(上配水)	670	150
淋浴器	截止阀	1150	95
	混合阀	1150	
	淋浴喷头下沿	2100	
蹲式大便器(从台阶面算起)	高水箱角阀及截止阀	2040	—
	低水箱角阀	250	—
	手动式自闭冲洗阀	1000	—
	脚踏式自闭冲洗阀	85	—
	拉管式冲洗阀(从地面算起)	1600	—
	带防污助冲器阀门(从地面算起)	900	—
坐便器	高水箱角阀及截止阀	2040	—
	低水箱角阀	150	—
大便槽冲洗水箱截止阀(从台阶面算起)		≮2400	—
立式小便器角阀		1130	—
挂式小便器角阀及截止阀		1050	—
小便槽多孔冲洗管		1100	—
实验室化验水龙头		1000	—
妇女卫生盆混合阀		360	—

注：装设在幼儿园内的洗手盆、洗脸盆、盥洗槽水嘴中心离地面安装高度需要为700mm，其他卫生器具给水配件的安装高度，需要根据卫生器具实际尺寸相应减少。

4.24 卫生器具给水的额定流量、当量、支管管径与流出水头的确定

卫生器具给水的额定流量、当量、支管管径与流出水头的确定见

表 4-27。

表 4-27　卫生器具给水的额定流量、当量、支管管径与流出水头的确定

名　　称	额定流量/(L/s)	当量	支管管径/mm	配水点前所需流出水头/MPa
洗脸盆水龙头、盥洗槽水龙头	0.20(0.16)	1.0(0.8)	15	0.015
洗水盆水龙头	0.15(0.10)	0.75(0.5)	15	0.020
家用洗衣机给水龙头	0.24	1.2	15	0.020
净身器冲洗水龙头	0.10(0.07)	0.5(0.35)	15	0.030
淋浴器	0.15(0.10)	0.75(0.5)	15	0.025~0.040
洒水栓	0.40	2.0	20	按使用要求
食堂厨房洗涤盆(池)水龙头	0.32(0.24)	1.6(1.2)	15	0.020
食堂普通水龙头	0.44	2.2	20	0.040
饮水器喷嘴	0.05	0.25	15	0.020
浴盆水龙头	0.30(0.20)	1.5(1.0)	15	0.020
住宅厨房洗涤盆(池)水龙头	0.20(0.14)	1.0(0.7)	15	0.015
住宅集中给水龙头	0.30	1.5	20	0.020
大便槽冲洗水箱进水阀	0.10	0.5	15	0.020
大便器冲洗水箱浮球阀	0.10	0.5	15	0.020
室内洒水龙头	0.20	1.0	15	按使用要求
污水盆(池)水龙头	0.20	1.0	15	0.020
小便槽多孔冲洗管(每米长)	0.05	0.25	15~20	0.015
小便器手动冲洗阀	0.05	0.25	15	0.015
小便器自动冲洗水箱进水阀	0.10	0.5	15	0.020

注：1. 表中括弧内的数值系在有热水供应时单独计算冷水或热水管道管径时采用。
2. 卫生器具给水配件所需流出水头有特殊要求时，其数值应按产品要求确定。
3. 浴盆上附设淋浴器时，额定流量和当量应按浴盆水龙头计算，不必重复计算浴盆上附设淋浴器的额定流量和当量。
4. 淋浴器所需流出水头按控制出流的启闭阀件前计算。
5. 充气水龙头和充气淋浴器的给水额定流量应按本表同类型给水配件的额定流量乘以 0.7 采用。

4.25　卫生洁具安装的允许偏差与检验方法

卫生洁具安装的允许偏差与检验方法见表 4-28。

表 4-28　卫生洁具安装的允许偏差与检验方法

项　　目	允许偏差/mm	检 验 方 法
器具水平度	2	用水平尺、尺量检查
坐标—成排器具	5	拉线、吊线、尺量检查
坐标—单独器具	10	拉线、吊线、尺量检查
标高—成排器具	±10	拉线、吊线、尺量检查
标高—单独器具	±15	拉线、吊线、尺量检查
器具垂直度	3	用吊线、尺量检查

4.26 卫生器具给水配件安装标高的允许偏差

卫生器具给水配件安装标高的允许偏差需要符合表4-29的规定。

表4-29 卫生器具给水配件安装标高的允许偏差

项目	允许偏差/mm	检验方法
大便器高低水箱角阀及截止阀	±10	尺量检查
水嘴	±10	
淋浴器喷头下沿	±15	
浴盆软管淋浴器挂钩	±20	

4.27 连接卫生器具的排水管管径与最小坡度

连接卫生器具的排水管管径与最小坡度，如果设计没有要求时，一般需要符合表4-30的规定。

表4-30 连接卫生器具的排水管管径与最小坡度

卫生器具名称		排水管管径/mm	管道的最小坡度(‰)
污水盆(池)		50	25
单双格洗涤盆(池)		50	25
洗手盆洗脸盆		32~50	20
浴盆		50	20
淋浴器		50	20
大便器	高低水箱	100	12
	自闭式冲洗阀	100	12
	拉管式冲洗阀	100	12
小便器	手动自闭式冲洗阀	40~50	20
	自动冲洗水箱	40~50	20
化验盆(无塞)		40~50	25
净身器		40~50	20
饮水器		20~50	10~20
家用洗衣机		50(软管为30)	

4.28 卫生器具排水管道安装的允许偏差

卫生器具排水管道安装的允许偏差需要符合表4-31的规定。

表 4-31 卫生器具排水管道安装的允许偏差

项目		允许偏差/mm	检验方法
横管弯曲度	每 1m 长	2	采用水平尺量检查
	横管长度≤10m,全长	<8	
	横管长度>10m,全长	10	
卫生器具的排水管口及横支管的纵横坐标	单独器具	10	采用尺量检查
	成排器具	5	
卫生器具的接口标高	单独器具	±10	采用水平尺与尺量检查
	成排器具	±5	

4.29 不同浴缸的特点

不同浴缸的特点见表 4-32。

表 4-32 不同浴缸的特点

名称	概述	缺点	优点
亚克力浴缸	使用人造有机材料制造	耐高温能力差、不能经受太大的压力、不耐碰撞、表面容易被硬物弄花、长时间使用后表面会发黄	重量轻、搬运安装方便、加工方便、造型丰富、价格便宜、保温性好、可以随时随地进行抛光翻新
木质浴缸	选用木质硬、密度大、防腐性能好的材质,(如云杉、橡木、松木、香柏木等)制作而成。市场上实木浴桶的材质以香柏木的最为常见	价格较高、需保养维护、易变形漏水	充分浸润身体、保温性强、缸体较深、容易清洗、不带静电、环保天然
钢板浴缸	由整块厚度约为 2mm 的浴缸专用钢板经冲压成型,表面再经搪瓷处理而成	保温效果差、注水噪声大、造型较单调、不能进行后续加工	耐磨、耐热、耐压、安装方便、质地相对轻巧
铸铁浴缸	采用铸铁制造,表面覆搪瓷	价格高、分量重、安装与运输难	耐磨、耐热、耐压、耐用、注水噪声小、便于清洁

4.30 选购浴缸的主要步骤

选购浴缸的主要步骤如下:

第 1 步:测量卫生间的安装尺寸,确认浴缸的安装方式以及功能。

第 2 步：确认所需购买浴缸的材质与种类。

第 3 步：确认产品的厚度与大小。如果浴室面积较小，可以选择 1200mm、1350mm、1500mm 浴缸或淋浴房；如果浴室面积大，可选择 1700mm 浴缸；如果浴室面积足够大，可以安装高档按摩浴缸、双人用浴缸。

第 4 步：检查产品质量以及是否有异味。

第 5 步：检查配件以及安装是否到位。

第 6 步：确认功能与售后情况。

4.31 安装浴缸主体的方法与要点

安装浴缸主体的一些方法与要点如下：

1）首先要在浴缸缸下地面做防水层，一般是 1∶3 的防水水泥砂浆。

2）在浴缸安放位置处沿浴缸横向砌两道砖支座，砖支座上面要根据浴缸底面形状抹成曲面，使浴缸安上砖支座后能平稳。砖支座的高度使浴缸安装好以后的上边缘至地面距离达到所要的要求。

3）浴缸放在砖支座上，上缘需要采用水平尺找平。

4）在浴缸临时空边，用砖立砌裙边（带裙边的浴缸则不需要），裙边外侧用 1∶0.3∶3 水泥石灰砂浆打底，然后用 1∶0.3∶2 水泥石灰砂浆抹面，然后粘贴表面装饰材料。

5）在靠近排水阀处的裙边上留一个检修门，检修门一般不得小于 200mm×160mm。

4.32 安装浴缸排水阀的要点

安装浴缸排水阀的一些要点如下：

1）排水阀可以采用铜质排水阀或塑料排水阀，直径一般选择为 30~38mm 的。存水弯公称直径一般选择 DN50mm。

2）将排水阀装在相应的排水孔上，排水阀下端与浴缸排水的三通相接，排水三通另两端分别与浴缸溢水口、存水弯相接。存水弯与排水管相接。

3）各管道连接处需要做好密封处理，保证不漏水。

4）排水阀安装时，首先将溢水管、弯头、三通等进行预装配，待量好后截取所需各管的长度、类型。

4.33 立柱式洗面盆的安装

立柱式洗面盆安装要点见表4-33。

表4-33 立柱式洗面盆安装要点

项目	解说
配件的安装	1)立柱式洗面盆的给水配件品种繁多,规格也不尽相同,例如有单孔、双孔、三孔、手轮式开启、手柄式开启等。 2)立柱式洗面盆一般采用冷水、热水混合水龙头,而不采用单冷或单热水龙头,或者冷、热两只水龙头。因此,安装时需要将混合水龙头装牢在洗面器上后,冷水管、热水管要分别接到冷、热水混合阀的进水口上,并且用锁紧螺母锁紧。 3)立柱式洗面盆一般配置提拉式排水阀。提拉式排水阀工作特点:提拉杆提起,通过垂直连杆、水平连杆将阀瓣放下,停止排水。提拉杆放下,阀瓣顶开,排去污水。安装时需要注意各连杆间相对位置的调整
立柱式洗面盆的安装	立柱式洗面盆的一些安装特点: 1)首先根据排水管中心在墙面上画好竖线。 2)然后将立柱中心对准竖线放正,将洗面盆放在立柱上,使洗面器中心线正好对准墙上竖线。 3)放平找正后在墙上画好洗面盆固定孔的位置。 4)然后在墙上钻孔,再将膨胀螺栓塞入墙面内。 5)然后在地面安装立柱的位置铺好白灰膏,之后将立柱放在上面。 6)然后将洗面器安装孔套在膨胀螺栓上加上胶垫,拧紧螺母。 7)然后将洗面盆找平,立柱找直。 8)然后将立柱与洗面盆及立柱与地面接触处用白水泥勾缝抹光,洗面盆与墙面接触处用建筑密封胶勾缝抹严。或者涂抹玻璃胶也可以
安装立柱盆的一些注意事项	安装立柱盆的一些注意事项如下: 1)安装前,首先应完成墙地砖施工,预留进水管、预留排污管。 2)立柱洗面盆需要安装在坚硬平整的墙面上,并注意排污口与进水端头的位置。 3)立柱洗面盆安装孔可以用膨胀螺钉紧固,注意不要太紧。 4)使用时,不能够将杂物投入盆内,以免堵塞下水部分。 5)安装、使用时避免撞击立柱盆

4.34 面盆下水器的安装

以带溢水孔的弹跳下水器为例进行介绍,其他下水器的安装步骤与要点与此类似:

1) 把下水器下面的固定件与法兰拆下。

2) 把下水器的法兰扣紧在盆上。

3) 法兰放紧后,把盆放平在台面上,下水口对好台面的口。

4) 在下水器适当位置缠绕上生料带,防止渗水。

5）把下水器对准盆的下水口。

6）把下水器对准盆的下水口放进去。

7）把下水器对准盆的下水口，放平整。

8）把下水器的固定器拿出，拧在下水器上。

9）用扳手把下水器固定紧。

10）在盆内放水测试。

4.35　洗脸盆排水管S存水弯的连接

洗脸盆排水管S存水弯的连接方法、要点、技巧如下：一般需要在脸盆排水口丝扣下端涂铅油，并且缠一些麻丝。然后把存水弯上节拧在排水口上，注意松紧要适度。再把存水弯下节的下端缠油盘根绳插在排水管口内，以及把胶垫放在存水弯的连接处，注意把锁母用手拧紧后调直找正。然后用扳手拧到松紧到适度，最后用油灰将下水管口塞严、抹平。

4.36　洗脸盆排水管P存水弯的连接

洗脸盆排水管P存水弯的连接方法、要点、技巧如下：一般需要在脸盆排水口丝扣下端涂铅油，缠少许麻丝。然后把存水弯立节拧在排水口上，注意松紧要适度。再把存水弯横节根据需要长度配好，以及把锁母、护口盘背靠背套在横节上，并且在端头缠好油盘根绳，注意试安高度是否合适，如果不合适，则可以用立节来调整。再把胶垫放在锁口内，以及把锁母拧到适度的松紧。然后把护口盘内填满油灰后向墙面找平、按实，再把外溢油灰除掉，擦净墙面。最后把下水口处外露的麻丝清理干净即可。

4.37　小便斗与小便器的分类与选购

小便斗是男士专用的一种便器，是一种装在卫生间墙上的固定物。小便斗，一般是由粘土或其他无机物质经混炼、成型、高温烧制而成。

小便斗的分类如下：

1）根据结构可以分——冲落式小便斗、虹吸式小便斗。

2）根据安装方式可以分——落地式小便斗、挂墙式小便斗。

3）根据进水方式可以分——上进水型小便斗、后进水型小便斗。

4）根据排污方式可以分——后排式小便斗、下排式小便斗。

5）根据冲水方式可以分——普通型小便斗（冲水阀与小便斗是分开的）、连体型小便斗（感应小便冲水阀已先行安装在小便斗内）、无水小便斗。

选购小便斗的主要步骤见表 4-34。

表 4-34 选购小便斗的主要步骤

步骤	解 说
第一步	明确小便斗排污管道是后排污的还是下排污的，管道带不带存水弯。如果管道带有存水弯，则不要选择带有虹吸功能的小便斗
第二步	根据进水方式、安装方式、冲水方式、排污方式、结构选择相应的小便斗
第三步	检查产品，选择合适尺寸适合的安装的小便斗
第四步	如果选择的是普通型小便斗，还需要选购相应的小便冲水阀
第五步	注意选择售后有保证的产品

4.38 常见小便斗规格有关数据

常见小便斗规格有关数据如下：

1）冲洗阀的小便器进水口中心到完成墙的距离应不小于 60mm。

2）水封深度，所有带整体存水弯卫生陶瓷的水封深度不得小于 50mm。

3）任何部位的坯体厚度需要不小于 6mm。

4.39 小便斗的安装方法与要点

小便斗的安装方法与要点见表 4-35。

表 4-35 小便斗的安装方法与要点

名称	安装方法与要点
落地式小便斗	1）落地式小便斗一定要在做管道时，先确定排水管到墙砖位置的安装、精确尺寸。 2）在确认尺寸正确的情况下，先把密封圈套紧下水管道口，防止小便斗漏水。 3）用密封胶涂在小便斗橡皮圈与密封圈的接口处，并把小便斗稳定放在安装处，通过水平尺确定小便斗水平安装后，在小便斗底部和上部及左右侧划上线。 4）然后通过计算，确认小便斗的后部的安装位置，以及打孔且用专用配件固定牢。 5）安装后部配件后，在小便斗与靠墙和靠地的缝隙涂上密封胶。 6）然后安装好进水管后，再试水

（续）

名称	安装方法与要点
壁挂式小便斗	1)壁挂式小便斗,可以分为地排水小便斗、墙排水小便斗。 2)壁挂式小便斗的常见配件有螺钉、装饰帽、胶圈、小便斗挂钩等。 3)地排水的安装需要注意排水口的高度。 4)墙排水的小便斗需要注意排水口的高度,最好是做墙砖前,根据小便斗的尺寸来预留进出水口

4.40 地排污、墙排污小便器的安装

地排污、墙排污小便器安装常用工具有扳手、螺钉旋具、卷尺、冲击电钻、锤子、记号笔等。地排污、墙排污小便器的安装常用材料有生料带、玻璃胶、角阀、软管、膨胀螺栓等。地排污、墙排污小便器的安装主要步骤如下：

1）首先以小便器排污口中心引垂直线作为中心线。

2）再用卷尺测量出挂式小便器挂槽孔的中心距离。

3）保证小便器便槽的上边缘离地 530~600mm 的高度上，在两侧安装挂片处用铅笔作好标记。

4）再用冲击电钻钻孔，然后将膨胀螺栓放入孔内卡紧，在把挂片安装在墙上。

5）安装小便器以及小便器的进水装置。

6）将冲洗阀的出水端接入小便器上面的进水孔内。

7）试冲水，看是否正常。

安装地排污、墙排污小便器的一些注意事项如下：

1）安装前，需要完成墙地砖施工，预留进水管、预留排污管。

2）使用时，不要将杂物投入便槽，以免堵塞下水部分。

3）安装、使用小便器时需要避免猛力撞击。

4）感应式小便器工作压力一般≥0.3MPa。

5）小便器需要安装在坚硬平整的墙面上，并且注意排污口与进水端头的位置要正确。

6）尺寸需要以实物为准。

4.41 墙排污型小便器（P 型）的安装

墙排污型小便器（P 型）的安装方法如下：首先将小便器的去水铜座、胶垫安装在便器排污孔上，然后在便器的靠墙面涂上一层玻璃

胶，再对准安装好的挂片，同时调节便器的排污口与下水管道入口对齐，然后轻压便器的两侧，再用玻璃胶密封便器与墙面的缝隙处。

4.42 地排污型小便器（S型）的安装

地排污型小便器（S型）的安装方法如下：首先在小便器的靠墙面涂上一层玻璃胶，再将小便器挂在挂片上，并且调整适当位置，然后轻压便器的两侧，再将排水管一端接在小便器的排污口处，另一端接入下水管道内，然后用玻璃胶密封接合处。

4.43 蹲便器的分类与选择

蹲便器就是指使用时以人体取蹲式为特点的一种便器。蹲便器根据功用可以分为防臭型、普通型、虹吸式、冲落式，根据进排水冲水方式可以分为后进前出式、后进后出式。根据有无存水弯（结构）可以分为带存水弯、不带存水弯。根据有无遮挡，可以分为无遮挡蹲便器、有遮挡蹲便器。

选择蹲便器的方法如下：

1）防臭型、普通型的选择——如果是改造设施，原房屋排水系统排污口没有相应的防臭设置，则应选择安装带有存水弯的防臭型蹲便器。如果原房屋排水系统在安装蹲便器的排污口处设置了存水弯，则可以选择普通型蹲便器。

2）后进前排型、后进后排型的选择——如果地面排污口到墙面距离为35cm以内，则一般选择安装后排型蹲便器。如果地面排污口到墙面距离65cm以内，则一般选择前排型蹲便器。

4.44 蹲便器的安装

安装蹲便器的一些要点如下：

1）蹲便器的排污口与落水管的预留口均需要涂上粘结剂或者胶泥。

2）与蹲便器相配合安装的水箱，水箱安装高度距离便器水圈1.8m，水压要求0.14~0.55MPa为宜。

3）待粘结剂干后，才能够往蹲便器内试冲水。

4）填入碎石土后，用砖封闭缺口。最后在砖外面批水泥砂浆（水泥：砂=1：3），然后贴上瓷砖。

5）只要试验合格后，才能够在地面与蹲便器间填入碎石土。需要注意严禁填入水泥混凝土。

6）蹲便器的排污口与落水管的预留口需要接驳好，并且校正好蹲便器的位置。

7）如果砌砖固定蹲便器，则需要预留填碎石的缺口。

8）与蹲便器相配合安装的冲水阀分有手压式冲水阀、脚踏式冲水阀。根据选择的阀种安装好。

9）蹲便器内试冲水时，需要观察接口是否漏水。

4.45 蹲便器常见推荐尺寸

蹲便器常见推荐尺寸如下：

1）进水口中心到完成墙的距离，应不小于 60mm。

2）任何部位的坯体厚度，应不小于 6mm。

3）所有带整体存水弯卫生陶瓷的水封深度，不得小于 50mm。

4）成人型蹲便器推荐尺寸为长 610mm、宽 455mm。

5）幼儿型蹲便器推荐尺寸为长 480mm、宽 400mm。

4.46 坐便器的种类与特点

坐便器，俗称为马桶。坐便器（马桶）的种类如下：

1）坐便器根据水箱与底座的连接、结构方式，可以分为连体坐便器、分体坐便器。连体坐便器又可以分为高水箱、低水箱两种。其中，低水箱连体坐便器对用户家的水压有比较高的要求，用户家的水压不能低于 2kg。

2）根据坐便器的孔距可以分为 30cm 坐便器、40cm 坐便器、50cm 坐便器。

3）根据使用功能可以分为普通坐便器、智能型坐便器、节水型坐便器。节水型坐便器根据有关规定，产品每次冲洗周期大便冲洗用水量不大于 6L。当水压为 0.3Pa 时，大便冲洗用产品一次冲水量为 6L 或 8L，小便冲洗用产品一次冲水量 2～4L（如人为分两段冲洗，则为第一段与第二段之和），冲洗时间为 3～10s。

4）根据安装方式可以分为落地式坐便器、挂墙式坐便器。

5）根据排水方式，可以分为横排（墙排）式坐便器、底排（下排）式坐便器。

6）根据排水系统冲水功能，坐便器冲水方式可以分为冲落式坐便器、虹吸式坐便器。其中，虹吸式坐便器又分为普通虹吸式坐便器、漩涡虹吸式坐便器、喷射虹吸式坐便器、喷射漩涡虹吸式坐便器。冲落式坐便器又可以分为后排式坐便器、下排式坐便器。虹吸式坐便器都为下排式坐便器。

一些坐便器的特点见表4-36。

表4-36 一些坐便器的特点

项目	解说
连体式坐便器	连体式坐便器是水箱与底座相连,具有造型美观、坚固、清洁容易、适合较小卫生间使用等特点
后下水坐便器	下水口的中心到水箱后面墙体的距离20~25cm的坐便器为后下水坐便器
前下水坐便器	下水口中心到水箱后面墙体的距离距离在40cm以上的坐便器为前下水坐便器
冲落式坐便器	冲落式坐便器是依靠有效水量,以最快速度、最大流量,封盖污物并且把污物排出。如果没有设置管道水封选择冲落式坐便器则不容易防臭。冲落式用水较多。冲落式的水封比虹吸低,水封的表面积也比较小。冲落式的管道内径比较大,一般都在7cm以上
虹吸坐便器	虹吸坐便器是指在大气压的情况下,迅速形成液体高度差,使液体从受压力大的高水位流向压力小的低水位,并且充满污管边,产生虹吸现象,直到液体全部排出,虹吸式用水较少,虹吸的管道内径国家标准要求4.1cm以上 1)普通虹吸式——当洗净面的水达到一定量时,产生虹吸现象,将脏物通过管道抽吸出去。 2)喷射虹吸式——其比普通虹吸在水封底部多了一个底辅冲孔,一部分的水将通过喷射管道产生一个推动力,使虹吸效果更好,更省水。 3)漩涡虹吸式——其也叫静音虹吸,洗净面一般不对称,一边高一边低,水箱一般都比较矮。冲水的时候,噪声比较小,但需要的冲水量比较多。 4)喷射漩涡虹吸式——其比漩涡虹吸式多了一个底辅冲孔,该种款式最省水、结构比较复杂、容易出故障
挂墙式排污方式坐便器	挂墙式排污方式坐便器一般都是后排冲落式结构,并且需要预埋水箱与铁架,承重能力相对较弱、可以消除卫生死角
分体式坐便器	分体式坐便器是水箱与底座分开的,具有安装困难、实用性好、体积比较小、搬运比较方便、生产比较容易、价钱相对便宜等特点
横排水坐便器	横排水坐便器的出水口要与横排水口的高度相等(或者略高一些),这样才能够保证污水的流畅
中下水坐便器	下水口的中心到水箱后面墙体的距离为30cm的坐便器为中下水坐便器

4.47 坐便器便器盖、水件的分类

坐便器便器盖、水件的分类如下:

1）便器盖根据材质可以分为PP、脲醛、实木等。根据使用功能可以分为普通型盖板、缓冲盖板、智能盖板。

2）水件根据按压方式可以分为正压式水件、侧压式水件。根据冲水功能可以分为一段式水件、两段式水件。

带存水弯的不能选择虹吸式的坐便器。判断坐便器管道带不带存水弯的方法如下：

1）第一种管道外露的，只要看管道的结构就很清楚了。

2）第二种管道封在水泥里，可以拿根铁丝捅一下。如果没有弯管，铁丝可以完全捅进去，有存水弯，捅到一定长度铁丝就会受阻。

选择坐便器的方法见表4-37。

表4-37　选择坐便器的方法

项目	解　说
水箱配置	应选择具有注水噪声低，坚固耐用，经得起水的长期浸泡而不腐蚀、不起水垢的的坐便器水箱
下水道	如果坐便器的下水道粗糙的话，则以后容易造成遗挂现象
售后	选择有售后保证的产品
变形大小	将瓷件放在平整的平台上，各方向活动检查是否平稳匀称，安装面及瓷件表面边缘是否平正，安装孔是否均匀圆滑
手轻轻敲击坐便器	挑选坐便器时，可以用手轻轻敲击坐便器，如果敲击的声音是沙哑声、不清脆响亮，则这样的坐便器很可能有内裂或产品没有烧熟
吸水率	无裂纹高温烧制的坐便器吸水率低、不容易吸进污水、产生异味。有些中低档的坐便器吸水率高，当吸进污水后易发出难闻气味，并且很难清洗。时间久了，还会发生龟裂、漏水等现象
坑距	排污口中心点到墙壁的距离一般分为200mm、300mm、400mm等规格
盖板	座便盖板如果是依照人体工程学原理设计的，则舒适安全，如果采用高分子材料的，则强度高，耐老化
瓷质	一般的优质坐便器的瓷釉厚度均匀，色泽纯正，没有脱釉现象，没有较大或较多的针眼，摸起来没有明显的凹凸感、釉面应该光洁、顺滑、无起泡、色泽饱和
坯泥	坯泥的用料、厚度对坐便器的质量、稳固性有十分的重要性
冲水方式	坐便器主要是虹吸式的，排水量小。直冲虹吸式坐便器有直冲、虹吸两者的优点。节水型用水量为6L以下
看出水口	卫生间的出水口有下排水、横排水之分。选择时，需要测量好下水口中心到水箱后面墙体的距离。这是因为每套房子都有不同的坐便器安装孔距

4.48　选购坐便器的主要步骤

选购坐便器的主要步骤如下：

1）第1步——弄清楚家里的排污管道是后排污还是下排污，管道带不带存水弯的。

2）第2步——测量坑距。

3）第3步——选择坐便器的种类。

4）第4步——了解坐便器盖、水件的材质、性能。

5）第5步——了解坐便器的冲水量。

6）第6步——检查产品外观与配件。

4.49 坐便器的安装

坐便器安装常用工具有扳手、卷尺、冲击电钻、水平尺、螺钉旋具、锤子、记号笔等。坐便器安装常用材料有生料带、软管、密封圈、玻璃胶、角阀、膨胀螺栓等。

坐便器安装主要步骤如下：

1）将坐便器排污口与下水管道入口对齐摆正好坐便器。并且在安装孔处做好标记，移开坐便器在标记处钻孔放入膨胀螺栓。

2）安装坐便器水箱配件及盖板。

3）连接水箱、坐便器底座。

4）在排污口连接处及坐便器底面边缘涂抹玻璃胶，将密封圈套在排污口上。

5）对准排污口与膨胀螺栓将坐便器固定在地上。

6）在装饰帽内涂抹玻璃胶将之卡在螺栓上。

7）安装角阀并放水冲出进水管内的残渣。

8）用软水管连接角阀与坐便器进水阀。

9）试冲水，以检验是否正常。

安装坐便器的方法如下：

1）首先要明确安装坐便器的孔距是30cm，还是40cm、50cm。在没有贴瓷砖前需要测量出其净孔距，也就是坐便器排水孔中心到原墙的距离减去墙面所贴瓷砖的厚度。如果孔距不理想，则可以选用移位器进行调整。

2）安装移位器时，移位器周围敷水泥砂浆后需要作防水涂料处理，并且蓄水观察，看是否渗漏。如果渗漏，需要处理好。

3）如果排水管突出地面，则需要将其锯平，再用干抹布或卫生纸将坐便器所在地面、坐便器底边抹干净。

4）安装坐便器时，需要小心慎重，轻拿轻放，具体操作步骤如下：

① 首先将水箱盖取下放好。

② 然后将坐便器出水口对准地面排水口并且调整好位置。

③ 确认放好后用铅笔沿坐便器底边轻画一圈。

④ 然后将坐便器移到干净位置，根据划线在边缘均匀打上一层玻璃胶。玻璃胶没有完全变干前不得沾水以及移动坐便器。

⑤ 如果坐便器配有密封圈，则将密封圈放于地面排水口，再将坐便器对准位置轻放于地面上，将溢出的玻璃胶抹干净。然后连接好进水。

⑥ 把水箱盖放上，并装好其他配件即可。

坐便器安装的一些注意事项如下：

1）安装前，需要完成墙地砖施工、预留进水管、预留排污管。

2）安装尺寸需要以实物为准。

3）安装坐便器时必须核对预留排污管距墙的距离是否与所购便器的排水距相符。

4）坐便器需要安装在坚硬平整的地面上，并且与坐便器连接的排污管不能够设置存水弯。

5）一般禁止在0℃以下的环境中使用。

6）安装、使用时避免重力撞击陶瓷。

7）坐便器排污口安装距如下：下排式坐便器排污口安装距（从下水管中心到毛坯墙墙面的距离）分为305mm、400mm、200mm。后排式坐便器排污口安装距（从下水管中心到地面距离）分为100mm、180mm。

8）坐便器的排污口需要对准下水管道入口，并且在结合处涂抹玻璃胶或油泥，以确保污水不能够溢出管外。

9）低水箱坐便器工作压力一般≥0.4MPa。

10）坐便器安装孔需要用膨胀螺栓紧固时，不能够太紧，以防破损。

11）严禁用水泥砂浆安装坐便器，一般采用玻璃胶。

12）使用时，不得向坐便器内投入新闻纸等易堵塞的物质。

4.50 平面小便器的安装

平面小便器的安装方法、要点、技巧如下：首先对准给水管中心画一条垂线，由地平向上量出规定的高度画一条水平线。然后根据产品尺寸，由中心向两侧固定孔眼的距离，在横线上画好十字线，再画出上孔眼、下孔眼的位置。然后将孔眼位置开成 ϕ10mm×60mm 的孔眼，之后栽入 ϕ6mm 螺栓，以及托起小便器挂在螺栓上。再把胶垫、眼圈套入螺栓，以及把螺母拧到适度的松紧程度。最后把小便器与墙面的缝隙嵌入白水泥浆补齐、抹光即可。

4.51 蹲便器用水效率等级

蹲便器用水效率等级见表 4-38。

表 4-38 蹲便器用水效率等级

用水效率等级	1 级	2 级	3 级
平均用水量/L	5.0	6.0	8.0

4.52 大便槽的冲洗水槽、冲洗管和排水管管径

大便槽的冲洗水量、冲洗管和排水管管径应根据蹲位数、使用情况、冲洗周期等因素合理确定。一般宜根据表 4-39 来确定。

表 4-39 大便槽的冲洗水槽、冲洗管和排水管管径

蹲位数	每蹲位冲洗水量/L	冲洗管管径/mm	排水管管径/mm
3~4	12	40	100
5~8	10	50	150
9~12	9	70	150

4.53 高水箱配件的安装

高水箱配件的安装方法、要点、技巧如下：

1）首先把虹吸管、锁母、根母、下垫卸下，然后涂抹油灰，再将虹吸管插入高水箱出水孔。再将管下垫、眼圈套在管上，以及拧紧根母到松紧适度。再把锁母拧在虹吸管上。虹吸管方向、位置需要根据具体情况自行确定。

2）再将漂球拧在漂杆上，并与浮球阀连接好，浮球阀安装与塞风安装略同。

3）拉把支架安装：把拉把上螺母眼圈卸下，然后将拉把上螺栓插入水箱一侧的上沿加垫圈紧固，然后调整挑杆距离（挑杆的提拉距离一般大约为 40mm 为宜）。挑杆另一端连接拉把，以及把水箱备用上水眼用塑料胶盖堵死。

4.54 高水箱的稳装

高水箱的稳装，需要在蹲便器稳装后进行，高水箱的稳装方法、要点、技巧如下：首先检查蹲便器的中心与墙面中心线是否一致，如果存在错位需要及时进行调整，以蹲便器不扭斜为宜。确定水箱出水口中心位置，向上测量出规定高度，以及结合高水箱固定孔与给水孔的距离找出固定螺栓高度的位置，然后在墙上画好十字线，然后开 ϕ30mm×100mm 深的孔眼，并且用水冲净孔眼内杂物，再把燕尾螺栓插入洞内用水泥捻牢。将装好配件的高水箱挂在固定螺栓上，并且加胶垫、眼圈，带好螺母，并且拧到松紧适度。

多联高水箱，需要根据上述操作方法先挂两端的水箱，再挂线拉平、找直，然后稳装中间水箱。

4.55 高水箱冲洗管的连接

高水箱冲洗管的连接方法如下：首先上好八字水门，以及测量出高水箱浮球阀距八字水门中心的距离尺寸，然后配好短节，装在八字水门上及给水管口内。再把铜管或塑料管断好，如果需要叉弯的，则把弯煨好。然后把浮球阀与八字水门锁母卸下，背对背套在铜管或塑料管上，再两头缠石棉绳或铅油麻线，以及分别插入浮球阀，以及八字水门进出口内把锁母拧紧。

4.56 延时自闭冲洗阀的安装

延时自闭冲洗阀的安装方法、要点、技巧如下：冲洗阀的中心高度一般为 1100mm。首先根据冲洗阀到胶皮碗的距离，断好 90°弯的冲洗管，使两端合适。然后把冲洗阀锁母、胶圈卸下，并且分别套在冲洗管直管段上，然后把弯管的下端插入胶皮碗内 40～50mm，以及用喉箍进行卡牢。然后把上端插入冲洗阀内，并且推上胶圈，调直找正，然后把锁母拧到适度的松紧程度。注意扳把式冲洗阀的扳手，一般需要朝向右侧。按钮式冲洗阀的按钮，一般需要朝向正面。

4.57 水槽不同材质的特点

水槽不同材质的一些特点见表 4-40。

表 4-40 水槽不同材质的一些特点

水槽类型	水槽材质	缺点	优势
不锈钢水槽	不锈钢	无颜色选择、形状可塑性不强	材料具有良好的弱弹性、坚韧、耐磨、耐高温、抗生锈、防氧化、不吸油和水、不藏垢和易清洗、安装方便、密封性强、不易渗水
铸铁珐琅水槽	铸铁内芯	过于厚实和笨重、材质容易受损、安装不方便、材质无弹性、器皿易受损	坚实、高强度抗压、多种颜色选择、造型艺术感强、易于清洁
人造结晶石水槽	石英石与树脂混合	安装难度高、价格昂贵、易吸水吸油、易被染色	材质硬度高并具有良好的吸音能力、能够把洗刷餐具时产生的噪声减到最低、很强的抗腐蚀性、形状可塑性强、色彩多样

4.58 住宅最高日生活用水定额及小时变化系数

住宅最高日生活用水定额及小时变化系数见表 4-41。

表 4-41 住宅最高日生活用水定额及小时变化系数

类别		卫生器具设置标准	用水定额/(L/人×天)	小时变化系数 K_h
普通住宅	Ⅰ	有大便器、洗涤盆	85~150	3.0~2.5
	Ⅱ	有大便器、洗脸盆、洗涤盆、洗衣机、热水器、沐浴设备	130~300	2.8~2.3
	Ⅲ	有大便器、洗脸盆、洗涤盆、洗衣机、集中热水供应、沐浴设备	180~320	2.5~2.0
别墅		有大便器、洗脸盆、洗涤盆、洗衣机、洒水栓,家用热水机组、沐浴设备	200~350	2.3~1.8

注:别墅用水定额中含庭院绿化用水与汽车抹车用水。当地主管部门对住宅生活用水定额有具体规定时,应按当地规定执行。

4.59 酒店、宾馆与招待所生活用水定额及小时变化系数

酒店、宾馆与招待所生活用水定额及小时变化系数见表 4-42。

表 4-42 酒店、宾馆与招待所生活用水定额及小时变化系数

物业	名　　称	单位	最高日生活用水定额/L	使用时数/h	小时变化系数 K_h
招待所、培训中心、普通旅馆	设公用盥洗室 设公用盥洗室、淋浴室、设公用盥洗室、淋浴室、洗衣室 设单独卫生间、公用洗衣室	每人每日 每人每日 每人每日 每人每日	50~100 80~130 100~150 120~200	24	3.0~2.5

（续）

物业	名　　称	单位	最高日生活用水定额/L	使用时数/h	小时变化系数 K_h
酒店式公寓	酒店式公寓	每人每日	200～300	24	2.5～2.0
宾馆客房	旅客 员工	每床位每日 每人每日	250～400 80～100	24	2.5～2.0

注：空调用水应另计。

4.60　卫生器具的安装要求

厨房、卫生间的洗涤、洁身等卫生器具安装的一些安装要求如下：

1）当墙体为轻质隔墙时，需要在墙体内设卫生设备的后置埋件，后置埋件需要与墙体连接牢固。

2）各种卫生器具安装验收合格后，需要采取适当的成品保护措施。

3）各种卫生器具的排水管道连接需要采用有橡胶垫片排水栓。

4）各种卫生器具与台面、墙面、地面等接触部位均需要采用硅酮胶或防水密封条密封。

5）各种卫生陶瓷类器具不得采用水泥砂浆窝嵌。

6）墙体为多孔砖墙时，需要凿孔填实水泥砂浆后，再进行卫生设备固定件的安装。

7）卫生器具、各种阀门等应积极采用节水型器具。

8）卫生器具与金属固定件的连接表面需要安置铅质或橡胶垫片。

9）各类阀门安装需要位置正确且平正，以及便于使用与维修。

10）各种卫生器具安装的管道连接件需要易于拆卸、维修。

11）各种卫生设备、管道安装均需要符合设计要求、国家现行标准规范的有关规定。

12）各种卫生设备与地面或墙体的连接需要用金属固定件安装牢固。金属固定件需要进行防腐处理。

13）卫生器具的品种、规格、颜色需要符合设计要求，以及需要具有合格证书。

4.61　家用增压泵的概述

增压泵就是用来增压的泵，其主要用于有热水器的增压用、公寓最上层水压不足的加压、太阳能自动增压、高楼低水压、桑拿浴、洗浴等加压用、反渗透净水器增压用等。

一般所说的管道增压泵是指安装在管路上输送液体的泵，不局限于指某一种类或形式的泵，可以是立式泵，也可以是卧式泵。

增压泵的选型，注意的参数为流量、扬程、材质、介质比重等。水泵有最高扬程流量、额定扬程流量的标注方法。市场上大多数水泵，是以最高扬程流量来标注的。增压泵在工作时，扬程为零时流量最大，到了最高扬程时流量为零。增压泵有个特性，就是当管道流量跟不上水泵的流量，或者超过水泵的流量时，增压效果不明显。

水泵选型需根据现场的管路长短、管径大小、弯头多少、热水器容量、热水器类型、喷头出水量等来决定。

承压式电热水器，由于其装置特殊，需要选用出水量稍大的水泵。

造成低水压的原因有管道老化、锈蚀、管道堵塞、90°弯头过多等引起的，因此，需要在选购水泵前，需要排查水压偏低的原因，避免盲目购买水泵。

家用增压泵主要是用于家庭建筑、设备的增水压。家用增压泵的类型有热水自吸家用增压泵、全自动家用增压泵、自吸式家用自动增压泵，不同的家用增压泵，特点与应用范围存在差异。

4.62 热水自吸家用增压泵的参数

如果输送的介质是热水，则可以选择HM型等自来水增压泵。热水自吸家用增压泵参数见表4-43。

表4-43 热水自吸家用增压泵参数

型号	额定功率/W	额定电压/V	最大流量/(L/min)	转速/(r/min)	频率/Hz	配管口径/mm	最高扬程/m	最大吸程/m
HM-122A	125	220	15	2860	50	25	25	9
HM-250A	250	220	32	2860	50	25	32	9
HM-300A	300	220	32	2860	50	25	30	9
HM-370A	370	220	30	2860	50	25	35	9
HM-450A	450	220	35	2860	50	25	40	9
HM-550A	550	220	37	2860	50	25	40	9
HM-750A	750	220	40	2860	50	25	45	9
HM-900A	900	220	60	2860	50	40	50	9
HM-1100A	1100	220	60	2860	50	40	50	9
HM-400A	400	220	250	2860	50	40	15	6
HM-1300A	1300	220	300	2860	50	40	21	6

4.63 全自动家用增压泵参数

自动家用增压泵主要适应与单户供水增压用。如果家庭户内自来水压力太低使用热水器不能正常出水时，该种情况就需要使用全自动家用增压泵。

家用增压泵通常是15mm内径的管径，因此，可以选择家用增压泵15WG8-10型、15WG10-12型等种类。

全自动家用增压泵参数见表4-44。

表4-44 全自动家用增压泵参数

规格	进出口径/mm	额定流量/m	额定扬程/m	最大流量(L/min)	最高扬程/m	频率/Hz	电机功率/W	电源电压/V	转速/(r/min)	连接管路尺寸
15WG8-10	15	0.48	10	15	12	50	80	220~	2800	G1/2″
15WG10-2	15	0.6	12	10	12	50	120	220~	2800	G1/2″

4.64 自吸式家用自动增压泵参数

墅家用水管径在20~40mm间时，可以选用家用增压泵20GZ0.5-14、20GZ0.8-15、25GZ1.2-25、40GZ1. 2-25等种类（型号前面数字代表口径mm）。

自吸式家用自动增压泵参数见表4-45。

表4-45 自吸式家用自动增压泵参数

型号	功率/W	电压/V	频率/Hz	转速/(r/min)	最大流量/(L/min)	额定流量/(L/min)	毛重/kg	进出水口径/mm	最高扬程/m	额定扬程/m
20GZ0.5-14	180	220~240	50	2860	25	8	20	20	22	14
20GZ0.8-15	370	220~240	50	2860	30	12	21	20	30	15
25GZ1.2-25	550	220~240	50	2860	46	20	31	25	45	25
40GZ1.2-25	750	220~240	50	2860	46	20	39	40	50	25

4.65 不锈钢下水管防臭的安装

不锈钢下水管防臭安装的方法如下：

1）拿出可以弯曲的下水管，然后把下水管用力弯曲（有波纹的地方）。

2）然后把水管弯的方向再弯下，弄出S形弯，达到防臭效果。

3）感觉弯成的幅度适合时即可。

4）然后用泡沫片包在管子底上。

5）再用胶水固定泡沫。

6）把下水管的固定口螺纹松掉套在下水器上，然后把下水管套上螺纹固定。

7）再用玻璃胶把下水管与地上的排水管口密封即可。

4.66　家用不锈钢水塔的安装

不锈钢水箱，可以根据容积大小或水箱规格情况来制作水箱基础支架。一般不锈钢卧式水箱、水塔必须要有支架基础，不锈钢立式圆形水箱可以制作成平顶平底，水箱底面可以直接置于地面不需要支架基础。

有的立式（平底）水箱，其底边备有带孔凸缘，安装时可用铁丝与墙体拉紧固定或在单独基础上打膨胀螺钉固定。一些不锈钢水箱安装调试时，不锈钢水箱基础可以采用混凝土条形梁，或工字钢。

一般不锈钢水箱顶部对角设有透气空气过滤装置，规格、数量根据进口尺寸大小由生产厂家确定装置。有的不锈钢水箱内部有使用拉筋。

不锈钢水箱，一般设有检修孔、进水口、出水口、排污口、排气口、溢水口等，也有的是不锈钢水箱是按要求设计制作的。不锈钢水箱排污口主要作为清理污垢用，可接排污，也可以装上螺纹堵头就地排污。不锈钢水箱的溢水口，可以用作水箱排气与浮球阀失灵时溢水用，可以接排污，也可让其就地排水。

一般的不锈钢水箱采用的是全封闭方式，这样可以杜绝藻类繁殖。

一般的不锈钢水箱通气孔具有多层防尘保护，这样可以防止灰尘落入水箱内部。

一般的不锈钢水箱有的进水装置不但具有减少噪声功能，并且可以防止水的扰动。

304不锈钢水箱的鉴别方法见表4-46。

表4-46　304不锈钢水箱的鉴别方法

名称	解　释
磁铁	用磁铁触一下水箱，看是否吸磁。如果无特殊说明，一般情况下是不吸磁的。如果吸磁，则可能是用低档铁素体材料（如430）代替的
锈蚀	如果很短时间即出现锈蚀、断裂及鼓胀，也无磁性，则可能采用低镍、低铬的不锈钢

（续）

名称	解　　释
化学成分分析	200 系列不锈钢与 300 系列不锈钢从表面上看没有区别，同样都没有磁性，可以到当地机械研究所或有金属化验能力的单位做化学成分分析

4.67　不锈钢水箱的安装方法

不锈钢水箱的安装方法如下：

1）不锈钢水箱一般可安置于楼顶。2T 以下水箱不需单独的基础，3T 以上立式水箱需要单独制作基础。

2）水箱就位后，根据联接孔尺寸接管即可使用。对立式（平底）水箱，可在其底部铺上一层细砂，使其均匀接触。卧式水箱与小于 3T 的立式水箱一般均带脚架，安装时，需要把脚架垫平。

3）排污口作为清理污垢用，可接排污，也可以装上螺纹堵头就地排污。

4）溢水口用作水箱排气和浮球阀失灵时溢水用，可接排污，也可以让其就地排水。

5）立式（平底）水箱，其底边备有带孔凸缘，安装时，可以用铁丝与墙体拉紧固定或在单独基础上打膨胀螺钉固定。

6）浮球阀需要定期（一般 1～3 月）进行检查。如果发现失灵，则需要及时维修、更换。

4.68　不锈钢水箱的清理

不锈钢水箱的清理方法如下：

1）首先需要关闭进水阀，打开排污孔堵头（或阀门），使水箱中的余水排尽；

2）然后通过爬梯进入水箱（注意安全）；

3）然后用干净拖把或抹布对水箱周边、底部进行清洗。底部积垢严重的，可以用软毛巾加清洁剂擦洗；

4）然后打开进水阀门，放入适量清水冲洗桶壁及底部，使污垢从排污口排净，必要时可反复进行多次，直到满意为止；

5）清理后，从水箱出来。然后旋紧排污堵头，再打开进水阀门，让水箱重新装满水。

4.69　净水器的安装要求

净水器的安装要求见表 4-47。

表 4-47 净水器的安装要求

项目	解　说
对水的要求	对水的要求如下： 1)净水器安装前，先确认净水器进水压力(一般为 0.1~0.3MPa)，如果水压高于 0.3MPa，则需要在净水器进水口前面加装一个减压装置(例如减压阀)，否则水压过高，会导致超滤膜破裂漏水。 2)安装净水器时，需要选择合理的安装位置，以及在自来水进净水器的入口安装一个安装角阀，长时间不使用时关闭净水器，以避免水压过高导致净水器漏水，损坏财物
对净水器安装位置、环境温度的要求	对净水器安装位置、环境温度的要求： 1) 净水器需安装在卫生清洁(无虫害、鼠害)、周围无易燃、易爆物品与电气控制设备的场所。 2) 净水器的安装环境温度为 5~45℃。 3)净水器需要安装在排水良好的场所
净水器使用注意事项	净水器使用注意事项如下： 1)净水器安装后，一般首次或长时间停置后使用时，需要先打开排污口，然后对净水器内部的滤芯进行冲洗，直到出水清澈透明、无泡沫流出为止，此时净化水，才可以直接生饮。 2)为了延长滤芯的使用寿命，需要使用标准的自来水。如果水质较差，需要在直饮机前面加装前置装置(如 PP 管道)。 3)净水器需要避免阳光直射到机器上

4.70 水灭火系统施工程序

水灭火系统施工程序见表 4-48。

表 4-48 水灭火系统施工程序

项目	施工程序
消火栓系统施工程序	施工准备→干管安装→支管安装→箱体稳固→附件安装→管道调试压→冲洗→系统调试
自动喷水灭火系统施工程序	施工准备→干管安装→报警阀安装→立管安装→喷洒分层干、支管安装→喷洒头支管安装与调试→管道冲洗→减压装置安装→报警阀配件及其他组件安装→喷洒头安装→系统通水调试
消防水泵(或稳压泵)施工程序	施工准备→基础施工→泵体安装→吸水管路安装→压水管路安装→单机调试

4.71 自动喷水灭火系统管道有关参数

自动喷水灭火系统管道的中心线与梁、柱、楼板的最小距离见表 4-49。

表 4-49 管道的中心线与梁、柱、楼板的最小距离

公称直径/mm	25	32	40	50	70	80	100	125	150	200
距离/mm	40	40	50	60	70	80	100	125	150	200

自动喷水灭火系统管道支架或吊架之间的距离见表 4-50。

表 4-50 管道支架或吊架间的距离

公称直径/mm	25	32	40	50	70	80	100	125	150	200	250	300
距离/m	3.5	4.0	4.5	5.0	6.0	6.0	6.5	7.0	8.0	9.5	11.0	12.0

自动喷水灭火系统机械三通、机械四通连接时，支管的口径需要满足表 4-51 的规定。

表 4-51 采用支管接头（机械三通、机械四通）**时支管的最大允许管径**

主管直径/mm	50	65	80	100	125	150	200	250
支管直径——机械三通/ mm	25	40	40	65	80	100	100	100
支管直径——机械四通/ mm	—	32	40	50	65	80	100	100

自动喷水灭火系统喷头溅水盘高于梁底、通风管道腹面的最大垂直距离（边墙型喷头，与障碍物垂直）见表 4-52。

表 4-52 自动喷水灭火系统喷头溅水盘高于梁底、通风管道腹面的最大垂直距离（边墙型喷头，与障碍物垂直）

喷头与梁、通风管道、排管、桥架的水平距离 a/mm	喷头溅水盘高于梁底、通风管道、排管、桥架腹面的最大垂直距离 b/mm
$a<1200$	不允许
$1200 \leqslant a<1500$	25
$1500 \leqslant a<1800$	80
$1800 \leqslant a<2100$	150
$2100 \leqslant a<2400$	230
$a \geqslant 2400$	360

自动喷水灭火系统喷头溅水盘高于梁底、通风管道腹面的最大垂直距离（扩大覆盖面直立与下垂喷头）见表 4-53。

表 4-53 自动喷水灭火系统喷头溅水盘高于梁底、通风管道腹面的最大垂直距离（扩大覆盖面直立与下垂喷头）

喷头与梁、通风管道、排管、桥架的水平距离 a/mm	喷头溅水盘高于梁底、通风管道、排管、桥架腹面的最大垂直距离 b/mm
$a<450$	0
$450 \leqslant a<900$	25
$900 \leqslant a<1350$	125
$1350 \leqslant a<1800$	180
$1800 \leqslant a<2250$	280
$a \geqslant 2250$	360

自动喷水灭火系统喷头溅水盘高于梁底、通风管道腹面的最大垂直距离（边墙型喷头，与障碍物平行）见表 4-54。

表 4-54 自动喷水灭火系统喷头溅水盘高于梁底、通风管道腹面的最大垂直距离（边墙型喷头，与障碍物平行）

喷头与梁、通风管道、排管、桥架的水平距离 a/mm	喷头溅水盘高于梁底、通风管道、排管、桥架腹面的最大垂直距离 b/mm
$a<150$	25
$150\leqslant a<450$	80
$450\leqslant a<750$	150
$750\leqslant a<1050$	200
$1050\leqslant a<1350$	250
$1350\leqslant a<1650$	320
$1650\leqslant a<1950$	380
$1950\leqslant a<2250$	440

自动喷水灭火系统喷头溅水盘高于梁底、通风管道腹面的最大垂直距离见表 4-55。

表 4-55 喷头溅水盘高于梁底、通风管道腹面的最大垂直距离（直立与下垂喷头）

喷头与梁、通风管道、排管、桥架的水平距离 a/mm	喷头溅水盘高于梁底、通风管道、排管、桥架腹面的最大垂直距离 b/mm
$a<300$	0
$300\leqslant a<600$	90
$600\leqslant a<900$	190
$900\leqslant a<1200$	300
$1200\leqslant a<1500$	420
$a\geqslant 1500$	460

4.72 游泳池的平面尺寸、水深

游泳池系统，根据使用性质可以分为比赛游泳池、训练游泳池、跳水游泳池、儿童游泳池、幼儿戏水池等。一些游泳池的平面尺寸、水深见表 4-56。

表 4-56 游泳池的平面尺寸、水深

游泳池类别	水深/m		池长度/m	池宽度/m
	最浅端	最深端		
比赛游泳池	1.8~2.0	2.0~2.2	50	21~25
水球游泳池	≮2.0	≮2.0		
花样游泳池	≮3.0	≮3.0		21~25
跳水游泳池	跳板(台)高度	水深		
	0.5	≥1.8	12	12
	1.0	≥3.0	17	17
	3.0	≥3.5	21	21
	5.0	≥3.8	21	21
	7.5	≥4.5	25	21、25
	10.0	≥5.0	25	21、25

（续）

游泳池类别		水深/m		池长度/m	池宽度/m
		最浅端	最深端		
训练游泳池	运动员用	1.4~1.6	1.6~1.8	50	21、25
	成人用	1.2~1.4	1.4~1.6	50、33.3	21、25
	中学生用	≤1.2	≤1.4	50、33.3	21、25
	公共游泳池	1.8~2.0	2.0~2.2	50、25	25、21、12.5、10
	儿童游泳池	1.6~0.8	1.0~1.2	平面和尺寸视具体情况定	
	幼儿戏水池	0.3~0.4	0.4~0.6		

4.73 采暖工程散热器支架与托架的数量

采暖工程散热器支架与托架的数量见表 4-57。

表 4-57 采暖工程散热器支架与托架的数量

检验方法	散热器型式	安装方式	每组片数	上部托钩或卡架数	下部托钩或卡架数	合计
现场清点检查	长翼型	挂墙	2~4	1	2	3
			5	2	2	4
			6	2	3	5
			7	2	4	6
	柱型 柱翼型	挂墙	3~8	1	2	3
			9~12	1	3	4
			13~16	2	4	6
			17~20	2	5	7
			21~25	2	6	8
	柱型柱翼型	带足落地	3~8	1	—	1
			8~12	1	—	1
			13~16	2	—	2
			17~20	2	—	2
			21~25	2	—	2

4.74 卫生器具的一次和小时热水用水量和水温

生产用热水水量、水温和水质，需要根据工艺要求来确定。集中供应冷、热水时，热水用水定额，需要根据卫生器具完善程度、地区条件，根据有关的规定来确定。卫生器具的一次和小时热水用水量和水温，需要根据表 4-58 来确定。

表 4-58　60℃热水用水定额

名　　称	用水定额（最高值）/L
宾馆　　客房/每床每日	160~215
医院、疗养院、休养所——有盥洗室/每病床每日 ——有盥洗室和浴室/每病床每日 ——设有浴盆的病房/每病床每日	30~65 65~130 160~215
门诊部、诊疗所/每病人每次	5~9
公共浴室　设有淋浴器、浴盆、浴池及理发室/每顾客每次	55~110
理发室/每顾客每次	5~13
洗衣房/每千克干衣	16~27
公共食堂——营业食堂/每顾客每次 ——工业、企业、机关、学校食堂/每顾客每次	4~7 3~5
幼儿园、托儿所——有住宿/每儿童每日 ——无住宿/每儿童每日	16~32 9~16
体育场　运动员——淋浴/每人每次	27
普通住宅　每户设有淋浴设备/每人每日	85~130
高级住宅和别墅　每户设有淋浴设备/每人每日	110~150
集体宿舍——有盥洗室/每人每日 ——有盥洗室和浴室/每人每日	27~38 38~55
普通旅馆、招待所——有盥洗室/每床每日 ——有盥洗室和浴室/每床每日 ——设有浴盆的客房/每床每日	27~55 55~110 110~162

注：本表60℃热水水温为计算温度。

卫生器具使用时的热水水温见表4-59。

表 4-59　卫生器具的一次和小时热水用水定额及水温

名　　称	一次用水量/L	小时用水量/L	水温/℃
幼儿园、托儿所——浴盆：幼儿园	100	400	35
托儿所	30	120	35
——淋浴器：幼儿园	30	180	35
托儿所	15	90	35
——盥洗槽水龙头	1.5	25	30
——洗涤盆（池）	—	180	50
医院、疗养院、休养所——洗手盆	—	15~25	35
——洗涤盆（池）	—	300	50
——浴盆	125~150	250~300	40

（续）

名　　称	一次用水量/L	小时用水量/L	水温/℃
公共浴室——浴盆	125	250	40
——淋浴盆：有淋浴小间	100～150	200～300	37～40
无淋浴小间	—	450～540	37～40
——洗脸盆	5	50～80	35
理发室——洗脸盆		35	35
实验室——洗脸盆		60	50
——洗手盆		15～25	30
剧院——淋浴器	60	200～400	37～40
——演员用洗脸盆	5	80	35
体育场——淋浴器	30	300	35
工业企业生活间——淋浴器：			
一般车间	40	360～540	37～40
脏车间	60	180～480	40
——洗脸盆或盥洗槽水龙头：			
一般车间	3	90～120	30
脏车间	5	100～150	35
净身器	10～15	120～180	30
住宅、旅馆——带有淋浴器的浴盆	150	300	40
——无淋浴器的浴盆	125	250	40
——淋浴器	70～100	140～200	37～40
——洗脸盆、盥洗槽水龙头	3	30	30
——洗涤盆（池）	—	180	50
集体宿舍　淋浴器——有淋浴小间	70～100	210～300	37～40
——无淋浴小间	—	450	37～40
——盥洗槽水龙头	3～5	50～80	30
公共食堂　——洗涤盆（池）	—	250	50
——洗脸盆：工作人员用	3	60	30
顾客用	—	120	30
——淋浴器	40	400	37～40

4.75　冷水计算温度

冷水的计算温度，需要以当地最冷月平均水温资料确定。当无水温资料时，可以根据表 4-60 来采用。

表 4-60 冷水计算温度

分区	地面水水温/℃	地下水水温/℃
第 1 分区	4	6～10
第 2 分区	4	10～15
第 3 分区	5	15～20
第 4 分区	10～15	20
第 5 分区	7	15～20

注：分区的具体划分，需要根据现行的《室外给水设计规范》的规定来确定。

4.76 热水锅炉或水加热器出口的最高水温和配水点的最低水温

热水锅炉或水加热器出口的最高水温和配水点的最低水温，可以根据表 4-61 采用。

表 4-61 热水锅炉或水加热器出口的最高水温和配水点的最低水温

水质处理情况	热水锅炉和水加热器出口最高水温/℃	配水点最低水温/℃
原水水质无需软化处理，原水水质需水质处理且有水质处理	75	50
原水水质需水质处理但未进行水质处理	60	50

注：当热水供应系统只供淋浴和盥洗用水，不供洗涤盆（池）洗涤用水时，配水点最低水温可不低于 40℃。

4.77 贮水器的贮热量

容积式水加热器或加热水箱，当冷水从下部进入，热水从上部送出，其计算容积宜附加 20%～25%。当采用有导流装置的容积式水加热器时，其计算容积要附加 10%～15%。当采用半容积式水加热器时，或带有强制罐内水循环装置的容积式水加热器时，其计算容积可不附加。集中热水供应系统中的贮水器容积，需要根据日热水用水量小时变化曲线、锅炉/水加热器的工作制度、供热量，自动温度调节装置等因素计算来确定。对贮水器的贮热量不得小于表 4-62 的规定。

表 4-62 贮水器的贮热量

加热设备	工业企业淋浴室不小于	其他建筑物不小于
有导流装置的容积式水加热器	20min 设计小时耗热量	30min 设计小时耗热量
半容积式水加热器	15min 设计小时耗热量	15min 设计小时耗热量
容积式水加热器或加热水箱	30min 设计小时耗热量	45min 设计小时耗热量

注：当热媒按设计秒流量供应，并且有完善可靠的温度自动调节装置时，可不计算贮水器容积。半即热式、快速式水加热器用于洗衣房或热源供应不充分时，也应设贮水器贮存热量，其贮热量同有导流装置的容积式水加热器。

4.78 热水供应管道、阀门安装的允许偏差

热水供应管道、阀门安装的允许偏差，需要符合表 4-63 的规定。

表 4-63 热水供应管道、阀门安装的允许偏差

项目			允许偏差/mm	方法
水平管道纵横方向弯曲	钢管	每根料 全长 25m 以上	1 ≯25	水平尺、直线、拉线、尺量
	塑料复合管	每根料 全长 25m 以上	1.5 ≯25	
立管垂直度	钢管	每根料 5m 以上	3 ≯8	吊线、尺量
	塑料复合管	每根料 5m 以上	2 ≯8	
成排管段、成排阀门		在同一平面上间距	3	尺量

4.79 采暖工程组对后的散热器平直度允许偏差

采暖工程组对后的散热器平直度允许偏差见表 4-64。

表 4-64 采暖工程组对后的散热器平直度允许偏差

检验方法	散热器类型	片数	允许偏差/mm
拉线和尺量	长翼型	2~4	4
		5~7	6
	铸铁片式 钢制片式	3~15	4
		16~25	6

4.80 暖卫设备及管道安装管子螺纹长度尺寸

暖卫设备及管道安装管子螺纹长度尺寸见表 4-65。

表 4-65 暖卫设备及管道安装管子螺纹长度尺寸

公称直径		普通丝头		长丝(连接备用)		短丝(连接阀类用)	
mm	in	长度/mm	螺纹数	长度/mm	螺纹数	长度/mm	螺纹数
15	1/2	14	8	50	28	12.0	6.5
20	3/4	16	9	55	30	13.5	7.5
25	1	18	8	60	26	15.0	6.5
32	1¼	20	9			17.0	7.5
40	1½	22	10			19.0	8.0
50	2	24	11			21.0	9.0
70	2½	27	12				
80	3	30	13				
100	4	33	14				

注：螺纹长度均包括螺尾在内。

4.81 暖卫设备及管道安装管钳适用范围

根据配装管件的管径的大小选用适当的管钳。暖卫设备及管道安装管钳适用范围见表 4-66。

表 4-66 暖卫设备及管道安装管钳适用范围

名 称	规 格	适用范围	
		公称直径/mm	英制/in
管钳	12″	15~20	2/1~3/4
	14″	20~25	3/4~1
	18″	32~50	1¼~2
	24″	50~80	2~3
	36″	80~100	3~4

4.82 采暖工程散热器安装允许偏差

采暖工程散热器安装允许偏差见表 4-67。

表 4-67 采暖工程散热器安装允许偏差

项 目	允许偏差/mm	检验方法
散热器背面与墙内表面距离	3	尺量
与窗中心线或设计定位尺寸	20	
散热器垂直度	3	吊线和尺量

4.83 锅炉及辅助设备基础的允许偏差与方法

锅炉及辅助设备基础的允许偏差与方法见表 4-68。

表 4-68 锅炉及辅助设备基础的允许偏差与方法

项目		允许偏差/mm	方法
基础平面外形尺寸		20	尺量
凸台上平面尺寸		0,-20	
凹穴尺寸		+20,0	
基础上平面水平度	每米	5	水平仪(水平尺)、楔形塞尺
	全长	10	
竖向偏差	每米	5	经纬仪、吊线、尺量
	全高	10	
预埋地脚螺栓	标高(顶端)	+20,0	水准仪、拉线、尺量
	中心距(根部)	2	
预留地脚螺栓孔	中心位置	10	尺量
	深度	-20,0	
	孔壁垂直度	10	吊线、尺量
预埋活动地脚螺栓锚板	中心位置	5	拉线、尺量
	标高	+20,0	
	水平度(带槽锚板)	5	水平尺、楔形塞尺
	水平度(带螺纹孔锚板)	2	
基础坐标位置		20	经纬仪、拉线、尺量
基础各不同平面的标高		0,-20	水准仪、拉线、尺量

4.84 热水供应系统管道、设备保温的允许偏差与方法

热水供应系统管道需要保温（除浴室内明装管道外），保温材料、厚度、保护壳等，需要符合有关规定。保温层厚度、平整度的允许偏差，需要符合表 4-69 的规定。

表 4-69 热水供应系统管道、设备保温的允许偏差与方法

项目		允许偏差/mm	方法
厚度		$+0.1\delta$ -0.05δ	用钢针刺入
表面平整度	卷材	5	2m 靠尺、楔形塞尺
	涂抹	10	

注：δ 为保温层厚度。

4.85 热水供应辅助设备安装的允许偏差

热水供应辅助设备安装的允许偏差见表 4-70 的规定。

表 4-70 热水供应辅助设备安装的允许偏差

<table>
<tr><th colspan="3">项 目</th><th>允许偏差/mm</th><th>方法</th></tr>
<tr><td rowspan="3">静置设备</td><td colspan="2">坐标</td><td>15</td><td>经纬仪、拉线、尺量</td></tr>
<tr><td colspan="2">标高</td><td>±5</td><td>水准仪、拉线、尺量</td></tr>
<tr><td colspan="2">垂直度(每米)</td><td>5</td><td>吊线、尺量</td></tr>
<tr><td rowspan="4">离心式水泵</td><td colspan="2">立式泵体垂直度(每米)</td><td>0.1</td><td>水平尺、塞尺</td></tr>
<tr><td colspan="2">卧式泵体垂直度(每米)</td><td>0.1</td><td>水平尺、塞尺</td></tr>
<tr><td rowspan="2">联轴器同心度</td><td>轴向倾斜(每米)</td><td>0.8</td><td rowspan="2">在联轴器互相垂直的四个位置上用水准仪、百分表、测微螺钉、塞尺检查</td></tr>
<tr><td>径向位移</td><td>0.1</td></tr>
</table>

4.86 太阳能热水器安装的允许偏差

太阳能热水器安装的允许偏差，需要符合表 4-71 的规定。

表 4-71 太阳能热水器安装的允许偏差

<table>
<tr><th colspan="2">项 目</th><th>允许偏差</th><th>方法</th></tr>
<tr><td rowspan="2">板式直管太阳能热水器</td><td>标高</td><td>±20°</td><td>尺量</td></tr>
<tr><td>固定安装朝向</td><td>不大于 15°</td><td>分度仪</td></tr>
</table>

第5章 电工用材

5.1 常用电线的载流量

500V 及以下铜芯塑料绝缘线空气中敷设，工作温度 30℃，长期连续 100%负载下的载流量参考值如下：

1.5mm^2 的载流量——22A。

2.5mm^2 的载流量——30A。

4mm^2 的载流量——39A。

6mm^2 的载流量——51A。

10mm^2 的载流量——74A。

16mm^2 的载流量——98A。

5.2 铜导线安全电流

铜导线的安全载流量一般为 5~8A/mm^2。一些铜导线安全电流参考值如下：

0.75mm^2，直径 0.23mm，根数 19 铜导线安全电流——电流 5A。

1.0mm^2，直径 0.26mm，根数 19 铜导线安全电流——电流 7A。

1.5mm^2，直径 0.32mm，根数 19 铜导线安全电流——电流 10A。

2.5mm^2，直径 0.41mm，根数 19 铜导线安全电流——电流 17A。

6.0mm^2，直径 0.64mm，根数 19 铜导线安全电流——电流 40A。

10mm^2，直径 0.52mm，根数 49 铜导线安全电流——电流 65A。

5.3 铜线安全载流量

铜线安全载流量参考值如下：

2.5mm^2 铜电源线的安全载流量——28A。

4mm^2 铜电源线的安全载流量——35A。

6mm^2 铜电源线的安全载流量——48A。

10mm^2 铜电源线的安全载流量——65A。

16mm^2 铜电源线的安全载流量——91A。

25mm^2 铜电源线的安全载流量——120A。

5.4 一些电线的规格

一些电线的规格见表5-1。

表5-1 一些电线的规格

电线名称	型号	绝缘电线线芯标称截面积/mm^2																		
		2×0.3	2×0.4	2×0.5	2×0.75	2×1.0	1.0	1.5	2.5	4	6	10	16	25	35	50	70	95	120	150
		截面积/mm^2																		
聚氯乙烯绝缘电线	BV	—	—	—	—	—	5.3	8.6	11	14	18.1	34	48	72	93.3	137	170	235	257	320
	BLV	—	—	—	—	—	—	—												
橡皮绝缘电线	BX	—	—	—	—	—	16	18	21	26	31	52	69	99	121	170	211	229	320	391
	BLX	—	—	—	—	—	—	—												
氯丁橡皮绝缘电线	BXF	—	—	—	—	—	9.6	11	13	17	25	38	59	80	109	145	193	246	—	—
	BLXF	—	—	—	—	—	—	—												
聚氯乙烯绝缘平型软电线	RVB	14.5	16.6	26.4	30	34														
聚氯乙烯绝缘绞型软电线	RVS																			

5.5 BV型聚氯乙烯绝缘导线的规格

BV型聚氯乙烯绝缘导线的规格见表5-2。

表5-2 BV型聚氯乙烯绝缘导线的规格

导线截面积/mm^2	线芯结构		绝缘厚度/mm	最大外径/mm
	股数	单芯直径/mm		
2.5	1	1.78	0.8	3.9
4	1	2.25	0.8	4.4
6	1	2.76	0.8	4.9
10	7	1.53	1.0	7.0
16	7	1.70	1.0	8.0
25	7	2.14	1.2	10.0
35	7	2.52	1.2	11.5
50	19	1.78	1.4	13.0
70	19	2.14	1.4	15.0
95	19	2.52	1.6	17.5
120	37	2.03	1.6	19.0
150	37	2.25	1.8	21.0
185	37	2.52	2.0	23.0

注：现场抽检线芯直径误差不大于标称直径的1%；绝缘厚度不小于表中的规定。

5.6 BLV 型聚氯乙烯绝缘电线的规格

BLV 型聚氯乙烯绝缘电线的规格见表 5-3。

表 5-3 BLV 型聚氯乙烯绝缘电线的规格

线芯标称截面积/mm²	线芯结构		绝缘厚度/mm	电线最大外径/mm	额定电压/(V/V)
	根数	直径/mm			
1.5	1	1.38	0.7	3.3	450/750
2.5	1	1.78	0.8	3.9	
4	1	2.25	0.8	4.4	
6	1	2.76	0.8	4.9	
10	7	1.35	1.0	7.0	
16	7	1.70	1.0	8.0	
25	7	2.14	1.2	10.0	
35	7	2.52	1.2	11.5	
50	19	1.78	1.4	13.0	
70	19	2.14	1.4	15.0	
95	19	2.52	1.6	17.5	
120	37	2.03	1.6	19.0	
150	37	2.25	1.8	21.0	
185	37	2.52	2.0	23.5	

5.7 BVVB 型护套变形电缆的特点

BVVB 型护套变形电缆的特点见表 5-4。

表 5-4 BVVB 型护套变形电缆的特点

截面积/mm²	导体结构/(根/Fmm)	绝缘厚度/mm	护套厚度/mm	标称外径/mm
2×0.75	2×1/0.97	0.6	0.9	3.97×6.14
2×1.0	2×1/1.13	0.6	0.9	4.13×6.46
2×1.5	2×1/1.38	0.7	0.9	4.58×7.36
2×2.5	2×1/1.78	0.8	1.0	5.39×8.76
2×4	2×1/2.25	0.8	1.0	5.85×9.7
2×6	2×1/2.76	0.8	1.1	6.56×10.92

5.8 BVR 型铜芯聚氯乙烯绝缘电线的特点

BVR 型铜芯聚氯乙烯绝缘电线的特点见表 5-5。

表 5-5 BVR 型铜芯聚氯乙烯绝缘电线的特点

额定电压/V	标称截面积/mm²	导体结构/(根/Fmm)	绝缘厚度/mm	标称外径/mm	平均外径上限/mm
450/750	2.5	19/0.41	0.8	3.65	4.1
450/750	4	19/0.52	0.8	4.20	4.8

（续）

额定电压/V	标称截面积/mm^2	导体结构/(根/Fmm)	绝缘厚度/mm	标称外径/mm	平均外径上限/mm
450/750	6	19/0.64	0.8	4.80	5.3
450/750	10	49/0.52	1.0	6.68	6.8
450/750	16	49/0.64	1.0	7.76	8.1
450/750	25	98/0.58	1.2	10.08	10.2
450/750	35	133/0.58	1.2	11.10	11.7
450/750	50	133/0.68	1.4	13.00	13.9
450/750	70	189/0.68	1.4	15.35	16.0

5.9　橡皮绝缘导线的应用

橡皮绝缘导线是在裸导线外包一层橡胶，再包一层编织层。橡皮电缆主要是供室内敷设用。一些橡皮绝缘导线的应用见表5-6。

表5-6　一些橡皮绝缘导线的应用

型号	名　　称	应　　用
BX	铜芯橡皮线	交流电压250V、500V的电路中
BXR	铜芯橡皮软线	交流额定电压500V的电路中
BXS	双芯橡皮线	交流电压250V,用于绝缘子上使用
BXH	铜芯橡皮花线	额定电压250V
BLX	铝芯橡皮线	交流电压250V、500V的电路中
BXG	铜芯穿管橡皮线	交流电压500V、直流电压1000V,管内敷设
BLXG	铝芯穿管橡皮线	交流电压500V、直流电压1000V,管内敷设

5.10　导线的选择技巧

导线的选择是指根据施工现场的特点、用电负荷的性质与容量等特点，合理选择导线型号、规格的过程。导线截面积的选择，一般需要包括根据发热条件选择导线截面积、根据电压损失校验、根据机械强度校验三个步骤来进行。

其中，根据发热条件选择导线截面积，需要计算不同负荷性质的电流。不同负荷性质的电流计算公式见表5-7。

表5-7　不同负荷性质的电流计算公式

负荷性质	举　　例	公　　式
单相纯电阻负载	白炽灯,电热毯,电饭煲等	$I=\frac{P}{U}$
单相含电感负载	荧光灯,电风扇,空调	$I=\frac{P}{U\cos\varphi}$

（续）

负荷性质	举　例	公　式
三相纯电阻负载	三相加热器	$I=\frac{P}{\sqrt{3}U_L}$
三相含电感负载	三相电动机，三相变压器等	$I=\frac{P}{\sqrt{3}U_L\cos\varphi}$

注：其中　I——工作电流

U——工作电压

$\cos\varphi$——功率因数

U_L——线电压

根据电压损失校验，是因为配电线路过长、导线截面积过小，造成电压损失过大，这样需要将电路损耗考虑在导线的选择内。单相供电线路电压损失计算公式如下：

$$\Delta U=\frac{2\rho lP}{SU\cos\varphi}$$

式中　ΔU——电压损失值，单位为 V；

ρ——电阻率，单位为 $\Omega mm^2/m$；

l——单根导线长度，单位为 m；

P——负荷的有功功率，单位为 W；

S——导线截面积，单位为 mm^2。

5.11　导线颜色的一些相关规定

敷设导线时，相线 L、零线 N 与保护零线 PE 需要采用不同颜色的导线，也就是涉及到导线颜色的选择。导线颜色的一些相关规定见表 5-8。

表 5-8　导线颜色的一些相关规定

类别	颜色标志	线别	备注
一般用途导线	黄色 绿色 红色 浅蓝色	相线——L_1 相 相线——L_2 相 相线——L_3 相 零线或中性线	U 相 V 相 W 相
保护接地（接零） 中性线（保护零线）	绿/黄双色	保护接地（接零） 中性线（保护零线）	
二芯（供单相电源用）	红色 浅蓝色	相线 零线	

（续）

类别	颜色标志	线别	备注
三芯（供单相电源用）	红色 浅蓝色（或白色） 绿/黄色（或黑色）	相线 零线 保护零线	
三芯（供三相电源用）	黄、绿、红色	相线	无零线
四芯（供三相四线制用）	黄、绿、红色 浅蓝色	相线 零线	

一些单相电源装修装饰中，导线的颜色选择方法如下：

相线——可以使用黄色、绿色、红色中的任一种颜色。不允许使用黑色、白色、绿/黄双色的导线。

零线——可以使用黑色导线。没有黑色导线时，可以用白色导线。零线不允许使用红色导线。

保护零线——需要使用绿/黄双色的导线。如果没有该种颜色导线，也可以选择黑色的导线，这时零线则需要使用浅蓝色，或白色的导线。保护零线不允许使用除绿/黄双色线、黑色线以外的其他颜色的导线。

5.12　导线运行最高温度

为防止线路过热，保证线路正常工作，导线运行时不得超过其最高温度。其最高温度见表5-9。

表5-9　导线运行最高温度

类型	极限温度
裸线	70℃
铅包或铝包电线	80℃
塑料电缆	65℃
塑料绝缘线	70℃
橡皮绝缘线	65℃

5.13　保护线截面积的选择

保护线（包括PE线、保护零线、保护导体）截面积的选择见表5-10。

表5-10　保护导体的截面积

相线的截面积 S/mm^2	相应保护导体的最小截面积 S_P/mm^2
$S \leqslant 16$	S
$16<S \leqslant 35$	16

（续）

相线的截面积 S/mm²	相应保护导体的最小截面积 S_P/mm²
35<S≤400	S/2
400<S≤800	200
S>800	S/2

注：S 指柜（屏、台、箱、盘）电源进线相线截面积，并且两者（S、S_P）材质相同。

5.14 不同敷设方式导线芯线允许最小截面积

不同敷设方式导线芯线允许最小截面积见表5-11。

表5-11 不同敷设方式导线芯线允许最小截面积

用途		最小芯线截面积/mm²		
		铜芯	铝芯	铜芯软线
裸导线敷设在室内绝缘子上		2.5	4.0	—
绝缘导线敷设在绝缘子上。L 表示支持点间距	室内：L≤2m	1.0	2.5	—
	室外：L≤2m	1.5	2.5	—
	室内外：2m<L≤6m	2.5	4.0	—
	室内外：6m<L≤12m	2.5	6.0	—
绝缘导线穿管敷设		1.0	2.5	1.0
绝缘导线槽板敷设		1.0	2.5	—
绝缘导线线槽敷设		0.75	2.5	—
塑料绝缘护套线明敷设		1.0	2.5	—

5.15 电缆敷设开启式载流量与封闭式载流量

电缆敷设开启式载流量是指架空、平敷等情况时的电缆载流量。电缆敷设封闭式载流量是指穿管、埋设等情况时的电缆载流量，具体参考数值见表5-12。

表5-12 电缆敷设开启式载流量与封闭式载流量

导线截面积/mm²	1	1.5	2.5	4	6	10	16	25	35	50	70	95	120
封闭式载流量/A	4	8	12	20	28	48	72	93	115	145	220	240	258
开启式载流量/A	5	10	15	25	35	60	90	113	140	177	268	288	314

5.16 家装电源线的选择要求

家装电源线的一些选择要求如下：

1）家装住宅套内的电源线，需要选用铜材质的电源线。

2）家装普通插座回路支线截面积不应小于2.5mm²。

3）照明回路支线截面积，可以根据配电保护电器整定电流来选取：当照明回路保护电器整定值为 10A 时，则电源线不应小于 1.5mm^2。照明回路保护电器整定值为 16A 时，不应小于 2.5mm^2。

5.17 家庭电缆的选择

家庭导线常用规格：1mm^2、1.5mm^2、2.5mm^2、4mm^2、6mm^2等。家用电缆选型根据 1mm^2=6A 来选择，以及参考选择见表 5-13 。

表 5-13 家庭电缆的参考选择

名 称	选线/mm^2	电流/A	估算	最大功率/W
灯泡	1	6	1.3kW	1320
	1.5	9	2kW	1980
插座	2.5	15	3kW	3300
空调	4	24	5kW	5280
	6	36	8kW	7920

家装铜芯电线的选择见表 5-14。

表 5-14 家装铜芯电线的选择

电器或者线路	电线/mm^2
普通插座	2.5 或者 4
2000W 以内电器	2.5
超过 2000W 电器	4
超过 7000W 电器	6
空调线路(柜机)	4
进户线	≥10
保护地线	2.5
空调挂机	2.5、4
开关用线	2.5
一般空调	4
大功率的柜机	6
热水器	6
照明线路	1.5 或者 2.5
插座线路	2.5

5.18 家用电压电线承载功率

我国家用电压一般是 220V，家用电压电线大约承载功率如下：

1.5mm^2 的线大约承载功率为 2200W。

2.5mm^2 的线大约承载功率为 3520W。

4mm^2 的线大约承载功率为 5500W。

6mm^2 的线大约承载功率为 7064W。

5.19 住宅进户线规格的选择

住宅进户线规格的选择技巧如下：

进户线导体截面积应按每户用电负荷容量选取：
- 用电负荷≤4kW 的套型，进户线不宜小于 $10mm^2$
- 4kW≤用电负荷≤8kW 的套型，进户线不宜小于 $16mm^2$
- 8kW≤用电负荷≤12kW 的套型，进户线不宜小于 $25mm^2$
- 用电负荷≥12kW 的套型，进户线按配电断路器容量选取

5.20 家装电线合格的判断

家装电线合格的判断，可以参考以下几点数据：

1）一卷电线长度一般是 100m 左右。如果所用的电线长度缩水了，则说明电线质量值得怀疑。

2）BVR2.5mm^2 的电线一般大于或者等于 19 根导线，如果导线根数少于 19 根，则说明电线质量值得怀疑。

3）BVR2.5mm^2 的电线一般绝缘外径大于 4.1mm，如果小于该数值，则说明电线质量值得怀疑。

4）BVR2.5mm^2 的电线一般铜线直径大于或者等于 0.41mm，如果小于该数值，则说明电线质量值得怀疑。

5）BVR2.5mm^2 的电线一般铜线重量 32kg/km，如果小于该数值，则说明电线质量值得怀疑。

6）绝缘平均厚度大于或者等于 0.8mm，如果小于该数值，则说明电线质量值得怀疑。

7）绝缘最薄点厚度大于或者等于 0.62mm，如果小于该数值，则说明电线质量值得怀疑。

8）导线直流电阻小于或者等于 7.41Ω/km，如果大于该数值，则说明电线质量值得怀疑。

9）表面质量颜色均匀、平整、没有气孔，如果与这些相反，则说明电线质量值得怀疑。

10）印刷标志耐擦 10 次字迹清晰，如果容易擦掉，则说明电线质量值得怀疑。

11）家装电线耐压一般是 450/750V，如果达不到要求，则说明电线质量值得怀疑。

5.21 家装电线用量的估计

家装电线用量的估计见表 5-15。

表 5-15 家装电线用量的估计

类型与面积	电线用量
一室一厅 (30~50mm^2)	BV1.5mm^2 单色铜芯线 100m 的 2 卷(相线、零线各 1 卷,灯具照明用)。 BV2.5mm^2 单色铜芯线 100m 的 3 卷(相线、零线、地线各 1 卷,插座用)。 高清电视线 30m。 电脑线 30m
二室一厅 (50~70mm^2)	BV1.5mm^2 100m 的单色铜芯线 2 卷、50m 的 2 卷(相线、零线各 2 卷,灯具照明用)。 BV2.5mm^2 100m 的单色铜芯线 3 卷、50m 的 3 卷(相线、零线、地线各 2 卷,插座用)。 高清电视线 50m。 电脑线 50m
三室一厅 (70~100mm^2)	BV1.5mm^2 100m 的单色铜芯线 4 卷(相线、零线各 2 卷,灯具照明用)。 BV2.5mm^2 100m 的单色铜芯线 6 卷(相线、零线、地线各 2 卷,插座用)。 高清电视线 50m。 电脑线 50m

5.22 塑壳断路器电源线选择要求

塑壳断路器电源线选择要求见表 5-16。

表 5-16 塑壳断路器电源线选择要求

塑壳断路器型号	电流/A	导线截面积/mm^2	端子型号
CM1-63	63	16	JGC16-5
CM1-100	10、16、20	2.5	JBC2.5-8
CM1-100	25、32	6	JBC6-8
CM1-100	40、50	10	JBC10-8
CM1-100	63	16	JGC16-8
CM1-100	80	25	JGC25-8
CM1-100	100	35	JGC35-8
CM1-160、225	125	50	JGC50-8
CM1-160、225	160	70	JGC70-8
CM1-160、225	180、200、225	95	JGC95-8

5.23 建筑用绝缘电工套管与配件的种类

建筑用绝缘电工套管与配件的种类见表 5-17。

表 5-17 建筑用绝缘电工套管与配件的种类

依据	种类
根据力学性能分	低机械应力型套管(简称轻型)、中机械应力型套管(简称中型)、高机械应力型套管(简称重型)、超高机械应力型套管(简称超重型)
根据联接形式分	螺纹套管、非螺纹套管
根据弯曲特点分	硬质套管、半硬质套管、波纹套管。其中硬质套管又分为冷弯型硬质套管、非冷弯型硬质套管
根据阻燃特性分	阻燃套管、非阻燃套管

5.24 电线电缆护套管的特点与选择

电线电缆护套管的特点与选择见表5-18。

表5-18 电线电缆护套管的特点与选择

名　称	特点与选择
PVC电线管	PVC电线管可以分为轻型PVC电线管(即管壁薄型PVC电线管)、中型PVC电线管(即管壁中厚型PVC电线管)、重型PVC电线管(管壁加厚型PVC电线管)。其中: 轻型PVC电线管——质轻、强度差、不耐压,家居装饰装修中一般不采用,但是可以用于吊顶棚内敷设。 中型PVC电线管——价廉、质量一般、强度一般,可以用于墙体内、砼内、地坪内敷设。家居装饰装修中采用该类型的管比较多。 重型PVC电线管——价格高、强度大、耐压好、质量好,可以用于有重力作用的场所地坪内、砼内敷设。家居装饰装修中采用该类型的管比较不经济,因此一般不采用。 选择PVC电线管一定要选择电工专用阻燃的PVC管,并且管壁厚度不能够太薄
半硬塑料管	一般用现埋暗设使用
半硬质套管	无需借助工具能手工弯曲的一种套管
包塑可挠金属电线保护套管	可挠金属电线保护套管表面包覆一层PVC塑料的一种套管
波纹塑料管	一般用作户内使用。波纹管是早期常采用的一种导线保护管,目前,有被PVC取代的趋势
波纹套管	套管轴向具有规则的凹凸波纹的一种套管
槽板的类型	槽板有两种,即木槽板与塑料槽板。其中,塑料线槽一般由槽底板、板槽盖板、附件组成。塑料线槽一般由难燃型硬聚氯乙烯工程塑料挤压成型 木槽板也是由槽底板、板槽盖板、附件组成,只是槽底板、板槽盖板是木材料制作的
瓷管	瓷管导线保护管在城镇家居装饰装修中应用较少,主要是瓷管运输麻烦、易于破损等缺点
电线管	电线管又称为薄壁管,是管线材中主要管材。电线管可以分为薄壁电线管、加厚电线管。其中,加厚电线管多为镀锌加厚管 选择电线管的方法与技巧:管材接缝焊接要平滑/牢固,断面呈圆形,内外壁要光滑,无毛刺,无凹凸状等特点的电线管为质量好的电线管
镀锌管	镀锌管又叫做白铁管,一般用做户内外穿墙管使用。电线敷设也可以采用国标的专用镀锌管做穿线管。混凝土上、吊顶布线一般用黄蜡套管,其他地方不得使用黄蜡套管。镀锌管管径也有大小种类,其选择方法与PVC管的选择方法基本一样:插座线路可以选择用SG20 PVC管,照明可以选择用SG16 PVC管 选择镀锌管主要考虑长度、直径。管子的直径有外径、内径、公称直径等

（续）

名　称	特点与选择
非螺纹套管	不用螺纹连结的一种套管
非阻燃套管	被点燃后在规定的时间内火焰不能自熄的一种套管
黑铁管	一般用作户内外穿墙管使用
绝缘套管	绝缘套管是由电绝缘材料制成的一种套管
可挠金属电线保护套管	可挠金属电线保护套管具有可挠性可自由弯曲的金属套管。其外层为镀锌钢带，中间层为冷轧钢带，里层为耐水电工纸
螺纹套管	带有连结用螺纹的一种平滑套管
平滑套管	套管轴向内外表面为平滑面的一种套管
线槽的选择方法	线槽的选择方法如下： 1)根据设计要求选择型号、规格相应的定型产品。 2)塑料线槽敷设场所的环境温度不得低于-15℃，其氧指数不应低于27%。 3)线槽应有间距不大于1m的连续阻燃标记。 4)线槽外壁应有产品合格证、制造厂标。 5)木槽板应涂绝缘漆及防火涂料。 6)线槽内外应光滑无棱刺，不应有扭曲、翘边变形现象
硬塑料管	一般用作户内外穿墙管使用
硬质套管	只有供助设备或工具才可能弯曲的一种套管
阻燃套管	套管不易被火焰点燃，或者虽能被火焰点燃但点燃后无明显火焰传播，并且当火源撤去后，在规定时间内火焰可自熄的一种套管

5.25 套管代号的含义

套管代号的含义见表5-19。

表5-19 套管代号的含义

名称代号		特性代号	主参数代号	
主称	品　种		温度等级	公称尺寸
套管:G	硬质管:Y 半硬质管:B 波纹管:W	轻型:2 中型:3 重型:4 超重型:5	25型:25 15型:15 5型:05 90型:90 90/-25型:95	16、20、25、32、40、50、60

5.26 可挠金属电线保护套管的规格

可挠金属电线保护套管的规格见表5-20。

表 5-20 可挠金属电线保护套管的规格

规格代号	外径	外径公差	内径	每卷长度	螺距	每卷质量/kg
	mm					
10#	13.3	±0.2	9.2	50000	1.6±0.2	11.5
12#	16.1	±0.2	11.4	50000		15.5
15#	19.0	±0.2	14.1	50000		18.5
17#	21.5	±0.2	16.6	50000		22.0
24#	28.8	±0.2	23.8	25000	1.8±0.25	16.25
30#	34.9	±0.2	29.3	25000		21.8
38#	42.9	±0.4	37.1	25000		24.5
50#	54.9	±0.4	49.1	25000		35.25
63#	69.1	±0.6	62.6	10000	2.0±0.3	20.6
76#	82.9	±0.6	76.0	10000		25.4
83#	88.1	±0.6	81.0	10000		26.8
101#	107.3	±0.6	100.2	5000		15.6

5.27 常用镀锌钢管的规格

常用镀锌钢管的规格见表 5-21。

表 5-21 常用镀锌钢管的规格

公称口径/mm	外径/mm	壁厚/mm	镀锌管壁黑铁管增加的重量系数	
			普通钢管	加厚钢管
6	10	2	1.064	1.059
8	13.5	2.75	1.056	1.046
10	17	3.5	1.056	1.046
15	21.3	3.15	1.047	1.039
20	26.8	3.4	1.046	1.039
25	33.5	4.25	1.039	1.032
32	42.3	5.15	1.039	1.032
40	48	4	1.036	1.03
50	60	5	1.036	1.028
65	75.5	5.25	1.034	1.028
80	88.5	4.25	1.032	1.027
100	114	7	1.032	1.026
125	140	7.5	1.028	1.023
150	165	7.5	1.028	1.023

5.28 耐火电缆槽盒常见规格

耐火电缆槽盒常见规格见表 5-22。

表 5-22 耐火电缆槽盒常见规格

槽盒内宽度/mm	槽盒内高度/mm						
	40	50	60	80	100	150	200
60	常用规格	常用规格					
80	常用规格	常用规格	常用规格				
100	常用规格	常用规格	常用规格	常用规格			
150	常用规格	常用规格	常用规格	常用规格	常用规格		
200		常用规格	常用规格	常用规格	常用规格		
250		常用规格	常用规格	常用规格	常用规格	常用规格	
300			常用规格	常用规格	常用规格	常用规格	常用规格
350			常用规格	常用规格	常用规格	常用规格	常用规格
400			常用规格	常用规格	常用规格	常用规格	常用规格
450			常用规格	常用规格	常用规格	常用规格	常用规格
500				常用规格	常用规格	常用规格	常用规格
600				常用规格	常用规格	常用规格	常用规格
800					常用规格	常用规格	常用规格
1000					常用规格	常用规格	常用规格

5.29 PVC 电工套管的规格

电工塑料套管是以塑料材料制成的用于 2000V 或 1000V 以下的工业及民用建筑中电线、电缆的保护套管。电工塑料套管俗称电线套管、穿线管。根据材质可以分为硬质塑料套管、半硬质塑料套管、波纹塑料套管。根据用途可以分为建筑用绝缘电工套管及配件、电气安装用导管。

PVC 电工套管主要是用于保护穿入其中的导线。选择 PVC 电线管一定要选择电工专用阻燃的 PVC 管，并且管壁厚度不能够太薄。

建筑用 PVC 电工套管管材外径和壁厚见表 5-23。

表 5-23 建筑用 PVC 电工套管管材外径和壁厚

公称外径	平均外径的偏差/mm	最小内径/mm		厚度/mm	
				最大	允许差
PVC16	-0.3	轻型	13.7	1.15	-0.3
		中型	13.0	1.50	
		重型	12.2	1.90	
PVC20	-0.3	中型	16.9	1.55	-0.3
		重型	15.8	2.10	
PVC25	-0.4	中型	21.4	1.80	-0.3
		重型	20.6	2.20	

（续）

公称外径	平均外径的偏差/mm	最小内径/mm		厚度/mm	
				最大	允许差
PVC32	-0.4	轻型	28.6	1.70	-0.3
		中型	27.8	2.10	
		重型	26.6	2.70	
PVC40	-0.4	轻型	35.8	2.10	-0.3
		中型	35.8	2.30	
		重型	34.4	2.80	

5.30 PVC-U 材料的要求与 PVC-U 穿线管的规格

使用硬质聚氯乙烯（PVC-U）材料的一些要求：

1）硬质聚氯乙烯管材所用粘结剂尽量应用同一厂家配套的产品，应与卫生洁具连接相适宜。

2）硬质聚氯乙烯管材、管件内外表层应光滑、无气泡、无裂纹。

3）硬质聚氯乙烯粘结剂、卡架、型钢、圆钢、镀锌螺栓需要符合相关要求以及满足使用要求。

4）硬质聚氯乙烯管材、管件、防火套管应使用合格的产品。

5）硬质聚氯乙烯管材、管件管壁厚度符合相关标准且薄厚均匀，色泽一致。

6）硬质聚氯乙烯管材直段挠度应不小于1%，管件造型应规矩、光滑、无毛刺，承口应有度与管材外径插口配套。

PVC-U 穿线管（交通道路用穿线管）见表5-24。

表5-24 PVC-U 穿线管（交通道路用穿线管）

公称外径/mm	公称内径/mm	
	中型	重型
75	70.7	67.7
90	84.0	81.4
99		90.0
110	102.6	98.8
160	149.6	145.0

5.31 辨别彩色 PVC 线管优劣的方法

辨别彩色 PVC 线管优劣的方法见表5-25。

表 5-25 辨别彩色 PVC 线管优劣的方法

项目	方法解说
抗冲击	可以用单脚用力踩踏 PVC 线管的端口,优质的 PVC 线管即使变形也不会有裂纹,不会有碎片掉落。劣管则会出现裂纹、碎片掉落等异常现象
阻燃	可以用打火机点燃 PVC 穿线管的端口,优质的 PVC 线管不会助燃。如果移开打火机,管口火焰一般在 30s 内自行熄灭。劣管则阻燃性差
壁厚	管壁厚是由 PVC 管每百米投入原料的用量决定的,原料用量决定 PVC 管材料成本,过于低廉的 PVC 穿线管会通过减少原料用量来压缩产品成本,导致管壁过薄,不能起到保护线路的功能 PVC 穿线管根据国标规定分为轻型、中型、重型三种规格,其中家装常用轻型、中型管,常用管径为外径 16mm、外径 20mm、外径 25mm。16mm 外径的轻型管壁厚厚度一般为 1.0~1.15mm、中型管壁厚厚度一般为 1.2~1.5mm。20mm 外径的中型管壁厚厚度一般为 1.25~1.55mm。25mm 外径的中型管壁厚厚度一般为 1.5~1.8mm 判断彩色 PVC 穿线管优劣时,可以用尺测量管壁厚度,如果管壁厚度符合国标规定的,则说明为优管。如果管壁厚度不符合国标规定的,则说明为劣管
可弯性	用一根合适直径的弯管弹簧塞入 PVC 线管内,弯折 90°,优质的 PVC 线管只见弯折处有轻微泛白现象,管体应没有开裂,没有裂纹。劣管则会出现大量泛白现象,甚至出现开裂或者裂纹现象

5.32 PVC 线槽的应用

PVC 线槽主要用于塑料线槽配线工艺。PVC 线槽，一般由槽底、槽盖、附件组成，它是由难燃型硬聚氯乙烯工程塑料挤压成型。选用塑料线槽时，需要根据设计要求选择型号、规格相应的产品。塑料线槽内外需要光滑无棱刺，不应有扭曲、翘边等变形现象。塑料线槽敷设场所的环境温度不得低于-15℃，其氧指数不应低于 27%。

PVC 线槽的应用图例如图 5-1 所示。

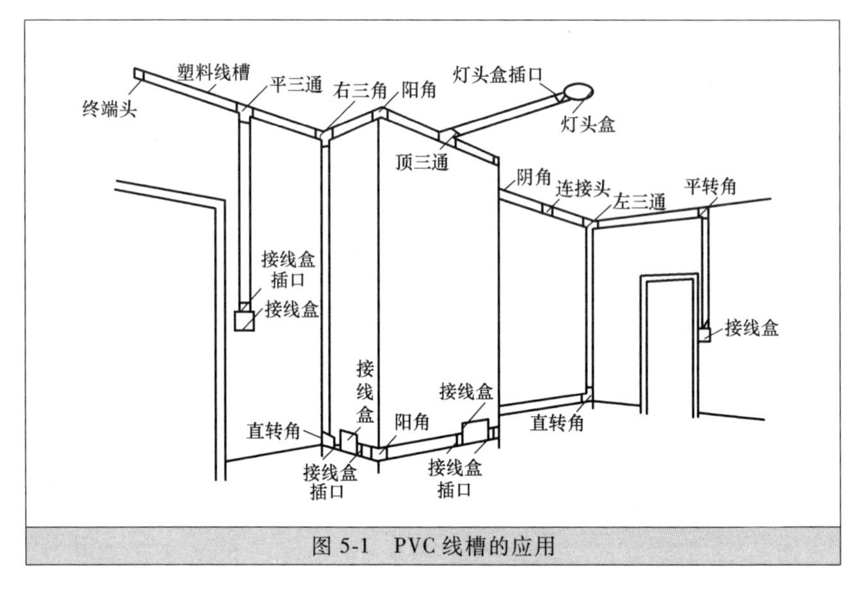

图 5-1　PVC 线槽的应用

5.33　PVC 线槽的规格

一些 PVC 线槽的规格见表 5-26。

表 5-26　PVC 线槽的规格

编号	规格/宽×高	编号	规格/宽×高	编号	规格/宽×高
ET2010A	20×10A	ET1010	10×10	ET6030	60×30
ET2010B	20×10B	ET1510	15×10	ET6040	60×40
ET2414A	24×14A	ET1616	16×16	ET6060	60×60
ET2414B	24×14B	ET2516	25×16	ET7550	75×50
ET3919A	39×19A	ET2525	25×25	ET7575	75×75
ET3919B	39×19B	ET4016	40×16	ET8040	80×40
ET5922A	59×22A	ET4025	40×25	ET8050	80×50
ET5922B	59×22B	ET4030	40×30	ET8080	80×80
ET9927A	99×27A	ET4040	40×40	ET10050	100×50
ET9927B	99×27B	ET5025	50×25	ET10060	100×60
ET9940A	99×40A	ET5040	50×40	ET100100	100×100
ET9940B	99×40B	ET5050	50×50		

注：1. PVC 线槽颜色一般为白色。

2. PVC 线槽标致长度一般为 2m/条或 2.9m/条。

3. PVC 线槽其他颜色和长度，一般是根据要求定做的。

第6章 电技能概述与电箱柜、照明

6.1 家装临时用电概述

家装临时用电主要涉及临时用电的引入与使用，具体包括临时用电从哪里引入，引入到家装场地哪个位置与哪个设备上，怎样正确安全使用临时用电，有关临时用电设备的选择安装使用情况等。

家装临时用电的一些要求与注意事项如下：

1）各种用电线路不得随意拖拉在地面上。

2）各种绝缘导线的绑扎不得使用裸导线。

3）家装临时用电对用电的安全要求更高，尤其是使用水、电的场所。

4）暂时停用的线路需要及时切断电源。工程竣工后，临时用电应随时拆除。

5）各种用电线路禁止敷设在脚手架上。

6）家装施工现场内不得架设裸导线，以及绝缘层破坏的电线。

7）每支路的始端需要装设断路开关与有效的短路、过载保护。

8）临时用电需要考虑电动工具用电与照明用电，并且需要计算负荷。负荷计算公式如下：

$$P=1.1(K_1\sum P_1+K_2\sum P_2)$$

式中　P——表示总用电量。

P_1——表示全部动力施工用电量总和。

P_2——表示室内照明用电量总和。

K_1——表示动力用电系数（10台内：0.75，10~30台：0.7）。

K_2——表示室内照明用电系数：0.8。

然后由总负荷计算出总电流即可。

家装常用电动工具与设备的额定功率见表6-1。

9）临时用电需要采用临电配电箱，电源进线端严禁采用插头与插座做活动连接。

10）移动式电动工具、手持式电动工具通电前，需要作好保护接地，也就是必须采用接地的插座。

表 6-1 家装常用电动工具与设备的额定功率

机械或设备名称	额定功率/kW	单位	数量
手提切割机	0.4	台	
磨光机	0.67	台	
手电钻	0.7	台	
电动螺钉枪	1.11	台	
照明灯	0.1	只	
多功能两用手电钻	0.8	台	
水电开槽机	1.5	台	
交流电弧焊机	21	套	
空气压缩机	3	台	
型材切割机	1.3	台	
砂轮切割机	2.2	台	

11）移动式电动工具、手持式电动工具需要采用插座连接时，其插座、插头应无损伤、无裂纹，并且绝缘良好。

12）移动式电动工具、手持式电动工具需要加装单独的电源开关与保护器，不得1台开关接2台及2台以上电动设备。

13）移动式电动工具与手持式电动工具的电源线，需要采用铜芯多股橡套软电缆或聚氯乙烯护套软电缆。电缆需要避开热源，以及不得随意拖拉在地。如果不能满足上述要求时，则需要采取防止重物压坏电缆等措施。

14）家装临时用电没有公装临时用电那么复杂、严格，但是也需要认真严格执行。

15）临时用电现场需要注意电器防火。

16）移动式电动工具与手持式电动工具需要移动时，不得手提电源线或转动部分。

17）照明用电与其他要求需要遵守有关国家、地方、物业规范或者要求。

6.2 临电配电箱（开关箱）

临电配电箱（开关箱）的一些要求与特点如下：

1）临电配电箱（开关箱）最好购置箱体铁皮厚度不小于1.2mm的正规箱。外形结构能够防雨、防尘的。室内装修用电设备不多，负荷也不大，则选择临电配电箱的体积也不宜过大。

2）具有三个回路以上的配电箱需要设总漏电开关及分路漏电开关。每一分路漏电开关不应接2台或2台以上设备，不应供2个或2

个以上作业组使用。

3）配电箱内的导线需要绝缘良好、排列整齐、固定牢固。导线端头需要采用螺栓连接或压接。电气设备必须可靠完好，不准使用破损、不合格的电器。

4）配电箱需要安装牢固或者立放稳定，便于操作与使用、维修。

5）箱内应常保持整洁干净，不得放置任何杂物，尤其不得放置金属导电物等。

6）所有移动电具，都应在漏电保护之中，严禁用电线直接插入插座内使用。

7）供电电源无论是哪种形式，临电配电箱外壳均需要接地良好。

8）临电配电箱（开关箱）内部需要设置带漏电保护器的总隔离开关，同时具备短路、过载、漏电保护功能。最好动力工具使用的配电箱与临电照明分开，以免动力工具回路异常，影响临电照明。

9）如果家装场地无需大的动力用电，因此，其临电配电箱采用一级总隔离开关即可。照明、动力合一的配电箱应分路设置。

10）临电配电箱中各种电气开关的额定值与动作整定值需要与其控制用电设备额定值、特性相适应。开关箱漏电保护器的额定漏电动作电流不应大于30mA，额定漏电动作时间不应大于0.1s。总开关与分开关动作保护定值相匹配，使用前对漏电保护实验完好方可接入，以及按开关使用说明书定期测试动作性，发现问题及时更换。

11）如果配电箱、开关箱内安装的熔断器式刀开关、漏电开关等电气设备，则应动作灵活，接触良好可靠，触头没有严重烧蚀现象。熔断器的熔体更换时，严禁用不合规格的熔体或其他金属裸线代替。

12）箱内进行检查维修时，必须将前一级相应的开关分闸断电，并悬挂停电标志牌，必要时派专人守护，严禁带电作业。并按规定穿戴绝缘鞋，绝缘手套，使用绝缘工具。

13）配电箱应坚固、完整、严密，箱门上喷涂红色电字或红色危险标志，使用中的配电箱内禁止放置杂物。

14）配电箱分别配置接零和接地端子排，专用接地端子PE端与箱体铁壳金属螺栓用PE软线做电气连接。

15）配电箱内所有配线要绝缘良好、排列整齐、绑扎成束并固定在盘面上。

16）落地安装的配电箱，设置地点需要平坦，以及高出地面，其附近不得堆放杂物。

17）配电箱门要关闭严密，以及配锁。出线孔需要加绝缘垫圈，一般设在箱体下底面。

18）临电开关箱内配线必须采用铜芯绝缘导线，导线绝缘外皮颜色相线为红色，零线为淡蓝色，地线 PE 线为绿/黄双色，严禁混用与代用。

6.3 86 系列电能表技术参数

86 系列电能表技术参数见表 6-2。

表 6-2 86 系列电能表技术参数

名称	型号	准确度	额定电流/A	额定电压/V	外形尺寸/mm	接线
单相有功电能表	DD862	2	5	100、200、220、240	124×207×118	互感器接入
	DD862-4		1.5、2.5、3、5、10、15、20、30			直接接入
	DD862-6		10(20)、10(40)、15(60)、20(80)			
三相有功电能表	DT862	2	1.5(6)、3(6)	380、220	172×279×124	互感器接入
	DT862-4		5、10、15、20、30			直接接入
	DT862-6		10(60)、30(90)			
三相无功电能表	DS862	2	3(6)	100、380	172×279×124	互感器接入
	DS862-4		1.5(8)、5(20)、10(40)			直接接入
	DS862-6		1(6)			互感器接入

注：预付费表一般采用 DDY 型号，不同厂家有差异。

6.4 住宅电能表箱体尺寸

住宅电能表箱体尺寸见表 6-3。

表 6-3 住宅电能表箱体尺寸

型号	电表箱	箱体尺寸（$W\times H\times C$）	表数	安装方式
MB 1	1 表箱	300×500×160	1 表箱	暗装/明装
MB 2	2 表箱	500×500×160	2 表箱	暗装/明装
MB 3A	3 表箱	650×500×180	3 表箱	暗装/明装
MB 3B	3 表箱	500×800×180	3 表箱	暗装/明装
MB 4A	4 表箱	500×800×180	4 表箱	暗装/明装
MB 4B	4 表箱	850×500×180	4 表箱	暗装/明装
MB 5A	5 表箱	650×800×180	5 表箱	暗装/明装
MB 5B	5 表箱	550×1000×180	5 表箱	暗装/明装
MB 6A	6 表箱	650×800×180	6 表箱	暗装/明装

（续）

型号	电表箱	箱体尺寸（$W\times H\times C$）	表数	安装方式
MB 6B	6 表箱	550×1100×180	6 表箱	暗装/明装
MB 8	8 表箱	850×800×180	8 表箱	暗装/明装
MB 8	9 表箱	650×1100×180	9 表箱	暗装/明装
MB 12A	12 表箱	650×1400×180	12 表箱	暗装/明装
MB 12B	12 表箱	850×1100×180	12 表箱	暗装/明装

注：本箱体进线断路器为 63A，进线截面积不大于 $25mm^2$；墙体留洞尺寸为箱体尺寸加 10mm。

6.5　普通照明配电箱尺寸参数

普通照明配电箱尺寸参数见表 6-4。

表 6-4　普通照明配电箱尺寸参数

明装普通照明配电箱型号	嵌入暗装普通照明配电箱型号	箱体尺寸（$W\times H\times C$）	进线断路器小于/A	出线回路、单极短路器数量
LB21	LBR21	300×500×120	63	9~15
LB22	LBR22	400×500×120	63	16~24
LB23	LBR23	460×500×120	63	25~33
LB24	LBR24	560×500×120	63	34~40
LB25	LBR25	660×500×120	63	41~50
LB31	LBR31	600×500×120	250	<24
LB32	LBR32	700×500×120	250	<30
LB33	LBR33	800×500×120	250	<36
LB34	LBR34	100×500×120	250	<46
LB35	LBR35	1200×500×120	250	<58

注：1. 箱体进线断路器为 63A，进线截面积不大于 $25mm^2$；
2. 分路断路器每极宽度一般为 18mm；
3. 墙体留洞尺寸一般为箱体尺寸加 10mm；
4. 箱体一般采用 1.2~1.5mm 电解钢板或冷轧钢板制作；
5. 箱体表面一般采用环氧树脂静电喷涂或烤漆。

6.6　住宅户内照明配电箱尺寸参数

住宅户内照明配电箱尺寸参数见表 6-5。

表 6-5　住宅户内照明配电箱尺寸参数

明装配电箱型号	嵌入暗装配电箱型号	箱体尺寸（$W\times H\times C$）	出线回路、单极短路器数量
LB11	LBR11	250×250×120	3~6
LB12	LBR12	350×250×120	7~10
LB13	LBR13	450×250×120	11~15
LB14	LBR14	550×250×120	16~21
LB15	LBR15	600×250×120	22~26
LB16	LBR16	750×250×120	27~33

注：墙体留洞尺寸大概为箱体尺寸加 10mm；分路断路器每极宽度一般为 18mm。

6.7 动力配电箱尺寸参数

动力配电箱尺寸参数见表6-6。

表6-6 动力配电箱尺寸参数

嵌入暗装配电箱型号	明装配电箱型号	箱体尺寸（$W\times H\times C$）
PBR11		300×500×180
PBR12		400×600×200
PBR13		500×800×200
PBR14		600×1000×220
PBR15		800×1000×220
PBR16		800×1200×250
	PB11	300×500×180
	PB12	400×600×200
	PB13	500×800×200
	PB14	600×1000×220
	PB15	800×1000×220
	PB16	800×1200×250

注：1. 墙体留洞尺寸一般为箱体尺寸加10mm；
2. 箱体一般采用1.2~1.5mm电解钢板或冷轧钢板制作；
3. 箱体表面一般采用环氧树脂静电喷涂或烤漆。

6.8 动力配电柜参数

动力配电柜参数见表6-7。

表6-7 动力配电柜参数

动力配电柜型号	断路器等级/A	箱体尺寸（$W\times H\times C$）	进线断路器不大于	分断路器不大于
PB8011	630	600×1600×400	630A	315A
PB8012	630	600×1800×400	630A	315A
PB8013	630	800×1800×400	630A	315A
PB8014	630	600×2200×600	630A	315A
PB8015	630	800×2200×600	630A	315A
PB8021	630	600×1600×400	630A	315A
PB8022	630	600×1800×400	630A	315A
PB8023	630	800×1800×400	630A	315A
PB8024	630	600×2200×600	630A	315A
PB8025	630	800×2200×600	630A	315A
PB8026	630	900×2200×600	630A	315A
PB8027	630	900×2200×600	630A	315A

6.9　动力配电箱的安装

动力配电箱安装要求如下：

1）配电箱各电气元件、仪表、开关、线路应排列整齐，安装牢固，操作方便。

2）触电危险性小的生产场所、办公室，可安装开启式的配电板。

3）有导电性粉尘或产生易燃易爆气体的危险作业场所，必须安装密闭式或防爆型的电气设施。

4）保护线连接需要可靠。

5）触电危险性大或作业环境较差的加工车间、锅炉房、木工房等场所，需要安装封闭式箱柜。

6）配电箱需要选择不可燃材料制作。

7）柜（箱）以外不得有裸带电体外露。

8）落地安装的柜（箱）底面，需要高出地面 50~100mm。操作手柄中心高度一般为 1.2~1.5m；柜（箱）前方 0.8~1.2m 的范围内无障碍物。

6.10　常用变配电室低压配电柜参数

常用变配电室低压配电柜参数见表 6-8。

表 6-8　常用变配电室低压配电柜参数

变配电室低压配电柜型号	额定电压/V	额定电流/A		额定短路开断电流/kA	额定短时耐受电流/kA	额定峰值耐受电流/kA	柜体尺寸
固定式低压柜GGD1	380	A	1000	15	15	30	800(1000)×600×2200
		B	600(630)				
		C	400				
固定式低压柜GGD2	380	A	1500(1600)	30	30	63	800(1000)×600×2200
		B	1000				
		C					
固定式低压柜GGD3	380	A	3150	50	50	103	800(1000)×600(8020)×2200
		B	2500				
		C	2000				
抽出式低压柜GCK	380、660	水平母线	630~3150	50	50	105	600(800,1000)×1000×2200
		垂直母线	400~1000				

（续）

变配电室低压配电柜型号	额定电压/V	额定电流/A		额定短路开断电流/kA	额定短时耐受电流/kA	额定峰值耐受电流/kA	柜体尺寸
抽出式低压柜GCS	380、660	水平母线	4000	50	50	105	600(400,800,1000)×1000(800,600)×2200
		垂直母线	1000	50	50	105	
抽出式低压柜SE-MNS	380、690	水平母线	6300	100	220	220	800(400,600,1000,1200)×800(600,1000,1200)×2200
		垂直母线	1200～2000	65	110	220	

6.11 配线进入配电箱、配电柜、配电板的预留线的长度要求

配线进入配电箱、配电柜、配电板的每根电线预留线的长度要求见表6-9。

表6-9 配线进入配电箱、配电柜、配电板的每根电线预留线的长度要求

项　　目	预留长度	说　　明
各种开关、柜、板	宽+高	盘面尺寸
单独安装（无箱、盘）的封闭式负荷开关、刀开关、启动器、线槽进出线盒等	0.3m	从安装对象中心算起
由地面管子出口引至动力接线箱	1.0m	从管口计算
电源与管内导线连接（管内穿线与软、硬母线接点）	1.5m	从管口计算
出户线	1.5m	从管口计算

6.12 家装低压配电与配电线路布线的规定与要求

家装低压配电与配电线路布线的规定与要求如下：

1）低压配电设计、安装，常见的遵守规范、标准有GB50096—2011、JGJ16—2016、GB50054—2011、JGJ242—2011等。

2）户内配电系统的电压等级，要沿用原有电压等级。

3）原住宅采用三相电源供电时，则套内每层或每间房的单相用电设备、电源插座宜采用同相电源供电。

4）每套住宅要设计、安装不少于一个家居配电箱。

5）每套住宅家居配电箱，宜暗装在户内便于检修、维护的地方，并且配电箱前至少有0.8m的操作距离。

6）低压配电系统的设计、安装，要根据住宅的类别、规模、可发展性等因素综合来确定。

7）户内的照明、插座、空调，要根据不同回路配电，线路要穿管敷设，卫生间的导线要穿绝缘管。

8）家装配电箱，宜选择非金属外壳的Ⅱ类设备。

9）家装配电箱严禁安装在卫生间0、1区的隔墙上，也不能够直接安装在可燃材料上。

10）家装配电箱箱底距地，一般不应低于1.6m。

11）空调的电源插座回路，一般要设计、安装剩余电流保护装置，其他电源插座回路一般要设计、安装剩余电流保护装置。

12）家居配电箱，要装设同时断开相线与中性线的电源进线开关电器，并且配电回路要装设短路、过负荷保护电器。

13）家居配电箱的配电回路的一些要求如下：

① 每套住宅，一般要设计、安装不少于一个照明回路。

② 每一回路插座数量不宜超过10个（组）。

③ 厨房一般要单独设置不少于一个电源插座回路。

④ 装有电热水器等设备的卫生间，一般要单独设置不少于一个电源插座回路。

⑤ 安装功率大于或等于2kW的设备，一般要单独设置配电回路。

⑥ 装有空调的住宅，一般要根据空调台数、用电容量来设计、安装空调插座回路，柜式空调应单独设置一个回路。

⑦ 应给家居配线箱预留单独电源回路。

6.13 家装配电箱的安装风格

家装配电箱的安装风格见表6-10。

表6-10 家装配电箱的安装风格

类型	解说
淡化隐藏	通过在面板贴上与周边墙面款式一样的壁纸，或刷上与周边墙面颜色一样的漆，来淡化配电箱的视觉效果
实物遮挡	通过挂画、隔板等实物来遮挡配电箱
造型隐藏	将配电箱外露部分巧妙地融合在造型中

6.14 家装强电箱的类型

家装强电箱的类型见表6-11。

表6-11 家装强电箱的类型

类型	类型特点
三房一厅安逸型强电配电箱断路器的安装	安逸型三房一厅强电箱可以选择16路配电箱。有的箱体开孔尺寸为230mm×375mm，盖板尺寸250mm×395mm。强电配电箱内部配置的断路器为5个DPN16A断路器、5个DPN20A断路器、1个DPN25A带漏电断路器、1个DPN40A带漏电断路器、1个2P63A断路器
三房一厅经济型强电配电箱断路器的安装	三房一厅经济型强电箱可以选择12路配电箱。有的箱体开孔尺寸为230mm×375mm，盖板尺寸250mm×395mm。强电配电箱内部配置的断路器为5个DPN16A、6个DPN20A、1个DPN25A、1个2P63A
一房一厅经济型强电配电箱断路器的安装	一房一厅经济型强电配电箱可以选择8回路的配电箱
二房一厅经济型强电配电箱断路器的安装	经济型二房一厅强电箱可以选择12路配电箱。有的经济型二房一厅强电箱有的箱体开孔尺寸为230mm×300mm，盖板尺寸250mm×320mm。强电配电箱内部配置的断路器为3个DPN16A断路器、3个DPN20A断路器、1个DPN25A断路器、1个2P40A漏电断路器
二房一厅安逸型强电配电箱断路器的安装	安逸型二房一厅强电箱可以选择12路配电箱。有的箱体开孔尺寸为230mm×300mm，盖板尺寸为250mm×320mm。强电配电箱内部配置的断路器为3个DPN16A断路器、4个DPN20A断路器、1个DPNP25A断路器、1个2P40A漏电断路器、1个2P40A一体化漏电断路器

6.15 家装回路的设置与选择

强电配电箱强电回路的一些分配原则如下：

1）每台空调尽量分别设置一个回路。

2）所有房间普通插座尽量单独设置一个回路，或者客厅、卧室插座一回路，厨房、卫生间插座一回路。

3）每个回路均应有相线、零线、地线。

4）强电各回路电线使用要正确。

5）厨房尽量单独设置一个回路。

6）卫生间尽量单独设置一个回路。

7）强电断路器的大小不是配得越大越好，也不是越小越好。如果配得过大，起不到过载保护作用。如果配得过小，不能够正常使用，出现屡次跳闸现象。

8）总开关需要一个回路。

9）家装回路的设置与选择不是规定不变的，而是根据实际情况灵活应用。例如有的把小孩房也单独设置一个回路。

10）所有房间的照明尽量单独设置一个回路。

11）电热水器尽量单独设置一个回路。

12）其他有特殊需求的电器尽量单独设置一个回路。

6.16 断路器的选择

现代家居用电一般分照明回路、电源插座回路、空调回路等分开布线，这样当其中一个回路出现故障时，其他回路仍可以正常供电。为保证用电安全，因此，每回路与总干线需要选择正确的、恰当的断路器。家居用电中除了配电箱里使用外，其他场所也可能应用。

断路器选择的一些方法与要点如下：

1）断路器的种类多，有单极、二极、三极、四极。家庭常用的是二极与单极断路器。

2）选择的断路器的额定工作电压需要大于或等于被保护线路的额定电压。

3）电压型漏电保护器基本上被淘汰。一般情况下，优先选择电流型漏电保护器。

4）一般家庭用断路器可选额定工作电流为16~32A。

5）家庭配电箱总开关一般选择双极32~63A的。

6）空调回路一般选择16~25A的小型断路器。

7）一般安装6500W热水器要选择C32A的小型断路器。

8）需要选择合格的漏电保护器。

9）在浴室、游泳池等场所漏电保护器的额定动作电流不宜超过10mA。在触电后可能导致二次事故的场合，需要选用额定动作电流为6mA的漏电保护器。

10）一般安装7500W、8500W热水器需要选择C40A的小型断路器。

11）一般家庭配电箱断路器选择原则：照明小、插座中、空调大的原则。

表 6-12　光源分类与应用

光源种类			功率/W	光效/(lm/W)	显色指数/Ra	色温/K	额定寿命/h	应用
荧光灯	双端	工频	15~125	40~80	>82	2700~6500	7000~8000	标志、安装在墙上及建筑物顶棚的灯具内，内透光照明
		高频	14~80	75~100	>82	2700~6500	8000~10000	
	单端		5~40	44~72	>80	2700~6500	≥6000	标志、安装在墙上和杆顶的灯具内，轮廓照明
	自镇流		5~60	40~60	>80	2700~6500	≥6000	
	无极灯		23~200	70~82	80	2700~6400	60000~100000	场地、道路、隧道照明
	紫外灯		4~36	—	—	—	≥4000	装饰照明、激发荧光涂料
	冷阴极灯		12~30	40~60	>80	2700~10000	≥20000	桥梁、建筑物轮廓照明、广告及标牌照明
低压钠灯			18~180	68~155	—	—	≥7000	道路、隧道照明
白光 LED			≤5(单颗)	80~130	70~95	2300~6500	≥30000	装饰、轮廓照明、紧急出口标志
彩色 LED			<5(单颗)	—	—	—	≥30000	装饰照明
霓虹灯			—	—	—	—	≥8000	装饰、轮廓照明
镁钠灯			10~34W/m	—	—	—	≥2000	装饰、轮廓照明
高压钠灯	高显色		15~400	44~55	85	2500	≥8000	场地及建筑泛光照明
	中显色		15~400	70~80	≤60	2170	10000~12000	场地及建物泛光照明
	普通		50~1000	64~120	<40	1950	12000~18000	场地及建筑物泛光照明、矮柱灯、道路及杆顶照明
金属卤化物灯	钠铟涂粉玻璃		250~400	65~75	68	4300	≥10000	场地及建筑物泛光照明
	钪钠透明玻壳		175~1000	80~110	65	4000	≥10000	场地及建筑物泛光照明
	直管透明玻壳		250~2000	65~90	65	4500	≥10000	场地及建筑物泛光照明，小功率重点照明
	陶瓷金卤灯		20~400	90~95	80~85	3000,4200	9000~15000	场地及建筑物泛光照明，小功率重点照明
	彩色		150~400	55~75	75	5000~7000	<5000	场地及建筑物泛光照明，泛光、装饰照明

12）断路器具体选择，需要根据实际要求与装修差异来定。

13）断路器的额定电流需要大于或等于被保护线路的计算负载电流。

14）断路器的额定通断能力需要大于或等于被保护线路中可能出现的最大短路电流，一般按有效值计算。

15）照明回路一般选择 10~16A 的小型断路器。

16）插座回路一般选择 16~20A 的小型断路器。

6.17 光源分类与应用

光源分类与应用见表 6-12，一些 LED 光源分类与应用见表 6-13。

表 6-13 一些 LED 光源分类与应用

<table>
<tr><th>项目</th><th>分类</th><th>特点与应用</th></tr>
<tr><td rowspan="2">LED 光源定向性</td><td>非定向 LED 光源</td><td>非定向 LED 光源宜分为 LED 球泡灯、直管型 LED 光源</td></tr>
<tr><td>定向 LED 光源</td><td>LED 光源是带有一个灯头，组合了一个或多个 LED 模块的光源。LED 光源包括定向 LED 光源、非定向 LED 光源。除非永久性损坏，否则 LED 模块不能拆除</td></tr>
<tr><td colspan="2">LED 球泡灯分类</td><td>
<table>
<tr><th>额定光通量/lm</th><th>最大功率/W</th></tr>
<tr><td>150</td><td>3</td></tr>
<tr><td>250</td><td>4</td></tr>
<tr><td>500</td><td>8</td></tr>
<tr><td>800</td><td>13</td></tr>
<tr><td>1000</td><td>16</td></tr>
</table>
</td></tr>
<tr><td colspan="2">直管型 LED 光源分类</td><td>
<table>
<tr><th>名称</th><th>额定光通量/lm</th><th>最大功率/W</th><th>标称长度/mm</th></tr>
<tr><td rowspan="7">T5 管</td><td>600</td><td>8</td><td rowspan="2">550</td></tr>
<tr><td>800</td><td>11</td></tr>
<tr><td>900</td><td>12</td><td rowspan="2">850</td></tr>
<tr><td>1200</td><td>16</td></tr>
<tr><td>1300</td><td>18</td><td>1150</td></tr>
<tr><td>1600</td><td>22</td><td>1150/1450</td></tr>
<tr><td>2000</td><td>27</td><td>1450</td></tr>
<tr><td rowspan="6">T8 管</td><td>800</td><td>11</td><td rowspan="2">600</td></tr>
<tr><td>1000</td><td>13</td></tr>
<tr><td>1200</td><td>16</td><td rowspan="2">900</td></tr>
<tr><td>1500</td><td>20</td></tr>
<tr><td>2000</td><td>27</td><td>1200/1500</td></tr>
<tr><td>2500</td><td>34</td><td>1500</td></tr>
</table>
</td></tr>
</table>

（续）

<table>
<tr><th>项目</th><th>分类</th><th>特点与应用</th></tr>
<tr><td colspan="2">定向 LED 光源分类</td><td>
<table>
<tr><th>名称</th><th>额定光通量/lm</th><th>最大功率/W</th></tr>
<tr><td rowspan="2">PAR16</td><td>250</td><td>5</td></tr>
<tr><td>400</td><td>8</td></tr>
<tr><td rowspan="2">PAR20</td><td>400</td><td>8</td></tr>
<tr><td>700</td><td>14</td></tr>
<tr><td rowspan="2">PAR30/PAR38</td><td>700</td><td>14</td></tr>
<tr><td>1100</td><td>20</td></tr>
</table>
</td></tr>
</table>

6.18 各种光电源指标

各种光电源指标见表 6-14，LED 光源性能要求见表 6-15。

表 6-14 各种光电源指标

光源类型		额定功率范围/W	光效/(lm/W)	显色指数/Ra	色温/K	平均寿命/h
热辐射光源	普通照明用白炽灯	10~1500	7.3~25	95~99	2400~2900	1000~2000
	卤钨灯	60~5000	14~30	95~99	2800~3300	1500~2000
气体放电光源	普通直管型荧光灯	4~200	60~70	60~72	全系列	6000~8000
	三基色荧光灯	28~32	93~104	80~98	全系列	12000~15000
	紧凑型荧光灯	5~55	44~87	80~85	全系列	5000~18000
	荧光高压汞灯	50~1000	32~55	35~40	3300~4300	5000~10000
	金属卤化物灯	35~3500	52~130	65~90	3000/4500/5600	5000~10000
	高压钠灯	35~1000	64~140	23/60/85	1950/2200/2500	12000~24000

表 6-15 LED 光源性能要求

<table>
<tr><th>项目</th><th>性能要求</th></tr>
<tr><td>LED 光源的功率因数</td><td>LED 光源的功率因数需要符合下表：
<table>
<tr><th>实测功率/W</th><th>功率因数</th></tr>
<tr><td>≤5</td><td>≥0.5</td></tr>
<tr><td>>5 说明</td><td>≥0.9</td></tr>
</table>
注：家居用 LED 光源功率因数不应小于 0.7。</td></tr>
<tr><td>LED 光源额定电压</td><td>LED 光源在额定电压 90%~110%范围内应能够正常工作，特殊场所应能够满足使用场所的要求</td></tr>
<tr><td>LED 光源初始光通量</td><td>LED 光源的初始光通量不应低于额定光通量的 90%，并且不应高于额定光通量的 120%</td></tr>
</table>

（续）

<table>
<tr><th>项　目</th><th>性能要求</th></tr>
<tr><td>定向 LED 光源的初始光效</td><td>定向 LED 光源的初始光效不低于下表的规定：
<table>
<tr><td rowspan="2">名称</td><td colspan="3">额定相关色温/(lm/W)</td></tr>
<tr><td>2700K</td><td>3000K</td><td>3500K/4000K</td></tr>
<tr><td>PAR16</td><td rowspan="2">50</td><td rowspan="2">55</td><td rowspan="2">60</td></tr>
<tr><td>PAR20</td></tr>
<tr><td>PAR30</td><td rowspan="2">55</td><td rowspan="2">60</td><td rowspan="2">65</td></tr>
<tr><td>PAR38</td></tr>
</table></td></tr>
<tr><td>LED 光源额定相关色温</td><td>用于人员长期工作或停留场所的一般照明的 LED 光源，额定相关色温不宜高于 4000K</td></tr>
<tr><td>非定向 LED 光源的初始光效</td><td>非定向 LED 光源的初始光效不应低于下表的规定：
<table>
<tr><td rowspan="2" colspan="2">额定功率/W</td><td colspan="3">额定相关色温/(lm/W)</td></tr>
<tr><td>2700K</td><td>3000K</td><td>3500K/4000K</td></tr>
<tr><td colspan="2">≤5</td><td>65</td><td>65</td><td>70</td></tr>
<tr><td rowspan="2">>5</td><td>球泡灯</td><td>65</td><td>70</td><td>75</td></tr>
<tr><td>直管型</td><td>75</td><td>80</td><td>85</td></tr>
</table></td></tr>
<tr><td>LED 光源光通维持率</td><td>LED 光源工作 3000h 后的光通维持率不应小于 96%，6000h 的光通维持率不应小于 92%</td></tr>
<tr><td>LED 光源输入功率与额定值之差</td><td>LED 光源的输入功率与额定值之差不应大于额定值的 10% 或 0.5W</td></tr>
<tr><td>LED 光源显色指数</td><td>用于人员长期工作或停留场所的一般照明的 LED 光源，一般显色指数不应小于 80，特殊显色指数 R9 应大于 0</td></tr>
</table>

6.19　光源的选择依据

选择光源的一些依据：

1）为了节约能源，室外照明，可以选择金属卤化物灯、高压钠灯。

2）为了节约能源，室内公共、工业建筑的公共场所，可以选择环型荧光灯、紧凑型荧光灯，在特殊情况下需采用白炽灯时，只能够选择 100W 以下白炽灯。

3）高度低（≤4.5m）的房间，例如办公室、教室、会议室、仪表生产车间、电子生产车间等，宜选择细管径（≤26mm）直管型三基色 T8、T5 荧光灯，不能够选择粗管径（>26mm）荧光灯及普通 T8 荧光灯。

4）商店营业厅，宜选择紧凑型荧光灯及小功率（35W、70W）的金属卤化物灯。

5）高度较高（>4.5m）的工业厂房，需要选择金属卤化物灯、高压钠灯、大功率细管荧光灯。

不同灯具光源的技术指标（以某一公司的灯具间的比较）见表6-16。

表6-16　灯具光源的技术指标

光源种类	光通量/lm	色温/K	寿命/h	光效/(lm/W)	显色指数/Ra
白炽灯(60W)	625	2700	1000	10	100
高压汞灯(400W)	22000	3800	12000	55	>40
普通荧光灯(36W)	2500	3000/4000/5000/6500	12000	69	>75
三基色荧光灯(36W)	3200	3000/4000/5000/6500	12000	90	88
e-Hf 高效荧光灯	4700	3000/5000/6700	18000	104	84
紧凑型荧光灯(13W)	900	2700/4000/6700	10000	69	88
金属卤化物灯(400W)	36000	4000	9000	90	>60
高压钠灯(400W)	48000	2000	12000	120	>20

LED光源替换传统照明产品的参考见表6-17。

表6-17　LED光源替换传统照明产品的参考

额定光通量/lm			最大功率/W	参考替换产品
定向LED光源	PAR16	250	5	20W 卤钨灯
		400	8	35W 卤钨灯
	PAR20	400	8	35W 卤钨灯
		700	14	50W 卤钨灯
	PAR30/PAR38	700	14	50W 卤钨灯
		1100	20	75W 卤钨灯
非定向LED光源	直管型	600	8	8W T5 管
		800	11	13W T5 管
		900	12	13W T5 管
		1000	13	18W T8 管(卤粉)
		1200	16	18W T5 管/18W T8 管(卤粉)
		1300	18	14W T5 管/18W T5 管
		1500	20	23W T8 管(卤粉)
		1600	22	20W T5 管/23W T8 管(卤粉)
		2000	27	21W T5 管/30W T8 管(卤粉)
		2500	34	28W T5 管/38W T8 管(卤粉)
	球泡灯	150	3	15W 白炽灯
		250	4	25W 白炽灯/5W 普通照明用自镇流荧光灯
		500	8	40W 白炽灯/9W 普通照明用自镇流荧光灯
		800	13	60W 白炽灯/11W 普通照明用自镇流荧光灯
		1000	16	28~32W 单端荧光灯

6.20 不同灯具光源的种类与特性

不同灯具光源的种类与特性见表 6-18。

表 6-18 不同灯具光源的种类与特性

类型		功率/W	特点
荧光灯	白色	20~200 (7~22)	效率高、寿命长。可以用于商店的一般照明。强调黄、白系统的色彩，但是红色系统不适合
	日光色	20~200 (7~22)	以冷色光使商品看出鲜明的美、玻璃器的照明、强调背色系统
	高级光色	20~110 (7~22)	显色性良好、效率不太高。重视色彩、花纹的照明
	白炽灯泡色	20~40 (7~22)	可得和灯泡光色相同的柔和感、灯泡混合照明有失调感觉
高强度气体放电灯	荧光汞灯	40~400	寿命长、比较便宜。适用于不重视显色性的照明
	金属卤化物灯	50~400	效率高、显色性也大致和白色荧光灯相同。用于高照度的一般照明
	高显色型金属卤化物灯	50~400	显色优良、效率不太高，适用于重视色彩、花纹的照明
	卤化物灯泡(单端灯头)	20~250	非常小型、寿命长、配光控制方便，需要注意热处理
	卤化物灯泡(双端灯头)	500~1500	效率高、寿命长，需要注意热处理。可以用于中高顶棚的照明
白炽灯	一般照明用灯泡	20~100	小型、便宜、效率低。可以适用于吊灯、下投式灯
	球型灯泡	20~100	小型、简单。可以作装饰照明，较一般形式寿命长
	反射型聚光灯泡	20~100	小型、局部照明、寿命较短、辐射较多
	屏蔽光束型聚光灯泡	20~100	小型、局部照明、寿命较短，较热线遮断型约亮 10%
	屏蔽光束型聚光灯泡(红外线遮断型)	20~100	小型，可以得到集光型配光、辐射热(红外线)非常少

6.21 光源色温的应用

光源色温的应用见表6-19。

表6-19 光源色温的应用

光源属性	应用场所
冷白	酒店:入口、外走道等 商场:大厅、电梯、商铺、外走道等
中性	商场大厅、走道、商铺、楼道等
暖白	酒店:前台、大堂、楼梯、电梯、餐厅、客房、内部走道、厕所等 商场:收银台、内外走道、商铺、电梯、楼梯等

6.22 商店建筑常用光源的色温、显色指数、特征及用途

商店建筑常用光源的色温、显色指数、特征及用途见表6-20。

表6-20 商店建筑常用光源的色温、显色指数、特征及用途

光源		色温/K	显色指数/Ra	主要特征	主要用途
白炽灯类	白炽灯	2400~3000	约100	亮度高、发光效率低、发热大、稳重、温暖、寿命短	营业厅部分照明、主要商品的局部或重点照明、低照度营业厅可作一般照明、高照度面积大的营业厅
	卤素灯	3000	约100		
气体放电灯类	荧光灯	6500(日光色) 4800(白色)	63~99	扩散光、发光效率高、色温种类多、显色性的种类多、寿命长	营业厅的基本照明、可按各类商品要求选择色温和显色性
	荧光水银灯	3300~4100	40~55	发光效率高、单灯可获得较大光束、显色性差、寿命长	多用于商店外部照明
	金属钠盐灯	3800~6000	63~92	效率高、显色性好、外管有透明和扩散型	用于商店的入口、商店内的高顶棚、小瓦数用于局部照明和点光源

6.23 常见电光源接线

常见电光源接线见表6-21。

表 6-21 常见电光源接线

光源类	电气接线图
高压汞灯	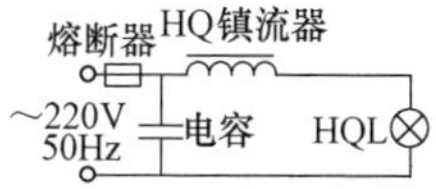 熔断器 HQ镇流器 ~220V 50Hz 电容 HQL
欧标金属卤化物灯	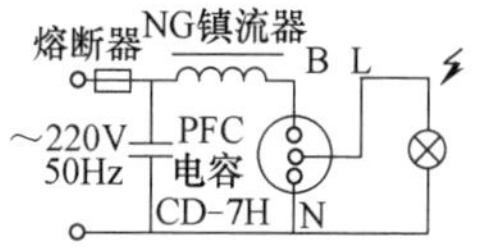 熔断器 NG镇流器 B L ~220V 50Hz PFC 电容 CD-7H N
美标金属卤化物灯（配漏磁式线路）	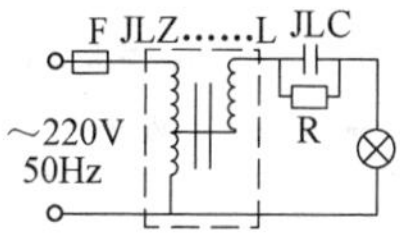 F JLZ……L JLC ~220V 50Hz R
美标金属卤化物灯（配阻抗式线路）	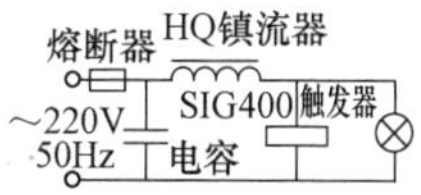 熔断器 HQ镇流器 ~220V 50Hz SIG400 触发器 电容
12V 卤钨灯 电子变压器	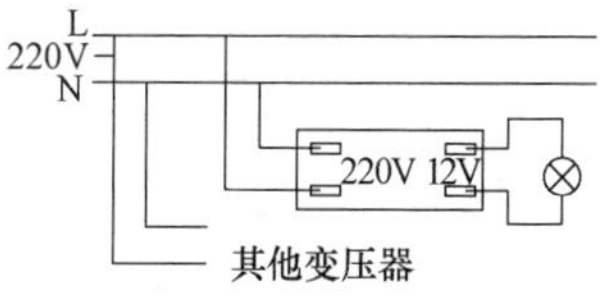 L 220V N 220V 12V 其他变压器

（续）

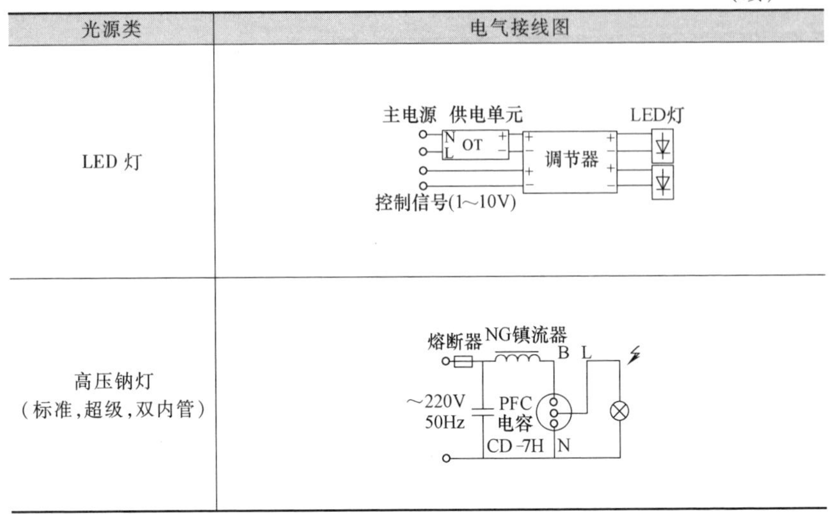

光源类	电气接线图
LED 灯	
高压钠灯 （标准，超级，双内管）	

6.24　夜景照明常见光源技术指标

夜景照明常见光源技术指标见表 6-22。

表 6-22　夜景照明常用光源技术指标

灯具类型	光效/(lm/W)	显色指数/Ra	色温/K	额定寿命/h
冷阴极荧光灯	30～40	>80	2700～10000 彩色	>20000
发光二极管(LED)	80～130	>80	2700～7000	≥30000
无极荧光灯 （电磁感应灯）	60～80	75～80	2700～6500	>60000
三基色荧光灯	>90	80～96	2700～6500	12000～15000
紧凑型荧光灯	40～65	>80	2700～6500	5000～8000
金属卤化物灯	75～95	65～92	3000～5600	9000～15000
高压钠灯	80～130	23～25	1700～2500	>20000

6.25　照明的类型

照明的类型见表 6-23。

表 6-23　照明的类型

名　　称	解　　说
安全照明	属应急照明一类，为保证人们安全防止陷入潜在危险境地的照明
备用照明	属应急照明一类，用于保证正常活动能继续不被中断的照明
直接照明	借助于灯具的光强度分布特性，将 90%～100% 的光通量直接照射到无假定边界的工作面上的照明

（续）

名称	解说
半直接照明	借助于灯具的光强度分布特性，将60%～90%的光通量直接照射到无假定边界的工作面上的照明
普通漫射照明	借助于灯具的光强度分布特性，将40%～60%的光通量直接照射到无假定边界的工作面上的照明
半间接照明	借助于灯具的光强度分布特性，将10%～40%的光通量直接照射到无假定边界的工作面上的照明
间接照明	借助于灯具的光强度分布特性，将0%～10%的光通量直接照射到无假定边界的工作面上的照明
泛光照明	通常使用投光器使场景或物体的照度明显高于四周环境的照明
聚光照明	使用小型聚光灯使一限定面积或物体的照度明显高于四周环境的照明
基准照明	由一项工作背景（四周）的标准光源发出的完全漫射、非偏振照明
普通照明	一个门店的基本均匀照明，而不提供特殊局部照明
局部照明	特殊目视工作用照明，作为普通照明辅助并与其分开控制的照明
定位照明	为提高某一特殊位置的照度而设置的照明
昼光补充照明（室内的）	为补充在单独利用自然采光不足或不适宜时，而采用的恒定人工昼光照明
应急照明	供正常照明失效时而采用的照明
定向照明	投射到工作面或物体上的光主要是从特定方向发出的照明
漫射照明	投射到工作面或物体上的光不是从特定方向发出的照明

6.26 室内照明功率密度限定值

室内照明功率密度限定值见表6-24。

表6-24 室内照明功率密度限定值

房间或场所		照明功率密度值/（W/m^2）		对应照度值
		现行值	目标值	
办公建筑				
普通办公室		11	9	300
高档办公室、设计室		18	15	500
会议室		11	9	300
营业厅		13	11	300
文件整理、复印、发行室		11	9	300
档案室		8	7	200
商业建筑				
商店	一般营业厅	12	10	300
商店	高档营业厅	19	16	500

（续）

房间或场所		照明功率密度值/(W/m²)		对应照度值
		现行值	目标值	
超市	仓储式营业厅	13	11	300
	普通营业厅	20	17	500
学校建筑				
普通教室、阅览室		11	9	300
实验室		11	9	300
美术教室		18	15	500
多媒体教室		11	9	300
旅馆建筑				
客房		15	13	—
主餐厅		13	11	200
多功能厅		18	15	300
客房层走廊		5	4	50
门厅		15	13	300
医院建筑				
治疗室、诊室		11	9	300
化验室		18	15	500
手术室		30	25	750
候诊室		8	7	200
病房		6	5	100
护士站		11	9	300
药房		20	17	500
重症监护室		11	9	500

6.27 办公建筑照明标准值

办公建筑照明标准值见表6-25。

表6-25 办公建筑照明标准值

房间或场所	参考平面及其高度	照度标准值/lx	UGR	Ra
普通办公室	0.75m水平面	300	19	80
高档办公室	0.75m水平面	500	19	80
会议室	0.75m水平面	300	19	80
接待室、前台	0.75m水平面	300	—	80
营业厅	0.75m水平面	300	22	80
设计室	实际工作面	500	19	80
文件整理、复印、发行室	0.75m水平面	300	—	80
资料、档案室	0.75m水平面	200	—	80

6.28　商业建筑照明标准值

商业建筑照明标准值见表 6-26。

表 6-26　商业建筑照明标准值

房间或场所	参考平面及其高度	照度标准值/lx	UGR	Ra
一般商店营业厅	0.75m 水平面	300	22	80
高档商店营业厅	0.75m 水平面	500	22	80
一般超市营业厅	0.75m 水平面	300	22	80
高档超市营业厅	0.75m 水平面	500	22	80
收款台	台面	500	—	80

6.29　展览馆展厅照明标准值

展览馆展厅照明标准值见表 6-27。

表 6-27　展览馆展厅照明标准值

房间或场所	参考平面及其高度	照度标准值/lx	UGR	Ra
一般展厅	地面	200	22	80
高档展厅	地面	300	22	80

注：高于 6m 的展厅 Ra 可降低到 60。

6.30　其他公用场所照明标准值

其他公用场所照明标准值见表 6-28。

表 6-28　公用场所照明标准值

房间或场所	参考平面及其高度	照度标准值/lx	UGR	Ra
门厅——普通	地面	100	—	60
门厅——高档	地面	200	—	80
走廊、流动区域——普通	地面	50	—	60
走廊、流动区域——高档	地面	100	—	80
楼梯、平台——普通	地面	30	—	60
楼梯、平台——高档	地面	75	—	80
自动扶梯	地面	150	—	60
厕所、盥洗室、浴室——普通	地面	75	—	60
厕所、盥洗室、浴室——高档	地面	150	—	80
电梯前厅——普通	地面	75	—	60
电梯前厅——高档	地面	150	—	80
休息室	地面	100	22	80
储藏室、仓库	地面	100	—	60
车库——停车间	地面	75	28	60
车库——检修间	地面	200	25	60

6.31 国外商业照明照度标准值

国外商业照明照度标准值（lx）见表6-29。

表6-29 国外商业照明照度标准值 （单位：lx）

场所	CIE标准	德国	英国
百货商店	—	500	500
超级市场	500~750	750	500(垂直照度)
橱窗	900	1000	—
大型商业中心	500~750	—	—
其他任何地段	300~500	—	—

6.32 住宅照度的要求

住宅照度的要求见表6-30。

表6-30 住宅照度的要求

功能间	照度的要求
厨房、卫生间	标准为20-30-50lx三档,实际应增加为75-100-150lx三档为宜
庭院照明	夜晚能辨别出花草色调,平均照度一般为20-50lx为宜,景点、重点花木需要增加效果照明
客厅	一般活动时分为20-30-50lx三档,实际应提高为100-150-200lx三档装灯,平均为75lx为宜
卧室	标准要求为20-30-50lx三档,实际应提高为50-100-150lx三档,平均照度75lx为宜。床头台灯供阅读需要用300lx为宜

6.33 舞台照明负荷计算需要系数

舞台照明负荷计算需要系数见表6-31。

表6-31 舞台照明负荷计算需要系数

舞台照明总负荷/kW	需要系数 K_x
50及以下	1.00
50以上至100	0.75
100以上至200	0.60
200以上至500	0.50
500以上至1000	0.40
超过1000	0.25~0.30

6.34 常见照明控制线

常见照明控制线见表6-32。

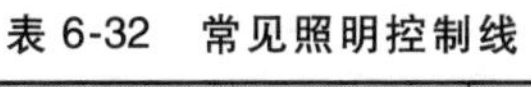

表 6-32 常见照明控制线

单联单控开关接线	三联单控开关接线	三地控制开关接线
L(消防) 单联单控开关 L ～220V N Pe	三联单控开关 L ～220V N Pe	L(消防) L ～220V 多控开关 N N
暗室照明控制接线	**两地控制开关接线**	**有穿越相线的两地控制开关接线**
工作灯 单控开关 L 双控开关 ～220V 红色指示灯 N Pe	L(消防) 双控开关 L ～220V N Pe	Pe L ～220V N L(消防)

6.35 灯头的类型

灯头是用以利用灯座或灯连接件与电源连接的灯部件，并且多数情况下用于将灯固定在灯座上。其种类见表 6-33。

表 6-33 灯头的类型

名　称	种　类
插脚式灯头	灯头上带有一个或几个插脚的灯头(国际命名:对于单插脚为 F 型;对于两个或多个插脚为 G 型)
预聚焦式灯头	灯泡在制造过程中将发光体装在相对于灯头某一特定位置的灯头,这样可使灯泡装入配套灯座内时精确重复性定位(国际命名 P 型)
螺口式灯头	灯头壳体带有螺纹状与灯座配套的灯头(国际命名 E 型)
卡口式灯头	灯头壳体带有可卡于灯座槽内的销钉的灯头(国际命名 B 型)
圆筒式灯头	灯头成光滑圆筒形灯头(国际命名 S 型)

6.36 灯具的特点

各种灯具的特点见表 6-34，一些 LED 灯具的种类与特点见表 6-35，部分 LED 灯具的种类与规格见表 6-36。

表 6-34 各种灯具的特点

名称	解说
壁灯	壁灯是一种安装在墙壁上的灯具,是一种补充型照明的灯具。壁灯一般距地面不高,并且灯泡功率低。一些壁灯的特点如下: 1)小型壁灯灯具本身的高度为 275~450mm。 2)大型壁灯灯具本身的高度为 450~800mm。 3)小型壁灯的灯罩直径 ϕ110mm~130mm。 4)大型的壁灯灯罩直径为 ϕ150~250mm。 5)小型的壁灯使用 40W、60W 白炽灯泡。 6)大型的壁灯使用 100W、150W 的白炽灯泡。 7)有的壁灯直接用紧凑型荧光灯替代白炽灯泡
吊灯	吊灯是一种悬挂在天花板上的灯具,其具有直接、间接、下向照射、均散光等多种灯型。吊灯的大小、灯头数的多少与房间的大小有关。吊灯一般离天花板 500~1000mm,光源中心距离天花板以 750mm 为宜。也可根据具体需要或高或低
高压汞灯	高压汞灯也叫作高压水银灯,其耐振耐热性能好、线路简单、安装维修方便、发光效率是白炽灯的 3 倍、使用寿命是白炽灯的 2.5~5 倍、启动辉时间长
固定式灯具	固定式灯具是不能很方便地从一处移到另一处的一类灯具。这种灯具只能借助于工具才能移动或用于不易接触到的地方。固定式灯具包含吸顶灯、吊灯、壁灯等多种类型
节能灯	节能灯的英文名字通常叫 ENERGY SAVING LAMP(简称 ESL)或 COMPACT FLUORESCENCE LAMP(紧凑型荧光灯,简称 CFL),或 BULB(灯泡)。其主要由节能灯灯管、PCB、塑料外壳外加灯头、包装组成
可移动式灯具	可移动式灯具在正常使用时,灯具的连接电源可以从一处移到另一处。可移动式灯具包括台灯、落地灯等。一些可移动式灯具的特点如下: 1)小型台灯总高度为 250~400mm,灯罩直径为 200~350mm,使用白炽灯时一般用 25W 或 40W 的灯泡。 2)中型台灯的总高度为 400~550mm。 3)大型的台灯总高度为 500~700mm,灯罩直径为 350~450mm,使用白炽灯时一般用 60W 或 75W、100W 的灯泡。 4)小型的落地灯总高度为 1080~1400mm 或 1380~1520mm,灯罩的直径 250~450mm,使用 60W 或 75W、100W 的白炽灯泡。 5)中型的落地灯高度为 1400~1700mm。 6)大型落地灯高度为 1520~1850mm,灯罩直径 400~500mm,使用 100W 的白炽灯泡
嵌入式灯具	嵌入式灯具就是完全或部分嵌入安装表面的一种灯具,也泛指嵌装在天花板内部的隐式灯具。该灯具的灯具口往往与天花板衔接,并且属于向下投射的直接光灯型 嵌入式灯具在一般民用住宅物业中采用不多。在有空调与有吊顶的房间物业采用较多 由于嵌顶灯有阴暗感,因此,嵌入式灯具往往要与其他灯具配合使用

（续）

名　称	解　说
荧光灯	荧光灯主要由灯管、辉光启动器、镇流器、灯架、灯座等组成。荧光灯的发光原理如下：通过灯丝导电加热，阴极发射出电子，与管内惰性气体碰撞发生电离，汞液化为汞蒸气，并且在电子撞击、两端电场作用下，汞离子大量电离，正负离子运动形成气体放电，同时释放出能量并产生波长253.7nm的紫外线，管壁上的荧光粉吸收紫外线的能量后，被激发而放出可见光 荧光灯管包括节能灯、直管、2D管、环型管等不同的种类。其中双端荧光灯也称为直管型荧光灯。双端荧光灯根据功率可以分为：40W、36W、28W、21W、20W、15W、14W等不同种类的荧光灯。根据荧光灯管径的尺寸可以分为以下种类： T5—直径16mm。 T8—直径26mm。 T9—直径29mm。 T10—直径32mm。 T12—直径38mm。 荧光灯管使用寿命为2000~3000h，其寿命比白炽灯长2~3倍，发光效率比白炽灯高4倍，仅0.5左右的功率因数
筒灯	筒灯是一种嵌入式灯具，它适用于吊顶上。筒灯基本形式为圆筒形，灯口为镀铅、镀钛或镀镍的金属宽边圆环。筒灯安装后，紧贴顶面，具有装饰性。灯具筒体对称两侧各有一只卡簧作为固定筒灯的装置。开口处在灯口方向，用蝶形螺母调整卡簧的间距
吸顶灯具	吸顶灯具的安装面与建筑物天花板是紧贴的，也就是说吸顶灯是直接安装在天花板面上的一种灯型。吸顶灯具包括下向投射灯、散光灯、全面照明灯等几种灯型。吸顶灯的光源有白炽灯、荧光灯等几种类型。 吸顶灯的优点与缺点如下： 1）可使房间顶部较亮，构成全房间的明亮感。 2）容易产生眩光 由于一些物业层高比较低，因此，吸顶灯被广泛采用。选择吸顶灯时需要注意其造型、布局组合方式、结构形式、使用材料的选择，并且也要根据使用要求、天棚构造、审美要求来考虑
卤钨灯具	卤钨灯属于热辐射光源，它是在硬质玻璃或石英玻璃制成的白炽灯泡或灯管内充入少量卤化物（如碘化物或溴化物，分别称为碘钨灯、溴钨灯），利用卤钨循环原理，通过卤素作媒介，将由灯丝蒸发与附着在玻管内壁的钨迁回灯丝，从而提高卤钨灯的发光效率、使用寿命 碘钨灯具有构造简单、光色好、发光效率比白炽灯高30%左右、功率大、灯管温度高达500~700℃、安装必须水平（倾角不得大于4°）等特点。卤钨灯具根据其外形不同可以分为管形卤钨灯、单端卤钨灯、聚光卤钨灯、封闭形投影卤钨灯等多种形式
落地灯	落地灯主要由灯罩、支架、底座组成。 罩子——可以选择筒式罩子、华灯形罩子、灯笼形罩子、手编制罩子等种类 支架——支架有金属、旋木、利用自然形态的材料制成的等 落地灯支架与底座的选择或制作，一定要和灯罩搭配好

（续）

名　称	解　说
霓虹灯	霓虹灯是利用霓虹灯管内充有非金属元素或金属元素在电离状态下，不同的元素能发出不同的色光。霓虹灯一般配用专门的霓虹灯电源变压器供电，供电电压为4000~15000V
气体放电灯	气体放电灯发光原理：光源类的气体放电形成后，气体原子直接发光或者发出紫外线激发荧光粉发出可见光。气体放电灯泡的效率远比白炽灯泡高，工作时需要镇流器 低压气体放电灯的种类有直管型荧光灯、紧凑型节能荧光灯、低压钠灯等 镇流器是安装在电源与气体放电灯之间，使灯能稳定工作并将灯电流限制到所需数值的器件。目前常见的镇流器有电感镇流器、电子镇流器两种
0类灯具	0类灯具是只依靠基本绝缘防止触电保护的一类灯具。也就是说基本绝缘一旦失效的情况下，其只能依靠环境提供可靠的保护
LED灯	LED是英文Light Emitting Diode的缩写，中文名称为发光二极管。LED在加上正向电压时，其能够发出不连续的单色光。LED采用不同的半导体材料的化学组成成分或者不同的组合，可以发出不同颜色的光 LED从开始的指示用灯，发展到照明光源等应用，因此，LED有时也表示LED灯，也有用LED Lamp表示LED灯
I类灯具	I类灯具是仅依靠基本绝缘防止触电，还会附加安全保护措施（接地），对触及之导电部件皆装有固定连接至接地导线，因此，当基本绝缘一旦失效的情况下，I类灯具可以接触之导电部件亦不会变成带电体
白炽灯	白炽灯是利用电流通过灯钨丝将其加热到白炽状态而发光的一种灯具。白炽灯的灯丝一般由电阻率较高的钨丝制成。为防止断裂，灯丝一般绕成螺旋式。其中，40W以上的灯泡在内部抽成真空后又充少量氩气或氮气等气体，40W以下的灯泡内部抽成真空，这样可以减少钨丝的挥发，延长灯丝寿命 它的特点如下：光效随着灯丝工作温度的升高而升高、光色柔和、发光效率低、额定平均寿命为1000h等。白炽灯分为螺口白炽灯、插口白炽灯

表6-35　一些LED灯具的种类与特点

项目	分类	特点与应用
智能LED灯根据灯光状态分	双态智能LED灯（又分为亮灭型、高亮低亮型）	双态（亮灭型）变频智能LED灯的特点：环境光照度高时，LED灯不会触发发亮；环境光照度低时，人来灯亮；当人离开或静止不动延时30~60s后，LED灯自动熄灭 双态（亮灭型）变频智能LED灯的应用：适用梯道、走廊等 双态（高亮低亮型）变频智能LED的特点：其可以24小时工作，人来高亮；当人离开或静止不动时，延时30~60s后转为低亮度照明 双态（高亮低高型）变频智能LED的应用：适用梯道、走廊、地下停车场等场所

（续）

项目	分类	特点与应用
智能LED灯根据灯光状态分类	三态智能LED	三态变频智能LED灯特点：白天LED处于熄灭状态；傍晚当日光照度低于开灯光照度阈值时，自动开启LED灯；晚上LED灯开启后，人来高亮度照明；人离去或静止不动时，延时30~60s后，LED灯转为功率运行，低亮度照明；次日天亮，当日光照度高于关灯光照度阈值时，自动关闭LED灯 三态变频智能LED灯应用：主要应用于道路灯、庭院灯
智能LED灯根据感应方式分类	雷达感应变频智能LED灯	其能够感应运动物体，灵敏度高，探测的距离远
	红外感应变频智能LED灯	其感应运动人、大型运物，但是在夏天环境温度高，灵敏度低
	声音感应变频智能LED灯	其能够感应声音，只要声音大于70dB就被触发，如果环境噪音大，声控灯会不断被触发
	图像侦测变频智能LED灯	其能够通过侦测图像的变化分辨出运动物体，灵敏度高，探测距离远，适用于隧道口、公路、高速公路，探测远距离、快速运动的物体
是否联网	独立式LED灯	不能够联网，只能够单独应用
	联网LED灯	智能LED灯可联网实现相互间通信，实现遥测与遥控
应用环境	室外LED灯	主要应用于室外环境，例如路灯、庭院灯、洗墙灯、隧道灯、景观灯、草坪灯、喷泉灯、护栏管、舞台灯等
	室内LED灯	主要应用于室内环境，例如筒灯、灯管、天花灯、柜台灯、吸顶灯、吊灯、壁灯、镜前灯等

表6-36 部分LED灯具的种类与规格

名 称	种类与规格
LED灯具分类	直接型灯具——射光输出比DLOR/%：90≤DLOR≤100 半直接型灯具——射光输出比DLOR/%：60≤DLOR<90 漫射型灯具——射光输出比DLOR/%：40≤DLOR<60 半间接型灯具——射光输出比DLOR/%：10≤DLOR<40 间接型灯具——射光输出比DLOR/%：0≤DLOR<10

（续）

<table>
<tr><th>名　称</th><th>种类与规格</th></tr>
<tr><td>LED 高天棚灯具规格根据额定光通量分类</td><td>
<table>
<tr><th>额定光通量/lm</th><th>最大功率/W</th></tr>
<tr><td>2500</td><td>30</td></tr>
<tr><td>3000</td><td>36</td></tr>
<tr><td>4000</td><td>50</td></tr>
<tr><td>6000</td><td>70</td></tr>
<tr><td>9000</td><td>110</td></tr>
<tr><td>12000</td><td>150</td></tr>
<tr><td>18000</td><td>200</td></tr>
<tr><td>24000</td><td>300</td></tr>
</table>
</td></tr>
<tr><td>LED 平面灯具规格根据额定光通量分类</td><td>
<table>
<tr><th>额定光通量/lm</th><th>最大功率/W</th><th>标称尺寸/mm</th></tr>
<tr><td>600</td><td>10</td><td>300×300</td></tr>
<tr><td>800</td><td>13</td><td>300×300</td></tr>
<tr><td>1100</td><td>18</td><td>300×600</td></tr>
<tr><td>1500</td><td>25</td><td>600×600/300×1200</td></tr>
<tr><td>2000</td><td>35</td><td>600×600/300×1200</td></tr>
<tr><td>2500</td><td>42</td><td>600×1200</td></tr>
<tr><td>3000</td><td>50</td><td>600×1200</td></tr>
</table>
</td></tr>
<tr><td>LED 筒灯规格根据额定光通量分类</td><td>
<table>
<tr><th rowspan="2">额定光通量/lm</th><th rowspan="2">最大功率/W</th><th colspan="2">口径尺寸规格</th></tr>
<tr><th>in</th><th>mm</th></tr>
<tr><td>300</td><td>5</td><td>2</td><td>51</td></tr>
<tr><td>400</td><td>7</td><td>2、3、3. 5、4</td><td>51、76、89、102</td></tr>
<tr><td>600</td><td>11</td><td>2、3、3. 5、4、5、6</td><td>51、76、89、102、127、152</td></tr>
<tr><td>800</td><td>13</td><td>3、3. 5、4、5、6</td><td>76、89、102、127、152</td></tr>
<tr><td>1100</td><td>18</td><td>3、3. 5、4、5、6、8</td><td>76、89、102、127、152、203</td></tr>
<tr><td>1500</td><td>26</td><td>5、6、8</td><td>127、152、203</td></tr>
<tr><td>2000</td><td>36</td><td>6、8</td><td>152、203</td></tr>
<tr><td>2500</td><td>42</td><td>8、10</td><td>203、254</td></tr>
</table>
</td></tr>
<tr><td>LED 线型灯具规格根据额定光通量分类</td><td>
<table>
<tr><th>额定光通量/lm</th><th>最大功率/W</th><th>标称长度/mm</th></tr>
<tr><td>1000</td><td>13</td><td>600</td></tr>
<tr><td>1500</td><td>20</td><td>600/1200</td></tr>
<tr><td>2000</td><td>27</td><td>1200/1500</td></tr>
<tr><td>2500</td><td>35</td><td>1200/1500</td></tr>
<tr><td>3250</td><td>42</td><td>1200/1500</td></tr>
</table>
</td></tr>
<tr><td>直接型灯具根据光束角分类</td><td>光束角 θ(°)——$\theta<80$：窄配光
光束角 θ(°)——$80\leqslant\theta\leqslant120$：中配光
光束角 θ(°)——$\theta>120$：宽配光</td></tr>
</table>

6.37　室内灯具的类型

室内灯具的类型见表 6-37。

表 6-37　室内灯具的类型

名　　称	下半球(光通比%)	上半球(光通比%)
半间接型	40~10	60~90
间接型	10~0	90~100
直接型	100~90	0~10
半直接型	90~60	10~40
直接-间接均匀扩散型	60~40	40~60

6.38　居室灯具布置禁忌

居室灯具布置禁忌如下：

1）忌休息时用直射灯。

2）忌柜内用白炽灯。

3）忌厨房用灯过分繁杂。

4）忌灯具过分集中。

5）忌绿色墙面用荧光灯。

6）忌落地灯过低。

7）忌台灯罩下沿过高。

8）忌床头灯太亮。

9）忌室内用强光。

10）忌灯光从梳妆台后面来。

11）忌灯泡与视线接触。

12）忌卧室用荧光灯。

6.39　灯具的选择

灯具的选择，主要从其光学性能、光源种类、安装方式、照明场所使用条件、经济性等方面综合考虑来决定。灯具选择的一些条件见表 6-38。

表 6-38　灯具选择的一些条件

室形指数	灯具的最大允许距高比	选择的灯具配光
5~1.7(宽而矮的房间)	1.5~2.5	宽配光
0.8~0.5(窄而高的房间)	0.5~1.0	窄配光
1.7~0.8(中等宽和高的房间)	0.8~1.5	中配光

LED 灯具性能要求见表 6-39。

表 6-39 LED 灯具性能要求

<table>
<tr><th>项 目</th><th>性能要求</th></tr>
<tr><td>LED 灯具初始光通量</td><td>LED 灯具的初始光通量不应低于额定光通量的 90%，并且不应高于额定光通量的 120%</td></tr>
<tr><td>LED 灯具的配光要求</td><td>首先利用公式 $RCR=5h\times L/2A$ 计算出室空间比 RCR，式中 A 表示为房间面积，h 表示为灯具的光中心到工作面的距离，L 表示为房间周长。然后根据下表进行灯具配光的选择：
<table>
<tr><th>室空间比 RCR</th><th>最大允许距高比</th><th>配光类型</th></tr>
<tr><td>1~3</td><td>1.5~2.5</td><td>宽配光</td></tr>
<tr><td>3~6</td><td>0.8~1.5</td><td>中配光</td></tr>
<tr><td>6~10</td><td>0.5~1.0</td><td>窄配光</td></tr>
</table></td></tr>
<tr><td>LED 灯具额定电压</td><td>LED 灯具在额定电压 90%~110% 范围内应能够正常工作，特殊场所应能够满足使用场所的要求</td></tr>
<tr><td>LED 灯具额定相关色温</td><td>用于人员长期工作或停留场所的一般照明的 LED 灯具，额定相关色温不宜高于 4000K</td></tr>
<tr><td>LED 灯具光通维持率</td><td>LED 灯具工作 3000h 后的光通维持率不应小于 96%，6000h 的光通维持率不应小于 P2%</td></tr>
<tr><td>LED 灯具输入功率与额定值之差</td><td>LED 灯具的输入功率与额定值之差不应大于额定值的 10% 或 0.5W</td></tr>
<tr><td>LED 灯具显色指数</td><td>用于人员长期工作或停留场所的一般照明的 LED 灯具，一般显色指数不应小于 80，特殊显色指数 R9 应大于 0</td></tr>
<tr><td>LED 高天棚灯具的发光效能要求</td><td>额定相关色温 3000K，LED 高天棚灯具的发光效能不应低于 80lm/W；额定相关色温 3500/4000K，LED 高天棚灯具的发光效能不应低于 90lm/W；额定相关色温 5000K，LED 高天棚灯具的发光效能不应低于 90lm/W</td></tr>
<tr><td>LED 高天棚灯具的功率因数要求</td><td>LED 线形灯具实测功率因数不应小于 0.9</td></tr>
<tr><td>LED 平面灯具的发光效能要求</td><td>额定相关色温 2700K，反射式出光口形式，LED 平面灯具效能不应低于 60lm/W；额定相关色温 2700K，直射式出光口形式，LED 平面灯具效能不应低于 75lm/W；额定相关色温 3000K，反射式出光口形式，LED 平面灯具效能不应低于 65lm/W；额定相关色温 3000K，直射式出光口形式，LED 平面灯具效能不应低于 80lm/W；额定相关色温 3500/4000K，反射式出光口形式，LED 平面灯具效能不应低于 70lm/W；额定相关色温 3500/4000K，直射式出光口形式，LED 平面灯具效能不应低于 85lm/W</td></tr>
<tr><td>LED 平面灯具的功率因数要求</td><td>LED 线型灯具实测功率因数不应小于 0.9</td></tr>
</table>

（续）

<table>
<tr><th>项　目</th><th>性能要求</th></tr>
<tr><td>LED 筒灯的发光效能要求</td><td>LED 筒灯的发光效能不应低于下表的规定：
<table>
<tr><td>额定相关色温/K</td><td colspan="2">3500/4000</td><td colspan="2">3000</td><td colspan="2">2700</td></tr>
<tr><td>灯具出光口形式</td><td>格栅</td><td>保护罩</td><td>格栅</td><td>保护罩</td><td>格栅</td><td>保护罩</td></tr>
<tr><td>灯具效能(lm/W)</td><td>70</td><td>75</td><td>65</td><td>70</td><td>60</td><td>65</td></tr>
</table></td></tr>
<tr><td>LED 筒灯的功率因数要求</td><td>
<table>
<tr><td>实测功率/W</td><td>功率因数</td></tr>
<tr><td>实测功率≤5</td><td>≥0.5</td></tr>
<tr><td>实测功率>5</td><td>≥0.9</td></tr>
</table>
注：家居用 LED 筒灯功率因数不应小于 0.7。</td></tr>
<tr><td>LED 线型灯具的发光效能要求</td><td>额定相关色温 2700/3000K，LED 线型灯具效能不应低于 85lm/W；额定相关色温 3500/4000K，LED 线型灯具效能不应低于 90lm/W</td></tr>
<tr><td>LED 线型灯具的功率因数要求</td><td>LED 线型灯具实测功率因数不应小于 0.9</td></tr>
<tr><td>直接型 LED 灯具的遮光角要求</td><td>直接型 LED 灯具的遮光角要求符合下表：
<table>
<tr><td>灯具发光面平均亮度 L/(kcd/m^2)</td><td>最小遮光角/(°)</td></tr>
<tr><td>1≤L<20</td><td>10</td></tr>
<tr><td>20≤L<50</td><td>15</td></tr>
<tr><td>50≤L<500</td><td>20</td></tr>
<tr><td>L≥500</td><td>30</td></tr>
</table>
注：表不适用于平面灯具。</td></tr>
</table>

一些场所应用的 LED 灯具的选择与要求见表 6-40。

表 6-40　一些场所应用的 LED 灯具的选择与要求

类型与项目	LED 灯具的选择与要求
家居照明应用 LED 灯具	局部照明宜选择直接型 LED 灯具，发光面平均亮度高于 2000cd/m^{2}的 LED 灯具不宜用于卧室、起居室的一般照明，厨房、卫生间的一般照明宜安装带罩的漫射型 LED 灯具
办公建筑照明应用 LED 灯具	LED 灯具应与空调回风口结合设置，以便散热、保证最佳的光通量输出；办公室、会议室的一般照明，宜安装半直接型宽配光吊装 LED 灯具；会议室的一般照明可以采用变色温 LED 灯具，以及设置多种照明模式
商店建筑照明应用 LED 灯具	重点照明应安装光线控制性较强的 LED 灯具；小型超市应安装宽配光 LED 灯具，以沿货架间通道布设；一般照明应安装直接型 LED 灯具；橱窗照明用 LED 灯具，应安装带格栅或漫射型灯具；橱窗照明用 LED 灯具，当采用带有遮光格栅的灯具并安装在橱窗顶部距地高度大于 3m 时，灯具遮光角不宜小于 30°；如果安装高度低于 3m，则灯具遮光角不宜小于 45°；大型超市促销区的重点照明用 LED 灯具，应安装轨道式移动灯架，灯具光束角不宜大于 60°

（续）

类型与项目	LED灯具的选择与要求
旅馆建筑照明应用LED灯具	额定光通量大于250lm的灯具不宜作为客房夜灯；中庭、共享空间用LED灯具，应安装窄配光的直接型高天棚灯具；西餐厅、酒吧等区域的LED灯具地脚灯，防护等级不应低于IP44，并且需要具备足够抗冲击程度；直接型LED灯具遮光角、发光面亮度应符合有关规定；客房卫生间镜前灯需要安装在主视野范围以外，灯具发光面平均亮度不宜大于2000cd/m^2；防护等级低于IP44的LED灯具不应安装在后厨作业区
医疗建筑照明应用LED灯具	出光口平均亮度高于2000cd/m^{2}的LED灯具不应安装用于治疗区域、护士站的一般照明；安装精细检查的局部照明用LED灯具，显色指数不应低于90，且不应产生阴影
展览建筑照明应用LED灯具	灯具安装高度大于8m的展厅的一般照明用应安装窄配光LED灯具；立体展品安装照明用LED灯具，不应产生阴影；对光线敏感的展品照明用LED灯具，紫外线含量应小于20μW/lm；展厅内一般照明应安装直接型灯具；洽谈室、会议室、新闻发布厅等的一般照明宜安装宽配光LED灯具

LED灯一些控制要求如下：

1）用于门厅、大堂、电梯厅等场所的LED灯具，可以配备或外接夜间定时降低照度的自动控制装置。

2）用于地下车库一般照明的LED灯具，可以兼容或匹配车位探测、空位显示等辅助功能。

3）LED灯具的照明控制系统需要具备多场景控制功能，并可以进行现场调整。

4）LED灯具一般需要采用脉宽调制的调光方式。用于长时间无人逗留区域的LED灯具，一般宜配备智能传感器、外接传感器控制接口，并且根据使用需求自动关灯或降低照度水平。

5）LED灯具一般需要具有以太网供电的功能。

6）用于有天然采光场所的LED灯具，一般需要配备随天然光变化自动调节照度的智能传感器，外接传感器控制接口。

7）LED灯具的自动照明控制系统一般需要具备信息采集功能，并且可以自动生成分析、统计报表，以及预留与其他系统的联动接口。

8）用于消防疏散照明的LED灯具，一般应具备消防强制点亮的控制接口。

9）用于大空间一般照明的LED灯具，一般应具备控制接口，并且能够进行分级分区控制。

6.40　室内灯具的布置

灯具的悬挂高度是为了达到良好的照明效果，避免眩光的影响，保证人们活动的空间、防止碰撞产生，以及避免发生触电，保证用电安全。灯具要具有一定的悬挂高度，室内照明，通常最低悬挂高度为2.4m。室内灯具的布置的特点图解如图6-1所示。

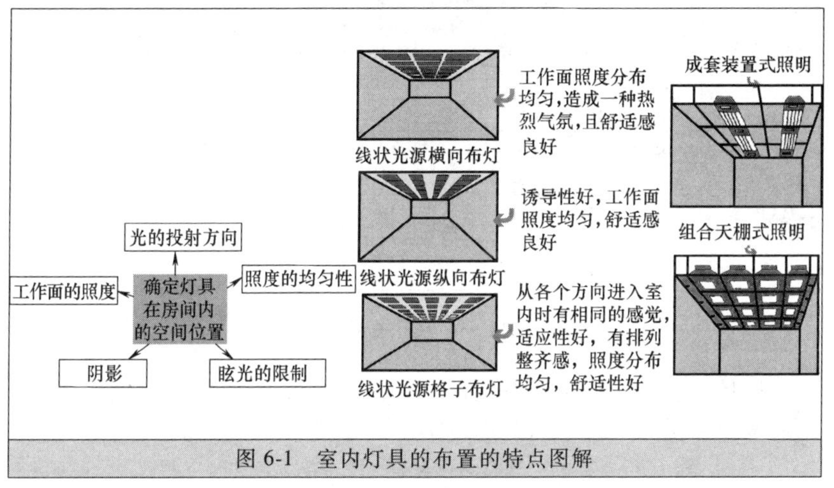

图6-1　室内灯具的布置的特点图解

6.41　灯具的配光类型、布灯方式与安装高度、间距

灯具的配光类型、布灯方式与安装高度、间距见表6-41。

表6-41　灯具的配光类型、布灯方式与安装高度、间距

灯具配光类型	截光型		半截光型		非截光型	
布灯方式	安装高度 H/m	间距 S/m	安装高度 H/m	间距 S/m	安装高度 H/m	间距 S/m
单侧布置	$H \geqslant W_{eff}$	$S \leqslant 3H$	$H \geqslant 1.2W_{eff}$	$S \leqslant 3.5H$	$H \geqslant 1.4W_{eff}$	$S \leqslant 4H$
交错布置	$H \geqslant 0.7W_{eff}$	$S \leqslant 3H$	$H \geqslant 0.8W_{eff}$	$S \leqslant 3.5H$	$H \geqslant 0.9W_{eff}$	$S \leqslant 4H$
对称布置	$H \geqslant 0.5W_{eff}$	$S \leqslant 3H$	$H \geqslant 0.6W_{eff}$	$S \leqslant 3.5H$	$H \geqslant 0.7W_{eff}$	$S \leqslant 4H$

注：W_{eff}为路面有效宽度（m）。

6.42　灯具安装件安装承装载荷

灯具安装件安装承装载荷见表6-42。

表 6-42　安装灯具时，应预埋吊钩、螺栓（或螺钉）或采用膨胀螺栓（沉头式胀管）、尼龙塞（塑料胀管）固定，其承装荷载（N）应按下表规格选择：

胀管系列	规格						承装载荷容许拉力（×10N）	承装载荷容许剪力（×10N）
	胀管		螺钉或沉头螺栓		钻孔			
	外径	长度	外径	长度	外径	深度		
塑料胀管	6	30	3.5	按需要选择	7	35	11	7
	7	40	3.5		8	45	13	8
	8	45	4.0		9	50	15	10
	9	50	4.0		10	55	18	12
	10	60	5.0		11	65	20	14
沉头式胀管（膨胀螺栓）	10	35	6	按需要选择	10.5	40	240	160
	12	45	8		12.5	50	440	300
	14	55	10		14.5	60	700	470
	18	65	12		19.0	70	1030	690
	20	90	16		23	100	1940	1300

6.43　灯具电气间距

灯具没有绝缘的不同电位带电部件间、未绝缘的带电部件与非载流的金属部件间的最小间距不应小于表 6-43 中的规定值。

表 6-43　穿过空气的间距与非绝缘带电部件的爬电距离

有效值电压范围	峰值电压范围	最小电气间距/mm	最小电气间距/in①	最小爬电距离/mm	最小爬电距离/in
0～50	0～71	1.6	0.063	1.6	0.063
51～150	72～212	3.2	0.125	6.4	0.250
151～300	213～423	6.4	0.250	9.5	0.375
301～600	424～846	9.5	0.375	9.5	0.375
601～2000	847～2828	9.5	0.375	12.7	0.500

① 1lin = 0.0254m。

6.44　灯具导线的最小截面积的选择

选择灯具导线的最小截面积见表 6-44。

表 6-44　选择灯具导线的最小截面积

灯具安装场所、用途		线芯最小截面积/mm^2		
		铜芯软线	铜线	铝线
灯头线	民用建筑室内	0.4	0.5	2.5
	工业建筑室内	0.5	0.8	2.5
	室外	1.0	1.0	2.5
移动用电设备的导线	生活用	0.4	—	—
	生产用	1.0	—	—

6.45 家装照明的规定与标准要求

家装照明的一些规定与标准要求如下：

1）居住照明，需要选用节能环保，有国家质量认证标志的光源、灯具、附件、控制电器等。

2）居住照明设计、安装，需要符合的规范、标准包括 JGJ 16—2016、GB 50034—2013、JGJ 242—2011 等。

3）居住照明设计、安装，需要兼顾房间功能性与艺术性要求，充分利用自然光，采用多种照明方式。

4）当照明灯具或附件安装在可燃装饰装修材料上时，要采取隔热措施予以分隔。

5）有条件的住宅，可以采用智能开关控制。

6）荧光灯要采用电子镇流器、节能型电感式镇流器，功率因数不小于 0.9。

7）当照明灯具或附件，直接安装在可燃材料表面的灯具，要采用标有有关标志的灯具。

8）居住照明中的装饰性灯具，在计算照明功率密度值时，可以只计入其总功率的 50%。

9）灯具要根据场所功能、室内设计要求，选择高效率的灯具。

10）光源需要选用高光效、寿命长、显色性好、开关控制简便的光源。

11）起居室（厅）、过道、卫生间的灯开关，要选用夜间有光显示的面板。

12）卫生间等潮湿场所，要采用防潮易清洁的灯具，并且不应安装在浴室的 0、1 区内。

13）浴室 0、1、2 区内，严禁设计、安装照明开关、接线盒。

14）卧室顶部照明灯具，宜选用双控开关，分别装在卧室床头与卧室门内。

15）起居室、卧室，宜采用调光或分级控制。

16）灯具、浴霸开关，要装于卫生间门外。

17）卫生间（浴室），宜采用人体感应开关。

18）厨房屋顶中央，要安装防潮易清洁的灯具。

19）厨房照明的灯开关，要安装在厨房门外。

20）厨房操作台面上的厨柜装有局部照明时，要采取安全防护措施。

21）家装照明标准要求符合表6-45的规定。

表6-45 家装照明标准的要求

房间或场所		参考平面及高度	照度标准值/lx	显色指数/Ra
起居室	一般活动	0.75m水平面	100	80
	书写 阅读		300*	
卧室	一般活动	0.75m水平面	75	80
	床头、阅读		150*	
餐厅		0.75m餐桌面	150	80
厨房	一般活动	0.75m水平面	100	80
	操作台	台面	150*	
卫生间		0.75m水平面	100	80
电梯前厅		地面	75	60
走道、楼梯间		地面	30	60

注：*表示宜用混合照明。

6.46 灯具安装要求与注意事项

灯具安装的一些要求与注意事项如下：

1）灯具安装的工艺流程：检查灯具→组装灯具→安装灯具→通电试运行。

2）安装灯具的预埋螺栓、吊杆、吊顶上嵌入式灯具安装专用骨架等完成后，需要根据设计要求做承载试验，合格后才能够安装灯具。

3）影响灯具安装的模板、脚手架需要拆除。

4）安装灯具的导线绝缘测试合格后，才能够接灯具线。

5）镜前灯一般安装在距地1.8m左右。

6）灯泡距地面的高度一般不低于2m。如果低于2m，需要采取防护措施。

7）白炽灯、高压汞灯与可燃物间的距离不应小于50cm，卤钨灯需要大于50cm。

8）当灯具距地面高度小于2.4m时，灯具的可接近裸露导体必须接地（PE）或接零（PEN）可靠，以及应有专用接地螺栓与标识。

9）客厅照度一般为100lx、150lx、200lx三档装灯，平均为75lx为宜。

10）卧室照度一般为50lx、100lx、150lx三档，平均照度75lx为宜。床头台灯供阅读一般为300lx为宜。

11）厨房、卫生间照度一般为75lx、100lx、150lx为宜。

12）无明确规定，庭院照明夜晚能辨别出花草色调，平均照度一般为20~50lx为宜。景点与重点花木需要另增加效果照明。

13）灯具重量大于3kg时，需要固定在螺栓或预埋吊钩上。

14）灯具固定需要牢固可靠，不得使用木楔。

15）每个灯具固定用螺钉或螺栓不少于2个。绝缘台直径在75mm及以下时，可以采用1个螺钉或螺栓固定。

16）当钢管做灯杆时，钢管内径不应小于10mm，钢管厚度不应小于1.5mm。

17）固定灯具带电部件的绝缘材料与提供防触电保护的绝缘材料，需要耐燃烧与防明火特性。

18）当设计无要求时，一般敞开式灯具、灯头对地面距离不小于下列数值（采用安全电压时除外）：室外——2.5m（室外墙上安装）；室内——2m；软吊线带升降器的灯具在吊线展开后——0.8m。

19）灯具开关不允许串接在零线上，必须串接相线上。

20）灯具每一单项分支回路不允许超过20个灯头，但花灯、彩灯除外。一般情况下严禁超过10A。

21）螺口灯必须是中心点接相线，零线接在螺纹端子上。

22）嵌入式灯具固定在专设的柜架上，导线在灯盒内需要留有余地，以方便维修。

23）灯具与边框需要紧贴在灯栅上，以及完全遮盖灯孔，不允许有漏光现象。

24）矩形灯具的边框需要与顶栅的装饰直线平行，偏差≤5mm。

25）灯槽内的T4日光管间隔不宜太长，以免造成光与光间有阴影。

26）软导线（即灯头线）截面积不得小于0.4mm^2。

27）灯头线别忘了打结。灯头线是指连接吊线盒与灯头的那根电线。它有两个功能：一是连接吊线盒内接线螺钉与灯头内接线螺钉，实现电路连接。二是起到承受灯头（包括灯泡、灯罩）的重量。

28）灯具的型号、规格需要符合设计要求与国家标准的规定。

29）灯内配线严禁外露，灯具配件齐全，无机械损伤、变形、油漆剥落，灯罩破裂，灯箱歪翘等现象。

30）选择的灯具需要具有合格证。

31）照明灯具使用的导线其电压等级不应低于交流500V，其最小线芯截面积需要满足表 6-46 所示的要求。

表 6-46　线芯最小允许截面积

安装场所及用途		线芯最小截面积/mm^2		
		铜芯软线	铜线	铝线
照明用灯头线	民用建筑室内	0.4	0.5	2.5
	工业建筑室内	0.5	0.8	2.5
	室外	1.0	1.0	2.5
移动式用电设备	生活用	0.4	—	—
	生产用	1.0	—	—

32）照明灯具的安装，有的需要在结构施工中做好预埋工作，混凝土楼板需要预埋螺栓，吊顶内需要预下吊杆。

33）灯具的安装，一般在顶棚、墙面的抹灰工作、室内装饰浆活、地面清理工作均结束后进行。

34）高空安装的灯具，需要地面通断电试验合格后，才能够安装灯具。

35）严禁用纸、布等可燃材料遮挡灯具。

36）100W 以上的白炽灯、卤钨灯的灯管附近导线需要采用非燃材料（瓷管、石棉、玻璃丝）制成的护套保护，不能用普通导线，以免高温破坏绝缘，引起短路。

37）灯的下方不能堆放可燃物品。

38）经常碰撞的场所，需要采用金属网罩防护。

39）湿度大的场所，需要有防止水滴的措施。

40）连接灯具的软线需要盘扣、搪锡压线。

41）灯头的绝缘外壳不得有破损与漏电现象。

42）带有开关的灯头，开关手柄应没有裸露的金属部分。

43）安装在重要场所的大型灯具的玻璃罩，需要采取防止玻璃罩碎裂后向下溅落的措施。

44）投光灯的底座与支架需要固定牢固，枢轴需要沿需要的光轴方向拧紧固定。

45）安装在室外的壁灯需要有泄水孔，绝缘台与墙面间需要有防水措施。

6.47　灯具安装的工艺流程

灯具安装的工艺流程如下：检查灯具、检查吊扇→组装灯具、组装吊扇→安装灯具、安装吊扇→通电试运行。

6.48 普通/一般灯具的安装

普通/一般灯具的安装见表 6-47。

表 6-47 普通/一般灯具的安装

步骤	解说
穿线、固定	1)把从塑料/木台甩出的导线留出适当的维修长度,然后削出线芯。 2)然后把线芯推入灯头盒内,线芯需要高出塑料/木台的台面。 3)然后用软线在接灯线芯上缠绕 5~7 圈后,再把灯线芯折回压紧。 4)再用电工塑料带、黑胶布分层包扎紧密,包扎好的接头要调顺,扣在法兰盘内。 5)法兰盘需要与塑料/木台的中心找正,然后用长度小于 20mm 的木螺钉固定好
塑料(木)台的安装	1)首先把接灯线从塑料/木台的出线孔中穿出。 2)然后把塑料/木台紧贴住建筑物表面。 3)塑料/木台的安装孔,需要对准灯头盒的螺孔。 4)再用机螺钉,把塑料/木台固定好

一般灯具安装图例如图 6-2 所示。

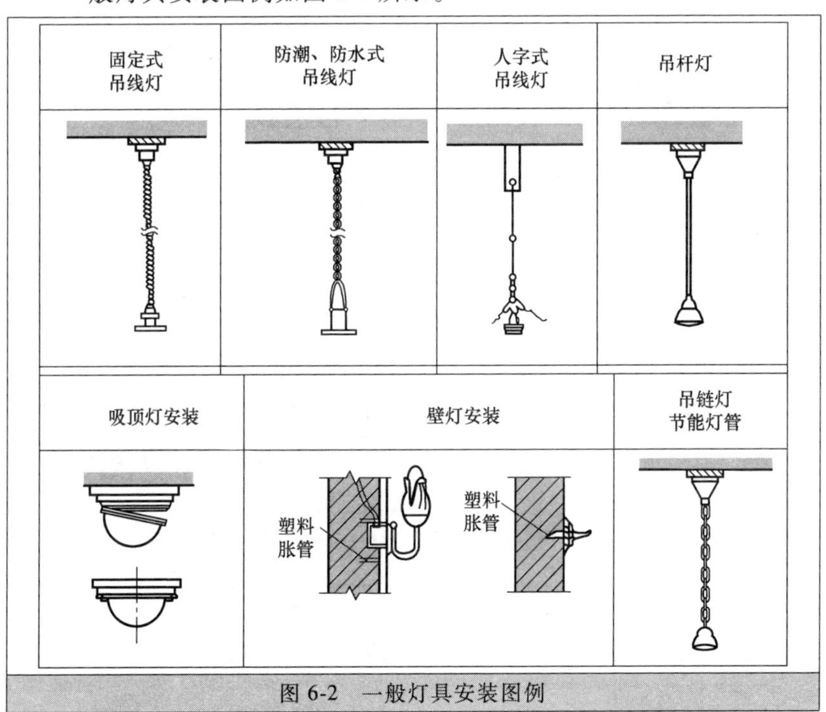

图 6-2 一般灯具安装图例

6.49 固定灯具的安装

固定灯具的安装图例如图 6-3 所示。

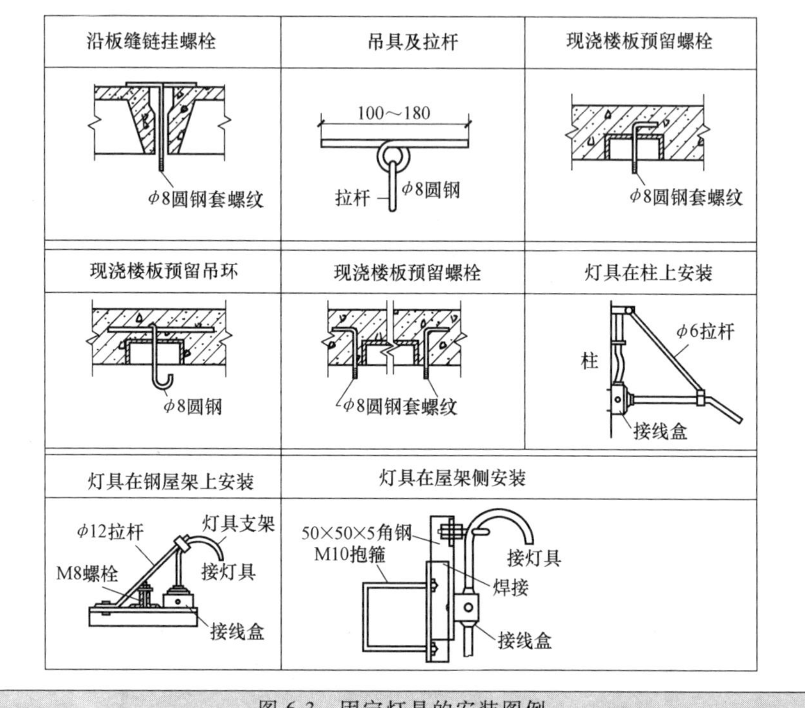

图 6-3 固定灯具的安装图例

6.50 普通灯具安装施工有关数据

普通灯具安装施工有关其他数据见表 6-48。

表 6-48 普通灯具安装施工有关其他数据

相关数据	解　说
0.5kg 及以下	软线吊灯，灯具重量在 0.5kg 及以下时，需要采用软电线自身吊装
100W	除敞开式外，其他各类灯具的灯泡容量在 100W 与以上的均需要采用瓷灯口
150mm 以下	木台固定不牢，与建筑物表面有缝隙。木台直径在 150mm 以下时，需要应用两条螺钉固定
180mm 以上	木台直径在 180mm 以上时，需要应用三条螺钉成三角形固定

（续）

相关数据	解　说
1m	吊链荧光灯的吊链选用不当。单管无罩荧光灯链长度不超过 1m 时可使用瓜子链；带灯罩或双管荧光灯及单管无罩荧光灯链长度超过 1m 时，需要应用铁吊链
500V	照明灯具使用的导线其电压等级不应低于交流 500V
75mm 及以下时	当绝缘台直径在 75mm 及以下时，需要采用一个螺钉或螺栓固定
不得小于 6mm	花灯的吊钩其圆钢直径不小于吊挂销钉的直径，且不得小于 6mm
不少于 2 个	灯具固定可靠，不得使用木楔。每个灯具的固定螺钉或螺栓不少于 2 个
不小于 10mm	采用钢管作为灯具的吊管时，钢管内径一般不小于 10mm
不应大于 5mm	嵌入式灯具（光带）的安装时，调整灯具边框。如灯具对称安装，其纵向中心轴线应在同一直线上
不应小于 10mm	当钢管做灯杆时，钢管直径不应小于 10mm，钢管厚度不应小于 1.5mm
不应小于 6mm	花灯吊钩圆钢直径不应小于灯具挂销直径，并且不应小于 6mm。大型花灯的固定及悬挂装置，需要按灯具重量做过载试验
大于 0.5kg	大于 0.5kg 的灯具采用吊链，并且软电线编叉在吊链内，使电线不受力
大于 3kg	灯具重量大于 3kg 时，固定在螺栓或预埋吊钩上
小于 5mm	装有白炽灯泡的吸顶灯具，灯泡不应紧贴灯罩。当灯泡与绝缘台间距离小于 5mm 时，灯泡与绝缘台间需要采取隔热措施

6.51 花园酒店常见灯具

花园酒店常见灯具见表 6-49。

表 6-49 花园酒店常见灯具

名　称	规格型号（举例）	安装位置
喷泉射灯	50W（12V）黄绿红三色	池底
嵌地灯	50W 白色毛玻璃面	
台阶侧壁灯	18W 白色	
庭院灯	250W 钠灯	
庭院路灯	200W 钠灯	3m
投光灯	100W	
照树灯	100W 白色	树底
步行灯柱	150W 钠灯暖黄色	
草坪灯	70W 金卤灯	
出挑式挂壁灯	26W 暖黄色	底距地 2.2m
方型侧壁灯	100W 暖黄色	
广场照明灯	400W 钠灯暖黄色	

6.52 普通照明钨丝白炽灯检测项目与要求

普通照明钨丝白炽灯检测项目与要求见表6-50。

表6-50 普通照明钨丝白炽灯检测项目与要求

检测项目		要求	检测方法
外观结构尺寸	标识	电压、功率标识清晰、无误	目测
	尺寸	尺寸符合要求	卡尺
	灯泡玻璃	透明型玻璃壳，表面光滑、无缺损、无裂痕、无气泡、无脏污	目测
	灯头	颜色符合要求	目测/送检
		无毛刺、无利角、无利边、无脏污	目测
		有E14、E12规格，铜镀锡	目测、螺纹检具
	电极引线焊接	焊接牢固、无假焊、无虚焊、无漏焊、焊锡均匀、光滑、防锈层无损坏、防锈层不妨碍使用	目测、把灯旋入标准灯座内
	装配缺陷	无	目测灯头与灯的连接处有没有松动、灯泡内有无杂物、灯丝有无断裂、灯丝有无偏斜、灯丝有无短路
			与灯座装配有无异常
性能	功率	40W+5%~10%	功率计
	灯泡与灯头连接	扭力≥3N·m	把灯泡旋入检具中，用扭力计检测
	瞬时电压冲击	无损坏	在1.15倍额定电压下，维持1s，连续测试5次
	灯泡的偏心量	≤2mm	放入检具中检测
寿命测试	连续运行	性能、外观无明显变化，灯泡中有1只在试验中玻璃爆炸，试验为不合格	等效寿命测试：用1.1倍电压290h，个别灯寿命203h，寿命测试时环境温度<65℃，电压波动不应超过±2V，灯泡不应受机械振动碰撞，灯头与灯座接触良好。每昼夜关闭2次，每次不少于15min，关闭时间不计入燃点时间；两次关闭间间隔不应小于7h，用1.1倍电压测试应能将电压调节到50%再缓慢上升
			灯泡的平均寿命不应低于1000h，寿命试验灯泡不超过20只时，平均寿命不应低于960h，个别寿命不应低于700h

（续）

检测项目	要　求	检测方法
潮湿试验	灯头表面无锈迹，灯泡内无水	将灯泡置入湿度90%～95%，温度40℃±2℃的恒温恒湿箱内48h后，用外观法检查灯头的底金属有无锈迹（轻微易于擦掉锈点不予考虑）
	灯泡与灯头的连接扭力≥3N·m	

注：试验条件如下：

1）相对湿度：50%～90%。

2）额定电压/频率：240V/50Hz，电压波动范围在±2%内。

3）测试环境：温度20℃±5℃，每次试验过程中室温波动应小于2℃。

6.53　白炽灯的安装

白炽灯与荧光灯是最常用的灯，白炽灯可以使用在各种场所。白炽灯常用灯座如图6-4所示。

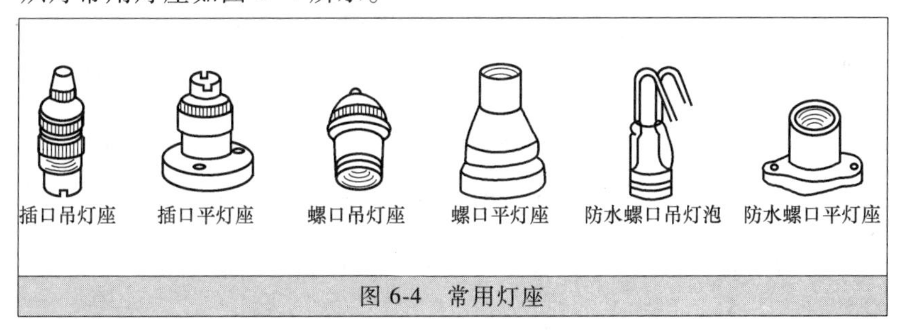

图6-4　常用灯座

家装白炽灯常见的照明线路基本特点如下：

1）白炽灯电路一般由导线、墙壁开关、灯座等组成，以前，线路上还采用了熔断器，如图6-5所示。

2）相线先接开关，然后才接到白炽灯座（头）。零线直接接入灯座。当开关合上时，白炽灯泡得电发光。

3）该线路适用照度要求较低，开关次数频繁的室内、外场所。

4）螺口灯座接线的规定：相线先接开关，然后接到螺口灯座中心弹簧片的接线桩上。零线直接接到螺口灯座螺纹的接线桩上。

5）白炽灯照明线路中开关的安装高度如下：

拉线开关的安装高度：2～3m

墙壁开关的安装高度：1.3～1.5m

照明分路总开关的安装高度：1.8～2m。

白炽灯插座电路安装电气平面图的图解识读如图6-5所示。

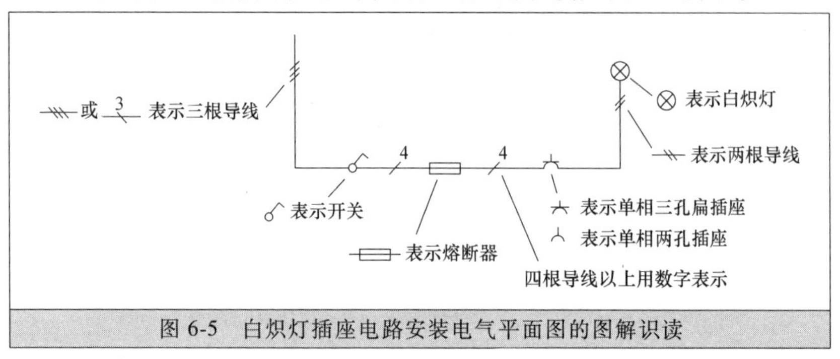

图6-5　白炽灯插座电路安装电气平面图的图解识读

白炽灯照明线路的一些安装要求如下：

1）选择适宜的木螺钉固定。

2）安装白炽灯接线要注意：白炽灯取电源时，需要在分路总开关后的支线上取电源，如果在电器后取电源，则会受到该线路的电器控制。

3）安装时，要做到整齐美观、不能够有松动现象。

4）线头接到安装盒接线桩时，线芯露出端子不能超过2mm。

6.54　节能灯的参数

灯体形状类似2U型节能灯，灯头为直插入式的插管系列节能灯，参数见表6-51。一些节能灯参数见表6-52、表6-53。

表6-51　一些直插入式的插管系列节能灯参数

功率/W	光通量/lm	光效/(lm/W)
10	550	58
13	820	62
18	1050	65
24	1550	64
36	2550	72
55	3500	72

表6-52　一些节能灯参数（一）

规格	光通量/lm	光效/(lm/W)
4U型管30W	1720	62
4U型管45W	2670	65
4U型管55W	3150	64
4U型管65W	3600	64

（续）

规格	光通量/lm	光效/(lm/W)
4U 型管 85W	5300	64
3U 型管 9W	495	60
3U 型管 13W	750	63
3U 型管 15W	900	67
3U 型管 20W	1350	70
3U 型管 23W	1550	65
2U 型管 3W	115	48
2U 型管 5W	230	50
2U 型管 7W	370	56
2U 型管 8W	520	62
2U 型管 11W	700	69
2U 型管 13W	840	70
螺旋灯管 7W	380	55
螺旋灯管 8W	500	60
螺旋灯管 12W	620	54
螺旋灯管 15W	820	63
螺旋灯管 20W	1120	60

表 6-53　一些节能灯参数（二）

型　　号	规格	色温	显色指数	灯管长/mm	管径/mm	光通量/lm	整灯长/mm
PAK-YP-3U18W-843	18W (E27)	4300K	83	84	ϕ12	980	156
PAK-YP-3U18W-827	18W (E27)	2700K	83	84	ϕ12	980	156
PAK-YP-3U24W-864	24W (E27)	6400K	83	98	ϕ12	1250	170
PAK-YP-3U24W-843	24W (E27)	4300K	83	98	ϕ12	1250	170
PAK-YP-3U24W-827	24W (E27)	2700K	83	98	ϕ12	1250	170

6.55　常用的荧光灯长度与功率对应

常用的荧光灯长度与功率对应如下：荧光灯功率 8W，对应长度为 341mm；荧光灯功率 12W，对应长度为 443mm；荧光灯功率 16W，对应长度为 487mm；荧光灯功率 20W，对应长度为 534mm；荧光灯功率 22W，对应长度为 734mm；荧光灯功率 24W，对应长度为 874mm；荧光灯功率 26W，对应长度为 1025mm；荧光灯功率 28W，对应长度为 1172mm。

6.56 荧光灯光管与灯槽的功率对应

荧光灯光管与灯槽的功率对应如下：T5 长 1200mm 的光管，对应功率为 36W；T5 长 900mm 的光管，对应功率为 30W；T5 长 600mm 的光管，对应功率为 18W；T5 长 300mm 的光管，对应功率为 8W；T8 长 1200mm 的光管，对应功率为 28W；T8 长 900mm 的光管，对应功率为 21W；T8 长 600mm 的光管，对应功率为 14W。

6.57 镇流器的选用

镇流器选择的总原则为选择具有安全、可靠、功耗低、能效高的镇流器。选择自镇流荧光灯（如紧凑型荧光灯），要配电子镇流器。功率较小者（≤150W），可配用电子镇流器。T8 直管型荧光灯，要配用节能型电感镇流器或电子镇流器，不宜配用功耗大的传统电感镇流器。T5 直管型荧光灯（>14W），要选择电子镇流器。高压钠灯、金属卤化物灯，要配用节能型电感镇流器。国产 36W 荧光灯用镇流器性能对比见表 6-54。

表 6-54 国产 36W 荧光灯用镇流器性能对比

对象	自身功耗	系统光效比	价格比较	灯光闪烁度	系统功率因数	重量比	寿命/年	可靠性	电磁干扰
节能型电感镇流器	<5.5W	1	中	有	0.4~0.6（无补偿时）	1	15~20	好	较小
电子镇流器	3~5W	1.2	较高	无	0.9 以上	1.2	5~10	较好	在允许范围内
普通电感镇流器	8~9W	1	低	有	0.4~0.6（无补偿时）	1	15~20	较好	较小

6.58 荧光灯的特点与安装线路

荧光灯是常见的一类灯具，其电路原理如图 6-6 所示。以前荧光灯一般是一字形的，现在，荧光灯有许多形状的，如图 6-7 所示。

LED 荧光灯的特点与安装见表 6-55。

表 6-55　荧光灯的特点与安装

项　　目	解说或者图例
LED 灯管的结构	LED 灯管一般由灯管外壳、堵头、灯珠、线路板、电源等组成。LED 灯管每个部件一般可以拆除,其中任何一个部件坏了,都可以维修或更换。LED 灯管属于第四代新型冷光源,主要是为了代替现有的荧光灯。因此许多的 LED 灯管其结构尺寸与现在的荧光灯是一致的。LED 灯管常根据灯管的直径来标称,例如 T5、T8、T9、T10 等,其中 T 是 tube 的简写。每个 T 就是 1/8in(英寸,1in=2.54cm),例如 T8 灯管也就是灯管直径为 1in 的灯管。LED 灯管的长度一般为 0.6m、0.9m、1.2m、1.5m 等
LED 常规参数与含义	频闪——电光源光通量随交流电压周期变化而变化称为频闪。 发光效率——发光效率是代表光源将所消耗的电能转换成光的效率,单位为流明每瓦(lm/W)。 光通量——光发体每秒种所发出的光亮之总和,单位为流明(lm)。 显色指数——显色指数是光源显色性的定量描述,表示符号为 Ra。光源对物体颜色呈现的程度称为显色性,显色性高的光源对物体再显较好。显色性在照明上直接反映被照物品灯光下颜色真实的效果。 照度——照度是光通量与被照面的比值,单位为勒克斯 lx。1lx 的照度为 1lm 的光通量均匀分布在面积为 $1m^2$ 的区域。 光衰——LED 光衰是指 LED 经过一般时间的点亮后,其光强会比原来的光强要低,而降低的部分就是 LED 的光衰。 平均寿命——指一批 LED 灯 50%的数量损坏时的小时数,单位为小时(h)。 光强——一般而言,光线都是向不同方向发射的,其强度也各异。可见光在某一特定方向内所发射的强度称为光强,单位为坎德拉(cd)。
LED 荧光灯适用范围	LED 荧光灯适用范围有写字楼、商场、学校、医院、超市、酒店、工厂车间、居家等室内照明场所

（续）

项　　目	解说或者图例
LED 荧光灯安装图例	一般的 LED 荧光灯管为二端输入,一端接零线,另一端接火线即可 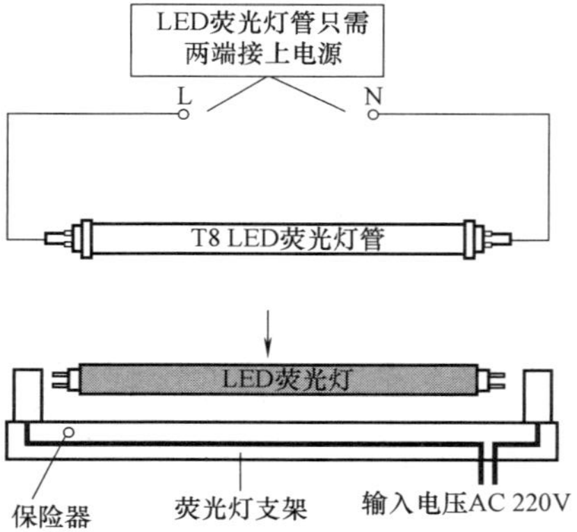 LED荧光灯管只需两端接上电源 L　N T8 LED荧光灯管 LED荧光灯 保险器　荧光灯支架　输入电压AC 220V
LED 荧光灯安装要求	注意,一般的 LED 荧光灯使用工作电压为 85~265V 50/60Hz,使用时不要超出其工作电压范围。LED 荧光灯不宜直接用作调光调控器及感应器作用,LED 荧光灯不能用于光学仪器直接观看。LED 荧光灯不要安装于火炉、煤气、排气筒上方及潮湿场所,以免损坏。LED 荧光灯在连接导线时,高压相线必须经接电气开关控制器来控制灯具断接点,否则容易引发故障。LED 荧光灯安装时,不要让 LED 荧光灯表面与其它硬物摩擦或跌落在地板上,以免损坏 LED 荧光灯。一般的 LED 荧光灯禁止液化物浸入

（续）

项　　目	解说或者图例
带支架 LED 灯管安装	首先在固定墙面上用冲击钻钻两个固定孔位，然后塞上胶塞；接着用木牙螺钉把安装支架用的固定夹子锁紧在塞好胶塞的孔位上，再把灯管支架扣到固定夹上扣紧，并把灯管装到支架上，发光面旋转朝外；最后把八字插头的两条线接到市电的 L、N 线上。灯管如需多支串联，则可以用连接柱把灯管对接起来，但是需要注意收尾的地方为防止触摸触电最好是盖上堵头盖子。该连接方法，LED 灯管 T5 与 LED 灯管 T8 灯管都可以参考

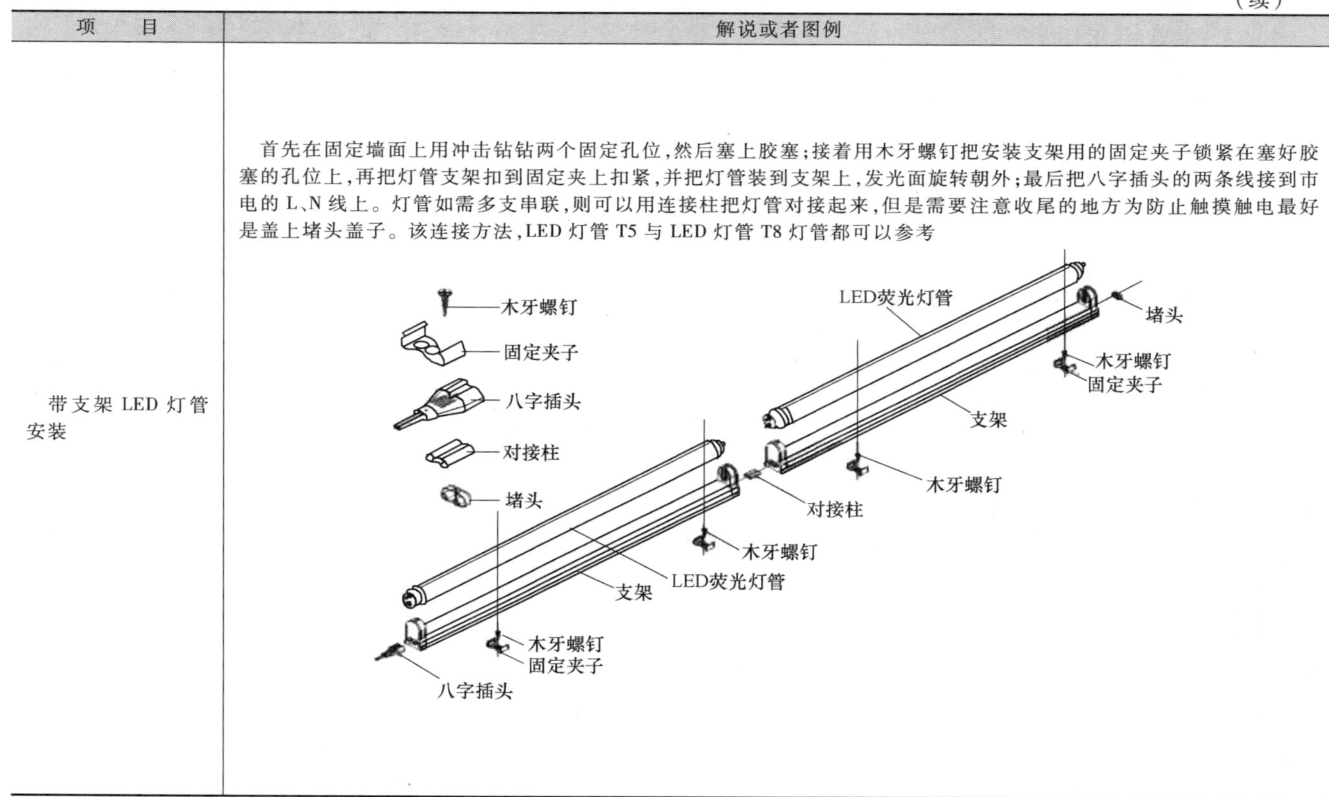

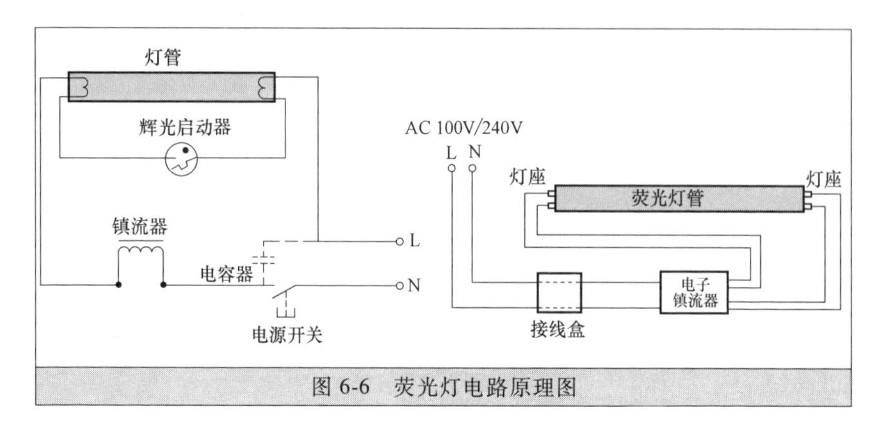

图 6-6　荧光灯电路原理图

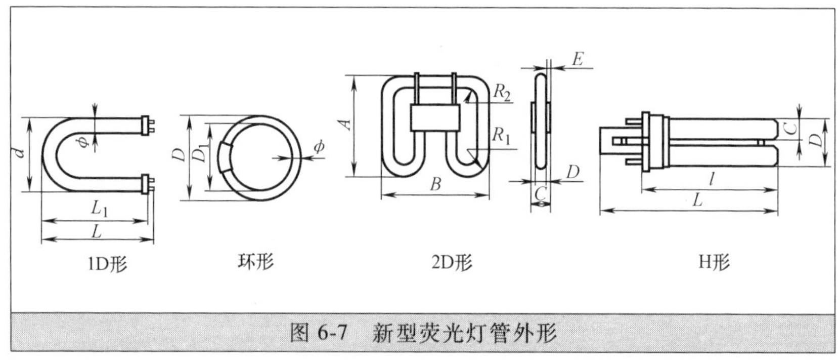

图 6-7　新型荧光灯管外形

6.59　吊链荧光灯的安装

荧光灯的安装分为吊链荧光灯的安装与吸顶荧光灯的安装。吊链荧光灯的安装方法、要点如下：

安装吊链荧光灯时，首先根据灯具的安装高度，将全部吊链编好。然后把吊链挂在灯箱挂钩上，以及在安装物顶棚上安装好塑料（木）台。再把导线依顺序编叉在吊链内，以及引入到灯箱，并且在灯箱的进线孔处套好软塑料保护管，然后压入到灯箱内的端子板内。再将灯具导线与灯头盒中甩出的电源线连接。接好后，用电工塑料带、黑胶布分层包扎紧密。然后，把电线理顺接头扣于法兰盘内。需要注意，法兰盘（吊盒）的中心需要与塑料（木）台的中心对正，以及用木螺钉拧紧。

然后把灯具的反光板用机螺钉固定在灯箱上，以及调整好灯脚，再将灯管装好即可。吊链荧光灯的安装图例如图 6-8 所示。

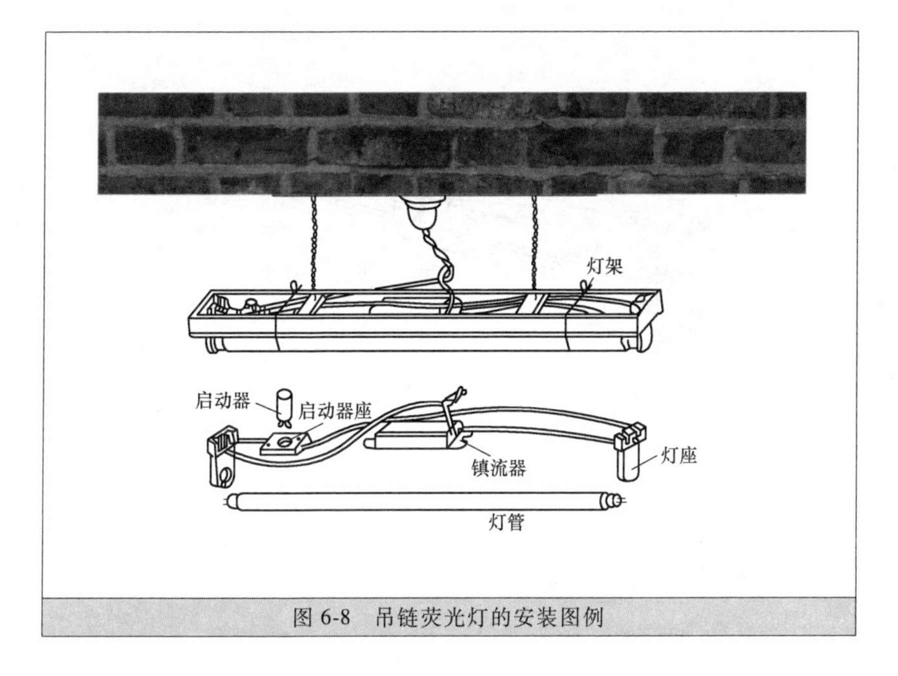

图 6-8 吊链荧光灯的安装图例

6.60 吸顶荧光灯的安装

安装吸顶荧光灯时，首先根据设计要求确定好荧光灯的安装位置，然后把荧光灯贴紧安装物的表面。荧光灯的灯箱需要完全遮盖住灯头盒，因此，安装前需要对着灯头盒的位置打好进线孔。

荧光灯贴紧安装后，把电源线甩入灯箱，并且在进线孔处套上塑料保护管。找好灯头盒螺孔的位置，以及在灯箱的底板上用电钻打好孔，用机螺钉拧紧。然后在灯箱的另一端使用胀管螺栓固定。如果荧光灯安装在吊顶上的，则需要用自攻螺钉将灯箱固定在龙骨上。灯箱固定好后，可以将电源线压入灯箱内的端子板上。然后把灯具的反光板固定在灯箱上，以及把灯箱调整顺直。最后把荧光灯管装好即可。

荧光灯镇流器安装时，需要注意通风散热，不准将镇流器直接固定在可燃天花板或板壁上。镇流器与灯管的电压、容量必须相同，配套使用。

吸顶荧光灯的安装图例如图 6-9 所示。

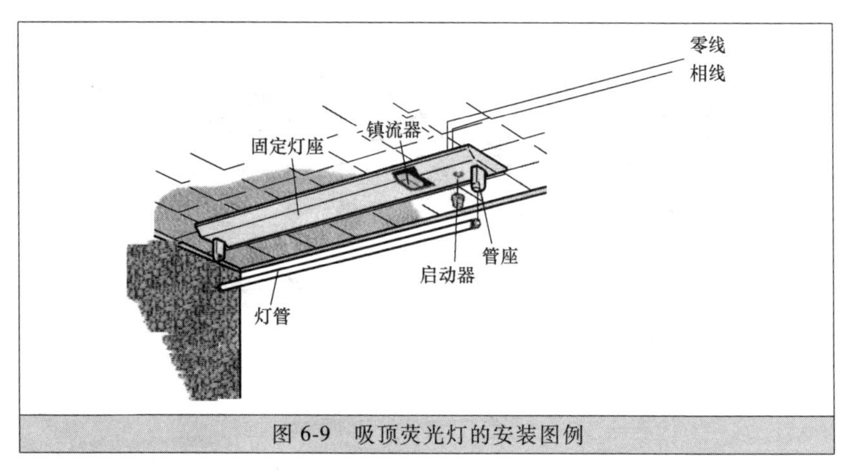

图 6-9　吸顶荧光灯的安装图例

6.61　荧光灯灯槽安装

荧光灯灯槽安装图例如图 6-10 所示。

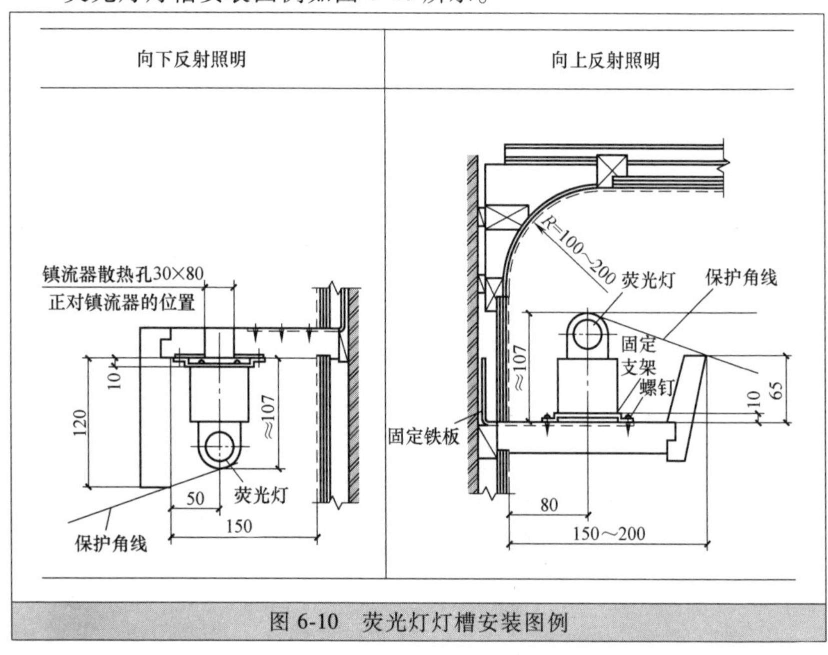

图 6-10　荧光灯灯槽安装图例

6.62　荧光灯在光檐内向下照射的安装

荧光灯在光檐内向下照射的安装方法与要点见表 6-56。

表 6-56 荧光灯在光檐内向下照射的安装方法与要点

类型	图解	类型	图解
Ⅰ	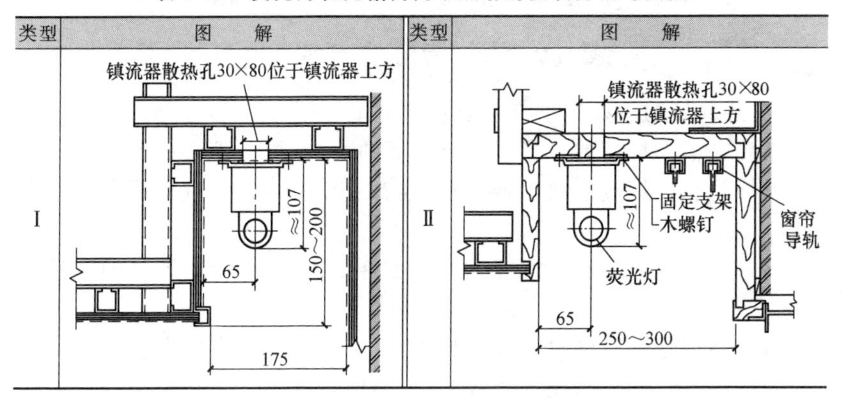	Ⅱ	

6.63 荧光灯杆吊式安装

荧光灯杆吊式安装图例如图 6-11 所示。

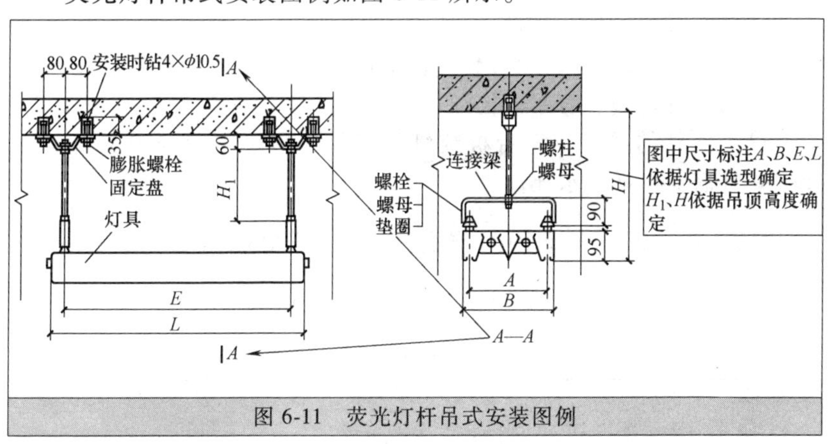

图 6-11 荧光灯杆吊式安装图例

6.64 射灯与壁灯的常见功率

射灯与壁灯的常见功率如下：

1）使用石英杯光源的常见功率有 20W、35W、50W 等。

2）使用普通灯泡（E27、白炽灯）为光源的常见功率有 15W、25W、40W、60W、100W、150W、200W 等。

3）使用节能灯为光源的常见功率有 5W、7W、9W、10W、11W、12W、13W、14W、15W、18W、20W、23W、26W 等。

4）使用金卤灯为光源的常见功率有35W、70W、150W等。

6.65 壁灯的安装

安装壁灯的一些要求与主要步骤如下：

1）先根据灯具的外形，选择合适的木台/板，或灯具底托。

2）然后把灯具摆放木台/板，或者底托上面，并且四周留有一定余量。

3）然后用电钻在木板上开好出线孔、安装孔，在灯具的底板上开好安装孔。

4）然后把灯具的灯头线，从木台/板的出线孔中甩出。

5）墙壁上的灯头盒内接线头，并且包好。

6）然后把接线头塞入盒内。

7）把木台或木板对正灯头盒，并且贴紧墙面，以及用机螺钉把木台直接固定在盒子耳朵上，木板的可以用胀管固定好。

8）调整木台/板，或灯具底托，使其平正。

9）然后用机螺钉，把灯具拧在木台/板，或灯具底托上。

10）配好灯泡、灯罩。

11）室外的壁灯，其台板或灯具底托，与墙面间需要加防水胶垫，并且需要打好泄水孔。

6.66 LED筒灯光源色温的应用场所选择

LED筒灯光源色温的应用场所选择见表6-57。

表6-57 LED筒灯光源色温的应用场所选择

光源属性	应用场所
暖白	酒店：前台、大堂、楼梯、电梯、餐厅、客房、内部走道、厕所等 商场：收银台、内外走道、商铺、电梯、楼梯等
中性	商场大厅、走道、商铺、楼道等
冷白	酒店：入口、外走道等 商场：大厅、电梯、商铺、外走道等

6.67 压铸筒灯适用光源与规格

E27压铸筒灯适用光源为10~40W，其常见参考规格如下：

灯杯尺寸　　　　　　　开孔尺寸

2寸筒灯（ϕ70）——ϕ90×100H。

2.5 寸筒灯（ϕ80）——ϕ102×100H。
3 寸筒灯（ϕ90）——ϕ115×100H。
3.5 寸筒灯（ϕ100）——ϕ125×100H。
4 寸筒灯（ϕ125）——ϕ145×100H。

6.68 民用筒灯适用光源与规格

E27 民用筒灯适用光源为 10~40W，其常见参考规格如下：
灯杯尺寸　　　　　　开孔尺寸
2 寸筒灯（ϕ70）——ϕ90×100H。
2.5 寸筒灯（ϕ80）——ϕ102×100H。
3 寸筒灯（ϕ90）——ϕ115×100H。
3.5 寸筒灯（ϕ100）——ϕ125×100H。
4 寸筒灯（ϕ125）——ϕ145×100H。

6.69 工程筒灯适用光源与规格

E27 工程筒灯适用光源为 10~40W，其常见参考规格如下：
灯杯尺寸　　　　　　开孔尺寸
3 寸筒灯（ϕ90）——ϕ115×120H。
3.5 寸筒灯（ϕ100）——ϕ130×140H。
4 寸筒灯（ϕ125）——ϕ145×150H。
5 寸筒灯（ϕ140）——ϕ165×175H。
6 寸筒灯（ϕ170）——ϕ195×195H。
8 寸筒灯（ϕ210）——ϕ235×225H。
10 寸筒灯（ϕ260）——ϕ285×260H。

6.70 普通筒灯对应开孔尺寸与安装最大节能灯功率

一般而言，普通筒灯对应开孔尺寸与安装最大节能灯功率如下：
1）2.5 寸普通筒灯直径 10cm，开孔 8cm，最大安装 5W 节能灯。
2）3.5 寸普通筒灯直径 12cm，开孔 10cm，最大安装 9W 节能灯。
3）3 寸普通筒灯直径 11cm，开孔 9cm，最大安装 7W 节能灯。
4）4 寸普通筒灯直径 14.2cm，开孔 12cm，最大安装 13W 节能灯。
5）5 寸普通筒灯直径 17.8cm，开孔 15cm，最大安装 18W 节能灯。
6）6 寸普通筒灯直径 19cm，开孔 16.5cm，最大安装 26W 节能灯。

6.71 筒灯尺寸与店装公装场所的选择

筒灯尺寸与店装公装场所的选择见表 6-58。

表 6-58 筒灯尺寸与店装公装场所的选择

筒灯尺寸	使用范围	应用场所
2.5 寸	一般	酒店:楼梯、电梯 商场:商铺(珠宝、护肤品)
3 寸	较窄	酒店:大厅、客房走道 商场:电梯入口、人行走道
4 寸	广泛	酒店:酒店入口、前台、楼梯、餐厅、走道厕所 商场:商铺(美食、珠宝、护肤品、鞋店、品牌店)、外通道、柜台、银行
6 寸	广泛	酒店:酒店入口、大堂、走道(主要) 商场:入口、电梯、商铺(美食、婚纱、眼镜、品牌店)、影院
8 寸	较广	酒店:大堂、入口 商场:走道、大厅、电梯转角、商铺(珠宝、玉器、品牌衣服、品牌鞋店)

注:1. 相对而言,4 寸筒灯、6 寸筒灯的使用频率是最高的。使用频率具体顺序如下:4 寸>6 寸>8 寸>2.5 寸>3 寸。
2. 以上的数据带有一定的局限性,仅供参考、借鉴。

6.72 筒灯在吊顶内安装

筒灯在吊顶内的安装图例如图 6-12 所示。

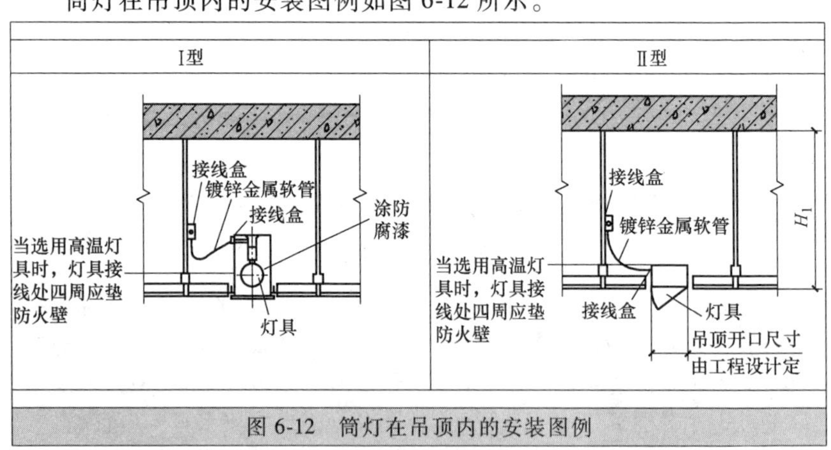

图 6-12 筒灯在吊顶内的安装图例

6.73 花灯的安装

花灯的安装方法与要点见表 6-59。

表 6-59　花灯的安装方法与要点

类型	解　说
组合式吸顶花灯	1)根据预埋的螺栓、灯头盒位置,在灯具的托板上用电钻开好安装孔、出线孔。 2)安装时,将托板托起将电源线和从灯具甩出的导线连接好,并且包扎严密。 3)尽量把导线塞入灯头盒内。 4)然后把托板的安装孔对准预埋螺栓,使托板四周与顶棚贴紧。再用螺母将其拧紧,并且调整好各个灯口。 5)悬挂好灯具的各种装饰物,以及上好灯管、灯泡即可
吊式花灯	1)首先把灯具托起,以及把预埋好的吊杆插入灯具内。 2)然后把吊挂销钉插入后,将其尾部掰开成燕尾状,以及将其压平。 3)导线接好后,用电工胶布包扎严实,以及理顺后向上推起灯具上部的扣碗,将接头扣于其内,并且将扣碗紧贴顶棚,然后拧紧固定螺钉。 4)调整好各个灯口。 5)上好灯泡,配上灯罩即可 注意:花灯吊钩圆钢直径不应小于灯具挂销直径,并且不应小于 6mm。大型花灯的固定与悬吊装置,需要根据灯具重量的 2 倍做过载试验。

花灯安装图例如图 6-13 所示。

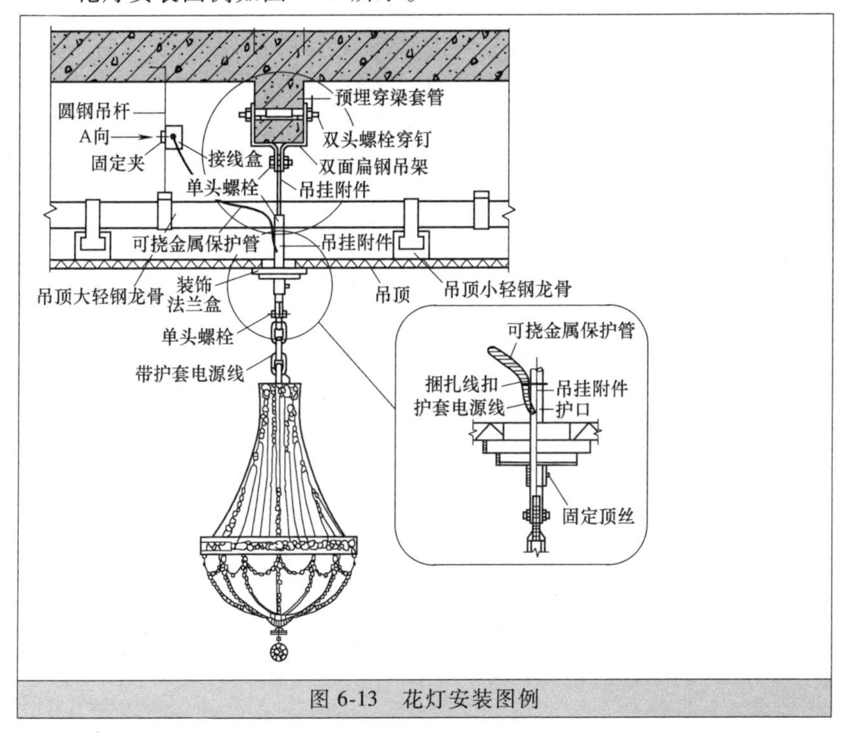

图 6-13　花灯安装图例

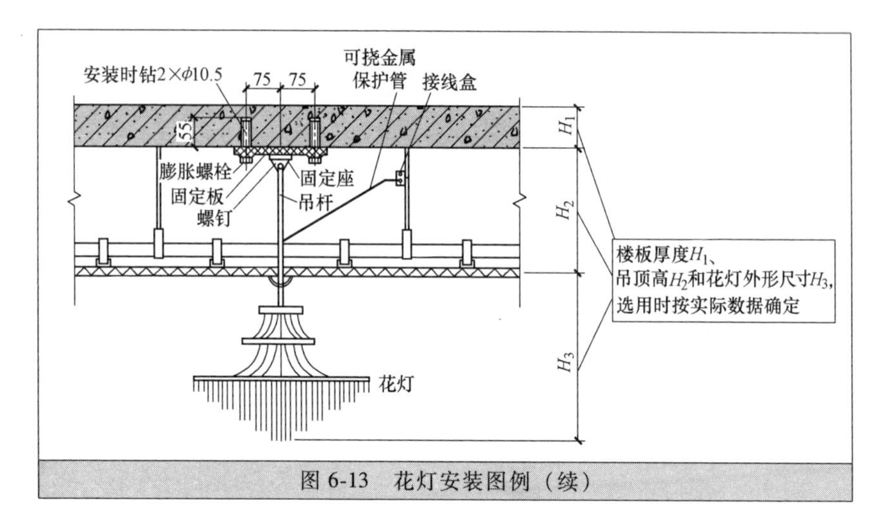

图 6-13　花灯安装图例（续）

6.74　吊灯的安装

吊灯的安装步骤主要包括吊灯的固定与吊灯的连接。

1. 吊灯的固定

首先画出钻孔点，然后使用冲击钻打孔，再将膨胀螺钉打进孔。需要注意，一般先使用金属挂板或吊钩固定顶棚，再连接吊灯底座，这样安装得更牢固。

2. 吊灯的连接

连接好电源电线后，连接处需要用绝缘胶布包裹好。然后将吊杆与底座连接，并且调整好合适高度。再将吊灯的灯罩与灯泡安装好即可。

3. 安装的一些注意事项

吊灯安装的一些注意事项如下：

1）注意吊灯不能安装过低：吊灯无论安装在客厅还是饭厅，都不能吊得太矮，以不出现阻碍人正常的视线或令人觉得刺眼为合适。吊灯的吊杆一般都可调节高度。

2）注意底盘固定要牢固安全：灯具安装最基本的要求是必须牢固。如果灯具重量大于 3kg 时，应采用预埋吊钩或从屋顶用膨胀螺栓直接固定支吊架安装。特殊重量灯具的安装方法与要点见表 6-60。

3）检查吊杆连接要牢固：一般吊灯的吊杆有一定长度的螺纹，可备调节高低使用。安装后，需要认真检查。

表 6-60 特殊重量灯具的安装方法与要点

Ⅰ型	Ⅱ型
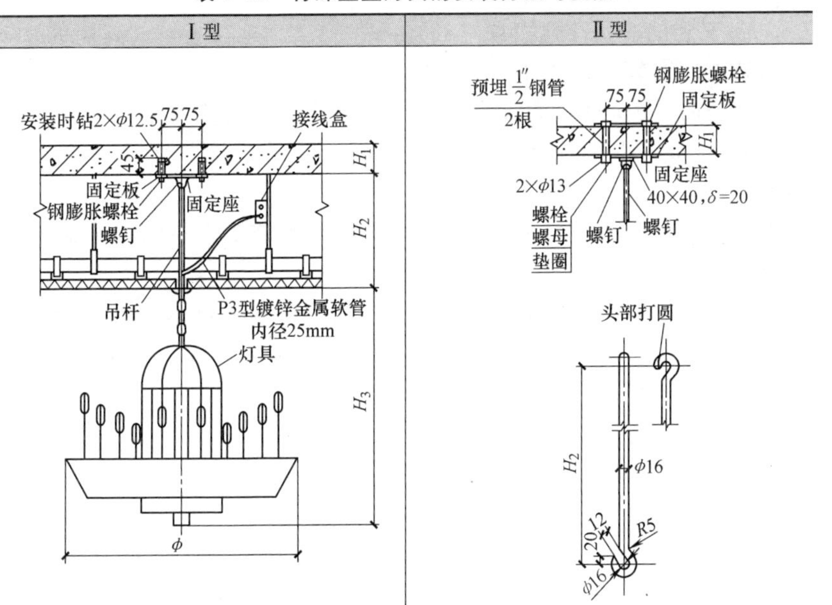	

4）软线吊灯的软线两端需要做保护扣，并且两端芯线需要搪锡。

5）当装升降器，套塑料软管时，需要采用安全灯头。

6）首先需要根据灯具的安装高度、数量，把吊线全部预先掐好，并且保证在吊线全部放下后，其灯泡底部距地面高度为800~1100mm间。

7）软线吊灯，灯具重量在0.5kg及以下时，可以采用软电线自身吊装。大于0.5kg的灯具需要采用吊链，以及软电线编叉在吊链内，使电线不受力。

6.75 吸顶灯的安装

吸顶灯的安装步骤主要包括吸顶灯的固定、吸顶灯的接线。

1. 吸顶灯的固定

首先把底盘放在安装物上，然后根据固定位置画出打孔的位置，并且使用冲击钻在要安装的位置打洞。然后用锤子把膨胀螺钉等固定件塞入洞内。需要注意：固定件的承载能力需要与吸顶灯的重量相匹配。

2. 吸顶灯的接线

把电线从底盘的孔内拿出来，以及将底盘用螺钉固定好。固定好之后，把电线与底盘的电线连接好，以及用绝缘胶布进行连接处的绝缘处理。然后装上灯与灯罩即可。

3. 安装的一些注意事项

吸顶灯安装的一些注意事项如下：

1）注意安全打孔的标准：固定式灯具，无特殊要求，墙壁开孔一般为 6mm。钻孔时要注意钻孔深度，以保证膨胀螺钉完全进入即可。

2）注意电源线路的安全：与吸顶灯电源进线连接的线头需要接触良好。

3）装有白炽灯泡的吸顶灯具，灯泡不应紧贴灯罩。当灯泡与绝缘台间距离小于 5mm 时，灯泡与绝缘台间需要采取隔热措施。

4）吸顶灯的安装图例如图 6-14 所示。

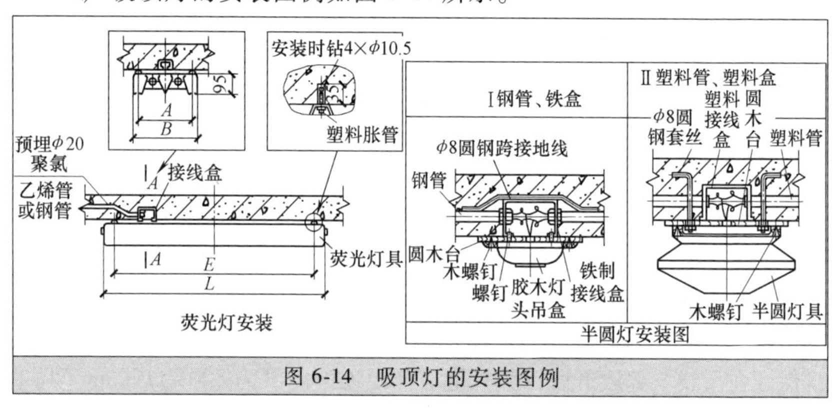

图 6-14　吸顶灯的安装图例

6.76　射灯的安装

射灯的安装包括位置的确定与预留、射灯的连接。

1. 位置的确定与预留

射灯一般采用嵌入式安装，因此，需要根据位置预留线路，也就是需要先开好孔，以及适当的预留出射灯的空槽。

2. 射灯连接

在射灯空槽处装好底座，拉出电线，固定螺钉。然后连接线头，并且把连接处进行绝缘处理，然后装上射灯部分即可。

3. 安装的一些注意事项

射灯安装的一些注意事项如下：

1）注意射灯线路需安装变压器。射灯当电压不稳定时，容易爆炸。

因此，在安装射灯时，一定要安装变压器，这样可以有效防止爆炸。

2）注意适量安装射灯：过多的射灯数量，会形成光的污染与容易造成火灾隐患。因此，采用合适数量的射灯即可。

6.77 光带的安装

光带安装前，需要根据光带的外形尺寸确定其支架的支撑点，然后根据光带的具体重量选用支架的型材制作支架。支架做好后，根据光带的安装位置，用预埋件或用胀管螺栓把 支架固定牢固。

轻型光带的支架可以直接固定在主龙骨上。大型光带需要先下好预埋件，再将光带的支架用螺钉固定在预埋件上，固定好支架后，再将光带的灯箱用机螺钉固定在支架上，然后将电源线引入灯箱，以及把灯具的导线连接好，然后把连接处用电工胶布包好即可。

6.78 U形龙骨吊顶光带安装

安装光带的一些要求与主要步骤如下：

1）根据灯具的外形尺寸，确定支架的支撑点。

2）然后根据灯具的具体重量，选择好支架。

3）根据灯具的安装位置，用预埋件或用胀管螺栓把支架固定好。

4）轻型光带的支架，可以直接固定在主龙骨上。

5）大型光带的支架，需要先下好预埋件，然后把光带的支架用螺钉固定在预埋件上，再固定好支架。

6）把光带的灯箱，用机螺钉固定在支架上。

7）然后把电源线，引入灯箱与灯具的导线连接好，并且包扎好。

8）调整各个灯口、灯脚，并且装上灯泡、灯管，上好灯罩。

9）然后调整灯具的边框与顶棚面的装修直线平行。

10）灯具对称的，其纵向中心轴线需要在同一直线上，并且偏斜不得大于5mm 。

6.79 疏散标志灯、应急照明灯的安装

疏散标志灯、应急照明灯具安装的一些要求与方法如下：

1）疏散照明由安全出口标志灯与疏散标志灯组成。安全出口标志灯距地高度不低于2m，一般需要安装在疏散出口、楼梯口里侧的上方。

2）疏散标志灯、应急照明灯的安装方式见表6-61。

表 6-61　疏散标志灯、应急照明灯的安装方式

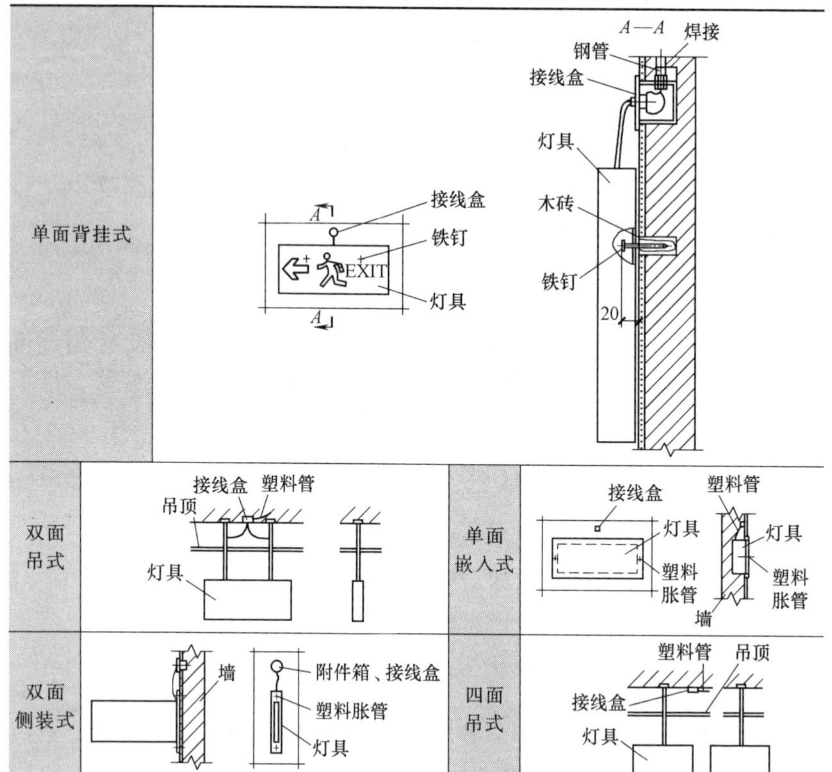

3）疏散标志灯安装在安全出口的顶部，楼梯间、疏散走道与其转角处，一般安装在1m以下的墙面上。

4）疏散照明线路采用耐火电线、电缆，穿管明敷或在非燃烧体内穿刚性导管暗敷，暗敷保护层厚度不小于30mm。

5）疏散照明线路电线采用额定电压不低于750V的铜芯绝缘电线。

6）疏散通道上的标志灯间距不大于20m（人防工程不大于10m）。

7）疏散标志灯的设置，不影响正常通行，以及其周围没有容易混淆的其他标志牌等。

8）疏散照明可以采用荧光灯、白炽灯。

9）应急照明灯的电源除正常电源外，另有一路电源供电。或者是独立于正常电源的柴油发电机组供电，或由蓄电池柜供电或选用自带电源型应急灯具。

10）安全出口标志灯与疏散标志灯装有玻璃或非燃材料的保护

罩，面板亮度均匀度为 1∶10（最低∶最高），保护罩应完整、没有裂纹。

11）应急照明在正常电源断电后，电源转换时间为：疏散照明≤15s、备用照明≤15s（金融商店交易所≤1.5s）、安全照明≤0.5s。

12）应急照明灯具采用白炽灯、卤钨灯等光源时，不能直接安装在可燃装修材料或可燃物件上。

13）应急照明灯具运行中温度大于 60℃ 的灯具，如果靠近可燃物时，需要采取隔热、散热等防火措施。

14）应急照明线路在每个防火分区要有独立的应急照明回路，穿越不同防火分区的线路要有防火隔堵措施。

6.80 庭院灯的安装

庭院灯安装的一些要求与方法如下：

1）庭院灯的自动通、断电源控制装置动作需要准确，每套灯具的熔断器盒内熔丝齐全，以及规格与灯具相适配。

2）架空线路电杆上的路灯，需要固定可靠，紧固件齐全，灯位正确。以及每套灯具需要配有熔断器保护。

3）立柱式路灯、落地式路灯、特种园艺灯等灯具需要与基础固定可靠，地脚螺栓螺母齐全。灯具的接线盒与熔断器盒需要具有完整的防水密封垫。

4）金属立柱与灯具需要接地或接零可靠。

5）每套灯具的导电部分对地绝缘电阻需要大于 2MΩ。

6.81 水中照明灯的安装

水中照明灯安装的一些要求与方法见表 6-62。

表 6-62 水中照明灯安装的一些要求与方法

类型	图解
方式 1	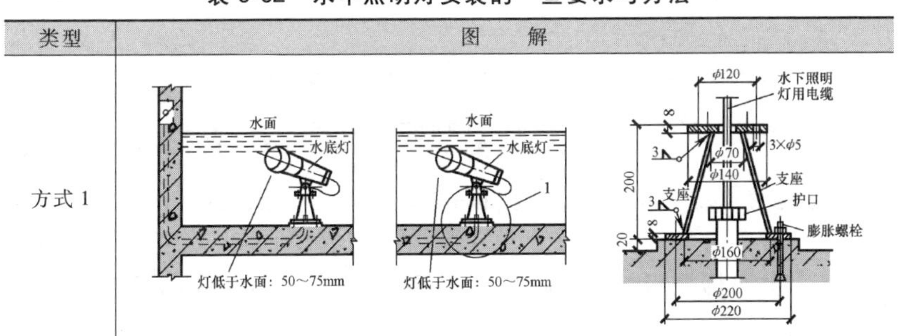

（续）

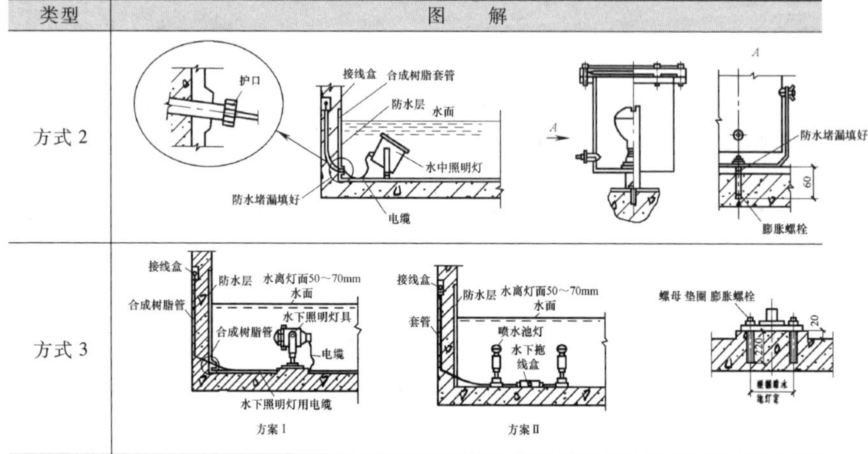

6.82　建筑物彩灯的安装

建筑物彩灯安装的一些要求与方法如下：

1）彩灯配线管路按明装敷设，需要具有防雨功能。

2）建筑物顶部彩灯需要采用有防雨性能的专用灯具，并且灯罩要拧紧。

3）建筑物顶部彩灯灯罩需要完整，没有碎裂。

4）彩灯电线导管防腐完好，敷设应顺直、平整。

5）管路间、管路与灯头盒间螺纹连接，金属导管与彩灯的构架、钢索等需要接地或接零可靠。

6）悬挂钢丝绳直径不小于4.5mm，底把圆钢直径不小于16mm，地锚采用架空外线用拉线盘，埋设深度大于1.5m。

7）垂直彩灯需要采用防水吊线灯头，下端灯头距离地面高于3m。

8）垂直彩灯悬挂挑臂采用不小于10#的槽钢。

6.83　建筑物景观照明灯具的安装

建筑物景观照明灯具安装的一些要求与方法如下：

1）每套灯具的导电部分对地绝缘电阻值需要大于2MΩ。

2）金属构架与灯具的可接近裸露导体、金属软管的接地或接零可靠，并且需要有标识。

3）在人行道等人员来往密集场所安装的落地式灯具，没有围栏防护时，则安装高度距地面2.5m以上。

6.84　霓虹灯的安装

霓虹灯安装的一些要求与方法如下：

1）霓虹灯管需要完好，没有破裂现象。

2）灯管固定后，与建筑物、构筑物表面的距离不小于20mm。

3）灯管需要采用专用的绝缘支架固定，并且牢固可靠。

4）霓虹灯专用变压器的二次电线与灯管间的连接线需要采用额定电压大于15kV的高压绝缘电线。

5）露天安装的霓虹灯变压器需要具有防雨措施。

6）霓虹灯专用变压器采用双绕组式，所供灯管长度不大于允许负载长度。

7）当霓虹灯变压器明装时，高度不小于3m；低于3m采取防护措施。

8）霓虹灯变压器的安装位置方便检修，以及需要隐蔽在不易被非检修人触及的场所。

9）橱窗内装有霓虹灯时，橱窗门与霓虹灯变压器一次侧开关有联锁装置，确保开门不接通霓虹灯变压器的电源。

10）霓虹灯变压器不得装在吊平顶内。

11）霓虹灯变压器二次侧的电线采用玻璃制品绝缘支持物固定，支持点距离不大于下列数值：水平线段为0.5m，垂直线段为0.75m。

6.85　灯具施工与验收的一些基本要求

灯具施工与验收的一些基本要求如下：

1）装有白炽灯泡的吸顶灯具，灯泡不能够紧贴灯罩。

2）白炽灯泡与绝缘台间的距离小于5mm时，灯泡与绝缘台间需要采取隔热措施。

3）灯具与其配件需要齐全，以及没有机械损伤、变形、油漆剥落、灯罩破裂等异常情况。

4）螺口灯头的接线，对带开关的灯头、开关手柄不能够有裸露的金属部分。

5）36V及以下照明变压器电源侧，需要有短路保护，其熔丝的额定电流不能够大于变压器的额定电流。

6）采用钢管作灯具的吊杆时，钢管内径不能够小于10mm，以及钢管壁厚度不能够小于1.5mm。

7）软线吊灯的软线两端需要作保护扣。

8）软线吊灯的软线两端芯线需要搪锡。

9）吊链灯具的灯线不能够受拉力。

10）吊链灯具灯线需要与吊链编叉在一起。

11）同一室内或场所成排安装的灯具，其中心线偏差不能够大于5mm。

12）外壳、铁心、低压侧的任意一端或中性点，均需要接地或接零。

13）荧光灯、高压汞灯与其附件需要配套使用，安装位置需要便于检查、维修。

14）固定在移动结构上的灯具，其导线需要敷设在移动构架的内侧。

15）嵌入顶棚内的装饰灯具，一般需要固定在专设的框架上，以及导线不能够贴近灯具外壳、灯盒内应留有余量、灯具的边框应紧贴在顶棚面上。

16）公共场所用的应急照明灯、疏散指示灯，无专人管理的公共场所照明需要装设自动节能开关。

17）变电所内，高压配电设备、低压配电设备、母线的正上方，不能够安装灯具。

18）嵌入顶棚内的矩形灯具的边框，一般需要与顶棚面的装饰直线平行，其偏差不能够大于5mm。

19）室外安装的灯具，在墙上安装时，距地面的高度不能够小于2.5m。

20）嵌入顶棚内的荧光灯管组合的开启式灯具，灯管排列需要整齐，金属或塑料的间隔片不应有扭曲等异常情况。

21）固定在移动结构上的灯具，移动构架活动时，导线不能够受拉力、磨损等异常现象。

22）固定花灯的吊钩，其圆钢直径不能够小于灯具吊挂销、钩的直径，并且不得小于6mm。

23）大型花灯、吊装花灯的固定、悬吊装置，一般需要根据灯具重量的1.25倍做过载试验。

24）安装在重要场所的大型灯具的玻璃罩，一般需要根据设计要求采取防止碎裂后向下溅落的措施。

25）公共场所用的应急照明灯、疏散指示灯，一般需要有明显的标志。

26）根据灯具的安装场所、用途，引向每个灯具的导线线芯最小截面积需要符合有关规定。

27）室外安装的灯具，距地面的高度不能够小于3m。

28）螺口灯头的接线，相线需要接在中心触头的端子上，零线需要接在螺纹的端子上。

29）螺口灯头的接线，灯头的绝缘外壳不能够有破损与漏电现象。

30）金属卤化物灯灯管必须与触发器、限流器配套使用。

31）金属卤化物灯落地安装的反光照明灯具，一般需要采取保护措施。

32）吊灯灯具重量大于3kg时，一般需要采用预埋吊钩、螺栓固定。

33）投光灯的底座、支架，需要固定牢固，枢轴需要沿需要的光轴方向拧紧固定。

34）灯具不得直接安装在可燃构件上。

35）灯具表面高温部位靠近可燃物时，必须采取隔热、散热措施。

36）架空线引入路灯的导线，在灯具入口处，需要做防水弯处理。

37）每套路灯需要在相线上装设熔断器。

38）金属卤化物灯安装高度需要大于5m，导线应经接线柱与灯具连接，以及不得靠近灯具表面。

39）灯具固定需要牢固可靠，每个灯具固定用的螺钉或螺栓一般不少于2个。

40）软线吊灯灯具重量大于1kg时，一般需要增设吊链。

41）灯具固定需要牢固可靠，绝缘台直径为75mm及以下时，可以采用1个螺钉或螺栓固定。

第7章 开关、插座、线盒

7.1 开关的种类

开关的一些分类见表7-1。

表7-1 开关的一些分类

分类	分类
地域分布	国内大部分地区使用86型开关,一些地区使用118型开关,很少地区使用120型开关
功能	一开单(双)控开关、两开单(双)控开关、三开单(双)控开关、四开单(双)控开关、声光控延时开关、触摸延时开关、门铃开关、调速(调光)开关、插卡取电开关等
与插座的关联	单独开关、插座开关
接线	螺钉压线开关、双板夹线开关、快速接线开关、钉板压线开关等
其他	根据材料、品牌、风格、外形特征等又可以分为具体不同的名称、种类开关
开关的启动方式	拉线开关、倒扳开关、按钮开关、跷板开关、触摸开关等
开关的连接方式	单控开关、双控开关、双极双控开关等
规格尺寸	86型开关、118型开关、120型开关等

7.2 一些开关的特点

一些开关的特点见表7-2。

表7-2 一些开关的特点

名称	特点
调光开关、调速开关	调光开关就是能够调节开关控制灯具的亮暗程度的开关。调速开关一般是调节电动机的速度的一类型开关,例如调节吊扇的开关一般采用调速开关 调光开关与调速开关不能够代替使用。如果调光开关用来调速,则容易损坏电动机。如果调速开关用来调光,则调光效果差外,调节范围也窄
延时开关	延时开关是在开关中安装了电子元件达到延时功能的一种开关。延时开关又分为声控延时开关、光控延时开关、触摸式延时开关等类型
多联开关	多联开关就是一个开关上有几个按键,可以控制多处灯的开关
单控开关	单控开关是指能够实现在一个地方控制一盏灯的开关
双控开关	双控开关是指在两个不同的地方,能够控制同一盏灯的开闭

（续）

名称	特　点
荧光开关、LED 开关	荧光开关就是利用荧光物质发光，使得在黑暗处能够看到开关的位置，有利于开启开关的一种开关。该类型的开关，也就是带有荧光指示灯的开关。 LED 开关就是其位置指示灯是采用 LED 灯的开关

7.3 单控开关与双控开关的区别

家装照明开关一般选择带荧光条的宽版式单控开关、双控开关，这样便于夜间清晰看到开关。单控开关与双控开关的区别如下：

1）看外观——单控开关与双控开关的正面没有什么区别，反面有一些区别：即看接线端子。单一单控开关反面一般只有 2 个接线端子，而单一双控开关必须要具有 3 个接线端子。

2）看功能——单控开关指能够一个地方控制一盏灯，而双控开关可以实现 2 处地方控制一盏灯。也就是单控开关是“一控一”功能，双控开关是“二控一”功能。

3）看代换——单控开关不能够代替双控开关使用，双控开关可以代替单控开关使用。

7.4 开关的一些主要参数

开关的一些主要参数见表 7-3。

表 7-3 开关的一些主要参数

名称	参数解说
绝缘电阻	绝缘电阻是指开关的导体部分与绝缘部分的电阻值。其绝缘电阻值一般应在 100MΩ 以上
接触电阻	接触电阻是指开关在开通状态下，每对触点间的电阻值。其一般要求在 0.1～0.5Ω 以下。该值越小越好
耐压	耐压是指开关对导体及地间所能承受的最高电压
寿命	寿命是指开关在正常工作条件下，能操作的次数。开关寿命一般要求在 5000～35000 次
额定电压	额定电压是指开关在正常工作时所允许的安全电压。如果加在开关两端的电压大于该值，会造成开关触点间打火击穿
额定电流	额定电流是指开关接通时所允许通过的最大安全电流。如果超过该值时，开关的触点会因电流过大而烧毁

7.5 常见开关插座的规格

常见开关插座的规格见表 7-4。

表 7-4　常见开关插座的规格

类型	外形尺寸	安装孔心距尺寸
86 型	(长度)86mm×(宽度)86mm	60mm
120 型(竖装)	(宽度)73mm×(高度)120mm	88mm
118 型(横装)	(宽度)118mm×(高度)70mm	88mm(不包括非规格的型号)

7.6　墙壁开关面板的规格与特点

常用墙壁开关面板分为 86 型开关面板、118 型开关面板、120 型开关面板，这是根据开关面板的外形尺寸来分类的。

86 型开关面板属于正方形的开关面板，大小跟人的巴掌差不多大，是国内最常用的，一款开关面板。其长度与宽度分别是 86mm、86mm。

118 型开关面板属于长方形的开关面板。该面板是一种自由组合型的面板。118 型开关面板的尺寸如下：

118mm×72mm，可以装一个或两个功能件，也称为小盒。

155mm×72mm，可以装三个功能件，也称为中盒。

197mm×72mm，可以装四个功能件，也称为大盒。

120 型开关面板跟 118 型开关面板一样，也属于自由组合类型，其一般竖向安装。120 型开关面板的尺寸如下：

120mm×74mm，可以装一个或两个功能件，也称为小盒。

156mm×74mm，可以装三个功能件，也称为中盒。

200mm×74mm，可以装四个功能件，也称为大盒。

120mm×120mm，可以装四个功能件，也称为方盒。

7.7　开关插座的选择与保养

开关插座有关选择与保养等情况见表 7-5。

表 7-5　开关插座有关选择与保养等情况

项　目	解　说
空调插座怎么选择	一般 3P 以下的空调需要选用 16A 三眼插座,3P 以上的空调需要选用 20A 的三眼插座
一些进口宽频电视插座与现在电视连接线不匹配	如果一些进口宽频电视插座与现在电视连接线不匹配,则需要采用转换器
怎样选择墙壁插座	1)为防止触电,一般需要选用带有安全保护门的插座。 2)有金属外壳的电器,需要选用带保护接地的三极插座。 3)卫生间等易着水的位置,需要选用防溅水型插座。 4)一些对雷电敏感的设备最好选用防雷插座。 5)电源插座的额定电流值需要大于所接电器的负荷电流值

（续）

项　　目	解　　说
带开关的插座是控制插座，还是控制电灯	插座上的开关可以用来控制灯，也可以用来控制插座。但是，有的产品内部已经连好是控制插座，而一般情况下的产品开关与插座是没有连接的
开关、插座怎样保养	开关、插座可以用酒精来清洁。开关、插座的外表一般不要用水来擦拭，以免留下痕迹。这样清洁同样也不安全
开关带指示灯是否耗电	有的开关使用了二极管发光指示，则会耗电的。如果采用荧光指示，则是不会耗电的

7.8　开关插座优劣的判断

开关插座优劣的判断方法见表7-6。

表7-6　判断开关插座优劣的方法

项目	普通品或者劣品	优　　品
品牌特质	产品多是跟风，人云亦云，照搬照抄，没有自己的特点、特色	产品都有体现自有品牌特质的东西，体现企业价值、企业文化、品牌诉求的特点、特色，有自己独到的亮点
人性化设计	产品多存在锐利的棱角，产品设计缺乏人文关怀的考虑	产品表面的转角、尖角经过人性化的钝化磨圆处理，以及考虑用户使用的方便性、安全性、舒适性
后座细腻程度	有的后座纹理粗糙、不均匀。有时有划痕。有些存在刻字不清晰、标识不完整、无CCC标志等现象	后座表面纹理细腻均匀、无划痕、刻字清晰、标识完整
看标识	三无产品	有3C认证、额定电流电压等
看绝缘材料	有气泡、质地较软、易划伤、分量不足	购买时，如果能够对其核心部件做一下燃烧实验，是最好的判断方法。如果没有条件，从外观上来说，好的材料一般无气泡，质地较为坚硬，很难划伤，成型后结构严密，以及具有一定的分量
看内部用材	纯铜、锡磷青铜作为导电件	导电件有的采用优质锡磷青铜镀镍处理，抗氧化防铜锈，发热少、导电性能更好，使用寿命更长
面板平滑光亮度	在阳光或日光灯下，仔细观察产品表面，表面有缩水或斑黑点等瑕疵	在阳光或荧光灯下，仔细观察产品表面，优品应平滑圆润、光亮度好
品牌模刻	面板上品牌模刻多为凸字，有时也有低精度凹字，但工艺要求不高，容易仿制	面板上品牌模刻多采用先进的高精度镜面火花机制作凹字，字迹棱角清晰、美观，工艺要求高，不易仿制

（续）

项目	普通品或者劣品	优　品
产品色泽	色泽不稳定，色彩搭配不和谐，白色面板显出苍白感	色泽自然，色彩经过专业人员调配，色彩搭配和谐，白色面板呈现象牙白，色质一致
导电部件	导电用金属部件质地轻薄、色泽不一致、发乌或存在锈迹霉斑等现象	导电用金属部件质地厚重（有的厚度超过0.6mm），以及经过镀镍等精细化电镀处理，导电性好、光泽性好、抗氧化强、耐腐蚀力强、无锈迹霉斑
分量感	没有分量感，显得单薄，使人感觉不踏实，缺少安全感	用手掂量有一定的分量感，但又不至于笨拙。用材充足，给人安全感
手感	开关拨动手感不顺畅，可能停在中间位，声音浑浊。插头很难插入插座或插入插座没有力量感	开关拨动手感顺畅、分断迅速、无阻塞感、声音清脆。插头插入插座，手感柔和，既不太阻塞，又不会有脱落感
光洁度	做工、材料等不到位，或偷工减料引起的，产品局部存有缺陷	产品无论是正面、侧面，还是后座，表面均光洁如一，没有任何毛刺

7.9　一些插座特点的比较

一些插座特点比较见表7-7。

表7-7　一些插座特点比较

特点	32A接线式、插座	16A国标插座	10A多功能插座	10A国标插座
漏电保护	有	有	有	有
中性接地保护	有	有	有	有
浪涌保护	有	有	有	有
插座功能	有，仅二极插	有，二三插	有，二三插	有，二三插
三极插座类型	无	国标	多功能	国标
开关功能	有	有	有	有
额定工作电流/A	32A	16A	10A	10A
动作漏电流/mA	30mA	6/10mA	6mA	6mA
动作跳闸时间/s	0.025s	0.025s	0.025s	0.025s
适用电器及场合	7200W以下无插头、需直接接线的电器，如空调柜机、即热式电热水器	3680W以下普通电器，如分体式空调、大功率热水器，电器插头为16A	2300W以下普通电器及电脑产品，电器插头为10A	2300W以下普通电器，电器插头为10A

7.10　选择插座的方法与要求

选择插座的一些方法与要求如下：

1）尽量选择防弹胶等优质材料的面板插座。如果选择普通 PC 料的插座，则阻燃性差、不耐高温。

2）尽量选择大接线端口的插座，一般家庭接线导线为 6mm^2 以下，中央空调需要 6mm^2 的电线。

3）选择有具有 CCC 标识认证的插座。

4）应选择本体结构结构紧凑，质地坚硬，标注字迹清晰的插座。

5）应选择内部导电铜材厚的插座。

6）应选择插拔力度适中，无过紧与过松的插座。

7）5 孔插座是应用很广、很普遍的一种插座。选择该插座时，需要注意 2 孔与 3 孔的间距，否则不能够同时应用。另外，也可以选择错位的 5 孔插座，该类插座具有间距大等特点。

8）保护门能够防止异物掉入插座，防止儿童意外插入异物而触电，防止插头单极插入，最大可能地减少由此引发的触电、短路事故。因此，需要选择具有保护门的插座。

9）一些对雷电敏感的设备（如电脑）最好选用防雷插座。

10）应选择后座不要太厚的插座，以免影响接线安装。

11）选择的电源插座的额定电流值需要大于所接家用电器的负荷电流值。

12）有金属外壳的家用电器，如落地灯、洗衣机等应选用带保护接地的三极插座。

13）卫生间等易着水的场所，应选用防溅水型的插座。

14）空调、热水器等电器一般插头是 16A 三扁插，因此需要选择 16A 的插座。

15）选择的插座，需要满足电器的插头规格。

16）单相柜机空调一般不带插头，只留有电线接头。因此，一般需要选购 16A 的插座。

7.11 常见电器采用插座、插头的类型

常见电器采用的插座与插头类型见表 7-8。

表 7-8 常见电器所采用的插座与插头类型

名称	插座与插头	名称	插座与插头
电压力锅	带接地三孔插	吸油烟	带接地三孔插
紫砂煲	带接地三孔插	燃气暖风机	带接地三孔插
电热锅	带接地三孔插	电饭锅	带接地三孔插

（续）

名称	插座与插头	名称	插座与插头
洗碗机	带接地三孔插	小风扇	两孔插
电视机	两孔插	大风扇	带接地三孔插
笔记本电脑电源适配器	两孔插	小功率吹风机	两孔插
		饮水机	带接地三孔插

7.12 家装套内电源插座基本配置

家装套内电源插座基本配置见表7-9。

表7-9 家装套内电源插座基本配置

房间名称	名称	安装高度/m	用途及适宜安装位置、数量
卫生间	单相二极加三极插座	1.5	化妆镜侧墙1个
	单相二极加三极插座	2.3	排气扇1个
	单相二极加三极插座	2.3	如有太阳能热水器或电加热热水器,1个
	单相带开关三极插座	1.5	如有洗衣机,1个
	单相带开关三极插座	2.3	如有太阳能热水器或电加热热水器,1个
阳台	单相带开关三极插座	1.5	如有洗衣机,1个
	单相二极加三极插座	1.5	如有燃气热水器,1个
	单相二极加三极插座	2.3	如有太阳能热水器或电加热热水器,1个
起居室	单相三极插座	0.3/2.2	空调插座1个
	单相二极加三极插座	0.3	3个:电视机背墙1个,沙发两侧各1个
主卧室、双人卧室	单相三极插座	2.2	空调插座1个
	单相二极加三极插座	0.3	3个:电视机背墙1个,床头柜2个
单人卧室	单相三极插座	2.2	空调插座1个
	单相二极加三极插座	0.3	2个:电视机背墙1个,床头柜1个
餐厅	单相二极加三极插座	0.3	餐桌1个
厨房	单相带开关二极加三极插座	1.1	3个:厨房桌面,供微波炉、电饭煲、电磁灶等小家电用
	单相二极加三极插座	2.0	排油烟机1个
	单相三极插座	0.3	冰箱侧墙或背墙1个
	单相二极加三极插座	1.3	如有燃气热水器,1个
	单相二极加三极插座	2.3	如有太阳能热水器或电加热热水器时设置,1个

注：1. 当采用中央空调时，可不设空调插座。分体空调壁挂室内机插座安装高度为2.2m，柜式室内机插座安装高度为0.3m。

2. 卫生间排气扇直接接入照明回路或采用带排气功能的浴霸时，可不设排气扇专用插座。

7.13　家装开关插座安装的参数

有关家装开关插座安装参数见表 7-10。

表 7-10　家装开关插座安装的参数

内　　容	参数
接线板墙上插座一般距地面	30cm
儿童活动场所插座安装高度	不应低于 1.8m
一般插座高度	200~300mm
电视馈线线管、插座与交流电源线管、插座之间的距离	0.5m 以上
同一水平线的开关	≤5mm
电源插座底边距地	300mm
挂式消毒柜插座	1900mm
洗衣机插座	1000mm
视听设备墙上插座一般距地面	30cm
台灯墙上插座一般距地面	30cm
明装插座距地面	不低于 1.8m
暗装插座距地面	不低于 0.3m
电冰箱的插座	150~180cm
排气扇插座距地面	190~200cm
当插座上方有暖气管时的间距	大于 0.2m
脱排插座	高 2100mm
同一室内的电源、电话、电视等插座面板高度应一致	误差小于 5mm
插座下方有暖气管时其间距	大于 0.3m
并列安装相同型号开关距水平地面高度相差	≤1mm
挂壁空调插座	高度 1900mm
厨房插座	高 950mm
电视机插座	650mm

7.14　家装电源插座布置的规定与要求

家装电源插座布置的规定与要求如下：

1）每套住宅电源插座的数量，需要根据套内面积、家用电器来设置、安装，并且电源插座宜以单相两孔、三孔为标配，同时结合不同场所的使用需要对数量、间距、安装高度等合理设置、安装。

2）插座水平间距，一般不宜大于 3.6m。

3）每套住宅内同一面墙上的暗装电源插座与各类信息插座，一般要有统一的安装高度。

4）单台单相家用电器额定功率为 2~3kW 时，电源插座需要选择额定电流为16A的单相插座。

5）单台单相家用电器额定功率小于2kW时，电源插座需要选择额定电流为10A的单相插座。

6）空调器宜单独设置带开关控制的单相三孔暗插座。

7）插座与门框的距离，一般不宜大于1.8m。

8）大于0.6m的墙上，宜设置插座。

9）柜式空调及一般电源插座底边距地，一般宜为0.3~0.5m。

10）壁挂式分体空调插座底边距地，一般不宜低于1.8m。

11）住宅建筑所有电源插座底边距地1.8m及以下时，需要选择带安全门的插座。

12）住宅建筑的套内电源插座，一般需要暗装。

7.15 家装起居室、阳台插座的规定与要求

家装起居室、阳台插座的一些规定与要求如下：

1）家装每套住宅起居室，需要设计、安装不少于3组单相两孔、三孔电源插座。

2）阳台，宜设计、安装一组插座，并且未封闭阳台需要选用防溅水型电源插座。

3）家装起居室的电源插座，宜分别设计、安装在不同的墙面上。

4）沙发两端，宜各设计、安装1个单相两孔、三孔电源插座。

5）电视墙，宜设计、安装不少于3组单相两孔、三孔电源插座。

7.16 家装卧室插座的规定与要求

家装卧室插座的一些规定与要求如下：

1）卧室，一般需要设计、安装不少于2组单相两孔、三孔电源插座。

2）兼作起居室的卧室，一般需要设计、安装不少于3组单相两孔、三孔电源插座。

3）床头两侧，一般需要各设置1组单相两孔、三孔电源插座。

4）卧室的电源插座，一般需要分别设计、安装在不同的墙面上。

5）卧室电源插座，一般需要避免被床等家具遮挡。

7.17 家装书房插座的规定与要求

家装书房插座的一些规定与要求如下：

1）书房的电源插座，一般需要分别设计、安装在不同的墙面上。

2）每套住宅书房，一般需要设计、安装不少于2组单相两孔、三孔电源插座。

3）书房内与书桌贴临的墙上，一般需要设计、安装不少于2组单相两孔、三孔电源插座，插座底边距地一般需要设计、安装0.9~1.0m。

7.18 厨房、餐厅插座的规定与要求

厨房、餐厅插座的一些规定与要求如下：

1）厨房，一般需要设计、安装不少于2组单相两孔、三孔电源插座。

2）厨房电炊具插座底边距地，一般宜为1.1~1.5m。

3）冰箱电源插座底边距地，一般宜为0.3~0.5m。

4）餐厅，需要设置不少于2组单相两孔、三孔电源插座，以及设计、安装在不同墙面上。

5）安装有嵌入式消毒碗柜、烤箱、电磁炉、垃圾粉碎机等的厨房，需要在橱柜下柜内的墙上应预留相应的电源插座。

6）厨房插座应与橱柜、厨房电器排放位置，需要协调，插座距灶具、水盒的边缘水平距离宜大于0.6m。

7）冰箱、排油烟机、排风机、电热水器，一般需要单独设计、安装单相三孔电源插座。

8）电热水器、厨房电炊具，一般需要选择带开关控制的电源插座。

9）排油烟机、排风机、电热水器插座底边距地，一般不宜低于1.8m。

7.19 卫生间（浴室）插座的规定与要求

卫生间（浴室）插座的一些规定与要求如下：

1）装有淋浴或浴盆的卫生间，电源插座不应安装在0、1、2区内。

2）洗衣机，一般需要单独设计、安装带开关防溅水型单相三孔电源插座，并且插座底边距地一般为1.1~1.5m。

3）每套住宅卫生间台面上方，一般需要设计、安装不少于1组单相两孔、三孔电源插座。

4）电热水器，一般需要单独设计、安装单相三孔电源插座。

7.20 插座安装要求概述

插座安装的一些要求如下：

1）家庭强电安装要求规范，普通墙插的高度一般离地面要 40cm。

2）插座应选择带安全门的防护型的。

3）卫生间的插座不能够设在淋浴器的侧墙上，安装高度为 1.5~1.6m。

4）影音电器需要根据实际情况来调整插座的高度。

5）有时一个插座端口需要连接 2 根线，但是，一般不建议超过 2 根线。

6）3 匹以上柜式空调机、即热式电热水器等大功率电器，总功率不超过 7360W，电器无三片插头，直接接线。为此，可以选择断路器代替插座。

7）开关插座不允许安装在瓷砖腰线与花砖上。

8）所有插座内的导线预留长度应大于 15cm。

9）一些比较注重设计感的电视柜高度较低，只有 30cm 左右，采用普通插座的高度时需要调整。以免出现墙插露在外面，影响美观的问题。普通电视柜高度有的为 50cm 左右。如果电视墙插的高度采用 40cm，则会出现柜体遮挡墙插，引起操作不便的问题。因此，在装修前最好确定电视柜的类型，以便确定电视墙一面墙插的高度。

10）背景墙最好布置 1~2 个 3 联的双孔墙插，以及 2 个 5 孔墙插，以满足电视机、功放、机顶盒、碟机、游戏机的需要。

11）插座与水头的距离不得小于 10cm，以及插座不得在水头的正下方。

12）面对插座接线是左零右火。三孔插座上面是接地线端。

13）盒内的插座端接线不允许有铜线裸露超过 1mm 长度。

14）落地安装插座需要选安全型插座，安装高度距地面宜大于 0.15m。

15）居民住宅与儿童活动场所不得低于 1.3m。

16）插座的容量需要与用电设备负荷相适应，每一个插座只能够允许接用一个电器。

17）电暖器安装不得使用普通插座，不得直接安装在可燃构件上。

18）插座安装的高度低于1.3m时，其导线需要改用槽板或管道布线。

19）1kW以上的用电设备，其插座前需要加装刀开关控制。

20）排气扇插座距地1.8~2.2m。厨房插座距地为1.5~1.6m。抽油烟机电源插座距地1.6~1.8m。

21）插座的接地端子不能够与零线端子直接连接。

22）暗装插座需要采用专用盒，线头需要留足150mm，专用盒的四周不应有空隙。插座盖板需要端正，紧贴墙面。

23）普通插座回路设一回路还是两回路，可以根据房屋面积的大小、所设的插座数量的多少来考虑。如果房屋面积比较大，普通插座数量多，以及插座线路长，需要考虑线路、电气装置的漏电流，以及也需要考虑漏电断路器的动作电流为30mA，一般需要设两个普通插座回路。

24）插座的设置，需要考虑使用方便，用电安全，其数量不宜少于下列数值：

餐室——电源插座1组。

厨房——电源插座3组。

次卧室——电源插座3组。

起居室——电源插座4组，空调插座1个。

卫生间——电源插座1组。

主卧室——电源插座4组，空调插座1个。

每组插座是一个单相二孔与一个单相三孔的组合。插座的选型，需要根据装修档次、风格等因素来选择。

25）墙壁插座使用环境与用处不同，因此，需要因地制宜选择适合的墙壁插座。

26）电饭煲、微波炉、洗衣机用单相三孔带开关的插座比较方便。

27）同一室内的电源、电话、电视等插座面板需要在同一水平标高上。

28）厨、卫应需要安装防溅插座。

29）卧室中的空调插座安装高度距地1.8~2.0m，采用带开关的单相三孔插座。

7.21 开关连线的概述

开关连线的一些要点与主要步骤如下：

1）首先把底盒内甩出的导线留出一定维修长度，并且削出一定的线芯。然后把导线按顺时针方向盘绕在开关对应的接线柱上，再旋紧压头。

2）独芯导线，可以把线芯直接插入接线孔内，再用顶丝将其压紧。

3）连线的线芯不得外露。

开关接线是连接同一根线，也就是相当于把一根线截断，然后把开关接到截断的两端上。这就是开关的控制特点决定的。开关接线一般是接在相线上，如果接在零线也能够实现控制，只是不符合规范。有的操作安全性要求的开关，反而接在零线上比接在相线上安全一些。

开关接线图例如图 7-1 所示。

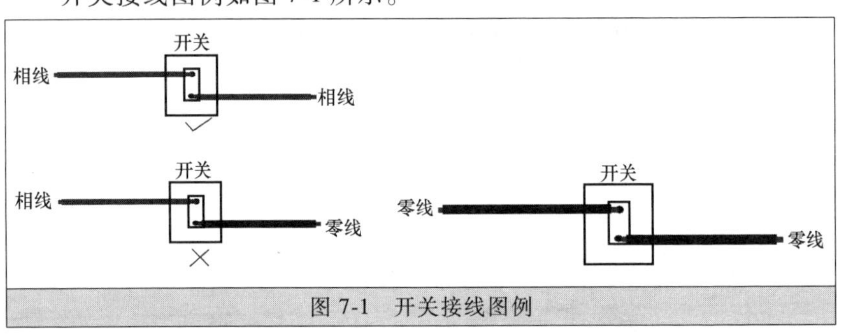

图 7-1　开关接线图例

单控开关接线与双控开关接线是有差异的，双控开关接线图例如图 7-2 所示。

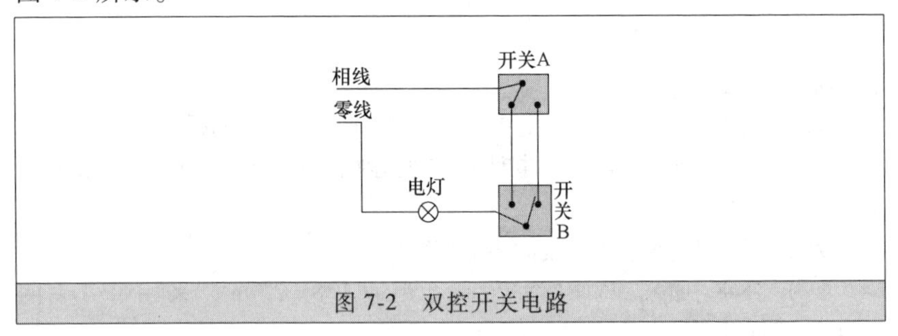

图 7-2　双控开关电路

7.22　常见开关的接线

常见开关的接线见表 7-11。

表 7-11 常见开关接线

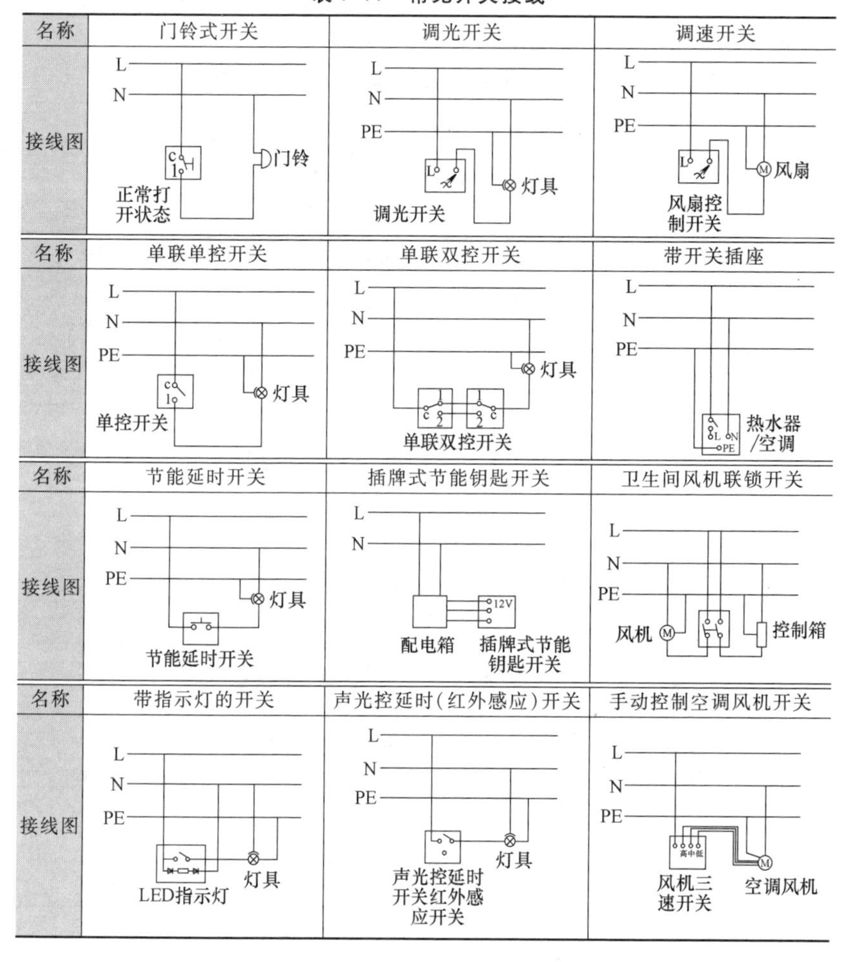

其中的人体感应开关/红外线感应开关，一般可以自动感应，人到灯亮，人离灯灭。也就是人在感应范围内活动，延时时间自动顺延，直到人离开后开关才延时关闭。人体感应开关/红外线感应开关，可以随意调节感光度与延时时间（有的为16~400s）。

人体感应开关/红外线感应开关可以适用走廊、车库、仓库、地下室、洗手间等照明环境。

选择人体感应开关/红外线感应开关的工作电压一般为AC180~250V/(50/60Hz)。人体感应开关/红外线感应开关的负载特性有白炽灯、荧光灯、节能灯等各类负载。

家装选择的人体感应开关/红外线感应开关，一般选择尺寸 86mm×86mm×30mm（86 型标准墙壁开关尺寸）的。

人体感应开关/红外线感应开关的接线如图 7-3 所示。

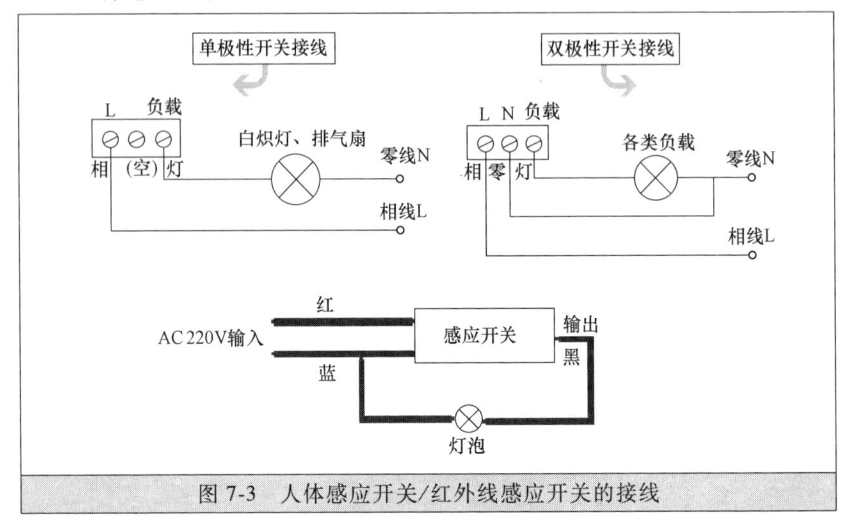

图 7-3　人体感应开关/红外线感应开关的接线

7.23　暗装开关、插座的连线

安暗装开关、插座连线的一些要点与主要步骤如下：

1）首先把接的线从底盒内甩出，然后把导线与开关、插座的面板连接好。

2）再把开关、插座推入底盒内。如果底盒较深，大约大于 2.5cm 时，可能需要加装套盒。

3）然后对正底盒安装眼孔，再用机螺钉固定好。

4）固定时，需要使面板端正，并且与墙面平齐。

7.24　明装开关、插座的连线

明装开关、插座连线的一些要点与主要步骤如下：

1）首先把接的线从明装底盒内甩出。

2）然后把明装底盒紧贴在墙面，并且用螺钉固定好。

3）如果是明配线，则明装底盒的隐线槽需要先顺对导线方向，再用螺钉固定好。

4）明装底盒固定后，再甩出相线、中性线、保护地线，以及接

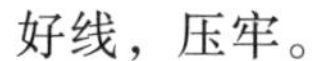

好线，压牢。

5）然后把开关、插座面板贴在明装底盒上，并且对中找正，再用螺钉固定好。

7.25 安装开关的要求与标准

安装开关的一些要求与标准如下：

1）安装开关时，不得碰坏墙面，需要保持墙面清洁。

2）明装开关的底板与暗装开关的面板并列安装时，开关的高度差，一般允许大约为 0.5mm，同一场所的高度差，一般允许大约为 5mm。面板的垂直允许偏差，一般允许大约 0.5mm。

3）其他工种在施工时，不得碰坏、碰歪开关。

4）铁管进盒护口脱落、遗漏，安装开关接线时，需要注意把护口带好。

5）同一房间的开关安装高度之差超出允许偏差范围，需要及时更正。

6）扳把开关距地面的高度，一般为 1.4m。距门口为 150～200mm。开关不得安装于单扇门后。

7）暗装开关的面板，需要端正严密，并且与墙面平。

8）开关安装完成后，不得再进行喷浆，以免破坏面板的清洁。

9）开关安装在木结构内，需要注意做好防火处理。

10）扳把开关接线时，把电源相线接到静触点接线柱上，动触点接线柱接灯具导线。

11）明线敷设的开关，安装在不少于 15mm 厚的木台上。

12）双控开关的共用极（动触点）与电源的 L 线连接，另一个开关的共用桩与灯座的一个接线柱连接，灯座另一个接线柱应与电源的 N 线相连接，两个开关的静触点接线柱，用两根导线分别进行连接。

13）双联开关有三个接线柱，其中两个分别与两个静触点连通，另一个与动触点接通。

14）开关，一般不允许横装。

15）开关安装的位置，需要便于操作。

16）为了美观，应选用统一的螺钉固定面板。

17）易燃、易爆的场所，开关需要分别采用防爆型、密闭型，或者安装在其他处所控制。

18）开关没有断相线，需要及时改正。

19）开关面板上有指示灯的，指示灯需要在上面。

20）开关安装盒内需要清洁无杂物，表面也要清洁不变形。

21）开关位置需要与灯位相对应，同一室内开关方向要一致。

22）开关边缘距门框边缘的距离，为0.15~0.2m。

23）拉线开关相邻间距，一般不小于20mm。

24）成排安装的开关高度需要一致，高低差不大于2mm。

25）多尘潮湿场所与户外，需要选择防水瓷制拉线开关或加装保护箱。

26）开关跷板上有红色标记的，需要朝上安装。ON字母是开的标志，当跷板或面板上无任何标志时，需要装成开关往上扳是电路接通，往下扳是电路切断。

27）拉线开关距地面的高度，一般为2~3m。距门口为150~200mm。拉线的出口，需要向下。

28）开关是切断相线，不得改成切断零线。

29）开关的盖板，需要紧贴建筑物的表面。

30）多灯房间开关与控制灯具顺序不对应，需要在接线时，仔细分清各路灯具的导线，并且依次压接，保证开关方向一致。

31）拉线开关在层高小于3m时，拉线开关距顶板不小于100mm。

32）民用住宅严禁装设床头开关。

33）开关的安装位置要正确。

34）开关接通与断开电源的位置，要一致。

35）开关距地面高度，大约为1.3m。

36）开关面板已经上好，盒子过深，没有加套盒处理时，需要及时补上。

37）开关的面板不平整，与建筑物表面之间有缝隙，需要调整面板后再拧紧固定螺钉，使其紧贴建筑物表面。

38）开关拱头接线，需要采用LC安全型压线帽压接总头后，再分支进行导线连接。

7.26 开关控制电器的特点

开关控制电器的特点就是断开或者接通电器的同一线，从而实现电器的断电与接通电的目的。开关的相线入端与相线出端，其实是同一根相线。

开关控制电器的特点图例如图7-4所示。

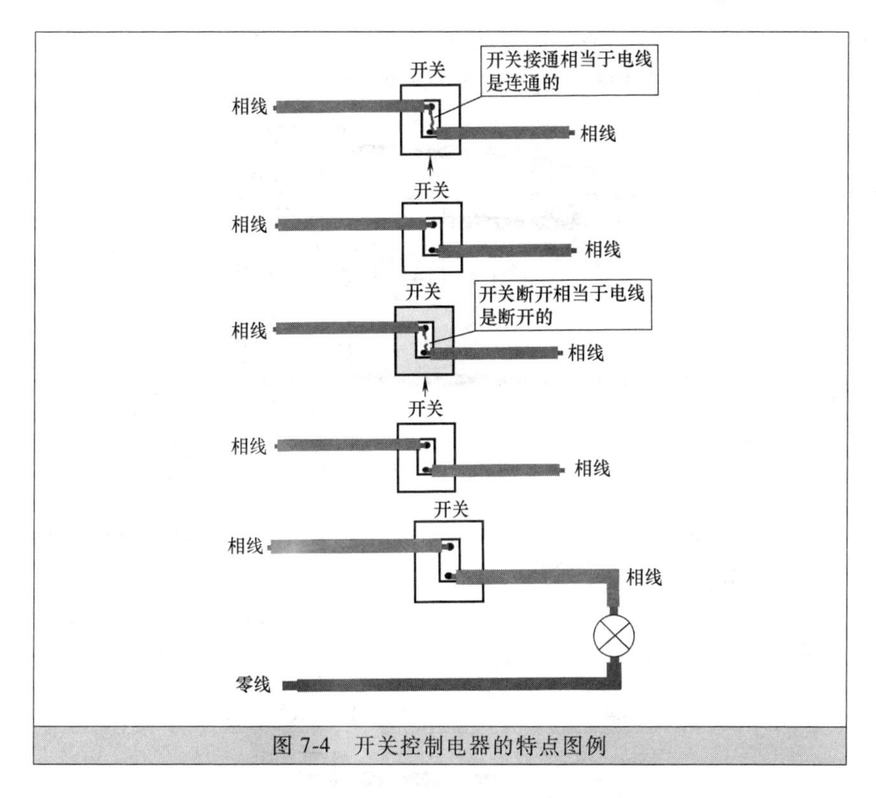

图 7-4　开关控制电器的特点图例

开关控制独立电器，则开关原则上放在独立电器前，或者后均能够达到控制效果，不过，一般开关是放在独立电器相线的入端。开关控制独立电器的位置图例如图 7-5 所示。

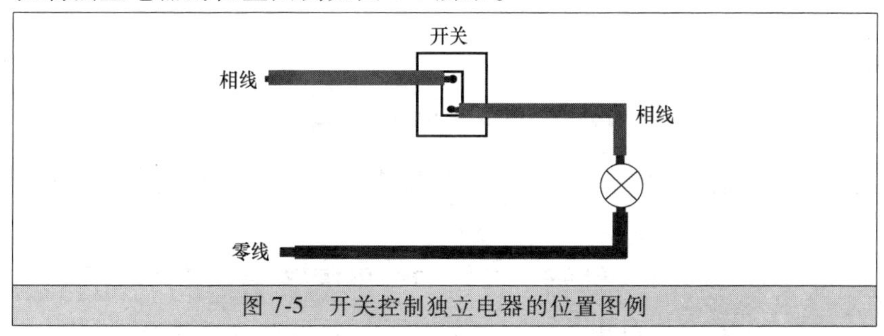

图 7-5　开关控制独立电器的位置图例

7.27　总分开关

总分开关不等于分控开关，其是总开关整体控制，分开关单独控制。分控开关是各开关单独控制。

总分开关与分控开关比较如图 7-6 所示。

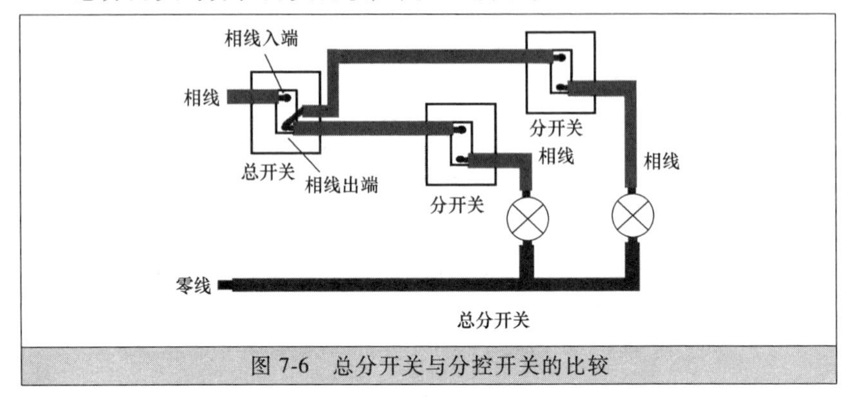

图 7-6　总分开关与分控开关的比较

总分开关的分控开关相线入端是总分开关的相线出端。如果一分控开关的相线入端是总控开关的相线入端，则该分控开关不再受总控开关的控制，如图 7-7 所示。因此，开关在接线时，一定需要确定其入端的来源与出端的去处。

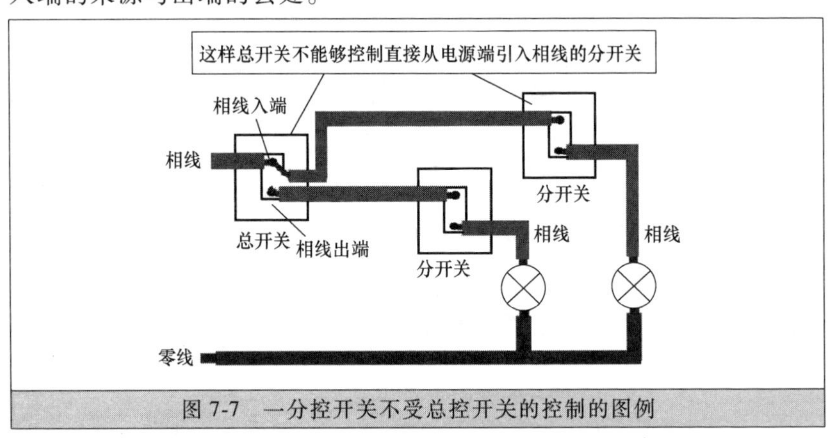

图 7-7　一分控开关不受总控开关的控制的图例

7.28　开关间的串接线

开关间有时可以串接引入相线，但是一般要求采用独立管道敷设，接线只能够在接线盒内进行。具体是否可以，则需要根据方案要求来定。

图 7-8 就是各开关引线的单独布管图例。图 7-9 就是各开关引线

的单独布管线盒连接的图例。图 7-10 就是开关引线间的串连接的图例。

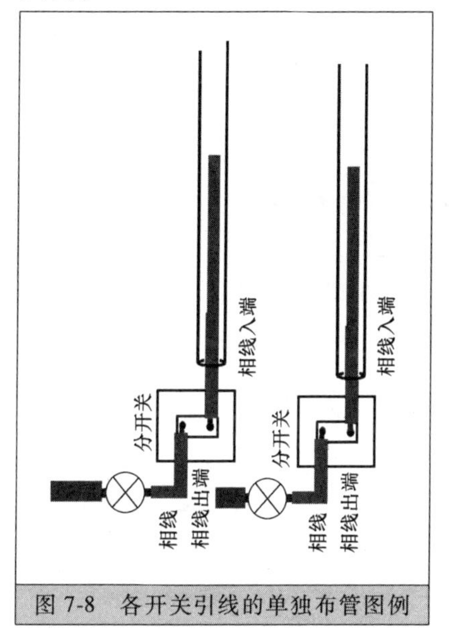

图 7-8　各开关引线的单独布管图例

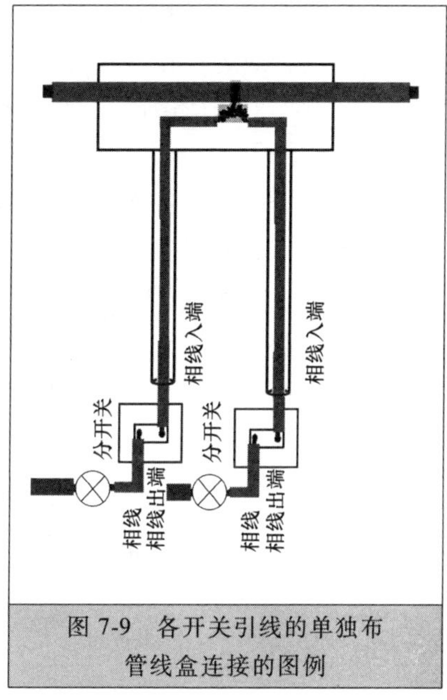

图 7-9　各开关引线的单独布管线盒连接的图例

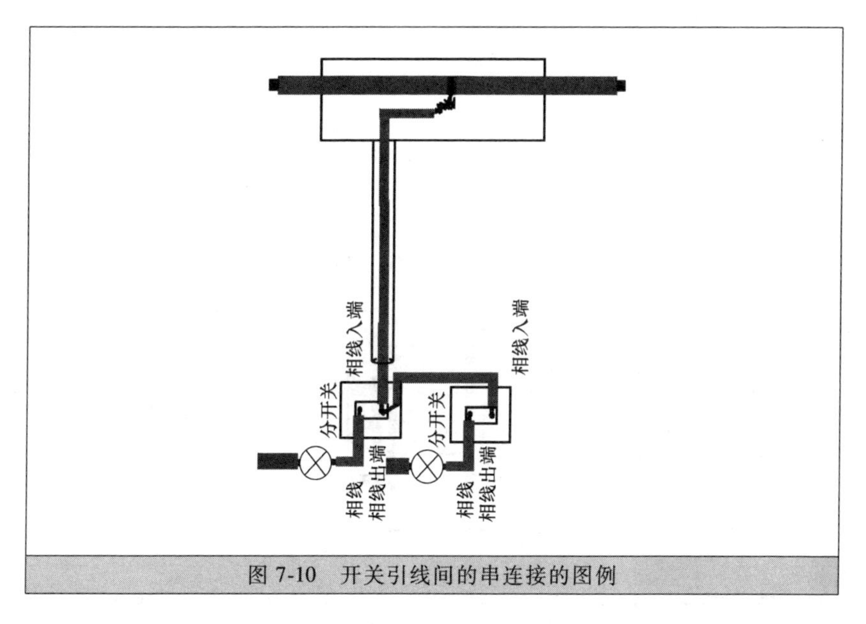

图 7-10　开关引线间的串连接的图例

7.29 线管中的开关线

开关的接线一般只有两根。如果超过了两根，则说明开关可能存在搭接的线，或者存在一只开关控制多盏灯或者几个电器的情况。

开关的一般接线图例如图 7-11 所示。

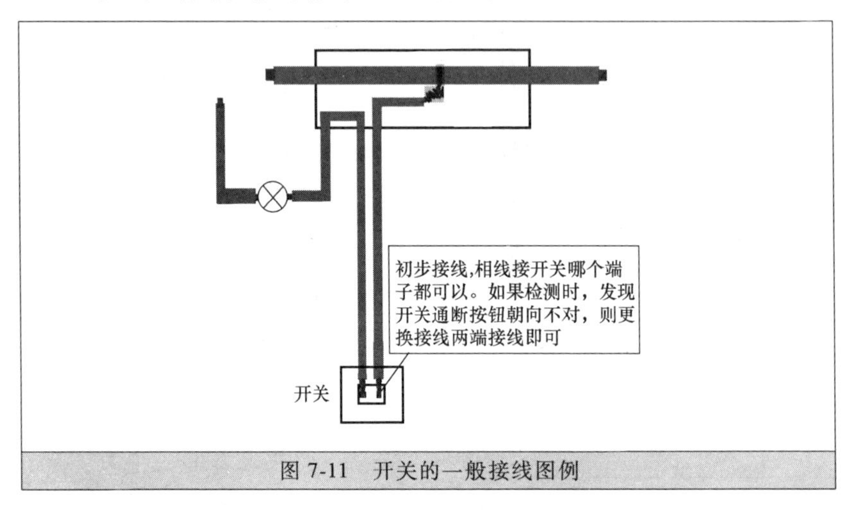

图 7-11 开关的一般接线图例

多只开关引线共管时，一定要标志或者明白那些是哪只开关的入线与出线，图例如图 7-12 所示。

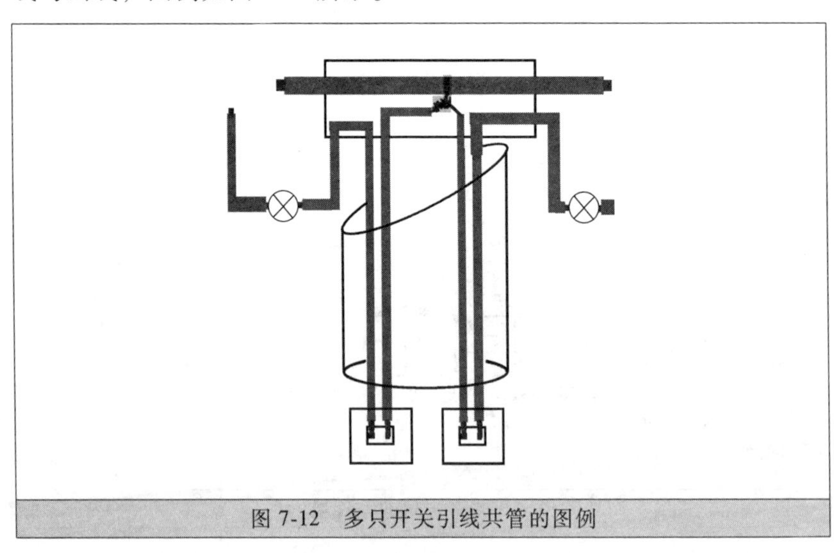

图 7-12 多只开关引线共管的图例

7.30 安装插座的要求与标准

安装插座的一些要求与标准如下：

1）安装插座接线时，需要注意把护口带好。

2）插座的接地线一般要单独敷设。

3）插座的面板不平整，与建筑物表面间有缝隙，需要调整好。

4）插座的底板、插座的面板并列安装时，插座的高度差允许大约为0.5mm，同一场所的高度差大约为5mm。面板的垂直允许偏差大约0.5mm。

5）插座的接地端子不得与零线端子连接。

6）儿童活动场所，需要采用安全插座。如果采用普通插座，则安装高度不得低于1.5m。

7）潮湿场所采用密封型，以及带保护地线触头的保护型插座，安装高度一般不低于1.5m。

8）插座的安装底盒子内要清洁无杂物，不变形。

9）单相三孔插座，面对插座的右孔与相线连接，左孔与零线连接。如果看插座面板反面，则连接左右孔刚好相反。

10）同一场所的三相插座，接线的相序要一致。

11）插座面板已经上好，盒子过深，没有加套盒处理，需要及时补上。

12）插座使用的漏电开关，动作需要灵敏可靠。

13）成排安装的插座高低差不得大于2mm。

14）单相两孔插座，面对插座的右孔或上孔与相线连接，左孔或下孔与零线连接。

15）同一房间的插座的安装高度差超出允许偏差范围，需要及时更正。

16）单相三孔、三相四孔、三相五孔插座的接地或接零线接在上孔。

17）暗装、工业用插座距地面，一般不应低于30cm；。

18）暗装的插座，需要有专用盒，并且盖板需要端正严密，以及与墙面平。

19）插座安装完成后，不得再次进行喷浆，以免破坏面板的清洁。

20）特别潮湿与有易燃、易爆气体、粉尘的场所，不得装设插座。

21）特殊场所暗装的插座高度，一般不小于0.15m。

22）插座盒，一般在距室内地坪 0.3m 处埋设。

23）插座的安装位置要正确。

24）落地插座，需要有保护盖板。

25）其他工种在施工时，不要碰坏、碰歪插座。

26）插座的相线、零线、地线压接混乱，需要及时改正。

27）插座连接的保护接地线措施、相线与中性线的连接导线位置，需要符合规定。

28）插座安装在木结构内，需要做好防火处理。

29）插座盖板紧贴建筑物的表面。

30）固定插座面板的螺钉尽量选择统一的螺钉。

31）交流、直流或不同电压等级的插座安装在同一场所时，需要有明显的区别。

32）同一室内安装的插座高低差不得大于 5mm。

33）安装插座时不得碰坏墙面，需要保持墙面的清洁。

7.31 插座的接线

插座接线就是插座要分别引入相线、零线、地线，虽然地线不引入不接，一般情况没有危险，但是，一旦发生漏电等事故，则会引发事故。如果接上地线，则多了一份安全。因此，一般要求插座地线必须接。

插座经 PVC 管在接线盒接引线的图例如图 7-13 所示。多只插座分别经各自 PVC 管在接线盒接引线的图例如图 7-14 所示。插座间串接引线的图例如图 7-15 所示。插座实际安装图例如图 7-16 所示。

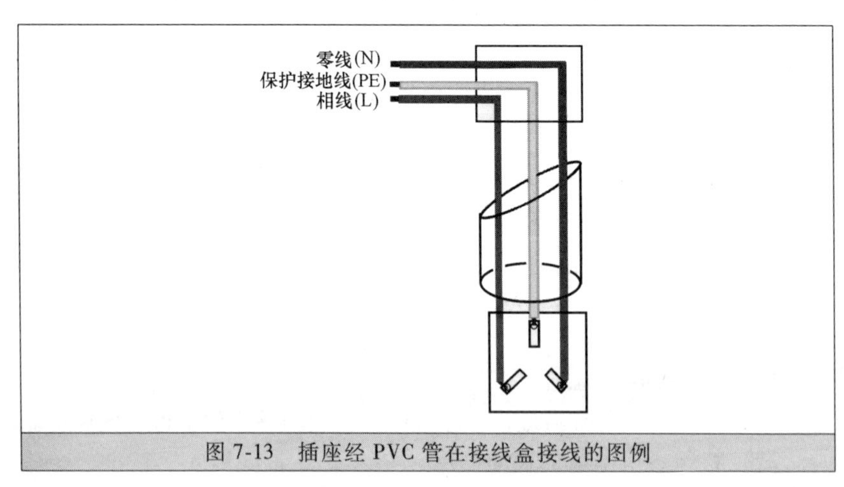

图 7-13 插座经 PVC 管在接线盒接线的图例

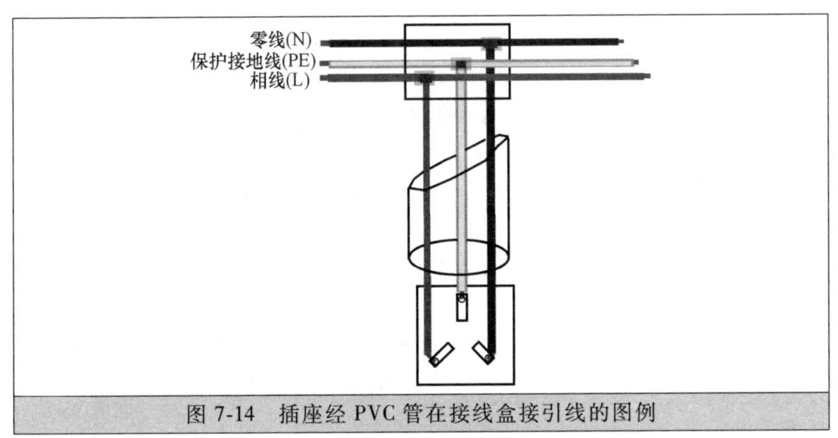

图 7-14 插座经 PVC 管在接线盒接引线的图例

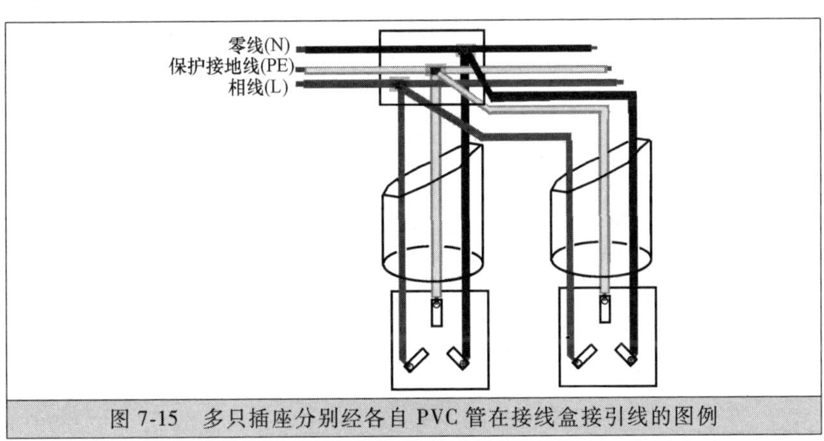

图 7-15 多只插座分别经各自 PVC 管在接线盒接引线的图例

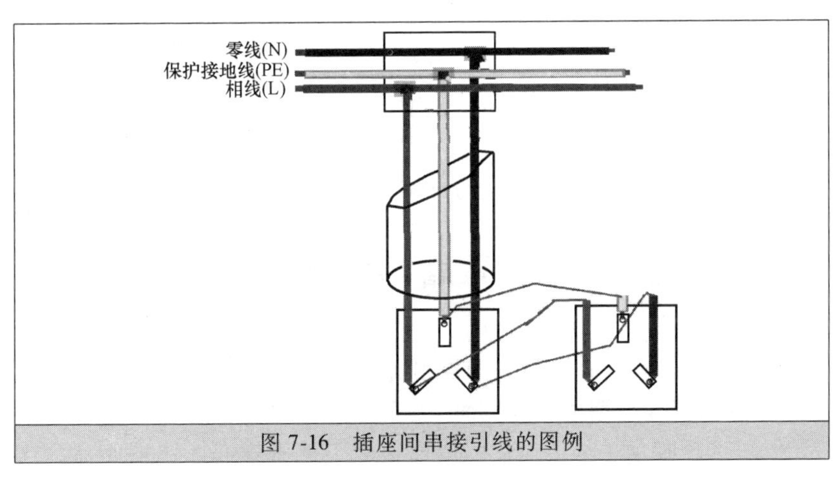

图 7-16 插座间串接引线的图例

7.32 暗盒的概述

无论是开关还是插座均需要底盒。底盒是固定开关、插座面板的盒子，以及起到连接电线，各种电器线路的过渡，保护线路安全等作用。在暗装工艺中，底盒就是暗盒。如果底盒上不固定开关、插座面板，而是空白面板，盒子里只实现电线的连接，则底盒就是接线盒。

明装工艺中，开关、插座、接线也需要底盒，只是明装中的底盒一般比暗装中的底盒薄一些。

有时候底盒专指开关、插座的底盒。接线用的底盒叫作接线盒。接线盒的作用：用于接线、连线处的盒子，也就是遮住、保护连接点。

暗盒就是暗埋的盒子，常用的接线暗盒有86型、120型、八角暗盒，以及其他特殊作用的暗盒。还有一些电器暗设箱体，也可以称为接线暗盒。

接线暗盒根据制造材质可以分为金属材质暗盒、PVC材质暗盒等。施工时根据不同环境选用不同材质的暗盒。

一些暗盒的特点见表7-12。

表7-12 一些暗盒的特点

名称	特点解说
八角形暗盒	八角形暗盒通常用于建筑灯头线路的驳接过渡使用。有八个“角”,所以叫作八角盒
特殊暗盒	特殊作用暗盒主要用于线路的过渡连接。另外,还有一些生产厂家特制的专用暗盒也属于特殊暗盒
86型	86型暗盒的尺寸约80mm×80mm,面板尺寸约86mm×86mm。其是使用的最多的一种接线暗盒,因此,暗盒86型也叫作通用暗盒。86型面板还分单盒、多联盒(由二个及二个以上单盒组合)
120型	120型接线暗盒分为120/60型与120/120型。120/60型暗盒尺寸约为114mm×54mm,面板尺寸约为120mm×60mm。 120/120型暗盒尺寸约为114mm×114mm。面板尺寸约为120mm×120mm

7.33 暗盒的选择

选择暗盒的一些方法与要点如下：

1）选择暗盒一定要选择通用的暗盒，这样可以与大多面板相吻合。如果选择非通用的，则后面工作可能会遇到一些麻烦。

2）选择暗盒尽量选择带微调面板上下或者左右距离的暗盒，这样，可以避免尺寸误差带来安装困难或者可以弥补粉刷、瓷砖铺贴配合的缝隙不对。

3）选择暗盒尽量选择四周以及底部具有敲漏口的暗盒，并且至少具有 2 种口径。这样安装暗盒时，就不需要考虑这方面考虑那方面。

4）选择暗盒尽量选择深度深一些的暗盒，因为深度深的暗盒可以预留的线长一些，有利于安装面板时顺利进行，而不存在螺钉旋具旋转没有空间、螺钉看不到，或者一个开关安装上几十分钟甚至几小时的问题。

5）选择暗盒尽量选择带螺钉防堵塞功能的，如果选择带螺钉防堵塞功能的，那么安装面板时，就会顺利一些。因为，没有带螺钉防堵塞功能的暗盒，在墙面粉刷时，水泥块等可能会粘到螺钉孔里，造成堵塞。

6）选择暗盒尽量选择具有连结扣的暗盒，这样可以为连接多个暗盒时达到"拿来就用"，如果，没有连结扣的暗盒，需要连接多个暗盒时，则必须考虑它们间的距离，这样面板安装才会顺利进行。

7）金属材质的暗盒具有可以接地，能防火，硬度好等特点。PVC 材质的暗盒具有绝缘性好等特点。因此，需要根据实际情况来选择暗盒的材质类型。

8）市场上很多暗盒多会比标准的严格一些，功能特点周全一些，对于安装来说有时候尺寸不是完全统一的，因此，可以安装前确定具体的暗盒，然后根据尺寸开暗盒孔。

7.34 暗盒的安装

暗盒的安装的主要步骤：了解暗盒安装的一些要求→选择好暗盒→定好暗盒的位置→根据暗盒大小开孔→穿好管→调整与固定暗盒。

根据选择好的暗盒尺寸+1cm 进行开孔，并且开孔需要与布管的管槽连通，并且管盒连通后能够平稳稳妥安装好，这就需要开孔时，把暗盒连管的敲落孔对应好连管的位置，并且考虑锁口的厚度对暗盒孔的要求。

孔开好之后，把暗盒的线管穿好。然后把暗盒放在孔内部。如果发现可以，则把暗盒拿出来，再用矿泉水瓶装满水，然后在瓶盖上打一个小孔，再把瓶盖对准洞，手挤压瓶即可有水喷出来浇湿安装洞。

然后把暗盒放入孔内固定好。

多数暗盒的安装需要调整。预埋暗盒要在同一水平线上，如果不是微调安装孔的，则考虑上下水平之外，还要考虑固定孔也要在同一水平线上。不同产品的暗盒，尺寸可能存在差异，因此，遇到联排预埋的暗盒需要采用同规格同产品的暗盒。另外，预埋暗盒往往是在地面没有装饰的情况下进行，因此，预埋暗盒需要首先画出标准暗盒线。如果采用地面为基准，则会有高度误差的，也就会造成暗盒不在一个水平线上。

预埋暗盒的垂直度判断可以借助绳子捆住螺钉旋具、扳手、锤子等进行判断。

预埋暗盒的固定，需要分 2 步进行，即初步固定、完全固定。初步固定就是首先单点固定四周几点，以便固定后，也能够调整水平度、垂直度、深度。单点固定可以采用小水泥块、小鹅卵石、小砖块等物体卡住暗盒四角位置。

水平度、垂直度、深度达到要求后，才可以完全固定：用水泥砂浆填满暗盒与墙壁四周的缝隙。在填满缝隙也需要再检查一遍水平度、垂直度、深度是否达到要求，如果暗盒位置动了，则需要及时调整。其中微调，可以采用螺钉旋具插入水泥砂浆中撬动暗盒进行调整。

暗盒固定后，即可穿线。有的工艺方案是穿好线后再完全固定暗盒。

7.35 多个暗盒的连接

多个暗盒的安装方法与单一暗盒的安装方法基本一样，主要差异是由于多个暗盒的连接带来的一些差异：多个暗盒的安装需要考虑整体性与协调性。

多个暗盒同时排列连接使用，需要考虑暗盒间的距离能够装得下面板，以及面板间没有缝隙。如果选择具有连接扣口的暗盒，则可以直接扣好安装即可。不过，几个单独的三联框连接时，需要注意距离。另外，一些暗盒间的距离是由随产品提供的小插片固定的。

7.36 暗盒间不串/串接线

暗盒间有不串接线、串接线等情况，暗盒间不串接线图例如图 7-17所示。暗盒间串接线图例如图 7-18 所示。

一般的弱电暗盒与强电暗盒是一致的。但是，也有的有差异，尤其是拼接时，因有的弱电面板与强电面板会有差异，因此，弱电暗盒与强电暗盒不能够完全通用。

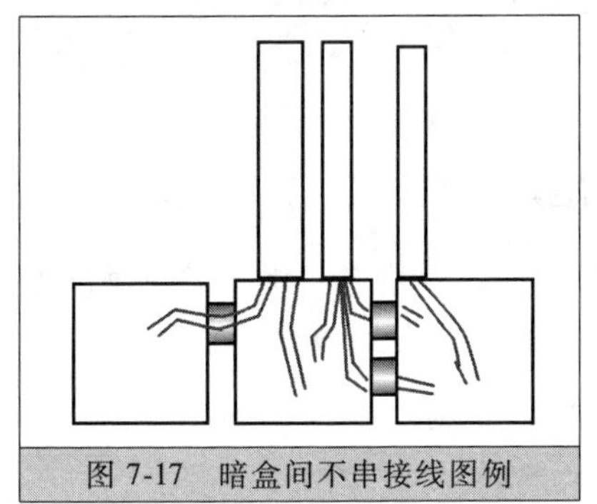

图 7-17 暗盒间不串接线图例

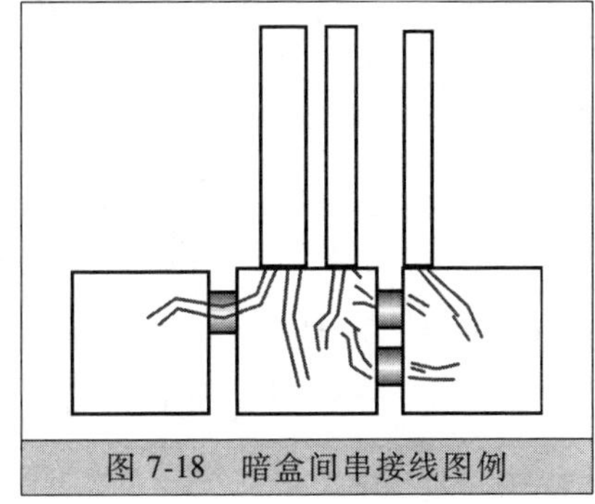

图 7-18 暗盒间串接线图例

第8章 电工操作、安装、检测技能

8.1 导线绝缘的剥削

导线的连接，首先要把绝缘导线进行绝缘剥削，绝缘导线剥削绝缘的方法见表8-1。

表8-1 绝缘导线剥削绝缘的方法

名称	剥削解说
单层剥法	不允许采用电工刀转圈剥削绝缘层，应使用剥线钳，图例如下图： 塑料皮　线芯　使用剥线钳剥削绝缘层
分段剥法	分段剥法一般适用于多层绝缘导线剥削。先用电工刀削去外层编织层，并且留有约15mm的绝缘台，线芯长度随结线方法、要求的机械强度而定，如下图所示： 编织　15mm　线芯　编织　15mm　线芯
斜削法	用电工刀以45°角倾斜切入绝缘层，当接近线芯时应停止用力，接着使刀面的倾斜角度改为15°左右，沿着线芯表面向前头端部推出，再把残存的绝缘层剥离线芯，用刀口插入背部以45°角削断

8.2 不同线径单股导线的连接

不同线径单股导线的连接方法如下：不同线径单股导线的连接方法如下：先首先将多股导线的芯线绞合拧紧成单股状，再将细导线的芯线在粗导线的芯线上紧密缠绕5~8圈，然后将粗导线芯线的线头折回压紧在缠绕层上，再用细导线芯线在其上继续缠绕3~4圈后，剪去多余部分即可，图例如图8-1所示。

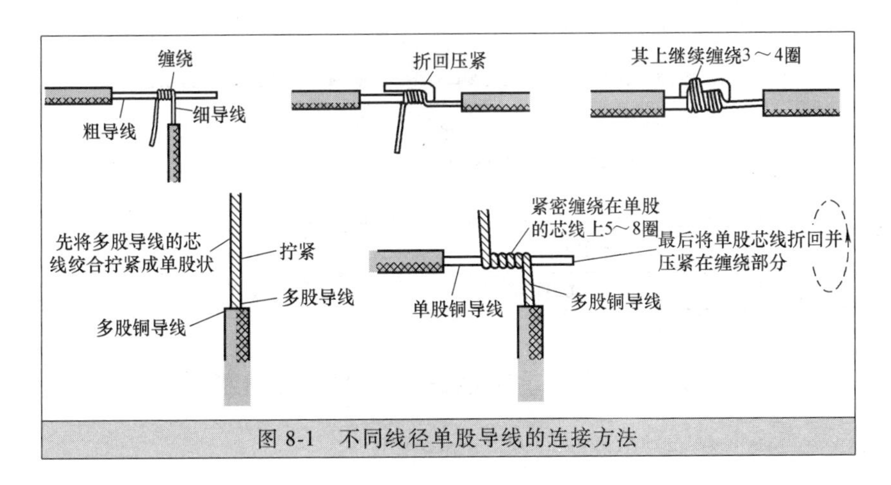

图 8-1　不同线径单股导线的连接方法

8.3　单股芯线缠绕卷法的连接

单股芯线缠绕卷法是先将已剖除绝缘层并去掉氧化层的两根线头呈“×”形相交，然后互相绞合 2~3 圈，再扳直两个线头的自由端，然后将每根线自由端在对边的线芯上紧密缠绕到线芯直径的 6~8 倍长，然后将多余的线头剪去，再修理好切口毛刺即可。

单股芯线缠绕卷法分加辅助线、不加辅助线两种。缠绕卷法适用于 $6mm^2$ 及以上的单芯线的直线连接。具体操作如下：将两线相互并合，加辅助线后用绑线在并合部位向两端缠绕，其长度为导线直径 10 倍，再将两线芯端头折回，在此向外单独缠绕 5 圈，并且与辅助线捻绞 2 圈，然后将余线剪掉，如图 8-2 所示。

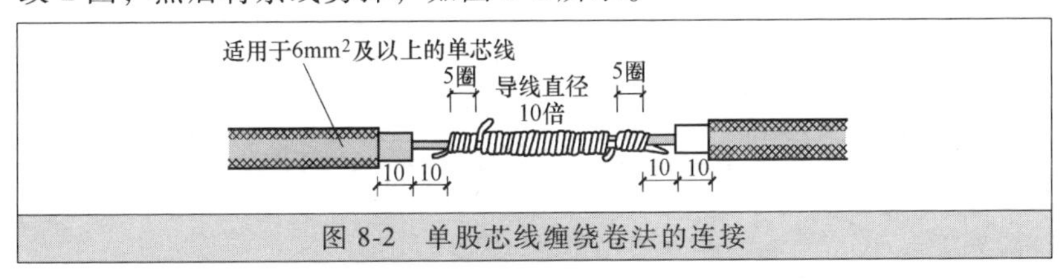

图 8-2　单股芯线缠绕卷法的连接

8.4　单股芯线绞接法的连接

绞接法适用于 $4mm^2$ 及以下的单芯线连接。具体操作方法：将两线互相交叉，再同时把两芯互绞两圈后，将两个线芯在另一个芯线上缠绕 5 圈，然后剪掉余头，如图 8-3 所示。

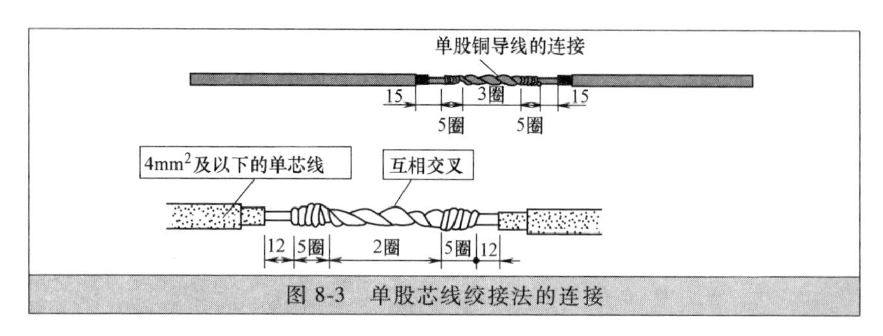

图 8-3　单股芯线绞接法的连接

8.5　单芯铜线分支的连接

单芯铜线的分支连接的方法见表 8-2。

表 8-2　单芯铜线的分支连接的方法

方法	连接解说
缠卷法	缠卷法适用于 $6mm^2$ 及以上的单芯线的分支连接。具体操作要点如下： (1)将分支线折成 90°紧靠干线。 (2)公卷的长度为导线直径的 10 倍，单卷缠绕 5 圈后剪断余下线头即可，见下图所示。 干线　5圈　导线直径10倍　5圈　干线 10　10　10　10 分支线 适用于6mm² 及以上的单芯线的分支连接
绞接法	绞接法适用于 $4mm^2$ 以下的单芯线。绞接法具体操作方法如下：首先用分支线路的导线往干线上交叉，再打好一个圈结以防止脱落，然后再密绕 5 圈。缠绕完后，剪去余线。分线打结连接的具体作法见下图所示。 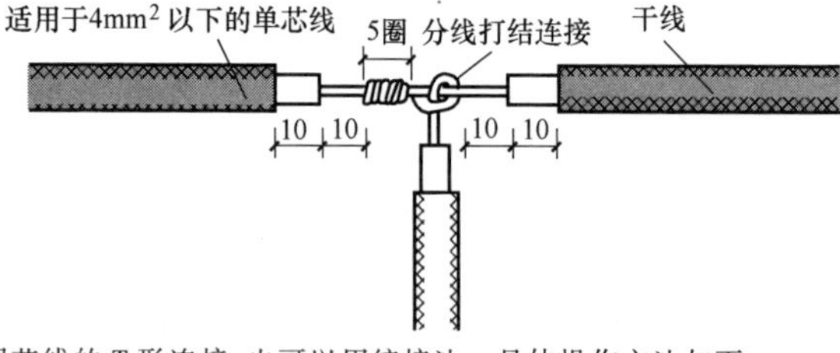 单股铜芯线的 T 形连接，也可以用绞接法。具体操作方法如下： 1)先除去绝缘层与氧化层的线头与干线剖削处的芯线十字相交，支路芯线根部需要留出 3~5mm 裸线。 2)然后顺时针方向将支路芯线在干中芯线上紧密缠绕 6~8 圈。 3)剪去多余线头，再修整好毛刺

（续）

方法	连接解说
绞接法	截面积较小的单股铜芯线，也可以用T形连接。具体操作方法如下： 1）先把支路芯线线头与干路芯线十字相交，支路芯线根部需要留出3～5mm裸线，把支路芯线在干线上缠绕成结状。 2）再把支路芯线拉紧扳直并紧密缠绕在干路芯线上，保证缠绕为芯线直径的8～10倍 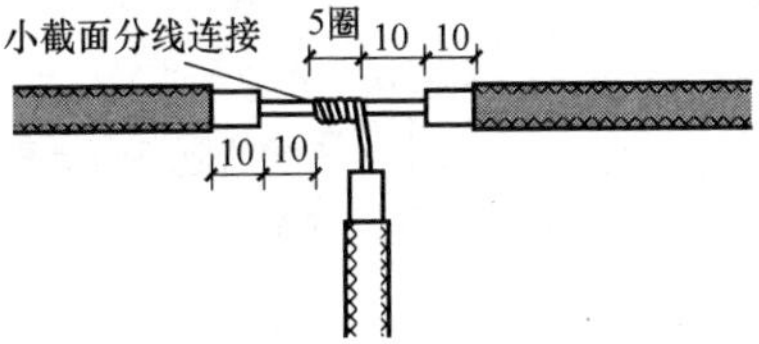 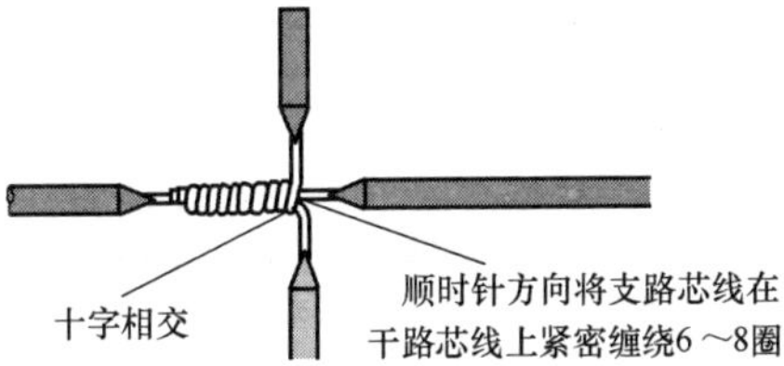
十字分支导线连接做法	十字分支导线连接做法见下图所示。 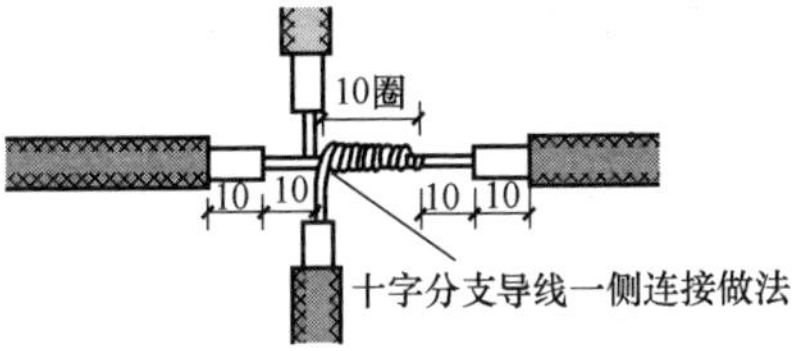 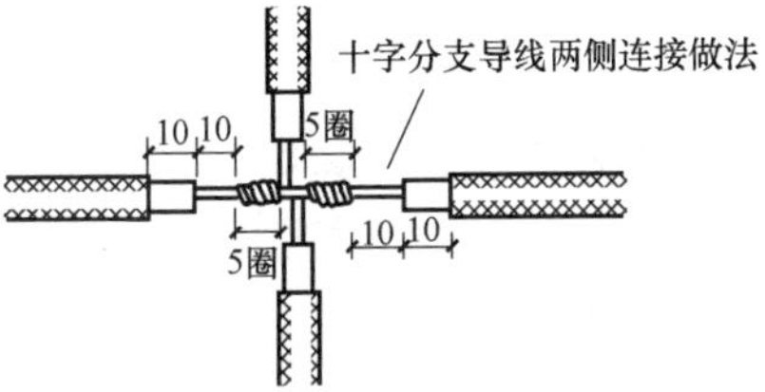

8.6 多芯铜导线分支的连接

多芯铜导线分支连接的方法与要点见表8-3。

表 8-3　多芯铜导线分支连接的方法与要点

名称	连 接 解 说
缠卷法	缠卷法的操作要点如下： 1）将分支线折成 90°紧靠干线。 2）在绑线端部适当处弯成半圆形。 3）将绑线短端弯成与半圆形成 90°角，并与连接线靠紧，用较长的一端缠绕，其长度应为导线结合处直径 5 倍。 4）再将绑线两端捻绞 2 圈，剪掉余线，如下图所示： 缠卷法 双根导线直径5倍 在绑线端部适当处弯成半圆形 将分支线折成90°紧靠干线
单卷法	单卷法的操作要点如下： 1）将分支线破开（或劈开两半）。 2）根部折成 90°紧靠干线。 3）用分支线其中的一根在干线上缠圈，缠绕 3～5 圈后剪断。 4）再用另一根线芯继续缠绕 3～5 圈后剪断。 5）按此方法直至连接到双根导线直径的 5 倍时为止，应保证各剪断处在同一直线上，如下图所示： 分支线破开 干线 干线 分支线 导线直径10倍 干线 单卷法 干线 分支线
复卷法	复卷法的操作要点如下： 1）将分支线端破开劈成两半后与干线连接处中央相交叉。 2）将分支线向干线两侧分别紧密缠绕后，余线按阶梯形剪断，长度为导线直径的 10 倍，如下图所示： 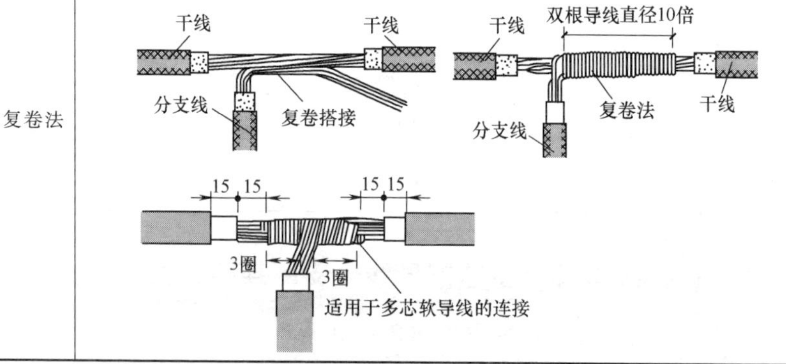

8.7　铜导线在接线盒内的连接

铜导线在接线盒内的连接方法见表 8-4。

表 8-4　铜导线在接线盒内的连接方法

类型	连 接 解 说
不同直径导线接头的连接	不同直径导线接头的连接： 1）如果是单芯的（导线截面积小于 $2.5mm^2$）或多芯软线时，则需要先进行涮锡处理。 2）再将细线在粗线上距离绝缘层 15mm 处交叉，并将线端部向粗导线（单芯）端缠绕 5～7 圈。 3）然后将粗导线端折回压在细线上，如下图所示： 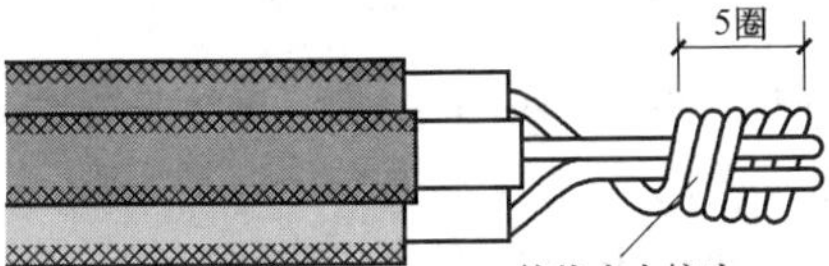 5圈 接线盒内接头 粗导线端折回压在细线上 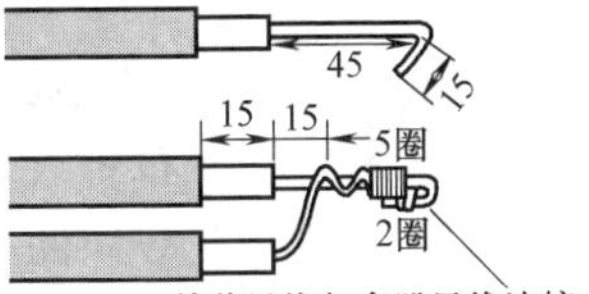 45　15 15　15　5圈 2圈 单芯导线与多股导线连接
单芯线并接头的连接	单芯线并接头的连接方法如下： 1）把导线绝缘台并齐合拢。 2）在距绝缘台约 12mm 处用其中一根线芯在其连接端缠绕 5～7 圈后剪断。 3）然后把余头并齐折回压在缠绕线上，如下图所示： 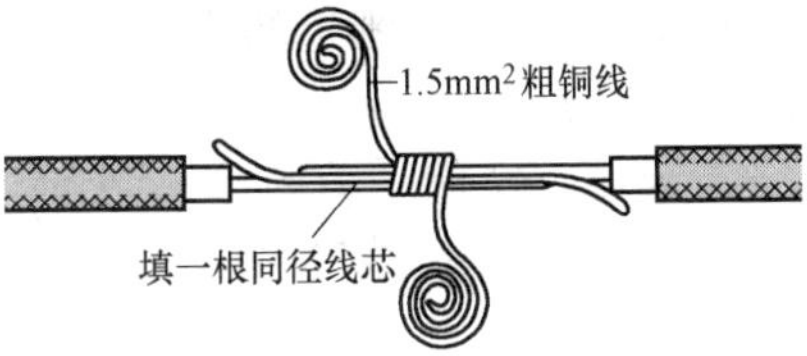 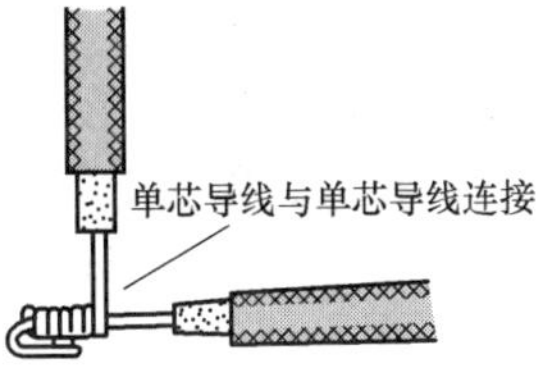 $1.5mm^2$粗铜线 填一根同径线芯 单芯导线与单芯导线连接

8.8　同一方向的导线的连接

同一方向导线的连接的方法与要点如下：

1）单股导线时，可以将一根导线的芯线紧密缠绕在另一根导线的芯线上，再接另外一个线头折回压紧即可。

2）多股导线时，可将两根导线的芯线相互交叉，然后绞合拧紧即可。

3）单股导线对多股导线的连接，可将多股导线的芯线紧密缠绕在单股导线的芯线上，然后将单股芯线的线头折回压紧即可。连接图例如图 8-4 所示。

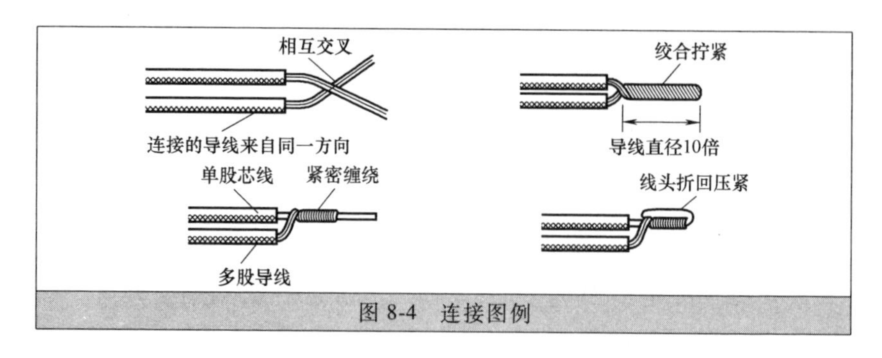

图 8-4 连接图例

8.9 多芯铜线的直接连接

多芯铜导线直接连接的方法可以采用单卷法，具体操作方法如下：

1）先用细砂布将线芯表面的氧化膜除去。

2）将两线芯导线的接合处的中心线剪掉 2/3。

3）将外侧线芯做成伞状张开，相互交错叉成一体。

4）将已张开的线端合成一体。

5）取任意一侧的两根相邻的线芯，在接合处中央交叉，用其中的一根线芯作为绑线，在导线上缠绕 5~7 圈。

6）再用另一根线芯与绑线相绞后把原来的绑线压住上面继续按上述方法缠绕，其长度为导线直径的 10 倍。

7）最后缠卷的线端与一条线捻绞 2 圈后剪断。

8）另一侧的导线依次进行。注意应把线芯相绞处排列在一条直线上，如图 8-5 所示。

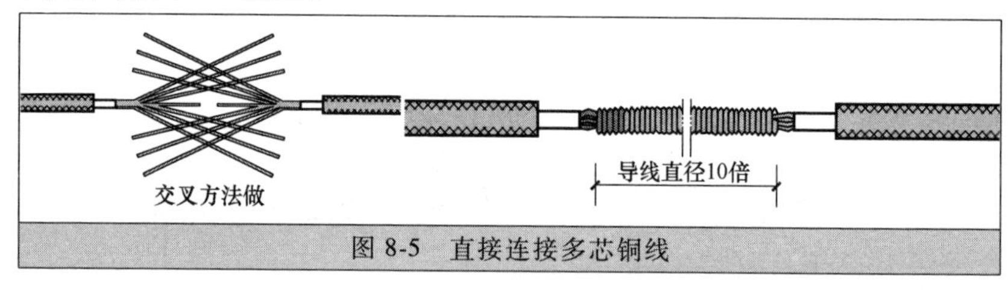

图 8-5 直接连接多芯铜线

8.10 接线端子的压接

多股导线（铜线或铝线）可以采用与导线同材质、规格相应的接线端子来压接，具体的操作方法与要点如下：

1）削去导线的绝缘层时，不要碰伤线芯。

2）清除套管、接线端子孔内的氧化膜。

3）将线芯紧紧地绞在一起。

4）然后将线芯插入，再用压接钳压紧。

5）导线外露部分需要小于1~2mm，如图8-6所示。

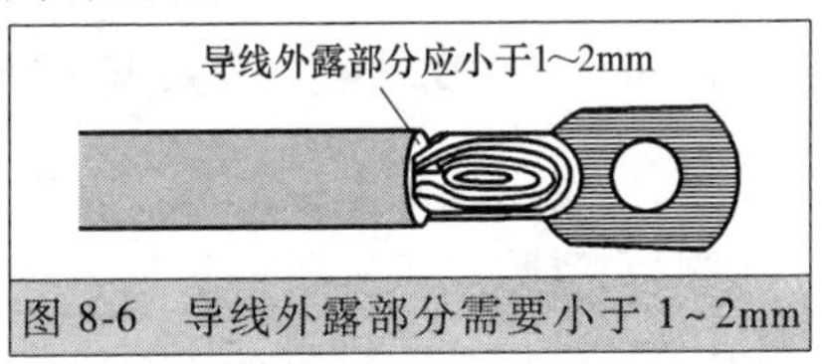

图8-6　导线外露部分需要小于1~2mm

8.11　单芯导线盘圈的压接

单芯导线盘圈压接的方法与要点如下：

1）用一字或十字机螺钉压接时，导线需要顺着螺钉旋进方向紧绕一圈后再紧固。

2）不允许反圈压接。

3）盘圈开口不宜大于2mm。

4）压接后外露线芯的长度不宜超过1~2mm，如图8-7所示。

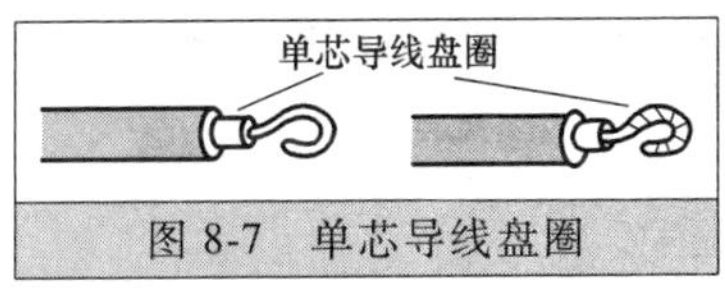

图8-7　单芯导线盘圈

8.12　多股铜芯软线用螺钉的压接

多股铜芯软线用螺钉压接的方法与要点如下：

1）多股铜芯软线用螺钉压接时，先将软线芯作成单眼圈状，然后涮锡，再将其压平，然后用螺钉加垫紧牢固，如图8-8所示。

2）压接后外露线芯的长度不宜超过1~2mm。

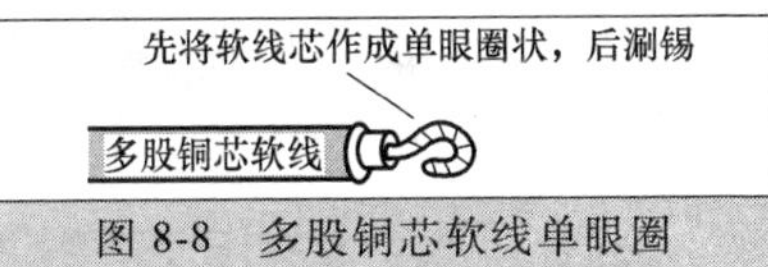

图8-8　多股铜芯软线单眼圈

8.13　导线与针孔式接线桩的连接

导线与针孔式接线桩连接的方法与要点如下：

1）把要连接的导线的线芯插入接线桩头针孔内。

2）导线裸露出针孔1~2mm。

3）针孔大于导线直径1倍时，需要折回头插入压接，如图8-9所示。

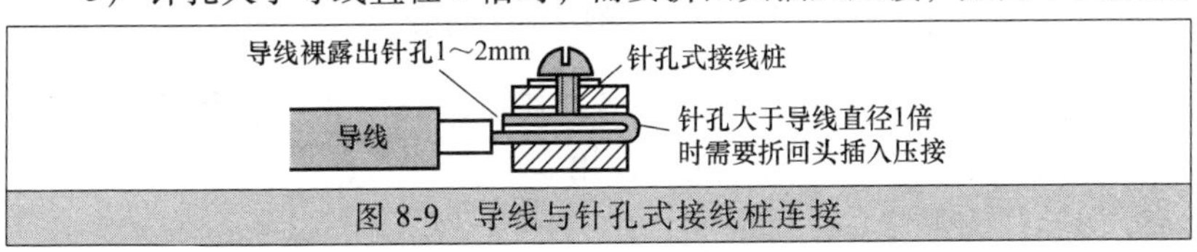

图8-9　导线与针孔式接线桩连接

8.14 线头与平压式接线桩的连接

载流量较小的单股芯线压接时，需要将线头制成压接圈，并且压接前需要清除连接部位的污垢，然后将压接圈套入压接螺钉，并且放上垫圈后，拧紧螺钉将其压牢压紧。制作压接圈时，必须根据顺时针方向弯转，而不能够逆时针弯转。

8.15 多股芯线与针孔式接线桩的连接

多股芯线与针孔式接线桩的连接方法：首先将芯线线头绞紧，并且注意线径与针孔的配合。如果线径与针孔相适，可直接压接，有些特殊场合需要做压扣处理。

7 股芯线与针孔式接线桩的连接时，绝缘层需要多剥去一些，芯线线头在绞紧前，可以分三级剪除，2 股剪得最短；4 股稍长，长出单股芯线直径的 4 倍；最后 1 股保留能在 4 股芯线上缠绕两圈的长度。然后将其多股线头绞紧，以及将最长 1 股绕在端头上形成压扣，然后进行压接。

如果针孔过大，则可以用一单股芯线在端头上密绕一层，以增大端头直径。如果针孔过小，则可以剪去芯线线头中间几股。一般 7 股芯线剪去 1、2 股；19 股芯线剪去 2~7 股，但是一般尽量避免该种情况操作。

8.16 7 股导线压接圈弯法

截面积不超过 $10mm^2$ 的 7 股，及 7 股以下的芯线压接时，可以制成压接圈：首先将线头靠近绝缘层的 1/2 段绞紧，然后将绞紧部分的 1/3 处定为圆圈根部，以及制成圆圈；然后把松散的 1/2 部分根据 2、2、3 分成 3 组，再根据 7 股芯线直线对接的自缠法加工处理。压接圈制成后，即可根据单股芯线压接方式压接。

8.17 导线的焊接

铜导线的接头一般要用锡焊牢，其目的是防止接头锈蚀、松动，增加机械强度，提高导电性能等作用。

铜导线的焊接方法见表 8-5。

表 8-5 铜导线的焊接方法

类型	方法解说
喷灯加热（或用电炉加热）	喷灯加热（或用电炉加热）是将焊锡放在锡勺（或锡锅）内，再用喷灯（或电炉）加热，等焊锡熔化后即可进行焊接。喷灯加热（或用电炉加热）在加热时需要掌握好温度，并且焊接完后必须用布将焊接处的焊剂、其他污物擦净
电烙铁加焊	电烙铁加焊就是导线连接处用电烙铁进行锡焊。电烙铁加焊适用于线径较小的导线的连接及用其他工具焊接困难的场所

8.18 导线绝缘的恢复与处理概述

发现导线绝缘层破损或完成导线连接后，一定要恢复导线的绝缘，并且要求恢复后的绝缘强度不应低于原有绝缘层。导线绝缘的恢复与处理所用材料，通常是黄蜡带、涤纶薄膜带、黑胶带等。

导线绝缘恢复包扎的方法与要点如下：

1）先用橡胶（或粘塑料）绝缘带从导线接头处始端的完好绝缘层开始，缠绕 1~2 个绝缘带幅宽度，再以半幅宽度重叠进行缠绕。包扎过程中尽可能地收紧绝缘带。在绝缘层上缠绕 1~2 圈后，再进行回缠。包扎后应呈枣核形。

2）采用橡胶绝缘带包扎时，需要将其拉长 2 倍后再进行缠绕。再用黑胶布包扎，包扎时要衔接好，以半幅宽度边压边进行缠绕，同时在包扎过程中收紧胶布，导线接头处两端应用黑胶布封严密。

8.19 T 字分支接头的绝缘处理

T 字分支接头的绝缘处理方法如下：走一个 T 字形来回，使每根导线上都包缠两层绝缘胶带，每根导线都需要包缠到完好绝缘层的两倍胶带宽度处。图例如图 8-10 所示。

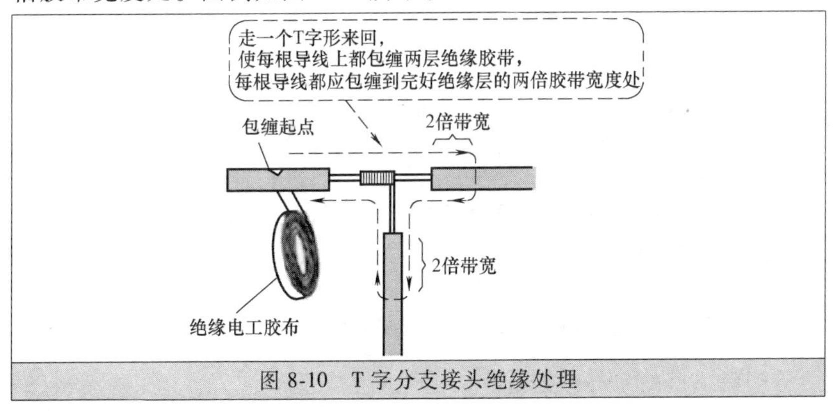

图 8-10 T 字分支接头绝缘处理

8.20 十字分支接头的绝缘处理

十字分支接头的绝缘处理方法如下：走一个十字形来回，使每根导线上都包缠两层绝缘胶带，每根导线都需要包缠到完好绝缘层的两倍胶带宽度处。图例如图 8-11 所示。

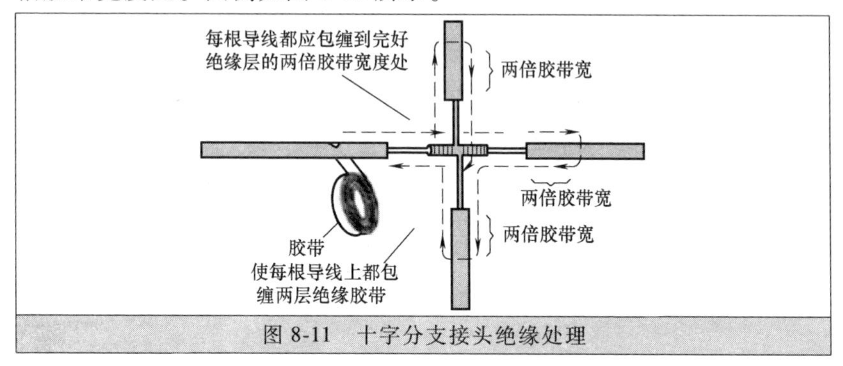

图 8-11 十字分支接头绝缘处理

8.21 电缆敷设长度的附加长度

电缆敷设长度，需要根据敷设路径来敷设水平、垂直长度，并且需要根据表 8-6 规定增加附加长度。

表 8-6 电缆敷设长度的附加长度

项目	预留长度(附加)	说明
电缆进入沟内、吊架时引上(下)预留	1.5m	根据规范规定最小值
电缆进入建筑物	2.0m	根据规范规定最小值
电缆绕过梁柱等增加长度	按实计算	按被绕物的断面情况计算增加长度
电缆中间接头盒	两端各留 2.0m	根据检修余量最小值
电力电缆终端头	1.5m	根据检修余量最小值
电梯电缆与电缆架固定点	每处 0.5m	规范最小值
高压开关柜、低压配电盘、箱	2.0m	根据盘下进出线
变电所进线、出线	1.5m	根据规范规定最小值
厂用变压器	3.0m	从地坪起算
电缆到电动机	0.5m	从电机接线盒起算
电缆敷设驰度、波形弯度、交叉	2.5%	根据电缆全长计算
电缆进控制屏、保护屏、模拟盘等	高+宽	根据盘面尺寸

8.22 塑料线槽的允许容纳电线、电缆的数量

塑料线槽的允许容纳电线、电缆的数量见表 8-7。

表 8-7 塑料线槽的允许容纳电线、电缆的数量

PVC 系列塑料线槽型号	线槽内横截面积/mm^2	电线型号	单芯绝缘电线线芯标称截面积/mm^2														RVB 型或 RVS 型 $2\times0.3mm^2$ 电话线	HYV 型 2×0.5 电话电缆	同轴电缆	
			1.0	1.5	2.5	4.0	6.0	10	16	25	35	50	70	95	120	150			SYV-75-5-1	SYV-75-9
			允许容纳电线根数，电话线对数或电话电缆、同轴电缆条数																	
PVC-25	200	BV BLV	8	5	4	3	2										6 对	1 条 5 对	2 条	
		BX BLX	3	2	2	2														
		BXF BLXF	4	4	3	2	2													
PVC-40	800	BV BLV	30	19	15	11	9	5	3	2							22 对	3 条 15 对 或 1 条 50 对	8 条	3 条
		BX BLX	10	9	8	6	5	3	2	2										
		BXF BLXF	17	15	12	9	6	4	3	2										
PVC-60	1200	BV BLV	75	47	36	29	22	12	8	6	4	3	2	2			33 对	2 条 40 对 或 1 条 100 对		
		BX BLX	25	22	19	15	13	8	6	4	3	2	2							
		BXF BLXF	42	33	31	24	16	11	7	5	4	3	2	2						
PVC-80	3200	BV BLV	120	74	58	46	36	19	13	9	7	5	4	3	2		88 对	2 条 150 对 或 1 条 200 对		
		BX BLX	40	36	30	25	21	12	9	6	5	4	3	2	2					
		BXF BLXF	67	58	49	38	26	17	11	8	6	4	3	3						
PVC-100	4000	BV BLV	151	93	73	57	44	24	17	11	9	6	5	3	3	3	110 对	1 条 200 对 或 1 条 300 对		
		BX BLX	50	44	38	31	26	15	12	8	7	5	4	3	3	2				
		BXF BLXF	83	73	62	47	32	21	14	10	7	5	4	3						
PVC-120	4800	BV BLV	180	112	87	69	53	28	20	13	10	7	6	4	4	3	132 对	2 条 200 对 或 1 条 400 对		
		BX BLX	60	53	46	37	31	18	14	10	8	6	5	3	3	2				
		BXF BLXF	100	87	74	56	38	25	16	12	9	7	5	4						

注：表中电线总截面积占线槽内横截面积的 20%。电话线、电话电缆及同轴电缆总截面积占线槽内横截面积的 33%。

8.23 PVC 塑料管暗敷材料要求与定位

常见的塑料管暗敷，就是 PVC 塑料管暗敷。硬质阻燃型塑料管（PVC）暗敷材料的一些要求见表 8-8。

表 8-8 硬质阻燃型塑料管（PVC）暗敷材料的一些要求

名称	解说
阻燃(PVC)塑料管	所使用的阻燃型(PVC)塑料管需要材质均能阻燃、耐冲击,氧指数不应低于27%的阻燃指标,并且是合格的管材。阻燃塑料管外壁应有间距不大于1m 的连续阻燃标记,管里外应光滑,没有凸棱、凹陷、针孔、气泡,管壁厚度需要均匀一致
附件	所用阻燃塑料管附件必须使用配套的阻燃型塑料制品。阻燃塑料灯头盒、开关盒、接线盒需要外观整齐、开孔齐全、没有劈裂损坏等异常现象
辅助材料	铁丝需要采用镀锌铁丝,粘结剂需要采用专用粘结剂

塑料管暗敷主要的步骤包括弹线定位、加工管弯、隐埋盒/箱、PVC 暗敷管路连接、扫管穿带线等，其中，硬质阻燃塑料管（PVC）暗敷弹线定位的方法与要点如下：

1）根据要求确定盒、箱位置，并进行弹线定位。

2）根据弹出的水平线用水平尺测量出盒、箱的准确位置，并且标出尺寸。

3）根据灯位要求，测量，并且标注出灯头盒的准确位置、尺寸。

4）根据要求，在砖墙、石膏孔板墙、泡沫混凝土墙等，需要隐埋开关盒的位置，进行测量确定开关盒准确位置、尺寸。

8.24 PVC 塑料管暗敷管弯的加工

硬质阻燃塑料管（PVC）暗敷加工管弯可以采用冷煨法、热煨法。具体操作要点与方法见表 8-9。

表 8-9 加工管弯

名称	操作要点与方法
冷煨法	冷煨法适合管径在 25mm 及以下的管子。冷煨 PVC 前需要断管:小管径可以用剪管器断管,大管径可以用钢锯断管,并且断口需要锉平、铣光。冷煨法可以采用膝盖煨弯、使用手扳弯管器煨弯,具体操作要点如下: 1)使用手扳弯管器煨弯——将管子插入配套的弯管器,手扳煨出所需弯度即可。 2)用膝盖煨弯——将弯管弹簧插入 PVC 管内需要煨弯处,两手抓牢管子两头,顶在膝盖上,用手扳,逐步煨出所需弯度。然后抽出弯簧即可

（续）

名称	操作要点与方法
热煨法	用电炉子、热风机等加热均匀，烘烤管子的煨弯处，待管被加热到可随意弯曲时，立即将管子放在木板上，固定管子一头，逐步煨出所需管弯度，然后用湿布抹擦使弯曲部位冷却定型。注意：煨弯管时不得烤伤PVC管、不得使PVC管变色、不得使PVC管破裂等异常现象

8.25 硬质阻燃塑料管暗敷隐埋盒、箱的操作

硬质阻燃塑料管（PVC）暗敷隐埋盒、箱的有关操作方法与要点如下：

1）盒、箱固定需要平正牢固、灰浆饱满、收口平整。

2）根据要求、规定确定好盒、箱的预留具体位置。一般要求土建砌体时预留进入盒、箱的管子，并且将管子甩在盒、箱预留孔外，管端头堵好，等最后一管一孔地进入盒、箱隐埋。

3）也可以剔洞隐埋盒、箱，再接短管。

4）在其他场所隐埋盒、箱的操作方法与要点见表8-10。

表8-10 隐埋盒、箱的操作方法与要点

类型	操作方法与要点
滑模板混凝土墙稳埋盒、箱	1）预留盒、箱孔洞，取下盒套、箱套，等滑模板过后再拆除盒套或箱套，同时稳埋盒或箱体。 2）用螺钉将盒、箱固定在扁铁上，再将扁铁焊在钢筋上，或直接用穿筋盒固定在钢筋上，并根据墙厚度焊好支撑钢筋，使盒口平面与墙体平面平齐
顶板稳埋灯头盒	1）圆孔板稳埋灯头盒。根据要求注出灯位的位置尺寸，再打孔，然后由下向上剔洞，洞口下小上大。然后将盒子配上相应的固定体放入洞中，并且固定好吊板，等配管后用高标号水泥砂浆稳埋牢固。 2）现浇混凝土楼板安装吊扇、花灯、吊装灯具超过3kg时，需要预埋吊钩或螺栓
组合钢模板、大模板混凝土墙稳埋盒、箱	1）模板上打孔，用螺钉将盒、箱固定在模板上。拆模前及时将固定盒、箱的螺钉拆除。 2）利用穿筋盒，直接固定在钢筋上，并根据墙体厚度焊好支撑钢筋，使盒口或箱口与墙体平面平齐

8.26 硬质阻燃塑料管连接的方法与要点

硬质阻燃塑料管（PVC）暗敷管路连接的方法与要点见表8-11。

表 8-11 PVC 暗敷管路连接的方法与要点

项目	解说
管路垂直或水平敷设	管路垂直或水平敷设时的操作要点如下： 1）每隔 1m 距离需要安装一个固定点。 2）弯曲部位主尖以圆弧中心点为始点距两端 300~500mm 处需要安装固定点
管进盒、箱	管进盒、箱的操作要点如下： 1）一管一孔。 2）先接端接头，然后用内锁母固定在盒、箱上
管路连接需要使用套箍连接（包括端接头接管）	管路连接需要使用套箍连接，具体操作要点如下： 1）首先用小刷子沾配套的塑料管粘结剂。 2）然后均匀涂抹在管外壁上。 3）再将管子插入套箍，管口需要到位。 4）粘结剂粘结后 1min 内不能够移位

8.27 硬质阻燃塑料管暗敷管路的操作

硬质阻燃塑料管（PVC）暗敷管路的操作方法与要点见表 8-12。

表 8-12 PVC 暗敷管路的操作方法与要点

项目	解说
现浇混凝土楼板管路暗敷	现浇混凝土楼板管路暗敷操作方法与要点如下： 1）根据建筑物内房间四周墙的厚度，弹十字线确定灯头盒的位置。 2）再将端接头、内锁母固定在盒子的管孔上。 3）使用顶帽护口堵好管口、堵好盒口，并且将盒子固定好。 4）管路需要敷设在弓筋的下面底筋的上面。 5）管路每隔 1m 用镀锌铁丝绑扎牢。 6）引向隔断墙的管子，可使用管帽预留管口，拆模后取出管帽再接管即可
预制薄型混凝土模板管路暗敷	预制薄型混凝土模板管路暗敷的操作方法与要点如下： 1）确定好灯头盒尺寸位置。 2）用电锤在板上面打孔。 3）再在板下面扩孔，孔大小比盒子外口略大一些。 4）安装、固定好高桩盒。 5）利用内锁母把管固定在盒子孔处。 6）用水泥砂浆把高桩盒埋好。 7）敷设管路。 8）注意管路保护层不得小于 80mm
预制圆孔板内管路暗敷	预制圆孔板内管路暗敷的操作方法与要点如下： 1）需要及时配合土建吊装圆孔板时，敷设管路。 2）吊装圆孔板时，及时找好灯位位置尺寸，打好灯位盒孔。 3）敷设管路，管子可以从圆孔板板孔内一端穿入到灯头盒处。 4）将管固定在灯头盒上。 5）将盒子放好位置，并且用水泥砂浆固定好盒子

（续）

项目	解 说
灰土层内管路暗敷	灰土层内管路暗敷的操作方法与要点如下： 1）灰土层夯实后进行挖管路槽。 2）敷设管路。 3）管路上面用混凝土砂浆埋护，厚度不宜小于 80mm
现浇混凝土墙板内管路暗敷	现浇混凝土墙板内管路暗敷操作方法与要点如下： 1）管路需要敷设在两层钢筋中间。 2）管进盒、箱时需要煨成叉弯。 3）管路每隔 1m 处需要用镀锌铁丝绑扎牢，弯曲部位根据要求固定。 4）往上引管不宜过长，以能煨弯为准。向墙外引管可使用管帽预留管口，待拆模后取出管帽再接管
滑升模板敷设管路暗敷	滑升模板暗敷管路操作方法与要点如下： 1）灯位管可先引到相应墙内。 2）滑模过后支好顶板，再敷设管到灯位

8.28 硬质阻燃型塑料管扫管穿带线的操作

硬质阻燃型塑料管（PVC）暗敷扫管穿带线的操作方法与要点如下：

1）现浇混凝土结构的墙、楼板暗敷的 PVC 需要及时进行扫管。

2）砖混结构墙体，在抹灰前需要进行扫管。

3）经过扫管，确认管路畅通可以及时穿好带线。

4）穿好带线后，需要将管口、盒口、箱口堵好。

5）加强配管保护，防止二次堵塞管路。

8.29 家装导管敷设的规定与要求

家装导管敷设的一些规定与要求如下：

1）导管在墙面、地面剔槽敷设时，不能够影响结构安全，严禁切断结构钢筋。

2）在墙面上剔横槽长度，一般不得超过 200mm。

3）导管敷设，不应使用三通、多通接头。

4）电气导管与水管不应同槽敷设，导管的弯曲半径需要大于管外径的 6 倍。

5）在吊顶内、轻钢龙骨墙内敷设的导管，要固定牢固，并且固定点间距不大于 1m。

6）绝缘导管敷设，需要采用中型以上导管。

7）绝缘导管与绝缘导管、绝缘导管与盒（箱）等采用套管连接时，连接处结合面需要涂专用粘结剂，并且接口需要牢固密封。

8）卫生间地面内敷设导管不应有中间接头。

9）当导管在地板采暖的地面内敷设时，要敷设在采暖热水管的下面。

10）当导管必须在地板采暖的地面上面敷设时，要采取隔热措施。

11）电气管路明敷时，与暖气、燃气管间距离平行时，需要不小于300mm；交叉时，需要不小于100mm。

12）导管与电气器具可采用可弯曲金属导管或金属软管连接，其两端应采用专用接头，连接可靠牢固、不脱落。

13）接线盒在可燃物上安装时，需要采取防火措施。

14）明敷的管路，需要横平竖直、固定牢固，并且固定点间距不应大于1m。

15）导管不要直接在墙面上敷设，要采用与之配套的管座、管卡。

16）信息线缆的弯曲半径，2芯或4芯水平光缆的，需要大于25mm。

17）信息线缆的弯曲半径，4对非屏蔽电缆的，需要不小于电缆外径的4倍。

18）信息线缆的弯曲半径，4对屏蔽电缆或户内有线电视同轴电缆，需要不小于电缆外径的8倍。

19）套接紧定式钢导管（JDG）敷设，需要符合《套接紧定式钢导管电线管路施工与验收规程》等有关标准、要求的规定。

20）套接紧定式钢导管（JDG）敷设，应选择与其配套的专用附件，连接处可不做跨接地线。

21）套接紧定式钢导管（JDG）敷设，管进家居配电箱跨接地线做法需要符合有关规定。

22）镀锌钢管与镀锌钢管连接处，要使用通丝管箍，以及要采用专用接地卡固定跨接地线，并且接地线截面积为不小于$4mm^2$的铜芯软导线。

23）镀锌钢导管进金属外壳的家居配电箱，需要做跨接地线，以及跨接地线要压接到家居配电箱内PE排上。

8.30 家装电定位

开关、插座、设施、接线盒、灯具、电器等定位非常重要，因为，这些定好位置后，后面的开槽、布管、穿线等就是在这基础上进行的。如果是自己设计线路，则还必须掌握其他设施的安装要求与尺寸、工艺特点等。

另外，现场布管与布线的方案不同，则布管的具体定位不同。布管的定位实际上就是以开关、插座、设施、接线盒、灯具、电器等的定位为点，然后实现点与点之间的电气连接。根据点、线之间的关系：

1）点到直线的垂直距离最短。所以，布管尽量不要拐弯抹角，尽量垂直布管减少材料与工作量。

2）两条布管相交成直角时，则这两条布管叫做互相垂直。尽量避免互相垂直的布管。

3）不相交的两布管线叫做平行线，它们的关系叫互相平行。强电与弱电布管互相平行时，尽量间距大一些。

4）根据两点决定一条直线，两点间可以有无数的连接线。因此，布管时应选择管路径最优的一条。

8.31 划线开槽

划线开槽的基础就是设备点间需要多少根电线、什么样的电线，然后把电线放在一根线管里面，如果放入的电线超过线管1/4横截面积，则需要用2根或者两根以上线管来放电线。各线管放入的电线尽量是同组、同回路的。线管里面的电线数量、种类、去向与来源确定后，就是要确定线管本身怎样安放才合理合情。

线管安放的方案有：横平竖直、最短路径、大弧度、走地等。如果是明敷，线管确定好的路径只需要确定几个点即可，当然也可以划线，以便使线管安放符合要求。如果是暗敷，则线管确定好的路径，往往需要划线开槽。

除了考虑线管的开槽外，还要考虑电器设备是否需要开槽开孔。

开槽的一些要求如下：

1）开槽前，需要根据施工图样、业主设计师的意愿、现场的特点与要求，对墙面、地面进行测量，然后划线，确定走线的具体位置。

2）常用划线的工具有卷尺、直木条铅笔。

3）开槽的工具有电锤、切割机、水电开槽机等。

4）开槽与预埋管线时，要横平竖直，这样方便以后生活中往墙上钉挂东西或维修。

5）开槽时要注意防尘。装修时灰尘避免不了，特别是切割开槽时灰尘更多。过多的粉尘会对水电工造成损害。因此，开线槽时，需要做好降尘工作。降低粉尘污染最简单的做法是用水浇灌，也就是一边切割，一边注水。

6）开槽方法有多种。其中，可以在切割机勾勒出需要切除的部分后，再用冲击钻或者凿子进行细凿，达到容纳线管与线盒需要的深度。

7）墙壁上尽量不要开横槽，如必须开，横槽长度尽量小于1.5m。因为开横槽会影响墙体承重，同时以后也容易开裂。

8）电线开槽时，特别注意转弯处、连接处要宽一些、深一些，或者槽子整体均以转弯处、连接处为标准进行施工。

9）PVC管道开槽深度为管下去要1~1.5cm砂浆保护层。

8.32 家装布管的要求

家装布管的一些要求如下：

1）分色的线管可以使强弱电相互分离、永久标识强弱电走线布局、强弱电分布一目了然，无须再在墙面上写满线路标识，避免强电对弱点造成磁场干扰，提高网络及视频音频线路的品质。另外，强电以鲜艳的线管区分，也可警示施工人员注意用电安全。

2）优质的彩色PVC线管如果严格按照国家标准进行生产制造，用料足，有足够厚的管壁，从而保障了其良好的抗压抗冲击性能，浇筑在墙面内不会被压碎压瘪，避免导致挤压线路造成电路短路，影响到线路安全造成火灾的隐患。劣质的PVC穿线管一捏就瘪、一踩就碎，一旦在墙内碎裂导致电路出现故障，即便没有引发火灾，其维修需要凿开墙面，维修成本高，破坏原有装修效果。

3）电线需要穿线管，进行布管处理。

4）线管中不得有接头。

5）活线工艺，一般来说，从强电箱出来的线管有几根就代表有几个回路。每个回路至少有一根单独的线管布管。

6）强弱电线管交叉的地方，需要包锡箔纸隔开。锡箔纸具有隔热、屏蔽等作用。在实际工作，发现一些工程没有在强弱电交叉的地方包锡箔纸隔开，结果也没有影响干扰。当然，如果不采取锡箔纸隔开，最好用仪器检测一下，如果没有达到干扰程度，不隔开也属于正常。如果，没有仪器检测，又不能够确定是否会出现干扰情况，则还是建议采取锡箔纸隔开，尤其是交叉处比较多，距离比较长的情况下，强弱电交叉的地方包锡箔纸隔开也比较放心，以免出现干扰，补救困难。

7）电路布管要横平竖直。

8）先布管，后穿线的活线工艺电线管里还应穿好钢丝，或钢丝绳，以便拉线需要。

9）PVC 管长度太长，则需要在中间开检查口。

10）管子的弯曲一定要规范。

11）电线管配件只用直接、锁扣、圆三通。以前常用的 90°弯头不要采用，基本被冷弯代替即可。另外，正（直）三通基本被圆三通代替。

8.33　弯管弹簧弯曲 PVC 管的一些要求与方法

用电线管专用弯管弹簧弯曲 PVC 管的一些要求与方法如下：

1）电线管专用弯管弹簧使用前，需要安装好结实的拉线。通常的拉线采用一段电线即可。

2）选择适合的电线管专用弯管弹簧：首先根据电线管的内径的大小，然后根据大小来选择弹簧。

3）如果是冬天还要稍稍将 PVC 管加热。以及线管弯度幅度不能太大，以免会直接弯折线管。

4）电线管弯曲的常规操作步骤为：先用一根略小于 PVC 管内径的电线管专用弯管弹簧插到管里面，当该弹簧插到需要弯曲的位置时，再慢慢将管折弯想要折成的角度，然后取出弹簧。

5）弯曲电线管时，可以先划好弧度或者借助房间墙壁角来进行。

6）如果采用先布管，后穿线的活线工艺，则电线管弯曲应采取大弧度大弯为好，这样有利于穿线，特别是长距离的电线管穿线更应采用大弧度大弯弯曲电线管。

7）采用大弧度大弯布管一般是可以在地面直接敷设、顶上直接敷设，而不需要开槽的情况下应用居多。如果开槽敷设，则需要把握好弧度大弯的范围与要求。

8）电线管一些弯曲的不规范，对于穿电线可能影响不大。主要是影响后面把电线管放入电线槽中时，需要矫正电线管弯曲度才能够顺利放入。这样在矫正过程中会折坏电线管，以及锁扣安装不顺利等情况。

9）线路暗配时，弯曲半径不应小于管外径的 6 倍。当埋设于地下或混凝土时，其弯曲半径不应小于管外径的 10 倍。

10）电线管转弯处不采用 90°的接头连接。因此，电线管用弹簧弯曲时，应避免没有弧度或者弧度过小的 90°弯曲。

11）当线路明配时，弯曲半径不应小于管外经的 6 倍。当两个接线盒间只有一个弯曲时，其弯曲半径不应小于管外径的 4 倍。

12）一般一根 PVC 管超过 3 个或者 3 个以上的弯，则一般不允许。如果线路长，弯处弧度大，则可能会比较顺利穿线。如果线路短，又没有拉线，则穿线比较困难。

13）PVC 管的 U 形弯：大多数 PVC 管是一个弯。有的有 2 个弯，或者 U 形弯。如果 U 形弯弯底边直线段太短，电线可能弯（穿）不过来，则需要增加一个接线盒，实现连接。

14）PVC 管需要小距离弯曲。如果直接一次弯成，则难度大。具体操作技巧：可以首先弯曲一个相对大距离的弯曲，然后把弯曲的一段剪掉一段，即成为了小距离弯曲。

8.34 暗装管内穿绝缘导线、穿带线

管内穿绝缘导线，需要注意有的线不同穿同一根管，一般是穿同路的线。另外，有的工艺要求管内穿带线，有的没有这方面的要求。

管内穿绝缘导线穿带线的要求与操作要点如下：

1）管路较长、转弯较多时，可以在敷设管路的同时将带线一并穿好。

2）阻燃塑料波纹管的管壁呈波纹状，带线的端头需要弯成圆形。

3）穿带线的目的就是检查管路是否畅通、管路走向是否符合要求、盒箱的位置是否符合要求。

4）带线一般采用 ϕ1.2~2.0mm 的铁丝，具体操作如下：先将铁丝的一端弯成不封口的圆圈，然后利用穿线器将带线穿入管路内，在管路的两端均应留有 10~15cm 的余量。

8.35 PVC 管的穿线

PVC 管的穿线有几种方案：先布管后穿线、边布管边穿线。先布管后穿线：线管开槽完成并用水泥筑好线盒后，就可以开始进行穿线工作。边布管边穿线就是布一段管穿一段线。

PVC 管穿线的一些要求如下：

1）穿对线，就是要能够实现线两端的电气连接与功能实现。另外，还包括电线的种类与截面积的大小。一般空调回路相线、零线均用 $6mm^2$ 或者 $4mm^2$ 的线。厨卫回路的线一般采用 $4mm^2$ 的线，卫生间回路的线一般采用 $4mm^2$ 的线。普通照明回路主线一般采用 $2.5mm^2$ 的线，普通照明灯控线一般采用 $1.5mm^2$ 的线。普通插座回路一般采用 $2.5mm^2$ 的线。冰箱回路一般采用 $2.5mm^2$ 的线。

2）穿好的线的线头需要用绝缘胶布包好。

3）发现穿线错误，需要立即更改。

8.36 家装插座处的 PVC 管穿线

穿线到插座处，需要三根线：相线、零线、地线。一般插座的相线、零线、地线与配电箱插座回路主线是联通的，也就是说插座的三线是连接在配电箱插座回路主线的。

8.37 强电接线盒处的 PVC 管穿线

强电接线盒处的穿线一般需要 6 根。如果是回路末端的接线盒处的线一般需要 3 根。强电接线盒处的 6 根线一般是分别从不同的线管引入的，其中前端 3 根与后续 3 根相线与相线、零线与零线、接地线与接地线分别连接，达到线路电气联通的作用。

一根线管穿线不得超过其孔的 1/4。遇到单个 86 类型的接线盒不能够容纳预留的电线时，则可以再加一个或者几个接线盒，或者换成 118 等多位接线盒。该增加的接线盒主要是容纳预留的接线。另外，出现接线盒预留的电线“爆棚”现象，还需要考虑是否一根线管穿线过多，或者还是接线盒内预留线确实太长造成的。

$\Phi 16$ 的线管内插座电线不得多于 4 条，控制线不得多于 6 条。$\Phi 20$ 的线管内插座电线不得多于 6 条，控制线不得多于 8 条。

8.38 电视墙的 PVC 管穿线

家装液晶电视壁挂中心高度一般在 1.1m 的位置，具体长度取决于使用电视柜的高度。电视墙的穿线需要首先布 1m PVC50 管埋入墙体，便于电视各种插头、接头线不露出墙面，保证清爽美观。

8.39 塑料阻燃可挠（波纹）管敷设材料要求

目前，家居装饰采用塑料阻燃可挠（波纹）管敷设不多见，一些临时性装饰，可以采用。塑料阻燃可挠（波纹）管敷设对材料的一些要求见表8-13。

表8-13 塑料阻燃可挠（波纹）管敷设对材料的一些要求

名称	材料要求
镀锌材料	扁钢、圆钢、木螺丝、机螺钉、铅丝等需要选择镀锌材料的
塑料阻燃可挠(波纹)管、附件	塑料阻燃可挠(波纹)管及其附件必须选择由阻燃处理的材料制成的，其管外壁应有间距不大于1m的连续阻燃标记与合格证。管壁厚度需要选择均匀、没有裂缝、没有孔洞、没有气泡、没有变形等现象
配电箱	一般选择成套的配电箱，箱壳为钢板制造的需要有防腐措施
塑料盒	开关盒、插座盒、灯头盒、接线盒等塑料盒均需要选择外观整齐、敲落孔齐全、无劈裂等异常现象
管箍、管卡头	管箍、管卡头、护口需要选择使用配套的阻燃塑料的制品

8.40 塑料阻燃可挠（波纹）管管路的连接

塑料阻燃可挠（波纹）管管路连接的方法与要点见表8-14。

表8-14 塑料阻燃可挠（波纹）管管路连接的方法与要点

项目	连接解说
管与管的连接	一般波纹管有配套的管箍用于管的连接，连接管的对口需要处于管箍的中心
串接连接	将波纹管直接穿过盒子的两个管孔，不断管。待拆除模板，清理盒子后将管切断，管口处在穿线前装好护口
管卡头连接	一般波纹管有配套的管卡头，可用于管与盒、箱的连接

8.41 钢管敷设材料要求

目前，家居装饰采用钢管敷设不多见，一些公装，常采用，家装布管可以参考。钢管敷设施工材料的一些要求见表8-15。

表8-15 钢管敷设施工材料的一些要求

名称	解说
镀锌钢管	镀锌钢管需要壁厚均匀、焊缝均匀、没有劈裂、没有砂眼、没有棱刺、没有凹扁等异常现象
管箍	管箍可以使用通丝管箍。镀锌层完整没有剥落、没有劈裂、两端光滑没有毛刺
护口	护口有的用于薄管，有的用于厚管。护口需要完整无损
螺钉、胀管螺栓、螺栓、螺母、垫圈	胀管螺栓、螺母、螺栓、螺钉、垫圈等需要采用镀锌件
面板	面板的规格与所用的盒配套，外形完整、颜色均匀一致

（续）

名称	解　说
锁紧螺母	锁紧螺母外形完好、丝扣清晰
铁制灯头盒、开关盒、接线盒	铁制灯头盒、开关盒、接线盒等的金属板厚度需要小于1.2mm，镀锌层没有剥落、敲落孔完整无缺、没有变形开焊、面板安装孔与地线焊接脚齐全
圆钢、扁钢、角钢	圆钢、扁钢、角钢等材质需要符合有关要求，镀锌层完整无损

8.42 钢管敷设施工基本要求

钢管敷设施工暗管敷设的一些基本要求如下：

1）敷设于多尘、潮湿场所的电线管路，管口、管子连接处均需要作密封处理。

2）进入落地式配电箱的电线管路，排列需要整齐，管口应高出基础面不小于50mm。

3）埋入地下的电线管路不宜穿过设备基础，在穿过建筑物基础时，需要加保护管。

4）暗配的电线管路需要沿最近的路线敷设并应减少弯曲：埋入墙或混凝土内的箱子，离表面的净距不应小于15mm。

8.43 钢管敷设的钢管煨弯方法

钢管敷设施工暗管敷设钢管煨弯可以采用冷煨法、热煨法，具体操作见表8-16。

表8-16　煨法

名称	煨弯方法解说
冷煨法	1）一般管径为20mm及其以下时，用手扳煨管器：将管子插入煨管器，逐步煨出所需弯度。 2）管径为25mm及其以上时，使用液压煨管器：将管子放入模具，然后扳动煨管器，煨出所需弯度
热煨法	1）堵住管子一端，将干砂子灌入管内，用手锤敲打，直至砂子灌实。 2）再将另一端管口堵住放在火上转动加热，烧红后煨成所需弯度，随煨弯随冷却。 3）要求：弯扁程度不应大于管外径的1/10；埋设于地下或混凝土楼板内时不应小于管外径的10倍；暗配管时弯曲半径不应小于管外径的6倍

8.44 钢管敷设的管子套丝

钢管敷设施工暗管敷设管子套丝可以采用套丝板、套管机进行，具体操作要点如下：

1）根据管外径选择相应板牙。

2）将管子用台虎钳或龙门压架钳紧牢固。

3）管径在 20mm 及其以下时，需要分二极套成。

4）管径在 25mm 及其以上时，需要分三极套成。

5）再把绞板套在管端，均匀用力，随套随浇冷却液，丝扣不乱不过长，消除渣屑，丝扣干净清晰。

8.45 钢管敷设稳注盒、箱的方法与要点

钢管敷设施工暗管敷设稳注盒、箱的方法与要点如下：

1）稳注盒、箱的灰浆要饱满、平整牢固。

2）现制混凝土板墙固定盒、箱需要加支铁固定。盒、箱底距外墙面小于 3cm 时，需要加金属网固定，然后抹灰，以防空裂。

3）盒、箱安装要求见表 8-17。

表 8-17 盒、箱安装要求

项目	要求	允许偏差/mm
盒子固定	垂直	3
盒子固定	垂直	3
盒、箱口与墙面	平齐	最大凹进深度 10mm
盒、箱水平、垂直位置	正确	10(砖墙)、30(大模板)
盒箱 1m 内相邻标高	一致	2

8.46 钢管敷设管与管的连接

钢管敷设施工暗管管与管连接的一些要求如下：

1）管径 25mm 及以上钢管，可以采用管箍连接或套管焊接。

2）管径 20mm 及以下钢管与各种管径电线管，需要用管箍连接。

3）连接管口需要锉光滑、平整，接头需要牢固紧密。

4）管路垂直敷设时，根据导线截面积安装接线盒距离：

$50mm^2$及以下接线盒距离为 30m。

$70\sim95mm^2$时接线盒距离为 20m。

$120\sim240mm^2$时接线盒距离为 18m。

5）管路超过一定长度，需要加装接线盒：

无弯时 45m 加装接线盒。

有一个弯时 30m 加装接线盒。

有两个弯时 20m 加装接线盒。

有三个弯时 12m 加装接线盒。

8.47　电线管路与其他管道最小距离

电线管路与其他管道最小距离见表 8-18。

表 8-18　电线管路与其他管道最小距离

项　　目	穿管配线最小距离/mm	绝缘导线明配线最小距离/mm
蒸汽管——平行	1000(500)	1000(500)
暖、热水管 ——交叉	100	100
暖、热水管——平行	300(200)	300(200)
通风、上下水压缩空气管—— 交叉	50	100
通风、上下水压缩空气管 ——平行	100	200
蒸汽管——交叉	300	300

注：表内有括号者为在管道下边的数据。

8.48　电气安装工程量常见计算规则

电气安装工程量常见计算规则如下：

1）定额中，没有包括钢索架设、拉紧装置、接线箱（盒）、支架的制作安装，其工程量则另行计算。

2）各种配管，要区别不同敷设方式、敷设位置、管材材质、规格，一般是以 m 为计量单位，不扣除管路中间的接线箱（盒）、灯头盒、开关盒所占的长度。

3）车间带形母线安装工程量，要区别母线材质、母线截面积、安装位置，一般是以 m 为计量单位来计算。

4）动力配管混凝土地面刨沟工程量，要区别管子直径，一般是以 m 为计量单位来计算。

5）母线拉紧装置、钢索拉紧装置制作的安装工程量，要区别母线截面积、花篮螺栓螺直径，一般是以套为计量单位来计算。

6）管内穿线的工程量，要区别线路性质、导线材质、导线截面积，一般是以单线 m 为计量单位计算。线路分支接头线的长度已综合考虑在定额中，则不另行计算。

7）照明线路中的导线截面积大于或等于 6mm^2 以上时，则执行动力线路穿线相应的项目。

8）灯具、明开关、暗开关、插座、按钮等的预留线，已分别综合在相应定额内，则不另行计算。

9）绝缘子配线工程量，要区别绝缘子形式、绝缘子配线位置、导线截面积，一般是以线路 m 为计量单位计算。

10）绝缘子暗配，引下线根据线路支持点到天棚下缘距离的长度来计算。

11）接线臬安装工程量，要区别安装形式、接线臬半周长，一般是以个为计量单位来计算。

12）接线盒安装工程量，要区别安装形式、接线盒类型，一般是以个为计量单位来计算。

13）槽板配线工程量，要区别槽板材质、配线位置、导线截面积、线式，一般是以线路 m 为计量单位来计算。

14）线槽配线工程量，要区别导线截面积，一般是以单根线路 m 为计量单位来计算。

15）钢索架设工程量，要区别圆钢、$\phi6/\phi9$ 等钢索直径、图示墙（柱）内缘距离，一般是以 m 为计量单位来计算，不扣除紧装置所占长度。

16）线夹配线工程量，要区别塑料或瓷质等线夹材质、两线或者三线线式、木/砖/混凝土上敷设位置、导线规格，一般是以线路“延长米”为计量单位计算。

17）塑料护套线明敷工程量，要区别导线截面积、导线芯数、敷设位置，一般是以单根线路 m 为计量单位来计算。

8.49 家装插座检测的规定与要求

家装插座检测的规定与要求见表 8-19。

表 8-19 家装插座检测的规定与要求

项目	解说
电源插座	1)单相两孔插座,面对插座的右孔或上孔与相线连接,左孔或下孔与中性线(N 线)连接。 2)单相三孔插座,面对插座的右孔与相线连接。 3)单相三孔、三相四孔的保护地线(PE 线)接在上孔。 4)相线与中性线不得利用插座本体的接线端子转接供电。 5)插座的保护接地端子不得与中性线端子连接。 6)保护地线(PE)在插座间不得串联连接
信息插座	1)对绞电缆与连接器件连接,要核对标识、线位色标。 2)对绞线与 8 位模块式通用插座相连时,根据要求为“A 类”或“B 类”卡接。两种连接方式均可以采用,但是在同一布线工程中两种方式不应混用。 3)每对对绞线,要保持扭绞状态,扭绞松开长度不得大于 13mm。 4)语音、数据业务不得使用同一对绞电缆中的不同线对(7 类或 F 级及以上线缆除外)。 5)屏蔽电缆与连接器终接处,线缆屏蔽层需要与连接器件屏蔽罩 360°圆周接触,接触长度不宜小于 10mm,并且屏蔽层不得用于受力的场合。 6)用于传输数字电视信号的同轴电缆,要采用与电视机顶盒信号输入端子相同形式的连接器,以避免使用转接插头

8.50 家装施工测试与验收

家装施工测试与验收的一些规定、要求如下：

1）电气施工人员，需要根据有关规定持证上岗。

2）电气施工人员，要根据批准的设计图样进行施工，不得随意更改设计。

3）电气材料、设备，要符合设计图样、国家现行制造标准等有关规定，以及具有检验报告、合格证等证明资料。

4）家居配电箱、开关、插座、灯具、导线、接线盒等，属于强制认证3C的产品，应具有相应的认证证书。

5）家居配电箱，不得采用可燃材料制作。

6）暗敷的管路，要有隐蔽工程检查记录。

7）不应改动与消防系统有关的线路、探测器。如果必须改动，则要由有相应资质的单位进行实施。

8）户内原有家居配电箱不宜改动，如果必须改动，则需要根据有关要求，以及室内装修不得影响家居配电箱的操作与维护等规定来确定。

9）电气测试用仪器、仪表，要检定合格，并且在有效期内使用。

10）需要采用专用仪器对有线电视插座接线连通性进行测试。

11）需要采用专用仪器对信息插座接线极性进行测试。

12）需要采用专用仪器对电话插座接线连通性进行测试。

13）散热器正上方不得安装插座。

14）需要采用专用仪器对家居配线箱内网络设备（交换机、路由器）与户内信息线缆构成的网络，进行性能测试，结果需要满足相关要求。

15）通电试运行前，要对家居配电箱、开关、灯具等进行检查。

16）各回路绝缘电阻摇测合格后，才能够通电试运行。

17）通电试运行时间宜为8h，所有灯具均要开启，连续试运行时间内应无故障。

18）不要利用可弯曲金属导管、金属软管、家居配电箱体等做接地保护线。

19）等电位联结线，要采用不小于$2.5mm^2$的黄绿铜芯软导线，并且浴室内局部等电位联结需要穿绝缘导管敷设。

20）电气装置外露可导电部分接地的压接，要牢固可靠，并且防松装置齐全。

21）等电位联结线与金属管道跨接，需要采用镀锌接地卡压接牢固，并且防松装置齐全。

22）配电线路，要进行绝缘测试。可以采用500V绝缘电阻表对导线的线间、线对地间的绝缘电阻进行测试，绝缘电阻值一般不小于0.5MΩ。

23）电源插座极性，要采用专用仪器来测试，极性需要有关规定。

24）剩余电流动作断路器测试，可以采用专用仪器通过回路中的每个插座对剩余电流动作断路器进行测试，以$I\Delta n$（30mA）测试动作时间，要不大于0.1s。

25）配电线路宜进行电压降测试，照明回路不要大于3%，其他回路不要大于5%。

8.51 通风与空调工程有关要求

通风与空调工程中、低压系统无机玻璃钢风管玻璃纤维布厚度与层数见表8-20。

表8-20 通风与空调工程中、低压系统无机玻璃钢风管玻璃纤维布厚度与层数

圆形风管直径D或矩形风管长边b/mm	风管管体玻璃纤维布厚度/mm		风管法兰玻璃纤维布厚度/mm	
	0.3	0.4	0.3	0.4
	玻璃布层数			
$D(b)\leqslant300$	5	4	8	7
$300<D(b)\leqslant500$	7	5	10	8
$500<D(b)\leqslant1000$	8	6	13	9
$1000<D(b)\leqslant1500$	9	7	14	10
$1500<D(b)\leqslant2000$	12	8	16	14
$D(b)>2000$	14	9	20	16

通风与空调工程矩形风管的允许漏风量需要符合表8-21的规定。

表8-21 通风与空调工程矩形风管的允许漏风量

项 目	矩形风管的允许漏风量
低压系统风管	$Q_L\leqslant0.1056P^{0.65}$
中压系统风管	$Q_M\leqslant0.0352P^{0.65}$
高压系统风管	$Q_H\leqslant0.0117P^{0.65}$

注：式中Q_L、Q_M、Q_H——系统风管在相应工作压力下，单位面积风管单位时间内的允许漏风量（$m^3/(h\cdot m^2)$）；

P——指风管系统的工作压力（Pa）。

通风与空调工程金属圆形风管法兰及螺栓规格见表8-22。

表8-22 通风与空调工程金属圆形风管法兰及螺栓规格

风管直径 D/mm	法兰材料规格/mm		螺栓规格/mm
	扁钢	角钢	
D≤140	20×4	—	M6
140<D≤280	25×4	—	M6
280<D≤630	—	25×3	M6
630<D≤1250	—	30×4	M8
1250<D≤2000	—	40×4	M8

通风与空调工程金属矩形风管法兰及螺栓规格见表8-23。

表8-23 通风与空调工程金属矩形风管法兰及螺栓规格

风管长边尺寸 b/mm	法兰材料规格(角钢)/mm	螺栓规格/mm
b≤630	25×3	M6
630<b≤1500	30×3	M8
1500<b≤2500	40×4	M8
2500<b≤4000	50×5	M10

通风与空调工程硬聚氯乙烯圆形风管法兰规格见表8-24。

表8-24 通风与空调工程硬聚氯乙烯圆形风管法兰规格

风管直径 D/mm	材料规格 /mm	(宽×厚) /mm	连接螺栓、风管直径 D/mm	材料规格 /mm	(宽×厚) /mm
D≤180	35×6	M6	800<D≤1400	45×12	M10
180<D≤400	35×8	M8	1400<D≤1600	50×15	M10
400<D≤500	35×10	M8	1600<D≤2000	60×15	M10
500<D≤800	40×10	M8	D>2000	根据设计	根据设计

通风与空调工程硬聚氯乙烯矩形风管法兰规格见表8-25。

表8-25 通风与空调工程硬聚氯乙烯矩形风管法兰规格

风管边长 b/mm	材料规格 /mm	(宽×厚) /mm	连接螺栓、风管边长 b/mm	材料规格 /mm	(宽×厚) /mm
b≤160	35×6	M6	800<b≤1250	45×12	M10
160<b≤400	35×8	M8	1250<b≤1600	50×15	M10
400<b≤500	35×10	M8	1600<b≤2000	60×18	M10
500<b≤800	40×10	M10	b>2000	根据设计	根据设计

通风与空调工程有机、无机玻璃钢风管法兰规格见表8-26。

表 8-26 通风与空调工程有机、无机玻璃钢风管法兰规格

风管直径 D/mm	或风管边长 b/mm	材料规格(宽×厚)/mm
$D(b)\leqslant 400$	30×4	M8
$400<D(b)\leqslant 1000$	40×6	M8
$1000<D(b)\leqslant 2000$	50×8	M10

8.52 电缆桥架有关要求

电缆桥架支架的间距见表 8-27。

表 8-27 电缆桥架支架的间距

项　　目	要　　求
水平安装	1.5~3m
垂直安装	不大于 2m

敷设于垂直桥架内的电缆固定点间距，需要不大于表 8-28 的规定要求。

表 8-28 电缆桥架安装和桥架内电缆敷设电缆固定点的间距

电 缆 种 类		固定点的间距/mm
电力电缆	全塑型	1000
	除全塑型外的电缆	1500
控制电缆		1000

电缆桥架安装与桥架内电缆敷设电缆最小允许弯曲半径见表 8-29。

表 8-29 电缆桥架安装与桥架内电缆敷设电缆最小允许弯曲半径

电 缆 种 类	最小允许弯曲半径
无铅包钢铠护套的橡皮绝缘电力电缆	$10D$
有钢铠护套的橡皮绝缘电力电缆	$20D$
聚氯乙烯绝缘电力电缆	$10D$
交联聚氯乙烯绝缘电力电缆	$15D$
多芯控制电缆	$10D$

注：D 为电缆外径。

电缆支架层间最小允许距离符合表 8-30 的规定要求。

表 8-30 电缆支架层间最小允许距离

电 缆 种 类	支架层间最小距离/mm
控制电缆	120
10kV 及以下电力电缆	150~200

电缆桥架敷设在易燃易爆气体管道与热力管道的下方，与管道的

最小净距要求见表 8-31。

表 8-31 电缆桥架敷设与管道的最小净距

管道类别		平行净距/m	交叉净距/m
一般工艺管道		0.4	0.3
易燃易爆气体管道		0.5	0.5
热力管道	有保温层	0.5	0.3
	无保温层	1.0	0.5

第9章 电工设施与设备

9.1 住宅计量箱常见配置

住宅计量箱常见配置见表9-1。

表9-1 住宅计量箱常见配置

房型	每层户数	供电方案	安装位置	采集方案	表箱类型
多层	2	单相/三相	底层户内公区/户外	直连	户内/户外集中表箱
	3	单相/三相	底层户内公区/户外	直连	户内/户外集中表箱
	4	单相/三相	底层户内公区/户外	直连	户内/户外集中表箱
	5	单相/三相	底层户内公区/户外	直连	户内/户外集中表箱
	6	单相/三相	底层户内公区/户外	直连	户内/户外集中表箱
中高层、高层	2	单相/三相	中间层/分层	直连	户内单、三相计量箱
	3	单相/三相	中间层/分层	直连	户内单、三相计量箱
	4	单相/三相	中间层/分层	直连	户内单、三相计量箱
	5	单相/三相	中间层/分层	直连	户内单、三相计量箱
	6	单相/三相	中间层/分层	直连	户内单、三相计量箱
低层	独幢	三相	底层户外/户内公区	载波	户外/户内三相计量箱
	双拼	三相	底层户外/户内公区	载波	户外/户内三相计量箱
	联排	三相	底层户外/户内公区	载波	户外/户内三相计量箱

9.2 住宅与相关商业电能表、互感器准确度等级要求

住宅与相关商业电能表、互感器准确度等级要求见表9-2。

表 9-2　住宅与相关商业电能表、互感器准确度等级要求

量电电压	装置类别	负载容量	电能表准确度等级	电流互感器准确度等级
~220V	V	—	2.0	—
~380V	Ⅳ	100kW 及以上	0.5S	0.5S
	Ⅳ	50kW 及以上至 100kW	1.0	0.5S
		50kW 以下	1.0	—

9.3　住宅与相关商业电能表、互感器与负载容量的对应关系

住宅与相关商业电能表、互感器与负载容量的对应关系见表 9-3。

表 9-3　住宅与相关商业电能表、互感器与负载容量的对应关系

供电方式	负载容量	电能表		电流互感器电流比
		电压规格	电流规格	
单相	12kW 及以下	220V	5(60)A	
	8kW 及以下	220V	5(40)A 或 5(60)A	
三相	100kW 及以上	3×220/380V	3×1.5(6)A	按容量配置
	75kW 及以上至 100kW 以下	3×220/380V	3×1.5(6)A	200/5
	50kW 及以上至 75kW 以下	3×220/380V	3×1.5(6)A	150/5
	30kW 及以上至 50kW 以下	3×220/380V	3×10(100)A 3×20(100)A	
	30kW 以下	3×220/380V	3×5(60)A	

9.4　住宅与相关商业计量箱保护装置的常见规格

住宅与相关商业计量箱保护装置的常见规格见表 9-4。

表 9-4　住宅与相关商业计量箱保护装置的常见规格

单相单(多)表位计量箱保护装置的规格			
出线断路器	额定电流, I_n	40A	63A
	型式	断路器,2P 或 1PIN	断路器,2P 或 1PIN
进线分路断路器	额定电流, I_n	63A	80A
	型式	断路器,1P	断路器,1P

三相直接式计量箱保护装置的规格				
出线断路器	额定电流, I_n	40A	63A	80A
	型式	分励脱扣断路器,3PIN	分励脱扣断路器,3PIN	分励脱扣断路器,3PIN
进线分路断路器	额定电流, I_n	63A	80A	100A
	型式	断路器,3P	断路器,3P	断路器,3P

（续）

互感器接入式计量箱保护装置的规格			
出线断路器	额定电流，I_n	150A	200A
	型式	塑壳断路器，3P	塑壳断路器，3P
进线分路断路器	额定电流，I_n	180A	250A
	型式	塑壳断路器，3P	塑壳断路器，3P

9.5 住宅与相关商业计量箱分户线常见规格

住宅与相关商业计量箱分户线常见规格不得低于表9-5的规格。

表9-5 住宅与相关商业计量箱分户线常见规格

计量箱类型	计量箱单回路额定电流	母排、导线标称截面积
单相	40A及以下	$10mm^2$
	40～63A	$16mm^2$
三相直接接入式	63A及以下	$16mm^2$
	63～80A	$25mm^2$
互感器接入式	150A及以下	20mm×3mm
	150～200A	25mm×3mm
	大于200A	按负载电流计算确定

9.6 家装住宅电能表的要求

家装住宅电能表的一些要求如下：

1）家装住宅电能表，需要根据用电负荷来选择，一般不宜低于表9-6的规定。

表9-6 每套住宅电能表的选择

每套住宅用电负荷/kW	单相电能表/A	每套住宅用电负荷/kW	单相电能表/A	三相四线电能表/A
3	5(20)	9	15(60)	5(20)
4	10(40)	10	20(80)	10(40)
5	10(40)	11	20(80)	10(40)
6	10(40)	12	20(80)	10(40)
7	15(60)	13	30(100)	10(40)

2）家装每套住宅，一般是配置一块电能表，每套住宅用电负荷不超过12kW时，一般采用的是单相电源进户。

3）家装每套住宅用电容量超过12kW时，有的采用三相源进户。超过20kW时，或有三相用电设备时，有的采用三相源进户。电能表

应采用能够根据相序计量的三块单相电能表或三相四线制电能表。

9.7 家庭用电量与设置规格参考选择

家庭用电量与设置规格参考选择见表9-7。

表9-7 家庭用电量与设置规格参考选择

套型	使用面积/m^2	用电负荷/kW	计算电流/A	进线总开关脱扣器额定电流/A	电能表容量/A	进户线规格/mm^2
一类	50以下	5	20.20	25	10(40)	BV-3×4
二类	50~70	6	25.30	30	10(40)	BV-3×6
三类	75~80	7	35.25	40	10(40)	BV-3×10
四类	85~90	9	45.45	50	15(60)	BV-3×16
五类	100	11	55.56	60	15(60)	BV-3×16

9.8 居民照明集中装表的要求

一些居民照明集中装表的一些要求见表9-8。

表9-8 一些居民照明集中装表的一些要求

名称	解 说
箱体结构	1)箱体需要采用全封闭金属材料框架型式结构,净深要求≥155mm。 2)箱内各功能单元至少具备:计量单元、总负荷开关单元、用户负荷开关单元,以及各单元间必须相互隔离。 3)各单元间需要有独立的结构,同时应用隔板或箱型结构加以区分。 4)计量单元与用户负荷开关单元间的隔离方式需要采用箱底板与箱面板各加一块隔离板的方式,两隔离板间平面间隙≤2mm,两隔板交叉重叠部分≥10mm。 5)户外型电能计量箱应设有雨遮与排湿孔,雨遮边沿与水平面间的倾斜角为8°,超出箱体表面的尺寸应≥100mm。 6)居民照明集中装表箱体开有进出线孔,空洞采用符合防护等级要求的敲落孔形式。进出线孔上需要装设防止刮伤导线的绝缘密封圈,密封圈须安装牢固、完好。 7)表箱的电源进线需要在总负荷开关单元的侧面或上方进入,电源进线严禁通过计量单元。用户负荷开关出线(入户线)需要统一设在用户负荷开关单元分户开关的出线侧,用户出线严禁通过计量单元与总负荷开关单元。 8)计量单元与总负荷开关单元间的隔离板上留有两个连接孔供分相线与零线通过使用。计量单元与用户负荷开关单元的隔板上留有两个连接孔供分相线与零线通过使用。连接孔应装设有防止刮伤导线的绝缘密封圈,密封圈须安装牢固、完好。 9)箱体的计量单元严禁开设敲落孔。 10)墙挂式箱体需要设置便于现场安装的挂耳,安装挂耳不得少于4个,其机械强度应符合规定要求。挂耳厚度应大于主体材料厚度的1.5倍

（续）

<table>
<tr><th>名称</th><th>解说</th></tr>
<tr><td>电能表安装位置</td><td>1）箱内两单相电能表间水平距离≥30mm，垂直距离≥100mm。
2）箱内两只三相直接式电能表间水平距离≥80mm，垂直距离≥120mm。
3）当单相集装表箱超过 18 表位时，箱体内计量单元及用户负荷开关单元应采用组合拼装方式进行扩展。箱内安装表位不应超过 3 行。
4）电能表与箱体侧板的最小距离应≥40mm，安装后各型号电能表罩壳与观察窗的垂直距离应在 12~40mm 间。
5）箱内应设有电能表安装用垫板，使用厚度≥1.5mm±0.03mm 的冷轧钢板，垫板须镀锌处理并整体制作成型。
6）三相集装表箱内安装表位不得超过 4 列、2 行</td></tr>
<tr><td>电气接线</td><td>1）表位达 12 位及以上时，总负荷开关出线处应具备相线汇流接线端子铜排，其尺寸不应小于 150mm×30mm×4mm。每只电能表相线进线均应分别接到汇流接线端子铜排处。
2）总负荷开关需要采用三极开关，用户负荷开关需要采用双极开关。
3）表位≤15 位时，电能表进出线需要采用“两进两出”的接线方式。
4）电能表 N 线进线端子排严禁设在用户负荷开关单元内，每只电能表的 N 线进线均应分别接到汇流接线端子排处，端子排应采用铜排，尺寸≥100mm×30mm×4mm。
5）三相电源线需要按 U、V、W 相别分排布置、分相捆扎</td></tr>
<tr><td>导线选用</td><td>1）电能表进、出导线均需要采用铜质导线，线径需要根据下表实际容量配置，以及满足以下要求：电流回路导线截面积应≥10mm²。电压回路导线截面积应≥6mm²。N 线的汇流总线截面积符合下表的要求外，并且其接线端子（铜接耳）需要选配无缝式结构与采用机械冷压紧固。
<table><tr><th>额定电流/A</th><th>电缆截面积/mm²</th></tr><tr><td>40~50</td><td>10</td></tr><tr><td>63</td><td>16</td></tr><tr><td>80~100</td><td>25</td></tr><tr><td>125</td><td>35</td></tr><tr><td>160~180</td><td>50</td></tr><tr><td>200</td><td>70</td></tr><tr><td>225~250</td><td>95</td></tr><tr><td>300~315</td><td>120</td></tr><tr><td>400</td><td>180</td></tr></table>2）电能表的 RS485、脉冲等弱电信号线需要通过 PVC 穿管方式布线。
3）采用多芯线时，导线与端子连接的部分需要采取铜鼻子过渡，铜鼻子应为无缝式结构以及采用机械冷压紧固。
4）U、V、W 各相导线需要分别对应采用黄、绿、红色电线。N 线需要采用蓝色或黑色线。PE 线（接地线）需要采用黄绿相间色线</td></tr>
<tr><td>开关</td><td>1）总负荷开关、用户负荷开关容量需要与相应承载的电能表容量相匹配。
2）用户负荷开关需要采用设有防触电保护罩的产品，并且其对各出线的相与相间能加以隔离</td></tr>
</table>

（续）

名称	解 说
接地	1)箱内必须焊有不小于 M10 的接地螺栓，并且接地螺栓接触面良好、具有明显的接地符号与标示。 2)箱内接地端子排与各单元箱门需要通过导线与接地螺栓有效相连。 3)接地导线与接地端子排的固定需要采用挤压式固定或采用双钉固定方式。 4)箱内带电体与地间的绝缘电阻≥1MΩ；测量直流电阻值≤100mΩ。 5)接地端子排截面积需要≥20mm×4mm。 6)接地端子排接线孔距：当接地导线截面积≤$10mm^2$ 时，孔距应≥10mm；当导线截面积>$10mm^2$ 时，孔距应≥15m。 7)箱体接地保护总线需要采用≥$16mm^2$ 铜质导线，以及与接地端子排可靠连接

9.9 电能表的概述

电能表是用来自动记录用户电量的一种仪表、电能计量装置，以便计算电费。电能表有单相电能表、三相三线有功电能表、三相四线有功电能表等种类。生活照明一般选择单相电能表。三相三线、三相四线电能表可以用于照明或具有三相用电设备的动力线路的计费。

根据所计电能量的不同与计量对象的重要程度，电能计量装置分为以下几类：

Ⅰ类计量装置——月平均用电量 500 万 kWh 及以上或变压器容量为 1000kVA 及以上的高压计费用户。

Ⅱ类计量装置——月平均用电量 100 万 kWh 及以上或变压器容量为 2000kVA 及以上的高压计费用户。

Ⅲ类计量装置——月平均用电量 10 万 kWh 以上或变压器容量为 315kVA 及以上的计费用户。

Ⅳ类计量装置——负荷容量为 315kVA 以下的计费用户。

Ⅴ类计量装置——单相供电的电力用户。

说明：月平均用电量是指用户上年度的月平均用电量。

家用电能表的规格一般以标定电流的大小来划分，常见的有 1A、2A、2.5A、3A、5A、10A、15A、30A 等。单相电能表的额定电流，最大可达 100A。一般单相电能表允许短时间通过的最大额定电流为额定电流的 2 倍，少数厂家的电能表为额定电流的 3 倍或者 4 倍。

三相四线电能表额定电流常见的有 5、10、25、40、80A 等。长时间允许通过的最大额定电流一般可为额定电流的 1.5 倍。

单相电子式电能表的型号有4种型号，即5（20）A、10（40）A、15（60）A、20（80），其也称为4倍表。另外，还有2倍表、5倍表等种类。表的倍数越大，则在低电流时计量越准确。

单相电子式电能表的型号常见的字母含义如下：

1）第一个字母D——为电能表产品型号的统一标识，即是电能表的第一个字母缩写。

2）第二个字母D——D代表单相电表，即单汉字的第一个字母缩写。

3）第三个字母S——代表全电子式。

4）第四个字母Y——代表预付费。

电能表铭牌电流标注诸如5（20）A的含义如下：5A表示基本电流为5A，最大电流为20A。如果电能表超负荷用电，则是不安全的，可能会引发火灾等隐患。电能表铭牌标注诸如220V，50Hz的含义如下：表示电能表的额定电压与工作频率，其必须与所接入的电源规格相符合。即如果电源电压是220V，则必须选择220V电压的类型的电能表，不能够选择110V电压的电能表。另外，电能表铭牌上还标有准确度。

电能表字轮式计度器的窗口，整数位与小数位一般用不同的颜色区分，中间有小数点。如果无小数点位，窗口各字轮均有倍乘系数，例如×1000、×100、×10等。

9.10 电能表的选择方法

选择电能表的方法如下：

1）电能表的额定容量需要根据用户的负荷来选择，也就是根据负荷电流与电压值来选定合适的电能表，使电能表的额定电压、额定电流等于或大于负荷的电压与电流。

2）选用电能表一般负荷电流的上限不能够超过电能表的额定电流，下限不能够低于电能表允许误差范围内规定的负荷电流。最好使用电负荷在电能表额定电流的20%~120%内。

3）选择电能表需要满足准确度的要求。

4）选择电能表需要根据负荷的种类来选择。

5）根据负载电流不大于电能表额定电流的80%，当出现电能表额定电流不能满足线路的最大电流时，则需要选择一定电流比的电流互感器，将大电流变为小于5A的小电流，再接入5A电能表。计算耗

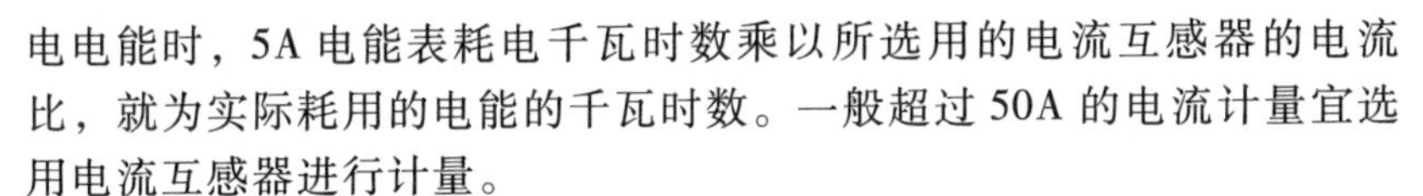

电电能时，5A 电能表耗电千瓦时数乘以所选用的电流互感器的电流比，就为实际耗用的电能的千瓦时数。一般超过 50A 的电流计量宜选用电流互感器进行计量。

6）一般低压供电，负荷电流为 50A 及以下时，宜采用直接接入式电能表。负荷电流为 50A 以上时，宜采用经电流互感器接入式的接线方式。同时需要选用过载 4 倍及以上的电能表。

7）选购电能表前，需要计算家庭总用电量，以便选择电能表。

8）家庭总用电量的计算：家中所有用电电器的功率加起来，以及预留一定宽裕度，然后，根据 $I=P/V$，求出最大电流，然后根据最大电流选择电能表。

家用单相电能表电源电压一般是 220V 的，因此，选择额定电压为 220V 的即可。综合起来，上例即选择 5(20)A、220V 的电能表。

9.11 电能表的选择经验法

一般情况下，可以根据表 9-9 来选择电能表。

表 9-9 选择电能表

电能表容量	单相 220V 最大	三相 380V
1.5(6)A	<1500W	<4700W
2.5(10)A	<2600W	<6500W
5(30)A	<7900W	<23600W
10(60)A	<15800W	<47300W
20(80)A	<21000W	<63100W

9.12 电能表的安装

电能表需要安装在通风、干燥、采光等地方，需要避开潮湿、有腐蚀性的气体、有尘沙与昆虫侵入的地方。

电能表可以单表或多表安装在专用电能表箱或电能表板上，也可以与断路器、漏电保护器等一起装在配电箱（板）上。

家庭一般使用单相电能表，单相电能表共有四个接线桩，从左到右设为 1、2、3、4 编号，则一般接线方法为编号 1、3 接电源进线，2、4 编号接电源出线。

9.13 电能表的接线图

电能表的接线图如图 9-1 所示。

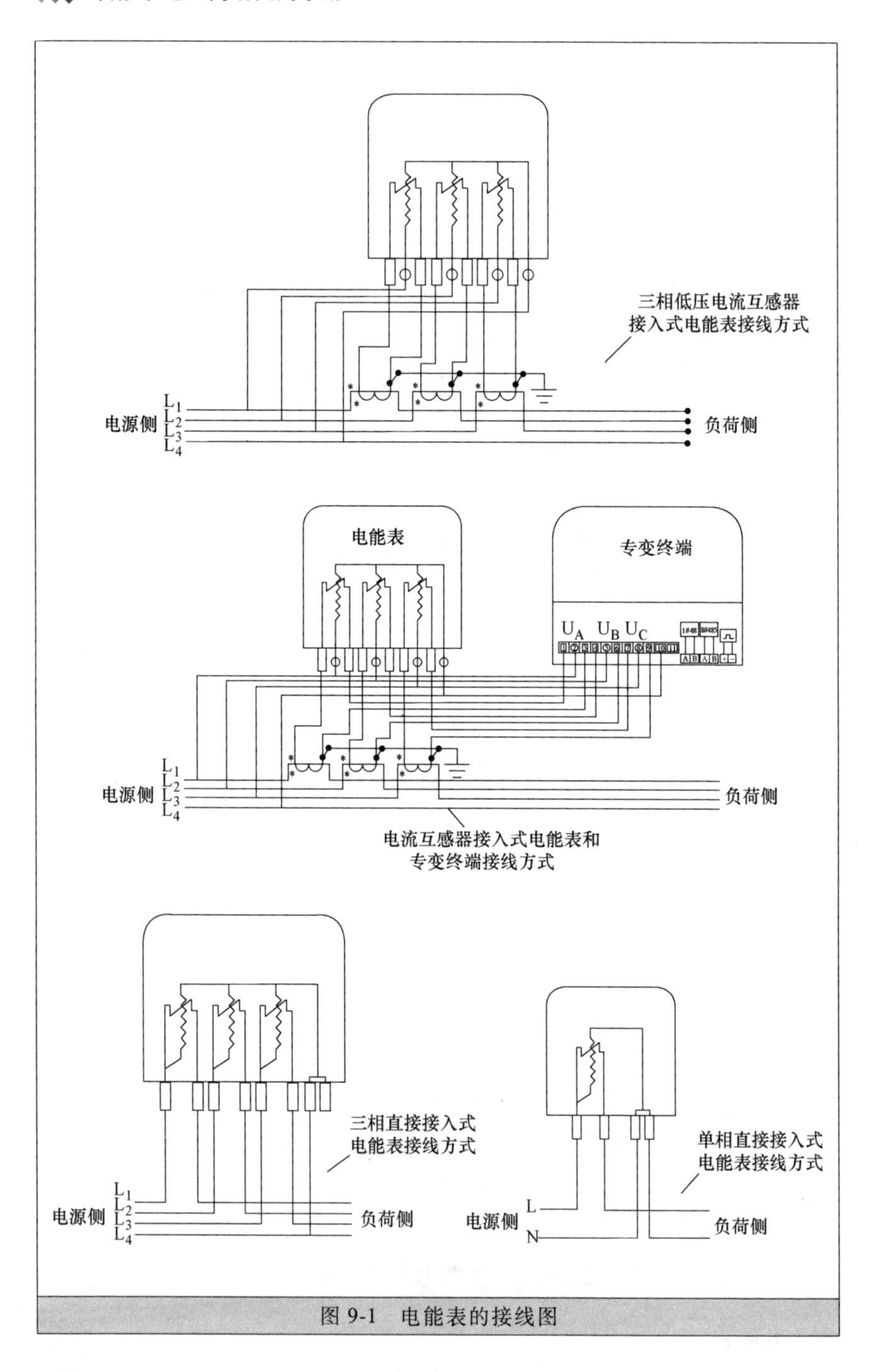
三相低压电流互感器
接入式电能表接线方式
电源侧
L_1
L_2
L_3
L_4
负荷侧
电能表
专变终端
U_A U_B U_C
电源侧
L_1
L_2
L_3
L_4
负荷侧
电流互感器接入式电能表和
专变终端接线方式
三相直接接入式
电能表接线方式
电源侧
L_1
L_2
L_3
L_4
负荷侧
单相直接接入式
电能表接线方式
电源侧
L
N
负荷侧

图 9-1　电能表的接线图

9.14 电能计量装置安装后的验收与注意事项

电能计量装置安装后的验收与注意事项如下：

1）对电能计量装置验收的基本内容包括：用户的电能计量方式、电能计量装置的接线、安装工艺质量、计量器具产品质量、计量法制标志等均要符合相关的规定要求。

2）凡验收不合格的电能计量装置，不准投入使用。

3）伪造或者开启法定的或者授权的计量检定机构加封的用电计量装置封印用电、故意损坏供电企业用电计量装置、绕越供电企业的供电设施擅自接线用电、故意使供电企业的用电计量装置计量不准或者失效的行为等均属于窃电行为，电力管理部门有权责令其停止违法行为，以及追缴电费与罚款，构成犯罪的可以依法追究相关责任。

4）擅自迁移、更动或擅自操作供电企业的用电计量装置的行为属于危害供电、用电，扰乱正常供电、用电秩序的行为，供电企业可以根据违章事实和造成的后果追缴电费，以及可以根据国家有关规定程序停止供电。

9.15 家装电表箱到强电配电箱间的连接

家庭用电电表箱到强电配电箱间的连接一般采用电线连接。如果输电导线越粗，则允许通过的最大电流就越大。

现在家庭电路中使用的用电器越来越多，意味着总功率 P 也越来越大，而家庭电路中电压 U 是一定的（即固定为 220V）。因此，根据 $I=P/U$ 可得，总功率 P 越大，总电流 I 也就越大。如果电表箱到强电配电箱间的连接电线太细，则可能会引起火灾等事故。铜芯线电流密度一般环境下可取 $4\sim5\text{A/mm}^2$。

因此，家庭现在所用电器、新添电器以及以后添加电器的功率变大，则线路电流也会变大。进户线需要根据用户用电量、考虑今后发展的可能性选择。为此，家装时需要早布设大规格的电能表与粗一些的进户线。

有的房屋在建设时，已经把家庭用电电表箱到强电配电箱间用电线连接好了，如果位置适合、电线适合，则不需要另外布线了，采用原线路即可。如果不适合，则需要重新布线。以前，家居根据每平方米建筑面积 25W 标准设计供电设施，两居室的用电量不超过 1400W，三居室不超过 1700W。现在，一般两居室用电负荷可以达到 4000W，进户铜电线截面积不得小于 $10mm^2$。如果电热设备多的用户，则需要根据 6～12kW/户来选择，则进户铜电线截面积不得小于 $16mm^2$。

也可以根据下面参数进行参考选择：

用户用电量为 4～5kW，电表为 5(20)A，则进户线可以选择 BV-$3\times10mm^2$。

用户用电量 6～8kW，电表为 15(60)A，则进户线为可以选择 BV-$3\times16mm^2$。

用户用电量为 10kW，电表为 20(80)A，则进户线为可以选择 BV-2×25+1×16。

9.16 家装低压电器的选择要求

家装低压电器的一些选择要求如下：

1）家装电器要适应所在场所的环境条件。

2）家装低压电器的额定电压、额定频率，要与所在回路标称电压、标称频率相适应。其中，电器的额定电流不应小于所在回路的计算电流。

3）家装电器要满足短路条件下的动稳定、热稳定的要求。

4）家装电器用于断开短路电流的电器，要能够满足短路条件下的分断能力。

5）电源插座回路，需要装设额定剩余动作电流为 30mA 的剩余电流动作断路器。

6）家居配电箱的主开关电器，需要具有隔离功能。

7）户内低压电器，宜选用隔离开关、断路器、剩余电流动作断路器，并且所选用的电器需要与家居配电箱体配套、协调。

9.17 常用家用电器功率与估计用电量

常用家用电器功率与估计用电量见表 9-10。

表 9-10 常用家用电器功率与估计用电量

常用家用电器的功率参考数		
电器名称	一般电功率/W	估计用电量/kWh
窗式空调机	800～1300	最高每小时 0.8～1.3
家用电冰箱	65～130	大约每日 0.85～1.7
洗衣机(单缸)	230	最高每小时 0.23
(双缸)	380	最高每小时 0.38

（续）

常用家用电器的功率参考数		
电器名称	一般电功率/W	估计用电量/kWh
加热（滚动）	850~1750	最高每小时 0.85~1.75
微波炉	950	每 10 分钟 0.16
电热淋浴器	1200	每小时 1.2
电水壶	2000	每小时 2
电饭煲	1200	每小时 1.2
电熨斗	750	每 20 分钟 0.25
理发吹风器	450	每 5 分钟 0.04
吸尘器	400	每 15 分钟 0.1
吊扇（大型） （小型）	150 75	每小时 0.15 每小时 0.08
电视机（21 英寸） （25 英寸）	70 100	每小时 0.07 每小时 0.1
CD、VCD	80	每小时 0.03
音响器材	100	每小时 0.1

注：1 英寸即 1in，1in=0.0254m。

9.18 家用电器耗电量

家用电器耗电量见表 9-11。

表 9-11 家用电器耗电量

家用电器	耗电量
冰箱——一级能耗双门	夏季日耗电量一般在 1kWh 左右，冬季在 0.4kWh 左右，春秋季一般在 0.6kWh 左右。 温度调得越高就越省电，温度越低就越费电，对开门耗电量也更高一些
电风扇	电风扇的功率普遍不高，除了空调扇略高一点外，大多数电风扇功率只有 60W 左右，空调扇为 85W 左右。普通电扇开机使用 10h 计算，耗电量大概 0.6kWh
电脑	电脑耗电量具体的还要看电脑的配置、用途。一些 CPU 有自动降频功能的，不使用的话功耗也少。根据 1 天 10h 来算，则满负荷可能消耗大概 2~3kWh 电
电热水器	60L：加热大概需要 3kWh 电，24h 保温大概 2kWh 电，所以估计在一天 3~5kWh 电间，一个月在 90~160kWh 间
电视机——LED 电视	32 寸电视机功率一般只有 50~60W，更大屏幕的电视机为 20W 左右，一台 60W 的 39 寸 LED 电视机一天看 5h，耗电大概 0.3kWh
电视机——普通显像管彩电	功率约为 150W 左右，要比液晶电视机多。电视的耗电量与亮度、声音的设置有关，亮度越亮，声音越大，耗电量也越高
空调——变频空调 1.5 匹	变频空调制冷功率与普通空调一样，达到设定温度以后维持的功率则降低很多，每小时大约 0.5kWh 电

（续）

家用电器	耗电量
空调——普通空调1.5匹	制冷时，每1h耗电大约1.06kWh。制热时，1h耗电量大约1.86kWh
微波炉、电磁炉、电饭煲	以1kW的某品牌微波炉为例，热3个菜耗电量大约为0.1kWh。电磁炉功率一般为2kW，使用半小时耗1kWh电。 电饭煲功率一般在650W～1.3kW，多数为800W左右。以800W某品牌电饭煲为例，煮15min饭需要耗电0.2kWh
吸尘器、电吹风	吸尘器的功率一般为1.2～2kW。以1.2kW的某品牌吸尘器为例，工作1h耗电1.2kWh。 电吹风的功率一般约1.5kW，使用20min耗电大约0.5kWh
洗衣机	滚筒式洗衣机耗电量比较高，一般为1～1.5kW。普通双缸洗衣机功率只有0.15kW。例如用1.1kW某品牌的滚筒式洗衣机洗衣40min，耗电大约0.44kWh，同样以双缸洗衣机洗一次衣服，大概为0.06kWh电
浴霸	以2kW浴霸为例，开机使用1h耗费2kWh电。浴霸，一般只在冬季洗澡时使用

9.19 家居电器与设备的功率

家居电器与设备种类多，不同类型的电器与设备又可以分为不同的种类。其中，一些家居电器功率见表9-12。

表9-12 家居电器功率

电器	一般功率/W
抽油烟机	140
窗式空调机	800～1300
单缸家用洗衣机	230
电冰箱	70～250
电炒锅	800～2000
电吹风	500
电磁炉	300～1800
电饭煲	500～1700
电烤箱	800～2000
电炉	1000
电脑	200
电暖气	1600～2000
电暖器	800～2500
电热淋浴器	1200
电热水器	800～2000
电扇	100
电视机	200

（续）

电器	一般功率/W
电水壶	1200
电熨斗	500～2000
吊扇大型	150
吊扇小型	75
家用电冰箱	65～130
空调	1000
理发吹风器	450
录象机	80
手电筒	0.5
双缸家用洗衣机	380
台扇 14 寸	52
台扇 16 寸	66
微波炉	600～1500
吸尘器	400～850
消毒柜	600～800
音响器材	100

9.20 常用电器正常泄漏电流参考值

常用电器正常泄漏电流参考值见表 9-13。

表 9-13 常用电器正常泄漏电流参考值

电器名称	泄漏电流/mA	电器名称	泄漏电流/mA
空调器	0.8	排油烟机	0.22
电热水器	0.42	白炽灯	0.03
洗衣机	0.32	荧光灯	0.11
电冰箱	0.19	电视机	0.31
计算机	1.5	电熨斗	0.25
饮水机	0.21	排风机	0.06
微波炉	0.46	电饭煲	0.31

9.21 电器对插座、开关的要求

不同的电器，对插座、开关的要求有所不同：

1）一般而言，超过 1kW 家用电器，在家中就算大耗电器。

2）超过 2kW 的电器，家装中一般要采用单独的插座与开关，线缆一般是多股缆线，并且安装专用控制开关。

3）超过 4kW 的电器，一般需要考虑连接到三相动力电线的情况，并且插头是采用四眼大号方插头。

9.22 空调匹数对应的功率

空调匹数对应的大概功率如下：

1）空调 1 匹对应的大概功率——724W。

2）空调 1.5 匹对应的大概功率——1086W。

3）空调 2 匹对应的大概功率——1448W。

4）空调 3 匹对应的大概功率——2172W。

空调在开启的瞬间最大峰值可以达到额定功率的 2~3 倍，根据最大值 3 倍来计算开机瞬间功率峰值如下：

1）1 匹的空调的开机瞬间功率峰值大约 2172W。

2）1.5 匹的空调的开机瞬间功率峰值大约 3258W。

3）2 匹的空调的开机瞬间功率峰值大约 4344W。

9.23 空调冷负荷概算指标

空调冷负荷概算指标见表 9-14。

表 9-14 空调冷负荷概算指标

建筑物类型及房间用途	冷负荷指标/(W/m^2)
旅馆、客房(标准间)	80~110
商场、百货大楼	150~250
会堂、报告厅	150~200
健身房、保龄球	100~200
酒吧、咖啡厅	100~180
科研、办公	90~140
理发、美容	120~180
商店、小卖部	100~160
室内游泳池	200~350
体育馆:比赛馆	120~250
影剧院:休息厅(允许吸烟)	300~400
展览馆、陈列室	130~200
舞厅(交谊舞)	200~350
西餐厅	160~2000
小会议室(少量吸烟)	200~300
影剧院:观众席	180~350
影剧院:化妆室	90~120
中餐厅、宴会厅	180~350
中庭、接待	90~120
办公	90~120

（续）

建筑物类型及房间用途	冷负荷指标/(W/m^2)
餐馆	200~350
大会议室(不允许吸烟)	180~280
弹子房	90~120
公寓、住宅	80~90
体育馆:观众休息厅(允许吸烟)	300~400
体育馆:贵宾室	100~200
图书阅览室	75~100
舞厅(迪斯科)	250~350

9.24 壁挂式浴霸的安装

壁挂式浴霸安装的一些要求与方法如下：

1）壁挂式浴霸的开关禁止安装在浴缸、淋浴区内人能够触及的地方。

2）不得将壁挂式浴霸直接安放在电源插座的下面。

3）壁挂式浴霸需要有可靠的接地。

4）禁止将壁挂式浴霸靠近窗帘或其他易燃物品。

5）禁止将壁挂式浴霸安装在有渗水的地方。

6）安装电源线必须保持在断电状态进行。

7）与浴霸连接的电源插座需要布置在浴霸的侧上方，以免水溅入插座导致短路。

8）壁挂式浴霸必须挂在墙上取暖，其他方式取暖可能会损坏浴霸。

9）安装壁挂式浴霸时，根据挖孔模板上的安装方法开两个孔。

10）开完孔后，取塑料膨胀套管塞入其中，然后把悬挂螺钉旋入膨胀套管中。

11）然后将浴霸悬挂孔套住突出墙壁的螺钉帽，平移浴霸，使螺钉相对浴霸沿有关箭头标志方向滑动，直到到底，悬挂牢固即可。最后插上电源线试机即可。

9.25 新型吸顶式浴霸的安装

新型吸顶式浴霸安装的一些注意事项如下：

1）安装吸顶式浴霸前，不要放置在地面上使用。

2）禁止将吸顶式浴霸安装在有渗水的地方。

3）浴霸电源进线必须安装一个触头断开距离至少 3mm 的全极断路器，将浴霸与电源断开。

4）吸顶式浴霸的最低面到地面距离应不小于 2.1m，最高面到房顶需要保留不小于 25mm 间隙；侧边到墙壁距离应不小于 250mm。

5）安装时禁止将其垂直安装在墙壁上或安装在倾斜的天花板上。

6）禁止风管与其他排气管道连接，以防其他危险气体回流进室内。

7）一般吸顶式浴霸需要有可靠的接地。

8）电源线与全极开关需要符合有关国家安全标准，并且能承受电流为 16A 的负载。

9）使用过程中或白炽灯没有完全冷却前，严禁直接接触取暖白炽灯、照明白炽灯，以免高温烫伤。

10）使用浴霸时，需要注意避免将水喷淋到浴霸表面，以免引起电源短路等安全隐患。

11）安装时，禁止将吸顶式浴霸靠近窗帘或其他易燃物品。

12）浴霸开关禁止安装在浴缸或淋浴区内人能够触及的地方。

13）安装时，电源线必须保持在断电状态进行。

14）不得将吸顶式浴霸直接安放在电源插座的下面。

15）使用时，不要频繁的开关各控制按钮。

16）长期不用浴霸时，需要断开电源。

17）一般浴霸的安全使用年限为 6 年。

18）不要使用浴霸烘烤衣物等易燃物品，以免引起火灾。

19）使用灯暖时，不要将浴帘、窗帘等易燃物品接触或靠近取暖灯泡。

9.26 新型吸顶式浴霸安装前的一些准备工作

新型吸顶式浴霸安装前的一些准备工作如下：

1. 安装通风管

1）一些浴霸随机的通风管总长度为 1.5m，如果安装浴霸处与墙壁通风孔的距离超过该长度，则需要另外选择通风管。

2）安装浴霸处，临近墙壁出风窗大小开孔（有的为 ϕ105mm），一般应向外倾斜，以防雨水、结露水倒流。

3）将出风窗塞入墙壁开的孔，然后用螺钉固定。

4）将风管套在出风窗另一侧，用风管箍将其固定。

5）如果出风管装在外墙上，则需要先将风管套在出风窗上，用风管箍固定后塞入安装孔中，再用螺钉固定好即可。

2. 预设安装孔

根据浴霸随机提供的开孔尺寸在吊顶上挖孔，以及搭建好木框。

3. 布线

浴霸的布线包括布设电源线与布设开关控制线。

1）布设电源线：安装浴霸前，需要先布设接入浴霸的电源线。另外，在电源线与浴霸间需要安装全极开关。

2）布设开关控制线：先将开关控制线从浴霸上的电器盒内接线端子与开关处卸下，然后埋入墙体，并且开关固定位置需要有有效的防水溅盒。

4. 安装开关

将布设在墙壁中的开关控制线一端从开关底座的圆孔中穿过，再用螺钉将底盒固定在开关暗盒上。然后将开关控制线缠绕好后，接入开关电气板，再盖上开关盒盖，然后锁上螺钉即可。

9.27 新型吸顶式浴霸本体安装的主要步骤与注意事项

新型吸顶式浴霸本体安装的主要步骤与一些注意事项如下：

1）拆卸面板——有的浴霸拆下两侧固定螺钉即可，有的浴霸需要逆时针旋下取暖灯，再拆下两侧固定螺钉。有的浴霸需要逆时针旋下取暖灯，再取下拉簧，才能够拆卸面板。

2）电器盒的接线——首先将试机插头卸下，然后根据接线图将固定布线中的电源线接入电器盒内的配线座上，再将布设好的开关控制线插头正确插入电器盒内的开关插接口中。

3）安装通风管——根据通风管安装的方法将通风管安装到位。

4）放好机体与装好浴霸——将浴霸机体放入预设木框，并且调整平齐后，再用螺钉固定。然后根据拆卸的相反顺序，装好浴霸即可。

9.28 换气扇的概述

常用换气扇是应用在不超过250V的单相交流线路上，输入功率不超过500W，叶轮直径不超过0.5m，由单相交流电动机驱动的，用作机械通风的家用和类似用途的交流换气扇及其调速器。

换气扇从隔墙的一方到另一方，或从安装在风扇进风口、出风口一侧或两侧的导管内作交换空气用的风扇。

换气扇的术语含义见表 9-15。

表 9-15 换气扇的术语含义

术语	含 义
进风口直径	通过该圆口,气流首先进入换气扇外壳的圆门的直径
出风口直径	通过该圆口,气流最后离开换气扇外壳的圆口直径
换气扇压力	在换气扇的进风口和出风口两端所造成的空气压力差
标称压力	在换气扇风量为零时对应的换气扇压力,单位为 Pa
排气状态	使气流首先通过换气扇的安装装饰面或指定风口再进入换气扇,然后排往其他空间的状态
进气状态	使气流首先通过换气扇再进入换气扇的安装装饰面或指定风口,然后输送到其他空间的状态
标称风量	在换气扇静压为零时,单位时间内叶轮输送的空气体积量,单位为 m^3/min

换气扇的分类见表 9-16。

表 9-16 换气扇的分类

<table>
<tr><th>依据</th><th>分 类</th></tr>
<tr><td>安装方式</td><td>1)墙壁安装式——包括方孔或圆孔的嵌入式与壁挂式。
2)窗玻璃安装式——轻结构,嵌在玻璃的圆孔中。
3)天花板安装式</td></tr>
<tr><td>按规格尺寸</td><td>1)自由进气型(B 型)换气扇——由自由空间直接进气而通过导管排气的换气扇。
2)自由排气型(C 型)换气扇——通过导管进气而直接向自由空间排气的换气扇。
3)全导管型(D 型)换气扇——通过导管进气并通过导管排气的换气扇。
4)A 型换气扇按叶轮直径有如下规格:100、150、200、250、300、350、400、450、500mm。
5)B、C、D 型换气扇按其出风口或进风口(以最小风口直径为准)所需配接的导管的标称内径有如下规格:75、100、150、200、250、300、350、400、450mm。
6)隔墙型(A 型)换气扇——安装在隔墙孔里或孔上,隔墙的两侧都是自由空间,从隔墙的一方到另一方作交换空气用的换气扇</td></tr>
<tr><td>按压力等级</td><td>按标称压力分为 7 个等级,具体见下表:
<table>
<tr><td>换气扇压力等级</td><td>0</td><td>1</td><td>2</td><td>3</td><td>4</td><td>5</td><td>6</td></tr>
<tr><td>标称压力/Pa</td><td><40</td><td>≥40
<63</td><td>≥63
<100</td><td>≥100
<160</td><td>≥160
<250</td><td>≥250
<400</td><td>≥400</td></tr>
</table></td></tr>
<tr><td>按风盆等级分</td><td>按标称风量分为 10 个等级,具体见下表:
<table>
<tr><td>换气扇风量等级</td><td>0</td><td>1</td><td>2</td><td>3</td><td>4</td><td>5</td><td>6</td><td>7</td><td>8</td><td>9</td></tr>
<tr><td>标称风量/(m^3/min)</td><td><1.6</td><td>≥1.6
<2.5</td><td>≥2.5
<4.0</td><td>≥4.0
<6.3</td><td>≥6.3
<10</td><td>≥10
<16</td><td>≥16
<25</td><td>≥25
<40</td><td>≥40
<63</td><td>≥63</td></tr>
</table></td></tr>
</table>

（续）

依据	分类
功能	1)单向式——只有一种气流方向输送状态的换气扇。 2)过滤式——对输送的气流有过滤作用的换气扇。 3)双向式——通过操作变换,可以按排气状态工作,也可以按进气状态工作的换气扇。 4)双向同时式——可以同时进行强迫排气与强迫进气的换气扇。 5)热交换式——排气与进气气流可以在换气扇内进行热交换的换气扇
结构	1)开敞式——换气扇不工作时,其结构不能遮隔外界气流流经换气扇。 2)遮隔式——换气扇不工作时,其结构能遮隔外界气流流经换气扇。遮隔机构张开方式有:风压式、连动式、电动式、活叶式等。 3)罩式——换气扇装配在罩内

9.29 开敞式换气扇的安装尺寸

开敞式换气扇安装尺寸示意图如图 9-2 所示。

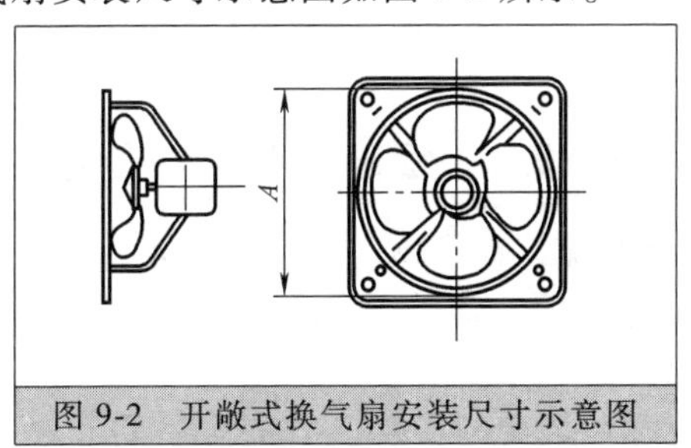

图 9-2 开敞式换气扇安装尺寸示意图

开敞式换气扇安装尺寸见表 9-17。

表 9-17 开敞式换气扇安装尺寸 （单位：mm）

叶轮规格	A(不大于)	叶轮规格	A(不大于)
100	ϕ108	350	ϕ370
150	ϕ160	400	ϕ430
200	ϕ212	450	ϕ480
250	ϕ264	500	ϕ530
300	ϕ316		

注：A 对有止口的为止口外径。

9.30 窗玻璃安装式换气扇的安装

窗玻璃安装式换气扇需要适合于嵌入厚度为 3～5mm 统一直径的玻璃孔中安装，玻璃孔的直径需要符合表 9-18 的规定。

表 9-18 窗玻璃安装式换气扇安装尺寸 （单位：mm）

叶轮规格	玻璃孔的直径(不大于)
100	150
150	190
200	250

9.31 家装液晶电视的距离与选择

家装液晶电视的距离与选择如图 9-3 所示。

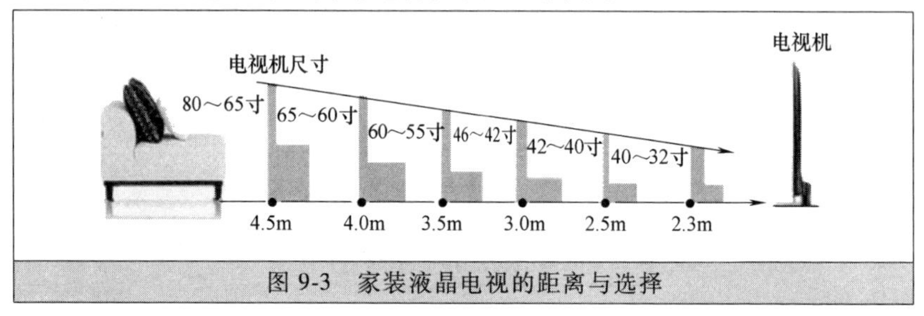

图 9-3 家装液晶电视的距离与选择

9.32 平板电视壁挂的安装

壁挂安装平板电视具有美观、时尚、对房间有一定的装饰效果等特点。壁挂平板电视前，需要规划好。平板电视壁挂的安装要求如下：

1）需要确定壁挂墙壁的类型。有的房屋的非承重墙壁采用的是空心砖。由于空心砖没法提供足够的支撑力，一般不能够承受壁挂的电视机。因此，对于空心砖墙壁需要加固处理，或者放弃空心砖墙壁挂安装方案。

2）电视机电源插座、线缆插座的位置不要放置在挂架的中央，一般靠近电视机边缘放置，以便后期线缆的更换。

3）挂架的安装：在墙壁上安装上膨胀螺栓，然后把电视机挂上即可。

4）如果家里的客厅面积比较大，可以使用调节角度的高级挂架。

5）平板电视挂架有原配挂架、通用挂架。原配挂架适用范围比较有限，以后升级电视时可能不能够适用。通用挂架性价比比较高。

6）提前确认好电视机的尺寸，以便确定壁挂架的尺寸，以及预留好线缆、插座的位置。

7）电视机屏幕中心点的高度最好与人的眼睛在同一水平面，一

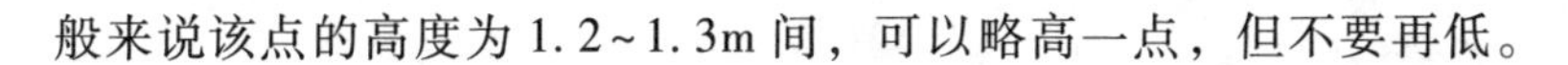

般来说该点的高度为1.2~1.3m间，可以略高一点，但不要再低。

9.33 电热水器的安装要求

电热水器除了热水管、冷水管需要敷设外，还需要考虑电源插座的敷设。一般电热水器的电源为频率50Hz、电压额定值在85%~110%范围内的单相220V电源。如果用户所在地区电压波动太大，超出了范围，则需要加装稳压器配合使用。

电热水器安装面的承载能力应不低于热水器注满水后的4倍重量，必要时需要采取加固或防护措施，以确保热水器的安全运行与人身安全。

电热水器电源插座需要单独接线，以及具有一定防潮、防湿、耐高温、绝缘等性能。电热水器电源插座一般不与其他电器共用一条线路，并且接线截面积必须大于$4mm^2$。热水器电源插座一般采用16A的插座。

电热水器的安装位置需要选择距离经常用水点尽可能近的地方，以减少管道内的热水损失。另外，还要留有足够的空间，以便维修与保养。电热水器安装位置需要设有地漏等安全排水处，以防止管道与热水器发生泄漏时，对附近与下层设施造成破坏。

9.34 家用小厨宝电热水器的安装

一般家用小厨宝电热水器所用电源为频率50Hz、电压额定值在85%~110%范围内的单相220V电源，如果用户所在地区电压波动太大，超出该范围，则需要加装稳压器配合使用。

家用小厨宝电热水器安装的一些要求与注意事项如下：

1）一般家用小厨宝电热水器可以选用坚硬墙体安装挂架。安装时，用膨胀螺钉固定挂架。

2）热水器周围不得有易燃、易爆物品。

3）热水器安装需要尽量避开易产生振动的地方。

4）热水器安装需要尽量缩短热水器与取水点间连接的长度。

5）热水器安装需要避开强电、强磁场直接作用的地方。

6）热水器安装需要避开易燃气体发生泄露的地方或有强烈腐蚀气体的环境。

7）电源插座必须使用单独的固定插座。

8）配管时，不要插上电源。

9）热水器电源插座必须单独接线，并且具有一定防潮、防湿、耐高温、绝缘等性能。

10）热水器的安装位置需要考虑到电源、水源的位置，其水可能喷溅到的地方，电源需要有防水措施。

11）根据热水器的具体型号选择合适的安装方式。

12）热水器电源插座必须有可靠接地，才能够通电使用。严禁在没有可靠接地的情况下使用热水器。

13）热水器电源插座需要选用质量可靠的产品，以及安装在远离电磁干扰源的、不会被水淋湿的地方。

14）在管道接口处，需要使用生料带或密封圈，防止漏水。同时，泄压安全阀不能旋得过紧，以防损坏。

15）完成机体安装后，再进行冷热水管、安全阀、管路的安装。

16）热水器的固定：选定位置，用冲击钻在墙上打螺钉孔，然后用膨胀螺钉将吊铁钉在安装面上，以及锁紧。然后将电热水器后壳吊挂孔，对准吊铁向下挂牢。如果安装面不坚硬或不够牢固，则可能会导致机体坠落等事故发生。

17）安装面的承载能力应不低于热水器注满水后的 4 倍重量，必要时采取加固或防护措施。

18）热水器需要安装在室内，不要安装在室外。

19）管路安装时，需要保持管内清洁无杂物，以免管路堵塞。

9.35　密闭储水式电热水器的使用与安装

密闭储水式电热水器采用挂墙式安装的主要步骤如下：首先确定热水器安装位置，然后用冲击钻在墙上钻孔，再将膨胀挂钩、膨胀螺栓插入对应的墙孔中，再固定好，然后将热水器抬起，挂墙架套在挂钩与螺栓上，然后将平垫片、热水器背面连线、螺母依次安装到螺栓上，然后拧紧螺母。再检查安装是否牢固，确保挂墙架可靠的挂在挂钩上，才松手。

热水器电源插座一般安装高度为 1.8m，家用热水器电源插座一般是 16A/250V、10A/250V 的。

密闭储水式电热水器使用与安装的一些要求与注意事项如下：

1）必须使用有可靠接地的电源，电热水器接地电阻不得大于 0.1Ω。

2）热水器需要安装在坚实、牢固的墙壁上。

3）不要将热水器落地安装。

4）严禁将热水器安装在室外。

5）严禁将热水器安装在能够结冰的环境中，以免结冰导致容器与水管破裂，造成烫伤、漏水。

6）不要使用破损的电源线与电源插座。

7）及时清洁电源插头与插座上的灰尘。

8）必须使用单独的插座。

9）大功率的密闭储水式电热水器头需要16A的电源插座。

10）检查电表，电线直径是否符合热水器的额定电流。

11）水箱里的水需要定期更换。

12）禁止用湿手触碰插头，避免热水器、插头、插座被水淋湿。

13）如果因意外被浸湿后，再次使用前需要经过检验确认没有问题方可使用，以防触电。

14）不要将热水器安装于无法排水的地方。

15）禁止在热水器附近放置易燃易爆物品。

16）刚打开阀门时，不要把出水方向对着人体。

17）出口敞开式热水器出水口不能加装阀门或规定外的任何接头，否则会影响热水器使用寿命，或导致内胆爆裂，引起漏水触电。

18）电热水器有的配有水龙头，以及带有回流装置，一般用蓝色表示冷水，用红色表示热水。

19）安装时，严禁带电操作。

20）如果是第一次使用电热水器，须先注满水，再通电。

21）节水阀芯片一般是铜制的，易磨损，拧动时不要用力过猛。

22）使用时，电源插头要尽可能插紧。

23）每半年或一年，需要对热水器作一次全面的维修保养。

9.36 燃气热水器的使用与安装

燃气热水器的使用与安装的一些要求如下：

1）拔下电源插头时，需要手握插头将其拔出，严禁手拿电源线拔插头。

2）不要在低水压地区使用花洒，在正常水压地区使用花洒时，需要经常清洗花洒的过滤器。

3）不要将热水器排出的水用于饮用及类似的用途。

4）不要让儿童在浴室内玩耍或单独洗澡。

5）不要使用受损的电线及老化、松弛、非固定的电源插座。

6）热水器进行任何保养与维修前，需要断开电源。

7）插、拔电源插头时，严禁用潮湿的手操作。

8）进行淋浴时，严禁其他人员改变热水器的温度设定，或将运行开关切换为关闭状态。

9）避免将热水器安装在其噪声与排烟气流会烦扰相邻住户的场所。

10）强制排气式热水器，必须安装排烟管道，排气端出口应置于室外。

11）确保热水器周围预留有充分的检查维修空间（一般大于30cm）。

12）不要将家用热水器安装在沙土或灰尘容易积聚的场所。

13）通风口的一端须与室外相通。

14）严禁安装在楼梯与安全出口附近（5m 以外不受限制）。

15）不要进行可能损坏电源线、电源插头的操作。

16）燃气热水器的排烟管材质，需要选用厚度大于 0.3mm 的不锈钢管，材料防腐性能不能低于不锈钢 304。

17）燃气热水器严禁安装在电器设备或有易燃品、腐蚀性化学药品。

18）燃气热水器严禁安装在煤气灶或其他热源上方。

19）燃气热水器电源插座需要安置在水喷淋不到的干燥处。

20）室内型热水器严禁安装在室外、浴室、储藏室等密闭空间。

21）室外的排烟管没有安装好前，不得使用燃气热水器。

22）燃气热水器严禁安装在浴室或地下室等通风不良的场所。

23）热水器的排烟位置不应受到排气扇、炉灶通风罩等设备排出气流的影响。

24）热水器流出水时，不可立即淋浴，应先用手试水温，合适后再使用，以防烫伤。

25）燃气热水器使用的燃气种类必须与热水器所需要的燃气种类相同。

26）燃气热水器严禁安装在卧室、吊橱、壁橱内、窗帘、家具等易燃物旁边。

27）热水器需要安装在通风换气良好的场所。

28）使用燃气专用铝塑管、燃气专用金属挠性管、金属管作为燃气管路，不建议使用橡胶管。如果使用橡胶管必须每 18 个月更换一次。

29）严禁因增建或改建等原因使排烟口位于室内。

30）严禁在热水器周围放置或使用纸质物品、木质物品、煤油、汽油、挥发性油剂等易燃物品。

31）有可能在排气口产生积雪时，需要检查排气口、进气口是否被积雪堵塞，以及及时清除积雪。

32）运行时，排烟管与排烟口处的温度会造成烫伤，严禁触摸排烟管、排烟出口。

33）严禁燃气热水器与其他热水器连接。

34）严禁将热水器上通风的栅格孔堵塞。

35）严禁在无可靠接地状态下使用燃气热水器，220V 电源插座中的地线必须可靠接地。

9.37　家装壁扇安装的规定与要求

家装壁扇安装的一些规定与要求如下：

1）壁扇不带电的外露可导电部分，需要可靠接地。

2）换气扇安装，需要紧贴安装面，并且固定可靠。

3）壁扇下倒边缘距地面的安装高度，不应小于 1.8m。

4）壁扇扇叶防护罩要扣紧，固定可靠，运转时扇叶与防护罩应没有明显颤动与异常声响。

5）壁扇底座，要采用膨胀螺栓固定可靠，膨胀螺栓的数量一半不应少于 3 个，并且直径不要小于 8mm。

9.38　家装风扇安装的规定与要求

家装风扇安装的一些规定与要求如下：

1）吊扇扣碗，要安装牢固，紧贴装饰面，导线接头要位于扣碗内。

2）吊扇挂钩，要安装牢固，挂钩的直径不应小于吊扇挂钩的直径，并且不要小于 8mm。

3）吊扇挂钩销钉，要设防振橡胶垫，以及销钉的防松装置要齐全可靠。

4）吊扇不带电的外露可导电部分，要可靠接地。

5）吊扇运转时扇叶不应有明显的颤动。

9.39 断路器的概述与特性

断路器的原理是：当工作电流超过额定电流、短路、失压等情况下，自动切断电路。断路器的负载有配电线路、电动机、家用与类似家用（照明、家用电器等）三大类，对应的断路器分别有配电保护型、电动机保护型、家用及类似家用保护型的断路器。

另外，配电型断路器可以分为有A类、B类。A类为非选择型，B类为选择型。家用与类似场所用断路器的过载脱扣特性见表9-19。

表9-19 家用与类似场所用断路器的过载脱扣特性

脱扣器型式	断路器脱扣器额定电流 I_n	通过电流	规定时间(脱扣或不脱扣极限时间)	预期结果
B、C、D	≤63	$1.13I_n$	≥1h	不脱扣
B、C、D	>63	$1.13I_n$	≥2h	不脱扣
B、C、D	≤63	$1.45I_n$	<1h	脱扣
B、C、D	>63	$1.45I_n$	<2h	脱扣
B、C、D	≤32	$2.55I_n$	1~60s	脱扣
B、C、D	>32	$2.55I_n$	1~120s	脱扣
B	所有值	$3I_n$	≥0.1s	不脱扣
C	所有值	$5I_n$	≥0.1s	不脱扣
D	所有值	$10I_n$	≥0.1s	不脱扣
B	所有值	$5I_n$	<0.1s	脱扣
C	所有值	$10I_n$	<0.1s	脱扣
D	所有值	$50I_n$	<0.1s	脱扣

注：B、C、D型是瞬时脱扣器的类型，其中B型脱扣电流>3~$5I_n$，C型脱扣电流>5~$10I_n$，D型脱扣电流>10~$50I_n$。

9.40 两室一厅选择断路器的类型与应用

两室一厅选择断路器的类型与应用见表9-20。

表9-20 两室一厅选择断路器的类型与应用

型　号	用　途
2P 40A 带漏电	总开关用
DPN 16A	照明用
DPN 16A	卧室空调插座用
DPN 20A	客厅/卧室插座用
DPN 20A	厨房插座用
DPN 20A	卫生间插座用
DPN 20A	客厅柜式空调用

9.41 DZ47-63小型断路器主要参数及技术性能

DZ47-63小型断路器主要参数及技术性能见表9-21。

表9-21 DZ47-63小型断路器主要参数及技术性能

项　目	参数及技术性能
按额定电流 I_n 分	1、2、3、4、5、6、10、15、16、20、25、32、40、50、60A等
按极数分	单极 1P 二极 2P 三极 3P 四极 4P
断路器常见的型号	C型多用于照明保护,D型多用于电机保护
按断路器瞬时脱扣器的型式分	C型($5\sim10I_n$); D型($10\sim16I_n$)
机械电气寿命	电气寿命:不低于4000次; 机械寿命:不低于10000次。

9.42 DZ47-100高分断微型断路器的型号与主要技术参数

DZ47-100高分断微型断路器的型号与主要技术参数见表9-22。

表9-22 DZ47-100高分断微型断路器的型号与主要技术参数

项　目	型号、参数
常见的一些型号	DZ47-100/1P(63-100A)、DZ47-100/2P(63-100A)、DZ47-100/3P(63-100A)、DZ47-100/4P(63-100A)、DZ47-125/1P、DZ47-125/2P、DZ47-125/3P、DZ47-125/4P
常见断路器的额定工作电压	50Hz,230V/400V
额定分断能力	$I_{cn}=10000A$,$I_{cs}=7500A$
断路器的额定电流	63A、80A、100A等
断路器的极数	单极、二极、三极、四极等

9.43 供电空开与线缆选择的计算

在已知功率的情况下，根据不小于30%冗余配电规范选择线缆与空开的方法、技巧如下：

三相供电情况空开的选择依据——功率（kW）×2=空开电流。

二相供电情况空开的选择依据——功率（kW）×5=空开电流。

电缆的选择技巧——根据每mm^2电缆为2~2.5的系数来计算，一般情况取 2.5 即可。

举例：

某装饰工程机房的总功率为 200kW，为三相供电情况，则怎样选择总空开？

解析：根据三相供电情况空开的选择依据——功率（kW）×2＝空开电流，得：

$$200\times2=400\text{A}$$

电缆的线径的选择，根据 $400/2.5=160\text{mm}^2$

则电缆的选择为 4×160+1×80

线缆选择的计算，也可以根据公式来计算，其中单相情况与三相情况下的公式不同：

1）单相情况下的公式：

$$P=IU\cos\varphi,\quad I=P/(U\cos\varphi)$$

然后根据计算的 $I/2$ 数值来选择

举例：

某装饰工程的总功率为 220kW，为单相供电情况，则怎样选择线缆？

解析：根据单相情况下的公式：

$$I=P/(U\cos\varphi)\qquad \cos\varphi=1\text{ 时有}$$

$$I=220\times1000/220=1000\text{A}\quad 1000/2=500\text{mm}^2$$

因此，选择电缆 500mm^2 的。

2）三相情况下的公式——把单相负荷平均分配在三相时的公式

$$P=IU\cos\varphi\times\sqrt{3}\qquad I=P/(U\cos\varphi\times\sqrt{3})$$

然后根据计算的 $I/2$ 数值来选择

举例：

某装饰工程的总功率为 400kW，为三相供电情况，则怎样选择线缆？

解析：根据单相情况下的公式：$I=P/(U\cos\varphi\times\sqrt{3})$，有

$$400\times1000/(380\times1\times1.732)\approx608\text{A}\quad 608/2=304\text{mm}^2$$

则选用电缆为 4×300+1×150

第10章 弱电技能

10.1 家装弱电与智能化的要求

家装弱电与智能化的一些要求如下：

1）家居布线要遵循适用为主、适当超前的原则，并且符合有关标准、规范的要求。

2）家庭装修上网方式，宜采用有线为主、无线为辅的方式进行设计、安装。

3）家居布线分低配置、中配置、高配置等类型，每种类型的插座配置不同，具体见表10-1。

表10-1 家装智能化系统插座配置

房间	低配置			中配置			高配置			
	信息插座	电视插座	光纤插座	信息插座	电视插座	光纤插座	信息插座	电视插座	光纤插座	影音分配和背景音乐插座
起居室	2	1	按需	2	1	按需	2	1	按需	宜按5.1声道预埋音箱线管、预埋出线盒
卧室	2	1		2	1		2	1		
书房	2	1		2	1		2	1		
餐厅	按需	—		1	—		2	1		
厨房		—		1	—		2	—		
卫生间		—		1	—		2	—		

注：表中插座数量均为至少配置数量；设置2个信息插座用于数据和语音通信的，可用双位信息面板。

4）信息插座，宜选用双位的信息插座面板。

5）信息插座的安装高度，插座底边离地面一般为0.3~0.5m，并且需要应与电源插座安装高度保持一致。

6）凡安装语音接口的位置，宜预留数据接口位置。

7）凡安装电视接口的位置，宜预留数据接口。

8）住宅智能控制系统、安保系统、音视频分配等系统的信息线缆，要保证支持各系统工作的可靠性，性能要符合相应产品标准的要求。

9）住宅装修用的信息线缆，要采用铜质导体的线。

10）语音/数据线缆，要选用5e类或以上等级的100Ω阻抗4对对绞电缆。

11）有线电视电缆，要选用特性阻抗75Ω的物理发泡聚乙烯绝缘同轴电缆。

12）每套住宅，要设计、安装家居配线箱。

13）家居配线箱内，要根据住户需要安装电视模块、语音模块、音响模块、物业模块、数据模块、光纤模块、保安监控模块等。

14）家居配线箱，宜暗装在户内门厅或起居室便于维修维护的地方，并且箱底宜距地0.5m。

15）家居配线箱内，要预留AC220V电源，以及要采用单独回路供电。

16）住宅装修时，不应破坏原有的家居控制器功能。

17）装修后实现智能化的住宅建筑，可以选配家居控制器。

18）家居控制器，宜将家居报警、能耗计量、家用电器监控、访客对讲、出入口门禁控制等集中管理。

19）家居控制器的使用功能，需要根据使用者需求、投资状况、管理能力来确定。

20）固定式家居控制器，宜暗装在起居室内，箱底安装高度一般为1.3~1.5m。

21）家居报警，宜包括火灾自动报警、入侵报警等。

22）家居控制器对家用电器的监控，需要考虑两者间的通信协议。

23）住宅装修信息终端模块选用时，数据模块需要采用RJ45接口，性能等级应达到5e类或以上。

24）住宅装修信息终端模块选用时，同轴电缆连接器需要采用F型。

25）住宅智能控制系统、安保系统、音视频分配等系统的配线模块，需要保证支持各系统工作的可靠性，性能需要符合相应产品的标准要求。

26）住宅装修信息终端模块选用时，语音模块需要采用RJ45接口。

27）弱电施工规范主要步骤：确定点位→开槽→布线→连接→调试。

28）安装信息插座前，需要确认所有装修工作完成以及核对信息口编号是否正确。

29）装修前，用万用表测试有线电视线、音视频线、音响线的通断。

30）装修前，用相应专业仪表测试其他线缆的通断。

31）装修前，用网络测试仪测试网线、电话线的通断。

32）测量出从配线箱到各点位端的长度，以便确定各点位用线长度。

33）弱电开槽的原则：路线最短原则、不破坏原有强电原则、不破坏防水原则等。

34）弱电开槽深度：如果选择 16mm 的 PVC 管，则开槽深度为 20mm。如果选择 20mm 的 PVC 管，则开槽深度为 25mm。

35）弱电线槽外观要求：横平竖直、大小均匀。

36）控制箱电视模块：由电视分配器组成，可以分别转接几台电视。

37）控制箱 AV 音视频模块：该模块可将几路 DVD、电视机顶盒、卫星电视解码器的图像与声音分配到每一个有电视的房间以达到共享。每个终端可以自由控制输入信号。

38）控制箱电话模块：电话进线，可以连接几个不同的接点。

39）控制箱红外遥控：该功能可以在家里的几个不同的房间实现对客厅的 DVD、机顶盒、卫星电视的遥控。

40）控制箱家用局域网：可以实现多台电脑上网，以及适配网络电视。

41）如果弱电的墙插出线位置可以遮挡，则布线时可以多预留一些长度，直接接入设备。这样可以减少信号的损耗。

42）所有信息插座根据标准要求，可以进行卡接。

43）信息插座安装在墙体上时，一般距离地面 30cm。

44）目前 HDMI 已经成为主流数字高清端子，但是在铺设入墙的视频线缆时，还是需要考虑日后的升级需要。

45）穿线管需要选择内径较大的 PVC 管，弯头部分采用窝弯而不是 90°直弯，同时内部提前穿入一根铁丝或钢丝绳，以便换线需要。

46）弱电布线常见的器材：一分多的 AV 信号分配模块、电话多路分配器、网络交换机、有线电视多路分配器、卫星信号二路分配器、卫星信号放大器、背景音乐切换面板及控制器、红牙接收、发射面板、红牙主机等。

47）二分配器是无源器材，单向传输，不会干扰到邻居。

48）内嵌式布线箱位置的确定：在所采用弱电布线箱尺寸上宽、高各增加10mm，在深度方向上减少10mm。

49）外置式布线箱位置的确定：根据具体型号尺寸标注固定孔位置。

50）有些射频调制器质量不好，会对其他频道的有线电视产生干扰。

51）数字电视机顶盒共享：共享电视机顶盒需要采用AV布线，需要配合能够红外控制。

52）弱电暗盒高度一般与原强电插座一致，背景音乐调音开关的高度需要与原强电开关的高度一致。如果多个暗盒在一起，则暗盒间的距离至少为10mm。

53）内置式布线箱位置的确定：根据具体型号确定管线的进入。

54）确定标好签，以及两端分别贴上。

55）管内线的横截面积不得超过管的横截面积的80%。

56）卫星接收天线解决方法：在阳台预置卫星天线接口，再通过卫星信号分配器将信号分配到各个房间。如果需要收看卫星电视，则需要在房间设置卫星电视接收器。或者把卫星信号混入房内的有线电视信号里，然后做有线布线，即通过有线收看卫星电视。

57）一般有线电视分频器都没有放大功能。

58）卫星电视信号线最好直接接到接收器上，不要用接线面板，以防信号衰减。

59）卫星电视的预埋线最好事先询问有关卫星电视公司，以免布线错误。

60）除了考虑PC、平板电脑、手机使用网络外，也需要考虑一些家用电器也支持网络功能。例如多数平板电视、AV功放等具备网络接口。因此，布置网线时需要考虑给PC预留端口，也要考虑为电视机、功放、高清播放机、PS3/XBOX等设备预留网络端口。

61）对网络应用要求不高，也可以考虑使用WiFi接入。

62）标准5.1声道，需要使用一对前左环绕、前右环绕、一只中置、一只超重低音、一对后左后右环绕，共6只音箱。因此，采用标准5.1声道时，需要多设一组后环绕的喇叭线，以备升级。

63）前左环绕音箱、前右环绕音箱、中置音箱、超重低音音箱都可以摆放在同一面墙壁前面，则可以不用埋线。要埋线的，一般有后

环绕音箱。

64）埋线的引出部分，要预留足够的长度。

65）埋线时，无论是在地板刨坑，还是墙上凿槽，一般用塑料套管或黄蜡管将扬声器线套上，做好保护工作。

66）超重低音不是摆在聆听者前面墙的，一般需要埋线。

67）没有用得上的扬声器线的外露部分，可用安装白板盒的方式，将线收藏。

68）如果对音响要求不高，则音响布线不复杂，只要确定好电视机与音响的摆位，然后将环绕音箱的线预先埋在墙里，两头用接线柱接出即可，一路声道只需用两个柱，两个环绕音箱即可。主音箱、中置音箱、超重低音一般都是放在正面，不需要埋线。

69）音箱线一般选择透明的多股铜芯线，高级发烧线选择无氧铜的线，一般芯越多越好。

70）功放一般放在客厅（或者卧室）里，音频线需要连接到卫生间、厨房的吸顶音箱上。

71）如果用功放的另一路独立输出作背景音乐，则需要从功放后面接音频线一直到需要安装背景音乐扬声器的地方。如果采用立体声音乐，则需要同时接两根线。音频线也就是常接 VCD/DVD 的信号线，接头一般是莲花插。

72）家装音箱可以选择 35~2kHz、50W 汽车音箱替代普通音箱。但是，需要注意汽车音箱的安装方式与吸顶音箱安装方式是不同的。

73）家装音箱可以都用有源音箱。因此，音频线需要布线，以及需要设置带开关的电源插座。

74）音频线缆的铺设主要为环绕声道音箱准备。线缆选择正规品牌入门级线缆也可以。

75）铺装音频线缆时需要注意线缆的方向，以及尽量保证每一根线缆的长度相等。

76）使用家庭影院时不敢开太大声音，以免影响周围邻居。因此，需要进行隔音处理。

77）AV 线中的视频线的要求比音响线要高一些。

78）S 端子线材随距离衰减较为大，因此，长距离传输不推荐使用 S 端子线材。

79）一般 AV 布线的分量线可以用三根普通视频线加上音频线，一般在 8~10m 内信号传输的衰减可以不计。

80）音响线与AV线的结构是不同的，AV线是屏蔽结构，音响线没有屏蔽结构。

10.2 家居信息点设置

家居一些信息点的设置见表10-2。

表10-2 家居一些信息点的设置

功能间	信息点的设置
书房	电话一门、宽带两门、有线电视一个、AV输出口一个、VGA口两个等
卫生间	电话一门、背景音乐一个等
阳台	宽带一个、背景音乐一个等
主人房	电话一门、宽带一门、有线电视一个、液晶电视一个、AV输出口一个、VGA口一个、红牙接收一个等
主卫	电话一门、背景音乐一个等
餐厅	宽带一个、背景音乐一个等
厨房	电话一门、背景音乐一个等
儿童房	电话一门、宽带一门、有线电视一个、AV输出口一个、红牙接收一个等
客厅	电话一门、宽带一门、液晶电视一个、有线电视一门、卫星电视一门、卫星电视宽带一门、AV输入口一组、环绕音响一对、红牙发射一个、VGA口一个等

10.3 家装套内弱电插座基本配置

家装套内弱电插座基本配置见表10-3。

表10-3 家装套内弱电插座基本配置

房间名称	名称	安装高度/m	用途及适宜安装位置、数量
起居室	双孔信息插座	0.3	电视机背墙1个
	有线电视插座	0.3	电视机背墙1个
主卧室	双孔信息插座	0.3	电视机背墙1个
	有线电视插座	0.3	电视机背墙1个
其他卧室	有线电视插座	0.3	电视机背墙1个

10.4 智能家居的一些系统特点

智能家居的一些系统特点见表10-4。

表10-4 智能家居的一些系统特点

名称	解说
智能无线遥控系统	一个遥控器可以实现对所有灯光、电器、安防的各种智能遥控以及一键式场景控制

（续）

名称	解 说
智能照明控制系统	智能照明控制系统可以实现对灯光遥控开关、调光、一键式场景、灯光全开全关等控制，并且可以用遥控、场景、定时、电话、互联网远程、电脑等多种控制方式实现控制功能，从而达到智能照明的节能、环保、舒适、方便的功能
Internet 远程监控	通过 Internet 网都可随时了解家里灯、电器的开关状态，以及随时根据需求更改系统配置、定时管理事件、修改报警电话号码、远程售后服务等功能
电动窗帘控制系统	对家里的窗帘进行智能控制、管理，可以用遥控、定时等多种智能控制方式实现对全宅窗帘的开关、停止等控制
电话远程控制系统	无论在哪里，只要一个电话就可以随时实现对住宅内所有灯及各种电器的远程控制，离家时，忘记关灯或电器，打个电话就可实现全关等功能
电脑全宅管理系统	通过功能强大的电脑软件可以实现对整个数字住宅系统的本地、Internet 远程配置、监控、操作、维护、系统备份、系统还原等功能，从而实现用电脑对灯光系统、安防系统、电器系统、音视频共享系统等各大系统的智能管理、监控
防盗报警门禁系统	对家庭人身、财产等安全进行实时监控。对发生入室盗窃、火灾、煤气泄漏、紧急求助，自动拨打用户设定的电话
全宅背景音乐系统	每个房间都可以独立听音乐、切换音源、调节音量大小而互不干扰，有的音视频数字交换机内置 MP3、FM 调频立体声收音机功能
家庭局域网系统	掌控网络，管理数字住宅，实现客厅、主卧、餐厅、小孩房、阳台能够实现同时上网与电脑资源共享
事件定时管理系统	一个事件管理模块总共可以设置多个事件，可以将每天、每月、一年的各种事件设置进去，充分满足用户的实际需求
卫星电视共享系统	全宅卫星电视信号共享，可以在视听室、吧台、主卧、客厅等处实现卫星电视信号的共享
一键情景控制系统	一键实现各种情景灯光、电器组合效果。可以用遥控器、智能开关、电脑等实现“回/离家、会客/影院、就餐、起夜”等多种一键式自定义不同数量灯光及电器开关状态以及不同灯光亮度的组合场景效果
有线电视共享系统	实现全宅有线电视信号的共享
全宅视频共享系统	音视频信号源可以实现多房间共享，实现全宅音视频电源开关、音视频播放源切换、音量调节，并且配置了网络监控及可视门铃，可实现每个房间的电视监控到相应的视频图像
家电智能控制系统	传统电器以个体形式存在，智能电器控制系统是把所有能控制的电器组成一个管理系统，用户可用遥控、场景、定时、电话、互联网远程、电脑等多种控制方式实现电器的智能管理与控制

10.5 综合布线管与其他线管的距离

综合布线管与其他线管的距离见表 10-5。

表 10-5 综合布线管与其他线管的距离

其他管线	平行净距/mm	垂直交叉净距/mm
避雷引下线	1000	300
保护地线	50	20
给水管	150	20
压缩空气管	150	20
热力管(不包封)	500	500
热力管(包封)	300	300
煤气管	300	20

10.6 弱电常见的线材

弱电常见的线材见表 10-6。

表 10-6 弱电常见的线材

名称	解 说
电源线	单个电器支线、开关线一般需要用标准 $1.5mm^2$ 的电源线,主线用标准 $2.5mm^2$ 电源线,空调插座用 $4mm^2$ 线
光纤	许多 CD、MD 等录放音器材常使用的数位信号传输线材
环绕音响线	环绕音响线可以选择标准 100~300 芯无氧铜
全开、全关	全开:按一个按键打开所有电灯,家中所要控制的灯光,用于进门时或是夜里有异常声响时; 全关:按一个按键关闭所有电灯和电器,用于晚上出门时以及睡觉前。
软启功能	灯光由暗渐亮,由亮渐暗;环保功能,保护眼睛,避免灯丝骤凉骤热,延长灯泡使用寿命
视频线	视频线可以选择标准 AV 影音共享线
塑料电线保护管、接线盒、各类信息面板	1)塑料电线保护管、接线盒、各类信息面板必须是阻燃型产品,外观没有破损、没有变形。 2)金属电线保护管、接线盒外观没有折扁、没有裂缝,管内没有毛刺,管口需要平整。 3)通信系统使用的终端盒、接线盒、配电系统的开关、插座,需要与各设备相匹配
网络开关	网络开关与普通开关有差异。网络开关具有网络功能。网络开关分为 R 型网络开关、T 型网络开关。 1)R 型网络开关——接电灯时,与普通开关一样可以控制电灯的开关。不过,R 型网络开关是电子开关,可以接收控制命令并执行。即 R 型网络开关能够让电灯实现了遥控等网络功能,不再是非走到开关处才能开关灯了。 2)T 型网络开关——不接灯,只接 220V 电源,可以发出控制命令,让 R 型网络开关执行,达到控制目的

（续）

名称	解说
音响线	音响线也就是扬声器线。音响线主要用于客厅里家庭影院中功率放大器、音箱间的连接。一些话筒线如下： 话筒线有两芯、三芯、四芯、五芯不等，较专业的话筒多半使用三芯以上的线材，分别接到 XLR 接头的 Ground、+、-三个接点
有线电视线、数字电视线等	有线电视同轴电缆主要用于有线电视信号的传输，如果用于传输数字电视信号时会有一定的损耗。数字电视同轴电缆主要用于数字电视信号的传输应用，也能够传输有线电视信号。 同轴电缆线是一般 RCA 接头最常使用的线材，75Ω 的同轴电缆线也是 S/PDIF 数位式信号使用的线材
MIDI 线材	MIDI 是 Musical Instrument Digital Interface（乐器数字接口）的缩写。它规定了电子乐器与计算机间进行连接的硬件、数据通信协议，已成为电脑音乐的代名词。MIDI 线材是使用在 MIDI 应用上的线材，常用五芯线来传送有关 MIDI 上的信息
背景音乐线	背景音乐线可以选择标准 $2\times0.3mm^2$ 线
电话线	电话线就是用于实现打电话用的线，有 2 芯电话线、4 芯电话线两种。家庭里一般用 2 芯电话线。网络线也可以用做电话线。电话线连接时，一般需要用专用的 RJ11 电话水晶头，插在标准的电话连接模块里
电力载波	电力线将电能传到家中的各个房间，同时将家中所有的电灯、电器连成网络。电力载波技术是将低压控制信号加载到电力线上传送到各个位置，合理利用了电力线的网络资源
电器、电料的包装	电器、电料的包装需要完好，材料外观没有破损，附件、备件需要齐全
网络线	网络线用于家庭宽带网络的连接应用，内部一般有 8 根线。家居常用的网络线有 5 类、超 5 类两种
音频线	音频线主要在家庭影院、背景音乐系统中应用。音频线用于把客厅里家庭影院中激光 CD 机、DVD 等的输出信号，送到功率放大器的信号输入端子的连接
音视频线	音视频线主要用于家庭视听系统的应用。音视频线一般是三根线并在一起，一根细的为左声道屏蔽线，一根细的为右声道屏蔽线，一根粗的为视频图像屏蔽线

10.7 线缆的选型

线缆选型举例见表 10-7。

表 10-7 线缆选型举例

应用	解说
解码器通信线	可以选择 RVV2×1 屏蔽双绞线
镜头控制线	可以选择 RVV4×0.5 护套线

（续）

应用	解　说
视频线	摄像机到监控主机距离≤200m，可以选择 SYV75-3 视频线。 摄像机到监控主机距离>200m，可以选择 SYV75-5 视频线
云台控制线	云台与控制器距离≤100m，可以选择 RVV6×0.5 护套线。 云台与控制器距离>100m，可以选择 RVV6×0.75 护套线

10.8　同轴电缆的检测方法

电视同轴电缆的检测就是通过对其各结构部分以及整体部分的检测，具体方法见表 10-8。

表 10-8　电视同轴电缆的检测方法

名称	检测方法
编织网	同轴电缆的编织网应严密平整。 另外对单根编织网线用螺旋测微器进行测量，在同等价格下，线径越粗质量越好
铝箔	质量好的铝箔层表面应具有良好光泽、不易折裂。如果把一小段铝箔在手中反复揉搓和拉伸，质量好的应不会断裂
外护层	高质量的同轴电缆外护层都包得很紧
整体部分	高质量的同轴电缆成圈形状比较好
绝缘介质	观察绝缘介质的圆整度是否好，圆整度好的为质量好的。检测同轴电缆绝缘介质应具有一致性

10.9　有线电视线的型号与名称

有线电视线的型号与名称见表 10-9。

表 10-9　物理发泡聚乙烯绝缘同轴电缆型号和名称

型　号	名　称
SYWV-75-5-I SYWV-75-7-I SYWV-75-9-I SYWV-75-5 SYWV-75-7 SYWV-75-9	有线电视系统物理发泡聚乙烯绝缘、聚氯乙烯护套同轴电缆
SYWY-75-7-I SYWY-75-9-I SYWY-75-7 SYWY-75-9	有线电视系统物理发泡聚乙烯绝缘、聚乙烯护套同轴电缆
SYWLY-75-9-I SYWLY-75-12-I	有线电视系统物理发泡聚乙烯绝缘、铝管外导体、聚乙烯护套同轴电缆

（续）

型　号	名　称
SYWLY-75-13-I SYWLY-75-9 SYWLY-75-12 SYWLY-75-13	有线电视系统物理发泡聚乙烯绝缘、铝管外导体、聚乙烯护套同轴电缆

注：SYWV-75-5-I、SYWV-75-7-I、SYWV-75-9-I、SYWY-75-7-I、SYWY-75-9-I、SYWLY-75-9-I、SYWLY-75-12-I、SYWLY-75-13-I 为 I 类电缆。

10.10 SYV 同轴电缆规格与特点

闭路电视监控系统可以采用 SYV 同轴电缆，SYV 同轴电缆的特点见表 10-10。

表 10-10　SYV 同轴电缆的特点

型号	波阻抗/Ω	30Hz 时衰减不小于/(dB/m)	电容不大于(pF/m)
SYV-75-2	75±5	0.186	76
SYV-75-3	75±3	0.122	76
SYV-75-5-1	75±3	0.706	76
SYV-75-5-2	75±3	0.0785	76
SYV-75-7	75±3	0.0510	76
SYV-75-9	75±3	0.0369	76
SYV-75-12	75±3	0.0344	76
SYV-75-15	75±3	0.0274	76
SYV-75-17	75±3	0.0244	76
SYV-75-23-1	75±3	0.0200	76
SYV-75-23-2	75±3	0.0161	76
SYV-75-33-1	75±3	0.0164	76
SYV-75-33-2	75±3	0.0124	76

电视电缆的选择见表 10-11。

表 10-11　电视电缆的选择

电缆型号	成品外径/mm	最小弯曲半径/mm	重量/(kg/km)	衰减常数(dB/km)		用途
				200MHz	800MHz	
SYV-75-5-1	7.1	71	76.6	190	360	分支线
SYV-75-9	12.4	124	212.6	104	222	分配干线
SYV-75-12	15	150	301.6	96.8	207	室外干线
SYV-75-15	19	190	445	79.3	120	室外干线
SYKV-75-5	7.1	35.5	57.6	105	223	分支线
SYKV-75-7	10.2	51	98.6	71	152	分支线
SYKV-75-9	12.4	124	114.7	57	145	分配干线
SYKV-75-12	15	150	183.3	47	104	室外干线

（续）

电缆型号	成品外径/mm	最小弯曲半径/mm	重量/(kg/km)	衰减常数(dB/km)		用途
				200MHz	800MHz	
SYDYC-75-9.5	14.5	400	345	40	180	架空干线
SYDV-75-4.4	8.3	200	90	80	160	分支　分配线
SYDV-75-9.5	14	300	240	40	80	分配干线

10.11　SYV型号的识读

一般型号的识读：SYV75-X

X——代表绝缘外径3mm/5mm，数字越大线径越粗。

S——代表同轴射频电缆。

Y——代表聚乙烯。

V——代表聚氯乙烯。

75——代表特征阻抗。视频线分：75-3能正常工作的传输距离100m。75-5能正常工作的传输距离300m。75-7能正常工作的传输距离500~800m。75-9能正常工作的传输距离1000~1500m。

10.12　电视线的鉴别

有线电视同轴电缆主要用于有线电视信号的传输，如果用于传输数字电视信号时会有一定的损耗。数字电视同轴电缆主要用于数字电视信号的传输应用，也能够传输有线电视信号。电视线的鉴别方法见表10-12。

表10-12　电视线的鉴别方法

项目	解　说
检查铜芯	检查铜芯,鉴别方法如下: 看粗细——线径一般为1mm。 看铜的颜色——铜纯度越高,铜色越亮
看屏蔽网	看屏蔽网,鉴别方法如下: 一般家用,采用双屏蔽线即可,好的双屏蔽线编织网要紧密,覆盖完全。 差的双屏蔽线,线剥开外护套,可以看到结构松散,达不到所标称的96编或128编
包裹铜芯的白色发泡层	有线电视线的最核心技术是包裹铜芯的白色发泡层,其承担着屏蔽杂波信号的主要任务。有的采用注氮发泡聚乙烯(PE),发泡率要高且均匀。鉴别方法如下: 用手——捏、掐,发泡优良的坚硬光滑,发泡差的一捏就扁。 眼睛——看颜色,发泡白色纯净的,为优质聚乙烯。发泡差的颜色发暗,有细小的孔

（续）

项目	解 说
看外护套	看外护套，鉴别方法如下： 好电视线，采用优质聚氯乙烯，用手是撕不动的。 差电视线往往用低档或回收材料，用手可轻易撕开
看电视信号的好坏	看电视信号的好坏，鉴别方法如下： 有些较差的电视线频率达不到1000MHz，因此接收到的节目频道数量可能会少于实际播出的数量，以及很多节目频道无法达到清晰的显示结果。 无氧铜双屏蔽高清有线电视线75-5、SYWV-75-5 <CU> 64B广电网络高清数字电视专用线属于好电视线

10.13 家居有线电视的布管布槽

家居有线电视的暗装，一般是布暗管，暗穿电视线。家居有线电视的明装，一般是布明线槽，槽里穿电视线。

家居有线电视的安装有关方法与注意点如下：

1）家居有线电视的安装时，需要选择具有入网许可证的正规厂家生产的合格产品。

2）家庭有线电视综合配线箱内必须预留电源插座，以及具备一定的通风散热条件。

3）有线电视电缆布线完毕后，需要做线路测试，以保证其连通性。

4）有线电视入户线进入配线箱后，通过分配器输出多路电视信号。

5）家居有线电视线缆要求外皮光滑、手感饱满、柔韧。

6）家庭有线电视进户接入点位置，一般在门厅处设置一综合配线箱，该接入箱尺寸规格建议不小于4cm×30cm×15cm（长×宽×高），以便能容纳有线电视分配器、小信号放大器、电缆调制解调器、交换机或路由器等设备。

7）有线电视信息插座，一般采用专业的双隔离终端盒，以及注意终端盒内电缆不能过分弯曲。

8）有线电视同轴电缆与宽带五类线，可以同管敷设，但是管线内不得有任何接头。

9）如果进行暗线布设时，没有使用套管保护，馈线抹在墙内，则会使馈线与墙壁的分布电容变大，使电视信号损失过多，图像清晰度降低。

10）室内线缆暗装，需要穿套 PVC 管保护，并且 PVC 管内径应不小于电缆直径的 1.5 倍。

11）电视要求的输入电平与电视机的灵敏度、干扰情况等有关。用户设计电平，一般在 68dB±5dB 范围内。

12）配线箱、终端盒内的各种电缆，需要留有一定的余量，以备调整或重新连接。

13）明装家居有线电视时，同一设置，有不同的线槽布局，但是需要注意线槽布局的美观、性能。

14）有线电视信号是沿着馈线直线传播的，馈线布设时对角度要求不能折成 90°，否则有线电视信号会造成合波反射，不能收看。

15）布线时，需要注意线缆的完好性，不能够采用人工对接方式延长线路。

16）有线电视电缆两端，需要标明标识，一一对应，以便安装、检修。

17）城市居民住房规格不一，电视信号的电平存在差异。一般普通平房的系统用户电平相对高一些。楼房的高层用户电平较低，则可适当提高一些。

18）需要确保用户盒终端的质量。

19）一个用户盒要接两台以上电视机，则需要考虑阻抗匹配、两台电视机间要有一定的隔离度。

20）室内布线，可以采用星形集中分配方式，配线箱到客厅、主卧、次卧、书房等各信息点，需要分别单独布放有线电视同轴电缆。

21）布线时，有线电视电缆切不可与电源线同管敷设，并且需要保持 20cm 以上间距，以免产生电源干扰。

22）在需要放置电视机的地方，需要保证有线电视同轴电缆的到达，并配置有线电视插座。

23）有线电视进户线，一般由用户会客室进入。

10.14 投影机的安装距离

投影机的安装距离如图 10-1 所示。

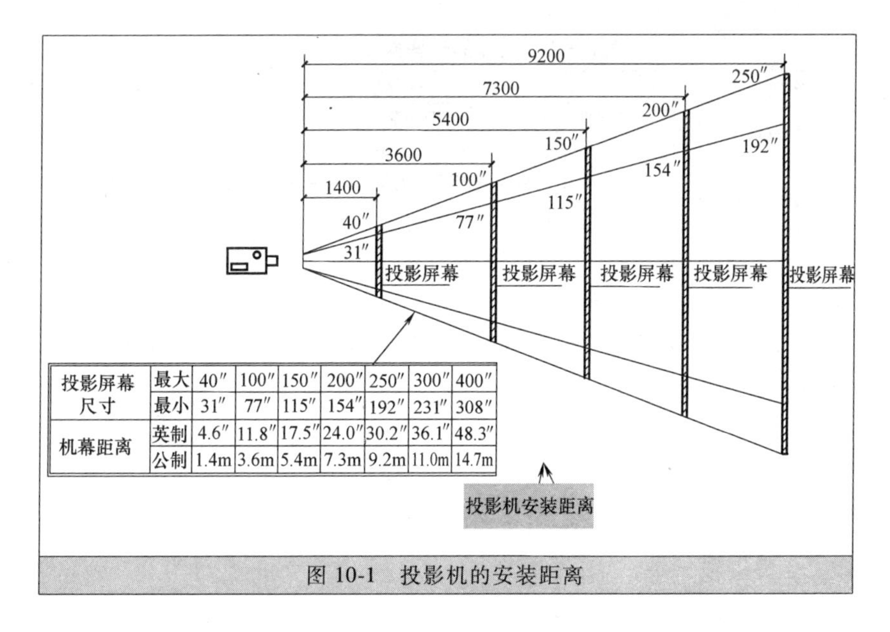

投影屏幕尺寸	最大	40″	100″	150″	200″	250″	300″	400″
	最小	31″	77″	115″	154″	192″	231″	308″
机幕距离	英制	4.6″	11.8″	17.5″	24.0″	30.2″	36.1″	48.3″
	公制	1.4m	3.6m	5.4m	7.3m	9.2m	11.0m	14.7m

图 10-1 投影机的安装距离

10.15 网络线的概述

常见的网络线，就是计算机术语中的双绞线。其是连接电脑网卡、ADSL 调制解调器或者路由器或交换机的电缆线。双绞线是由相互按一定规律扭绞合在一起的，每根线加绝缘层并有色标来标记的一种弱电用线材。

电话线传输的信号是调制的信号，计算机的网卡不能够识别。因此，需要由 ADSL 调制解调器转换成计算机网卡能够直接识别的信号。为此，ADSL 调制解调器需要连接电话线作为信号进线，一端连接网络线作为信号出线。另外，把网络线敷设于穿线管、电线槽、天花板、地板隔层间，从而可以使系统支持语音、数据、文字、图像、视频等多种应用。

一般网络线导体越粗，传输的有效距离就越远。

家居网络线用于家庭宽带网络的连接应用，内部一般为 8 根线。家居常用的网络线有 5 类、超 5 类两种。网线到房间基本都要左绕右绕，尽量在线管里能够拉动，并且至少预留一根备用的。

网络线的有效传输距离是 100m。但是，实际情况下，不同材质的网络线的传输距离有所不同，具体的一些网络线的特点见表 10-13。

表 10-13 具体的一些网络线的特点

名称	特　点
全铜网线	该类网线也叫做青铜网线、铜包铜网线。该类网线主材料是回炉铜，外层镀一层无氧铜。该类网线一般传输距离大约为 80~100m
无氧铜网线	该类网线主要材料是纯度很高的铜，为优质网线。该类网线一般可以传输到大约 100~120m
铜包钢网线	也就是平常说的四铁四铝网线。其里面的线芯是两条的铜包铝，两条是铜包铁。该类网线，一般只能用在普通的网络情况下，并且最好布线在 80m 以内
铜包铝网线	该类网线一般以普通铝为材质，外层的无氧铜层。该类网线传输距离大约为 100m
铜包银网线	该类网线一般是用进口铝作为主材料，外层是一层饱满的无氧铜层。该类网线一般用在普通的网络下，在单一的网络环境下，能传输大约为 160~180m

100Ω 电缆最高传输频率分类如下：

3 类电缆——16MHz。

5 类电缆——100MHz。

5e 类电缆——150MHz。

6 类电缆——250MHz。

局域网（LAN）是构成高速信息网的基本单位，将局部区域内的智能大厦、建筑物、基层单位、每个家庭接上信息高速公路，能够实现与国内外互联网交流信息。

标准要求数字通信电缆的导体需采用电工软圆铜线，实芯导体直径见表 10-14。

表 10-14 数字通信电缆的导体实芯导体直径

线缆类列	导体直径/mm
五类线(CAT. 5)	0. 5
超五类线(CAT. 5e)	0. 5 或 0. 52
六类线(CAT. 6)	0. 6

综合布线铜缆分级与类型见表 10-15。

表 10-15 铜缆布线系统的分级与类别

系统分级	支持带宽/Hz	支持应用器件	
		电缆	连接硬件
A	100k	—	—
B	1M	—	—
C	16M	3 类	3 类
D	100M	5/5e 类	5/5e 类

（续）

系统分级	支持带宽/Hz	支持应用器件	
		电缆	连接硬件
E	250M	6类	6类
F	600M	7类	7类

注：3类、5/5e类（超5类）、6类、7类布线系统应能支持向下兼容的应用。

选择网络线可以采用网络分析仪来检查，从而可以根据检测的结果来选择。另外，也可以采用以下方法来选择：

1）选择网络线，一般选择超5类。

2）看网络线的外皮，如果一撕就破，则肯定是质量差的。

3）如果网络线手感太软，说明里面芯线太细，则需要谨慎选择。

4）看网络线4对线的绕接是否正确，一般的4对电缆的绕接程度是不一样的。

使用时，需要注意双绞线对电磁干扰具有敏感性，甚至失效的可能，其对绞完整性是重要的。因此，安装中，需要保持完好。另外，实际应用中，需要注意双绞线电缆有张力的最大、最小弯曲半径的严格的要求。

10.16 双绞线的种类

双绞线的种类见表10-16。

表10-16 双绞线的种类

种 类	特 点
CATEGORY-1 -	一种老式线，不适合于任何高速数据传输
CATEGORY-2 -	可以传输达4Mbit/s的数据
CATEGORY-3 -	可以最高传输10Mbit/s的数据
CATEGORY-4 -	可以最高传输16Mbit/s的数据
CATEGORY-5	可以最高传输100Mbit/s
CATEGORY-5e/CATEGORY-6	可以最高传输超过1000Mbit/s

10.17 网线好坏的判断

网线好坏的判断方法见表10-17。

表10-17 网线好坏的判断方法

项目	判 断 解 说
火烧	真的网线外面的胶皮一般具有阻燃性，假的有些则不具有阻燃性。因此，火烧双绞线，看看在35~40℃时，网线外面的胶皮会不会变软，正品网线是不会变软的，次货的就有可能变软

（续）

项目	判断解说
看标识	三类线的标识是“CAT3”、五类线的标识是“CAT5”、超五类线的标识是“CAT5E”、六类线的标识是“ CAT6”。 正品的5类线在线的塑料包皮上印刷的字符非常清晰、圆滑，基本上没有锯齿状。假货的字迹印刷质量较差，有的字体不清晰，有的呈严重锯齿状。正品5类线所标注的为“CAT5”字样，超5类所标注的为“ 5e”字样，次货有的标注的字母全为大写等字样
绕线密度	对芯线的绕线密度，真5类/超5类线绕线密度适中，方向是逆时针。次线一般密度小，方向可能是顺时针
手感觉	真5类/超5类线质地比较软，以便适应不同的网络环境需求。如果铜中添加了其他的金属元素，做出来的导线比较硬，不易弯曲，使用中容易产生断线
刀割	用剪刀去掉一小截线外面的塑料包皮，露出4对芯线。真5类/超5类线4对芯线中白色的那条一般不是纯白的，而是带有与之成对的那条芯线颜色的花白。次货一般是纯白色的或者花色不明显

10.18 网线钳的应用

网线钳又叫做网络端子钳、网络钳 、网线钳等。网线钳是用来卡住BNC连接器外套与基座的一种工具，也就是压接网线或电话线和水晶头的一种工具。

网线钳，根据功能，可以分为单用钳、两用钳、三用钳。其中，单用钳可以分为

4P钳——可压接4芯线：电话接入线。4P：4 Pin，即4针。

6P钳——可压接6芯线：电话话筒线RJ11。RJ11：为Registered Jack11的缩写。

8P钳——可压接8芯线：网线RJ45。

两用钳是单用钳的一些组合，例如4P+6P，或4P+8P，或6P+8P。

三用钳也是单用钳的综合组合，例如4P+6P+8P。

10.19 网线测线器的功能应用

一款网线测线器的功能见表10-18。

表10-18 一款网线测线器的功能

项目	解说
测试	对双绞线1、2、3、4、5、6、7、8、G线对逐根(对)测试，以及可区分判定哪一根(对)错线、短路、开路

（续）

项目	解　　说
开关	开关 ON 为正常测试速度。 S 为慢速测试速度。 M 为手动档
双绞线测试	打开电源，将网线插头分别插入主测试器和远程测试器，主机指示灯从 1 到 G 逐个顺序闪亮，图例如下： 主测试器：　1—2—3—4—5—6—7—8—G 远程测试器：1—2—3—4—5—6—7—8—G（RJ45） 1—2—3—4—5—6------（RJ12） 1—2—3—4----------（RJ11） 如果接线不正常，则会显示如下： 1）当有几条线不通，则几条线都不亮。当网线少于 2 根线连通时，灯都不亮。 2）当有一根网线断路，例如 2 号线，则主测试仪与远程测试端 2 号灯饰都不亮。 3）当两头网线乱序，例如 2、4 线乱序，则显示的情况如下： 主测试器不变：1—2—3—4—5—6—7—8—G 远程测试端为：1—4—3—2—5—6—7—8—G 4）如果网线有 2 根短路时，则主测试器显示不亮，远程测试端显示短路的两根线灯都微亮。如果有 3 根以上（含 3 根）短路时，则所有短路的几条线号的灯都不亮

一款网线测线器的使用方法见表 10-19。

表 10-19　一款网线测线器的使用方法

项目	解　　说
综述	1）首先将网线两端的水晶头分别插入主测试仪与远程测试端的 RJ45 端口。 2）然后将开关拨到 ON 档（S 为慢速档），这时主测试仪与远程测试端的指示头应该逐个闪亮
直通连线的测试	测试直通连线时，主测试仪的指示灯应从 1 到 8 逐个顺序闪亮。远程测试端的指示灯也应从 1 到 8 逐个顺序闪亮。如果是这该种现象，则说明直通线的连通性没问题。否则，说明线的连通性有问题
导线断路测试的现象	1）如果 1 到 6 根导线存在断路时，则主测试仪与远程测试端的对应线号的指示灯都不亮，其他的灯仍然可以逐个闪亮。 2）如果 7 根或 8 根导线存在断路时，则主测试仪与远程测试端的指示灯全都不亮
交错线连线的测试	测试交错连线时，主测试仪的指示灯应从 1 到 8 逐个顺序闪亮。远程测试端的指示灯应按着 3、6、1、4、5、2、7、8 的顺序逐个闪亮。如果是这种现象，则说明交错连线连通性没问题。否则，说明线的交错连线有问题。 如果网线两端的线序不正确时，主测试仪的指示灯仍然从 1 到 8 逐个闪亮，只是远程测试端的指示灯将按着与主测试端连通的线号的顺序逐个闪亮

（续）

项目	解　说
导线短路测试的现象	1）如果有两根导线短路时，主测试仪的指示灯仍然从1到8的顺序逐个闪亮，远程测试端两根短路线所对应的指示灯将被同时点亮，其他的指示灯仍按正常的顺序逐个闪亮。 2）如果有三根或三根以上的导线短路时，主测试仪的指示灯仍然从1到8逐个顺序闪亮，远程测试端的所有短路线对应的指示灯都不亮

10.20　无线路由器的参数与选择

无线路由器可以将家中墙上接出的宽带网络信号，通过天线转发给附近的无线网络设备，例如笔记本电脑、支持WiFi的手机、所有带有WiFi功能的设备。可见，无线路由器相当于一个转发器。

目前，无线路由器一般只能支持15~20个以内的设备同时在线使用，以及部分无线路由器的信号范围达到了300m，一般的无线路由器信号范围为半径50m。

无线路由器的一些相关参数见表10-20。

表10-20　无线路由器的一些相关参数

名称	解　说
频率范围	无线路由器也属于射频(RF)系统，需要工作在一定的频率范围内，才能够与其他设备相互通信，该频率范围也就是无线路由器的工作频段。不同的产品采用不同的网络标准，因此，采用的工作频段也不一样。目前，无线路由器主要遵循IEEE802.11b、IEEE802.11a、IEEE802.11g等标准
网关GSN	GGSN就是Gateway GSN，网关GSN，其主要是起网关的作用。GGSN可以与多种不同的数据网络连接。GGSN可以把GSM网中的GPRS分组数据包进行协议转换，从而可以把这些分组数据包传送到远端的TCP/IP或X.25网络
网络标准	网络协议就是网络中传递、管理信息的一些规范。计算机间的相互通信，需要共同遵守一定的规则，这些规则就是网络协议。各种无线设备互通信息而制定的规则，也就是无线网络协议标准。 目前，常用的无线网络标准有美国IEEE所制定的802.11标准（包括802.11a、802.11b及802.11g等标准）、蓝牙(Bluetooth)标准、HomeRF（家庭网络）标准等
有效工作距离	根据IEEE802.11标准，一般无线路由器所能覆盖的最大距离通常为300m，具体，还与环境的开放与否有关。设备不加外接天线的情况下，视野所及之处大约300m。如果属于半开放性空间，或有隔离物的区域，则传输大约为35~50m。如果借助于外接天线（做链接），则传输距离则可以达到30~50km甚至更远（与天线本身的增益有关）
QoS支持	QoS就是Quality of Service，也就是服务质量。QoS是网络的一种安全机制，是用来解决网络延迟与阻塞等问题的一种技术。现在的路由器，一般均支持QoS

（续）

名称	解 说
WAP 协议	WAP 就是 Wireless Application Protocol，也就是无线应用协议。WAP 的作用是在无线移动通信与互联网间架设一座桥梁。WAP 通常称为 WAP 网关
WDS	WDS 就是 Wireless Distribution System，也就是无线分布式系统。在家庭应用方面，WDS 的功能是充当无线网络的中继器，通过在无线路由器上开启 WDS 功能，让其可以延伸扩展无线信号，从而覆盖更广更大的范围

选择路由器的一些方法见表 10-21。

表 10-21 选择路由器的一些方法

项目	解 说
带宽分配方式	需要了解路由器 LAN 端口的带宽分配方式。有的家用路由器实际上是采用了集线器的共享宽带分配方式，也就是在局域网内部的所有计算机共同分享该 10/100Mbit/s 的带宽，而不是路由器的独享带宽分配方式
功能适用	很多宽带路由器都提供了防火墙、动态 DNS、网站过滤、DMZ、网络打印机等功能。其中，有的功能对于家庭宽带用户来说比较实用。但是，有些功能却对于一般家庭宽带用户来说很难用上。为此，选择适用功能的路由器
使用方便	具有提供 web 界面管理的，对于家庭用户来说配置或维护方面存在方便的，并且，应选择具有全中文界面的路由器
LAN 端口数量	LAN 口，也就是局域网端口。因为，家庭电脑数量不可能太多，因此，局域网端口数量只要能够满足需求即可
WAN 端口数量	WAN 端口，也就是宽带网端口。WAN 端口是用来与 Internet 连接的广域网接口。通常，家庭宽带网络中 WAN 端口，都接小区宽带 LAN 接口，或接 ADSL 调制解调器等。一般家庭宽带用户对网络要求不是很高，因此，路由器的 WAN 端口一般只需要一个即可

10.21 家装网络布线的要求

家装网络布线的一些要求如下：

1）装修前，需要对房屋装修进行规划。目前，商品房交付前，一般已经把宽带网络接口接入房屋内的一个弱电箱中。装修规划时，就是需要在各个房间规划出一个网线接口，然后连接到预留的弱电箱中。一般弱电箱，需要放置至少一个五口路由器、一个 ADSL 调制解调器、一个插座，以及连接到弱电箱中的若干个网线接头。如果商品房交付时的弱电箱不符合装修要求，则需要重新设计，更换弱电箱。

2）目前，家庭装修，基本上都会架设一个 WiFi，以便在房屋中的各处都能够使用无线网络。因此，需要根据房屋的结构，寻找一个基本能够辐射房屋所有角落的地方增加一个网线接口，作为 WiFi 的架设点。如果房屋比较大，则需要考虑架设多个 WiFi，使得各个 WiFi 的覆盖范围相加能够覆盖整个房屋。

3）网线安装时，需要避开强电线。弱电信号属于低压电信号，抗干扰性能较差。国家标准规定，电源线及插座与电视线、插座的水平间距不应小于 50cm。

4）规划好各个房间的接口位置后，就可以布设网线等工作。

5）网线接入完成后，需要对网络进行调试。

6）一般而言，弱电线常常在房顶、地板下布线，因此，为了防潮、更换方便，弱电线的外面都需要加上牢固的套管，以及加上套管前，需要检查线是否存在断路或短路异常现象。

7）考虑家庭生活的发展与需要，一般客厅、每个卧室都要预留埋设网络线插孔各 1~2 个，并且要分布在不同墙面，以便于电器摆设位置的变化。

8）注意网线的防潮措施。

9）网线插座下边线距地面 30cm 左右为宜。

10）随着网络与信息时代的到来，一个家庭多机上网，是很平常的事。为了保证各种线的对接质量，以及方便维修，最好对家中网络线设计一个集中控制单元。具体根据网络线进室的位置，选择门厅、过道、书房上方等某个地方。

11）户型中心位置设置网线接口。如果家庭中有房间无信号，则可以用无线路由器桥接或者是调制解调器来解决问题。

12）选择好网线的质量。如果不懂网线的挑选，则可以根据：通常情况同一粗细情况下的网线，越硬质量越好。

13）家装网络弱电箱需要预留 220V 电源。

14）电视机下方需要预留网线接口。

15）网线一般采用双绞线（非屏蔽双绞线）模式。如果非屏蔽网线与电线平行，则会出现磁场干扰问题，会导致所传输数据中出现大量重复、乱码类信息的情况。

16）需要对网线进行有效管理。

17）开始布线前，需要确认实现连接的距离、范围。

18）实际环境中，不只是强电线才能够对数据线造成干扰。照明用的荧光灯、电机、能够产生电场或磁场干扰的相关设备，均可以给网线传输数据带来影响。为此，布线时，需要确保网线远离这些干扰源所在的区域。

19）使用普通双绞线进行典型以太网布线，在千兆网络中的距离限制为100m。

10.22　无线网络概述与特点

无线网络是采用无线通信技术实现的网络。无线网络既包括允许用户建立远距离无线连接的全球语音、数据网络，也包括为近距离无线连接进行优化的红外线技术及射频技术，与有线网络的用途类似，最大的不同在于传输媒介的不同。无线网络是利用无线电技术取代网线。

家居采用无线网络，主要是把从小区或者楼盘引到户内的网络线，接上无线宽带路由器，然后正确设置即可。

一般无线宽带路由器需要有两孔的电源插座，为此，需要在无线宽带路由器边，需要安装一个5孔（2+3孔）的电源插座。

无线宽带路由器需要明装，但是，其有关线路可以隐蔽起来。另外，许多无线宽带路由器也支持有线连接。为此，家居网络布线，需要也布一套有线网络。有线网络与无线网络的接驳处可以为无线宽带路由器。

为了隐蔽无线宽带路由器等相关的电源线、网络导线，因此，需要设计一个接线箱，以便隐蔽导线。

常见网络标准特点见表10-22。

表10-22　常见网络标准特点

名称	特　点
IEEE 802.11a	使用5GHz频段,传输速度54Mbit/s,与802.11b不兼容
IEEE 802.11b	使用2.4GHz频段,传输速度11Mbit/s。IEEE802.11b标准定义了两种机理来提供无线LAN的访问控制与保密:服务配置标识符(SSID)、有线等效保密(WEP)。还有一种加密的机制是通过透明运行在无线LAN上的虚拟专网(VPN)来进行的
IEEE 802.11g	使用2.4GHz频段,传输速度主要有54Mbit/s、108Mbit/s,可向下兼容802.11b
IEEE 802.11n草案	使用2.4GHz频段,传输速度可达300Mbit/s。目前,IEEE802.11b最常用,但IEEE802.11g更具下一代标准的实力
SSID	无线LAN中经常用到的一个特性是称为SSID的命名编号,其提供了低级别上的访问控制。SSID通常是无线LAN子系统中设备的网络名称
WEP	IEEE802.11b标准规定了一种称为有线等效保密,或称为WEP的可选加密方案,其提供了确保无线LAN数据流的机制

WiFi 是一种允许电子设备连接到一个无线局域网（WLAN）的技术，通常使用 2.4G UHF 或 5G SHF ISM 射频频段。WiFi 连接到无线局域网通常是有密码保护的，但也可以是开放的，这样就允许任何在 WLAN 范围内的设备可以连接上。

目前，WiFi 是改善基于 IEEE 802.11 标准的无线网路产品间的互通性。家居采用无线网络，主要是把从小区或者楼盘引到户内的网络线，接上无线宽带路由器，然后正确设置即可。

一般无线宽带路由器需要有两孔的电源插座，为此，需要在无线宽带路由器边，需要安装一个 5 孔（2+3 孔）的电源插座。

无线宽带路由器需要明装，但是，其有关线路可以隐蔽起来。另外，许多无线宽带路由器也支持有线连接。为此，家居网络布线，需要也布一套有线网络。有线网络与无线网络的接驳处可以为无线宽带路由器。

为了隐蔽无线宽带路由器等相关的电源线、网络导线，因此，需要设计一个接线箱，以便隐蔽导线。

10.23 无线宽带路由器的设置

进行无线连接前，有的无线宽带路由器需要确保无线网卡已经正确安装驱动程序，并且能够正常使用。有的无线宽带路由器连接步骤如下：连接网络→连接电源→连接设备→检查指示灯。

无线宽带路由器的设置见表 10-23。

表 10-23 无线宽带路由器的设置

项目	图例
使用电脑设置无线宽带路由器的举例	① Internet 打开浏览器；输入管理域名tplogin.cn；tplogin.cn ② 创建管理员密码；设置密码；确认密码；确定 ③ 上网设置；以宽带拨号上网为例；上网方式 宽带拨号上网；宽带账号；宽带密码；下一步 ④ 无线设置；无线名称 TP-LINK_XXXX；无线密码；上一步；确定；单击“确定”等待配置完成

（续）

项目	图　例
使用手机设置无线宽带路由器的举例	

有的无线连接路由器，提供基于 Web 浏览器的配置工具。利用 Web 浏览器连接互联网的举例见表 10-24。

表 10-24 无线宽带路由器的 Web 浏览器的配置工具

项目	解说与图例
进入登录界面	打开网页浏览器，在浏览器的地址栏中输入路由器的 IP 地址：192. 168. 1. 1，进入登录界面，如下图所示的界面： 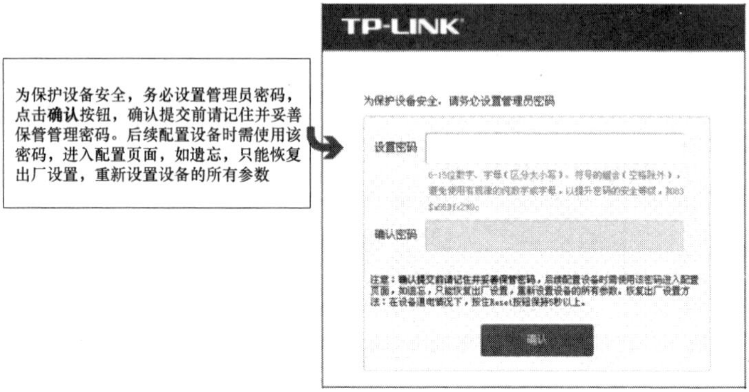 为保护设备安全，务必设置管理员密码，点击**确认**按钮，确认提交前请记住并妥善保管管理密码。后续配置设备时需使用该密码，进入配置页面，如遗忘，只能恢复出厂设置，重新设置设备的所有参数 TP-LINK 为保护设备安全，请务必设置管理员密码 设置密码 确认密码 确认
设置向导页面	登录界面后按“确认”按钮后进入设置向导页面，如下图所示的界面： 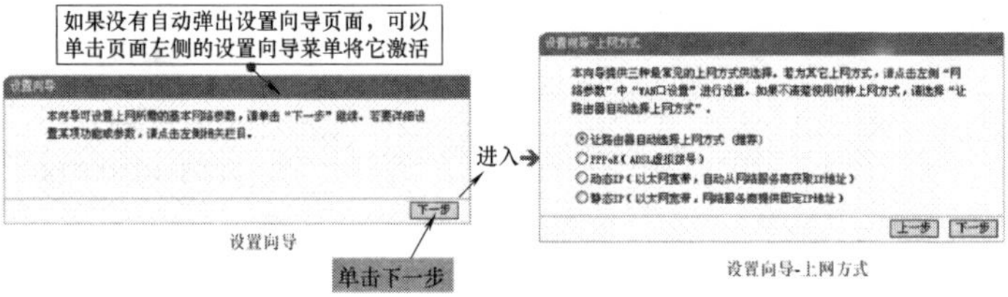 如果没有自动弹出设置向导页面，可以单击页面左侧的设置向导菜单将它激活 设置向导 下一步 进入 单击下一步 设置向导-上网方式 让路由器自动选择上网方式（推荐） 上一步 下一步 设置向导　　设置向导-上网方式
有关项目的特点	1）让路由器自动选择上网方式（推荐）——选择该选项后，路由器会自动判断上网类型，然后跳到相应上网方式的设置页面。为了保证路由器能够准确判断上网类型，需要保证路由器已正确连接。 2）PPPoE（ADSL 虚拟拨号）——如果上网方式为 PPPoE，即 ADSL 虚拟拨号方式，ISP 会提供上网账号和口令。 3）动态 IP（以太网宽带，自动从网络服务商获取 IP 地址）——如果上网方式为动态 IP，则可以自动从网络服务商获取 IP 地址，点击下一步转到进行无线参数的设置。 4）静态 IP（以太网宽带，网络服务商提供固定 IP 地址）——如果上网方式为静态 IP，网络服务商会提供 IP 地址参数

（续）

项目	解说与图例
静态 IP 界面	静态 IP 界面,如下图所示的界面: 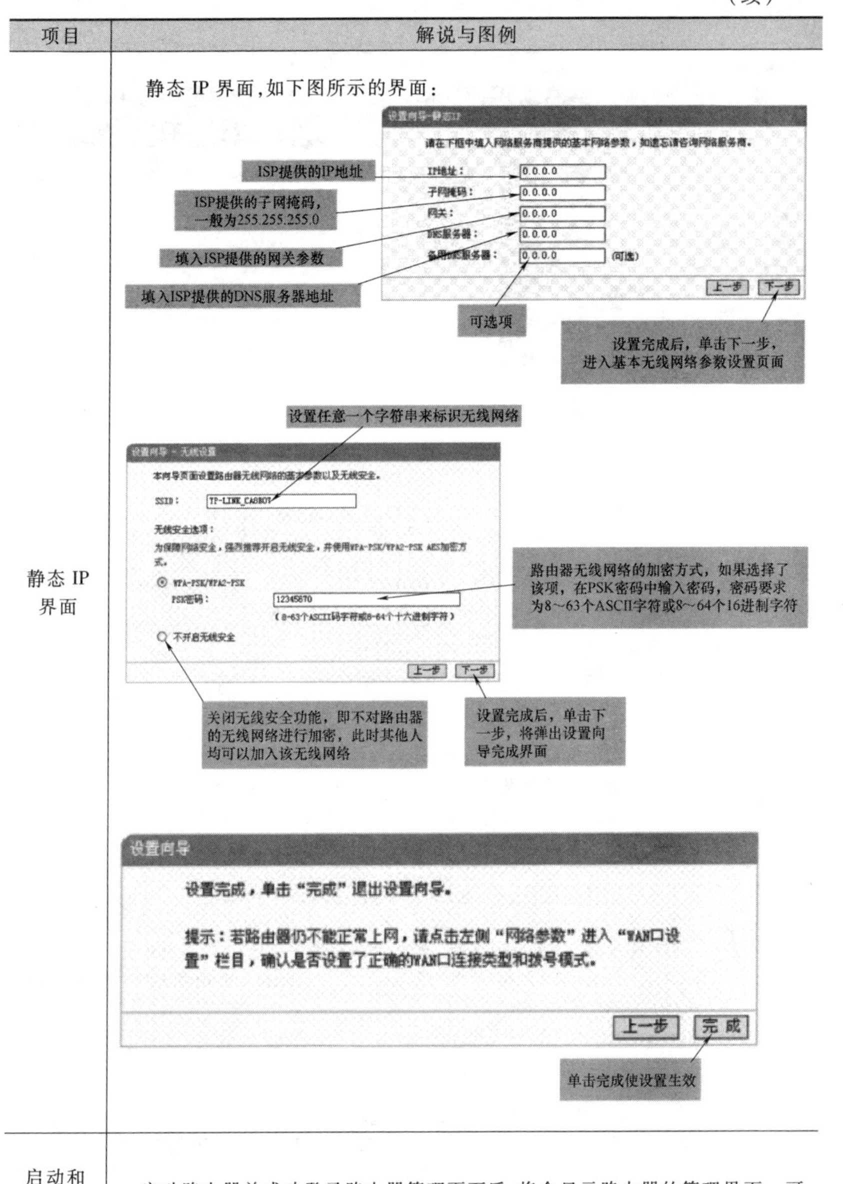
启动和登录、设置菜单界面	启动路由器并成功登录路由器管理页面后,将会显示路由器的管理界面。可进行相应的功能设置,具体可以根据菜单项与含义进行即可。启动和登录、设置菜单如下图所示的界面:

（续）

项目	解说与图例
启动和登录、设置菜单界面	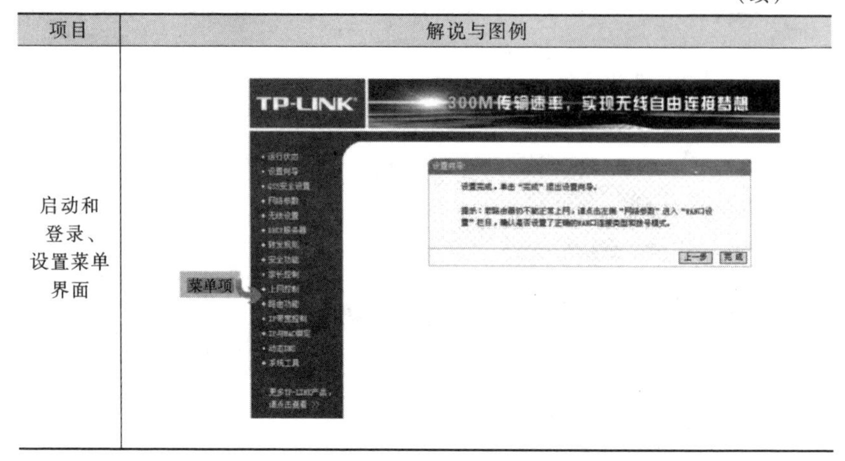

10.24 光纤的特点与辨别方法

光纤是许多CD、MD、网络等常使用的传输线材。光纤分为单模光纤、多模光纤等种类，它们的特点见表10-25。

表10-25 光纤的特点

名称	特点解说
单模光纤 SMF	单模光纤只传输主模，也就是说光线只沿光纤的内芯进行传输。由于完全避免了模式色散，使得单模光纤的传输频带很宽。单模光纤能量损耗小，不会产生色散。单模光纤使用的光波长为1310nm或1550nm。单模光纤大多需要激光二极管作为光源。单模光纤适用于大容量、长距离的光纤通信。单模光纤常见的规格为8/125μm、9/125μm（常用）、10/125μm等
多模光纤 MMF	多模光纤就是在一定的工作波长下（850nm/1300nm），有多个模式在光纤中传输。由于色散或像差，因此，多模光纤的传输性能较差、频带较窄、传输容量也比较小、距离比较短、有色散。发光二极管可作为多模光纤的光源。多模光纤常见的规格为50/125μm、62.5/125μm（常用）、100/140μm、200/230μm等

单模光纤、多模光纤的辨别方法见表10-26。

表10-26 单模光纤、多模光纤的辨别方法

依据	辨别
颜色	黄色的代表单模 橙色的代表多模
外套标识	50/125，62.5/125为多模，并且可能标有mm 9/125（g652）为单模，并且可能标有sm

（续）

依　据	辨　别
光纤磨制端头	在放大镜下可辨别，多模呈同心圆 单模中间有一黑点
熔接机熔接时从屏上可辨别	多模纤中间没白条 单模中间有一白条

10.25 电话线的规格

电话线就是用于实现打电话用的线。电话线有 2 芯电话线、4 芯电话线等种类。家庭里一般用 2 芯电话线。

2 芯电话线、4 芯电话线，线径分别有 0.4mm、0.5mm，若干地区有 0.8mm 和 1.0mm。电话线导体材料，分为铜包钢、铜包铝、全铜等，其中，全铜的导体效果最好。

电话线连接时，一般需要用专用的 RJ11 电话水晶头，插在标准的电话连接模块里。电话与组线箱安装也可以采用 HYA 电缆，HYA 电缆的特点见表 10-27。

表 10-27　HYA 电缆的特点

型号及规格	电缆外径/mm	重量/(kg/km)
HYA10×2×0.5	10	119
HYA20×2×0.5	13	179
HYA30×2×0.5	14	238
HYA50×2×0.5	17	357
HYA100×2×0.5	22	640
HYA200×2×0.5	30	1176
HYA300×2×0.5	36	1667
HYA400×2×0.5	41	2217
HYA600×2×0.5	48	3229
HYA1200×2×0.5	66	6190

HBYV 电话线的规格特点见表 10-28。

表 10-28　HBYV 电话线的规格特点

名称	型号规格	导体直径/mm	绝缘直径/mm	屏蔽
电话通信电缆(室内)	HBYV-J2×0.5	0.50	0.91	无
电话通信电缆(室内)	HBYV-J2×0.45	0.45	0.88	无
电话通信电缆(室内)	HBYV-4×0.5	0.50	0.91	无
电话通信电缆(室内)	HBYV-4×0.45	0.45	0.88	无

10.26 电话线的型号识读

一般型号的识读：HYV2×1/0.4 CCS

HYV——电话线的英文型号。

2——2 芯的。

1/0.4 CCS——单支 0.4mm 直径的铜包钢导体。

一般型号的识读：HYV4×1/0.4 BC

HYV——电话线的英文型号。

4——4 芯的。

1/0.5 BC——单支 0.5mm 直径的纯铜导体。

一般型号的识读：HSYV 2×2×0.5

S——双绞的。

2×2——2 对（4 芯）双绞的。

0.5——单支 0.5mm 直径的导体。

10.27 电话电缆的选择

双绞电话线对比普通的平行电话线，主要作用在于传输速度更高、功率损耗更低。

现在，由于移动电话的发展，因此，采用有线电话的较少了。为此，可以不考虑使用电话线。如果考虑，则可以采用多敷设一根网线来代替电话线。这样，既可以用作电话线，也可以用作网线。

市内电话电缆的选择见表 10-29。

表 10-29 市内电话电缆的选择

序号	HYT 电话电缆规格	成品外径/mm	重量/(kg/km)	序号	HYT 电话电缆规格	成品外径/mm	重量/(kg/km)
1	10×2×0.5	11	119	12	20×2×0.4	12	134
2	20×2×0.5	13	179	13	30×2×0.4	13	179
3	30×2×0.5	14	238	14	50×2×0.4	14	253
4	50×2×0.5	17	357	15	100×2×0.4	18	417
5	100×2×0.5	22	640	16	200×2×0.4	24	774
6	200×2×0.5	30	1176	17	300×2×0.4	28	1131
7	300×2×0.5	36	1667	18	400×2×0.4	33	1458
8	400×2×0.5	41	2217	19	600×2×0.4	41	2143
9	600×2×0.5	48	3229	20	1200×2×0.4	56	4077
10	1200×2×0.5	66	6190	21	1800×2×0.4	66	5967
11	10×2×0.4	10	91	22	2400×2×0.4	76	800

HYV 电话通信电缆规格见表 10-30。

表 10-30 HYV 电话通信电缆规格

名称	型号规格	外径/mm
四芯室内电话通信电缆	HYV 4×0.4	3.2
四芯室内电话通信电缆	HYV 4×0.5	3.5
四芯屏蔽室内电话通信电缆	HYVP 4×0.4	4.0
四芯屏蔽室内电话通信电缆	HYVP 4×0.5	4.0
二芯室内电话通信电缆	HYV 2×0.4	2.8
二芯室内电话通信电缆	HYV 2×0.5	3.1

电话通信电缆常采用低频通信电缆电线实心导体聚氯乙烯绝缘酰胺外皮局用配线的规格见表 10-31。

表 10-31 实心导体聚氯乙烯绝缘酰胺外皮局用配线的规格

型式	导体标称直径/mm																			
	0.4					0.5					0.5					0.8				
HJVN	单芯线	对线组	三线组	四线组	五线组	单芯线	对线组	三线组	四线组	五线组	单芯线	对线组	三线组	四线组	五线组	单芯线	对线组	三线组	四线组	五线组

10.28 音响音乐线的概述与选择

音频线主要在家庭影院、背景音乐系统中应用。音频线在客厅里的应用，主要用于把家庭影院中激光 CD 机、DVD 等的输出信号，送到功率放大器的信号输入端子的连接。

音响线也就是喇叭线、音箱线。音响线主要用于客厅里家庭影院中功率放大器、音箱间的连接。音箱线流通的电流信号远大于一些视频线与音频线。因为，其通过的信号幅度大，因此，该类线往往没有屏蔽层。

通常认为，背景音乐导线上的损失（插入损耗）在 0.5dB 以下是可以容忍的。从功放输出到音箱的电路中，扬声器的阻抗、导线的长度、导线的粗细都很重要。

选择音响信号传输线缆的方法与要点见表 10-32。

表 10-32 选择音响信号传输线缆的方法与要点

类型	解说
数字音频电缆	常用数字音频电缆可以使用与模拟音频相同的接插件。用模拟电缆来代用数字电缆，也能够将信号传出，但是会影响传输的质量。数字音频信号是工作频率很高的脉冲数据流，为了精确地传输信号，电缆必须与发送和接收设备相匹配，始端到终端电缆的阻抗必须保持统一标准

（续）

类型	解　说
模拟音频电缆	模拟电缆无论长度多少，在电缆各点上，阻抗是600Ω，模拟设备在电平匹配时输入输出阻抗小于600Ω也不会影响模拟音频的音质。模拟音频电缆可以分为话筒线缆、传输线路电缆、音箱电缆。模拟与数字设备上应用的电缆在外观上略有不同，细心观察可以分辨出来

背景音乐线可以选择标准 $2\times0.3mm^2$ 线的 RVS 双绞线、RVB 平行线等。

环绕音响线，可以选择标准 100~300 芯无氧铜线。

10.29 高保真广播音响系统连接线规格及电气参数

高保真广播音响系统连接线规格及电气参数见表 10-33。

表 10-33 高保真广播音响系统连接线规格及电气参数

型号规格	导体绞合芯数/直径/mm	70℃时最小绝缘电阻/(MΩ·km)	20℃时最大导体电阻/(Ω/km)
ETB $2\times2.0mm^2$	400 芯/0.08		9.75
ETB $2\times2.5mm^2$	500 芯/0.08	0.008	7.80
ETB $2\times3.0mm^2$	600 芯/0.08		6.50
ETB $2\times0.5mm^2$	100 芯/0.08	0.012	39.0
ETB $2\times0.75mm^2$	150 芯/0.08	0.011	26.0
ETB $2\times1.0mm^2$	200 芯/0.08	0.010	19.5
ETB $2\times1.5mm^2$	300 芯/0.08	0.009	13.3

10.30 背景音乐线线材的判断

背景音乐线线材的判断方法见表 10-34。

表 10-34 背景音乐线线材的判断方法

类型	判断方法
质量差的或者假冒的线材	质量差的，或者假冒的线材，一般是采用普通铜质细导线作导体材料的
发烧级线材	发烧级线材，一般是采用较高纯度的 ES-OCC（元氧单结晶体铜）或 OFEC（无氧电解铜）制成导体铜丝，具有手感柔韧、抗拉、抗折的特点

10.31 音视频线的概述与规格、结构

视频线就是用来传输视频信号的，用来传输视频基带模拟信号的一种同轴电缆。视频线一般有 75Ω、50Ω 两个阻抗。视频线按照粗细，可以分为-3、-5、-7、-9 等型号。视频线根据材质的不同，又

可以分为 SYV、SYWV 等种类。

SYV 是指实心聚乙烯绝缘的同轴电缆，国标代号是射频电缆。SYWV 是指聚乙烯物理发泡绝缘的同轴电缆，国标代号是射频电缆。

SYV 电缆的规格见表 10-35。

表 10-35 SYV 电缆的规格

型号	内导体标称直径/mm	编织根数/直径/mm	外径/mm
SYV-75-3	1/0.50	TC 96/0.10	5.0
	7/0.18	BC 96/0.12	
SYV-75-5	1/0.80	BC 96/0.10	7.0
	16/0.20		
SYV-75-5	1/0.80	BC 128/0.10	
	16/0.20		
	1/0.80	BC 128/0.12	
SYV-75-7	1/1.20	BC 144/0.10	9.8

射频电缆的结构图例如图 10-2 所示。

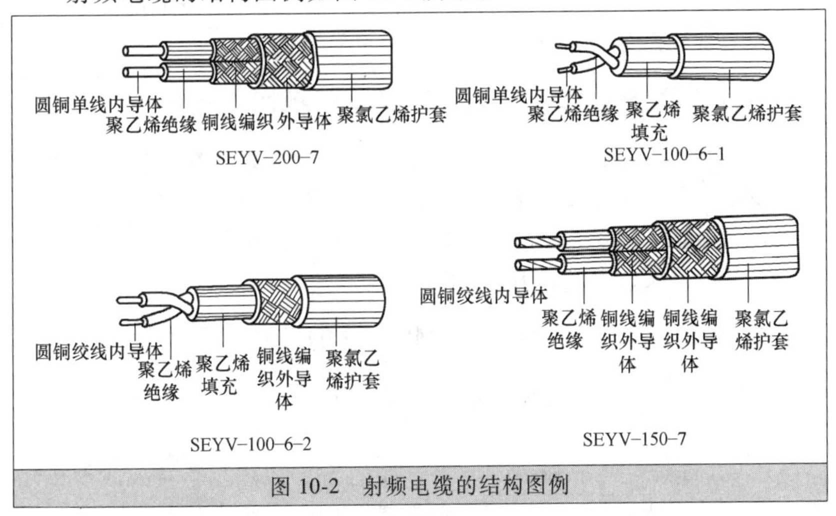

图 10-2 射频电缆的结构图例

10.32 音视频线的选择

视频线可以选择标准 AV 影音共享线。视频线的类型有多种，其中，还有一种电源视频一体线。

音频连接线，简称音频线。其是用来传输电声信号或数据的线。广义而言，音频线有电信号与光信号之分。音频电信号缆主要传输型式有平衡、非平衡。根据信号，又分为模拟、数字。根据信号强度，又分为前级、后级等。

由于音响设备可以由多个单件组合而成，因此线缆可以由音频电缆与连接头两部分组成。

常见的音频电信号缆（连接头）特点如下：

RCA（莲花头音频线）——非平衡、模拟数字。

XLR（卡农头音频线）——平衡/非平衡、模拟数字。

AES/EBUTRS JACKS（大三）——平衡/非平衡、模拟。

TS JACKS（大二）——非平衡、模拟。

BNC（Q9）——数字。

BANABA PLUG（香蕉插头）——后级输出音箱线、模拟。

SPEAKON（音箱插头）——后级输出音箱线、模拟。

RJ45（水晶头）——数字。

音视频线主要用于家庭视听系统的应用。音视频线一般是三根线并在一起，一根细的为左声道屏蔽线，一根细的为右声道屏蔽线，一根粗的为视频图像屏蔽线。

10.33 MIDI 线材的概述

MIDI 是 Musical Instrument Digital Interface（乐器数字接口）的缩写。它规定了电子乐器与计算机间进行连接的硬件、数据通信协议，已成为电脑音乐的代名词。MIDI 线材是使用在 MIDI 应用上的线材，常用五芯线来传送有关 MIDI 上的信息。

10.34 HDMI 线缆的概述

HDMI 是高清晰多媒体接口，其是 High Definition Multimedia Interface 的缩写。

HDMI 线缆是高清晰多媒体接口线的缩写，其能够高品质地传输未经压缩的高清视频、多声道音频数据，同时无需在信号传送前进行数/模，或者模/数转换，从而保证最高质量的影音信号传送。HDMI 线缆最高数据传输速度为 5Gbit/s，最远可传输 30m。

一个 1080P 的视频与一个 8 声道的音频信号需求少于 4GB/s。因此，HDMI 线可以足够应付一个 1080P 的视频与一个 8 声道的音频信号。

HDMI 可以支持 EDID、DDC2B。因此，具有 HDMI 的设备具有即插即用的特点，信号源与显示设备间会自动进行协商，自动选择最合适的视频/音频格式。

也就是说，HDMI 不仅可以满足目前最高画质 1080P 的分辨率，还能够支持 DVD Audio 等最先进的数字音频格式，支持八声道 96kHz 或立体声 192kHz 数码音频传送，而且只用一条 HDMI 线连接，免除数字音频接线。

根据电气结构、物理形状的区别，HDMI 接口可以分为 Type A 、Type B、Type C 、Type D 等类型。每种类型的接口，可以分别由用于设备端的插座与线材端的插头组成，使用 5V 低电压驱动，阻抗都是 100Ω。其中，A 型是标准的 19 针 HDMI 接口，普及率最高。B 型接口尺寸稍大，有 29 个引脚，可以提供双 TMDS 传输通道。因此，B 型接口支持更高的数据传输率与 Dual-Link DVI 连接。C 型接口与 A 型接口性能一致，只是体积较小，更适合紧凑型便携设备使用。D 型是最新的一个接口模式，其主要是应用在移动手机与部分平板电脑上。

现在的 HDMI 基本都是成品线，接头与屏蔽环都很粗，因此，需要错开穿大套线管，并且转弯绝对不能够太弯过死，并且要考虑好长度不能够超过要求。

有的 HDMI 线采用镀金接口，目前，有的品质较好的 HDMI 线采用了 24K 镀金，这样可以有效解决插头多次插拔后接触不良的问题，避免信号丢失等现象。

HDMI 线比较脆弱，埋线时，可以埋两条线以上作为备用，同时，一定要与强电的电线隔离。

选择 HDMI 线时，需要先确认 HDMI 线的版本，HDMI 线的版本，常见的有 1.3 和 1.4 两个版本。以及，注意 HDMI 线不是越长越好，以及 HDMI 接口的类型。

HDMI 标准还在不断发展中，HDMI1.2A 版标准已经正式启用，能够支持到 30/36/48 bit 的颜色，达到真实的 10 亿色表现能力，以及支持多声道环绕声伴音系统 DTS HD 和 True HD。1.2A 版 HDMI 还向下兼容现有的 HDMI 接口，以及开始向小型数码设备、PC 显卡上发展。

10.35 安防线材的概述

安防工程项目中，用于传输视频信号、控制信号，以及其他数据信息的线材统称为安防线材。其中，一些线材的类型如下：

安防连接线可以分为三芯线、四芯线、五芯线、六芯线等。

安防 DC 电源线可以分为一拖二、一拖三、一拖四、一拖八、一拖十等。

半球线可以分为三芯半球、四芯半球、五芯半球等。

延长线主要有 RCA+DC 公对 RCA+DC 母、延长线 BNC+DC 公对 BNC+DC 母、延长线 2RCA+DC 公对 2RCA+DC 母、延长线 BNC+RCA+DC 公对 BNC+RCA+DC 母。

OSD 菜单线主要有六芯、十一芯记忆 485 菜单线等。

10.36 RS-232 接口引脚定义

RS-232 接口符合美国电子工业联盟（EIA）制定的串行数据通信的接口标准，原始编号为 EIA-RS-232，简称 232，RS232。

RS-232 接口有 DB9、DB25 之分。RS-232 接口引脚定义见表 10-36。

表 10-36　RS-232 接口引脚定义

25 芯	9 芯	信号方向来自	缩写	描述名
2	3	PC	TXD	发送数据
3	2	调制解调器	RXD	接收数据
4	7	PC	RTS	请求发送
5	8	调制解调器	CTS	允许发送
6	6	调制解调器	DSR	通信设备准备好
7	5		GND	信号地
8	1	调制解调器	CD	载波检测
20	4	PC	DTR	数据终端准备好
22	9	调制解调器	RT	响铃指示器

RS-232 接口图例如图 10-3 所示。

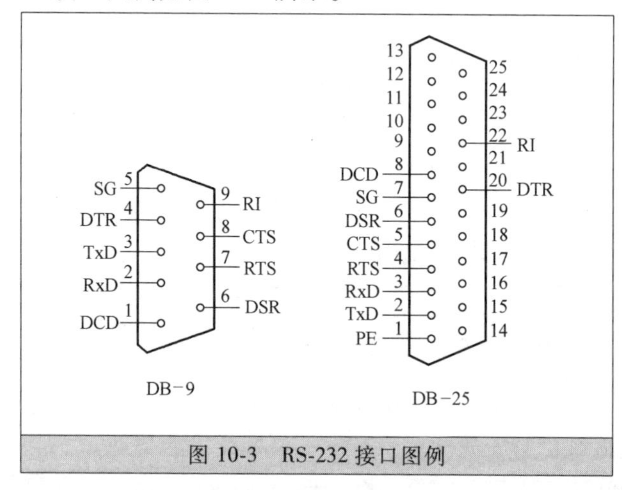

图 10-3　RS-232 接口图例

RS-232 接口间的转换图例如图 10-4 所示。

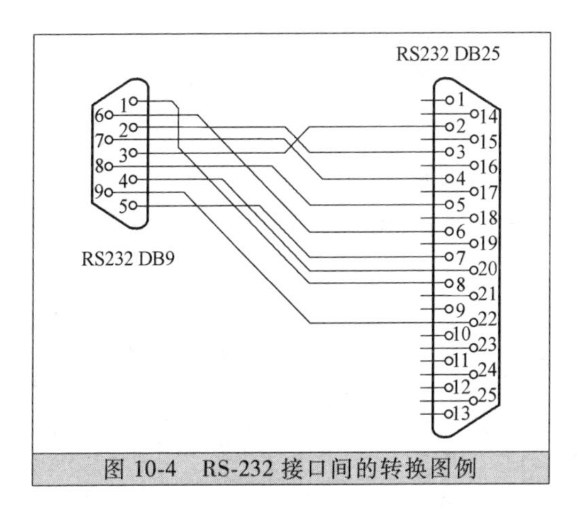

图 10-4 RS-232 接口间的转换图例

10.37 VGA 接口引脚定义

VGA 接口共有 15 针，分成 3 排，每排 5 个孔，显卡上应用最为广泛的接口类型，绝大多数显卡都带有此种接口。

VGA 接口传输红、绿、蓝模拟信号以及同步信号（水平和垂直信号）。VGA 接口引脚定义见表 10-37。

表 10-37 VGA 接口引脚定义

引脚号	对应信号	对应焊接	引脚号	对应信号	对应焊接
1	红基色端	红线的芯线	9	保留端	
2	绿基色端	绿线的芯线	10	数字地端	黑线
3	蓝基色端	蓝线的芯线	11	地址码端	棕线
4	地址码端	ID Bit	12	地址码端	
5	自测试端		13	行同步端	黄线
6	红地端	红线的屏蔽线	14	场同步端	白线
7	绿地端	绿线的屏蔽线	15	地址码端	
8	蓝地端	蓝线的屏蔽线			

VGA 接口图例如图 10-5 所示。

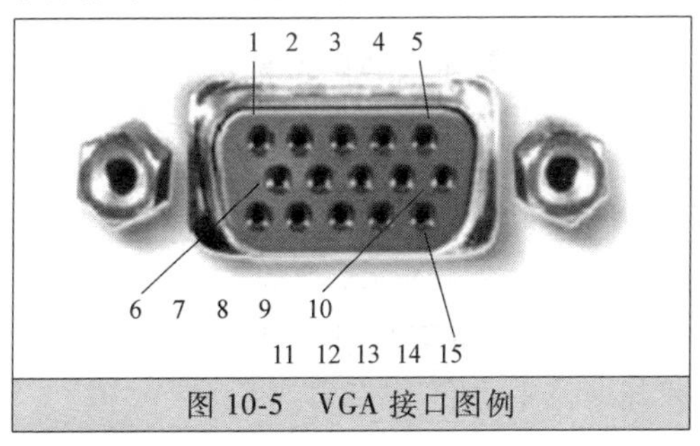

图 10-5 VGA 接口图例

10.38 HDMI 接口引脚定义

HDMI 接口是一种数字化视频/音频接口，其是适合影像传输的专用型数字化接口，其可同时传送音频、影像信号。

HDMI 接口图例如图 10-6 所示。注意，HDMI 的接口有标准口、迷你口之分。

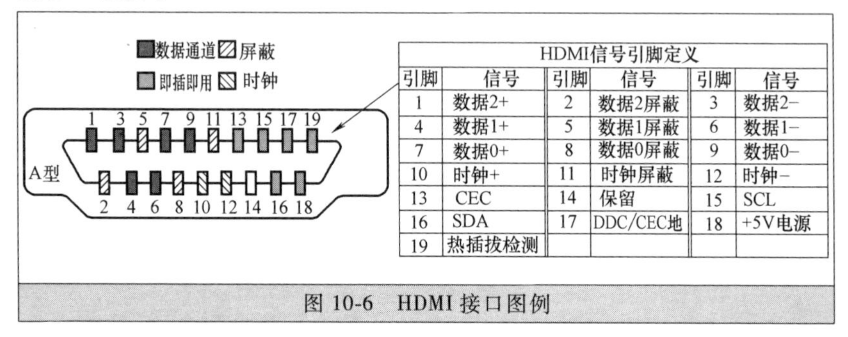

HDMI信号引脚定义

引脚	信号	引脚	信号	引脚	信号
1	数据2+	2	数据2屏蔽	3	数据2−
4	数据1+	5	数据1屏蔽	6	数据1−
7	数据0+	8	数据0屏蔽	9	数据0−
10	时钟+	11	时钟屏蔽	12	时钟−
13	CEC	14	保留	15	SCL
16	SDA	17	DDC/CEC地	18	+5V电源
19	热插拔检测				

图 10-6 HDMI 接口图例

10.39 模数化插座技术参数

模数化插座可以采用轨道安装，其适用于终端组合电器，也可用于其他成套电器中，对用电设备进行插接。

一些模数化插座技术参数见表 10-38。

表 10-38 一些模数化插座技术参数

极数	额定工作电压/V	额定工作电流/A	额定熔断短路电流/A
单相二线	250	250	500
单相三线	220	220	380
三相四线	10	10、16、25	16、25

10.40 无线门磁的概述与应用

无线门磁是由无线发射模块与磁块两部分组成。无线发射模块中的箭头处有钢簧管，当磁体与钢簧管的距离保持在 1.5cm 内时，钢簧管处于断开状态。如果磁体与钢簧管分离的距离超过 1.5cm 时，钢簧管就会闭合造成短路，报警指示灯亮，以及向主机发射报警信号。

无线门磁的主要结构特点如下：

1）金属制磁体：一般需要安装在可以上下移动的门板上，以及需要与门板的底部保持平行。

2）金属制钢簧管：一般安装在地下，与金属制磁体需要保持在同一个水平上。它们间要保持一定的距离，但不能超过21cm。

3）无线发射传感器：其与金属制钢簧管间是有线连接的，一般安装在距离主机通信范围内的位置，信号线需要沿着地面安装，其长短需要根据实际的需要而决定。

无线门磁动点一般安装固定在门上，发射点一般固定在门框对应的位置即可。但是，需要注意以下一些事项：

1）无线发射器与磁块需要相互对准、相互平行，间距不大于15mm。

2）尽量缩短无线发射传感器与主机间的距离，减少与主机间的钢筋混凝土墙、电器等干扰体。

3）无线发射器安装的位置需要在避免雨水、潮湿的地方。

4）如果所安装的门窗形状特殊，不便于安装门磁，则需要制作安装基架，以满足安装要求。

5）安装的位置要正确。

6）安装好后，需要把接收天线拉出。

7）天线的方向尽量向主机的方向。

10.41 红外探测器的概述与安装

安装红外探测器的一些方法与注意事项如下：

1）一些无线红外探测器安装时，无需任何接线工作，在墙壁上固定好基座后再将无线红外探测器安装上即可。

2）红外探测器与被探测区域间不能隔家具、大型盆景、玻璃等其他物体。

3）红外探测器不能够直对窗口，以防止窗外的热气流扰动与人员走动引起误报。

4）红外线热释电传感器对人体的敏感程度、人的运动方向有很大的关系：红外线热释电传感器对于径向移动反应不灵敏，对于横切方向移动最为敏感。因此，选择合适的安装位置是避免红外探头误报的注意事项之一。

5）红外探测器需要远离空调、冰箱、火炉等空气温度变化敏感的地方。

6）无线红外控制器的撤、布防等工作状态也可以由控制器进行设置。

10.42 无线烟雾感应器的概述与应用

安装无线烟雾感应器的一些方法与注意事项如下：

1）烟雾感应器的类型有独立型（直接用碱性电池供电）、联网型（有的为黄线接COM公共端子、蓝线接NC常闭端子、绿线接NO常开端子）、无线型（根据报警主机的配置要求，工作频率315MHz或433MHz可选，在发射模块上编好地址码与数据码，直接使用碱性电池供电等）。

2）有的烟雾感应器的安装可以用两颗膨胀螺钉将安装支架的背面固定在墙面。

3）安装烟雾感应器时，需要避免在气流速度大、有大量粉尘、水雾滞留或可能发生无烟火灾的场所。

4）选择合适的安装区域安装烟雾感应器。

5）有的烟雾感应器是一种密闭型装置，不允许打开。

6）无线烟雾感应报警器需要防尘和防潮。

7）避免把烟雾感应器安装在太接近门口、窗户、风扇等地方，一般较快的流通气流可能影响探测器的正常工作。

8）避免把烟雾感应器安装在高潮温度的地点，例如浴室、厨房等。

9）烟雾感应器不要安装在室外。

10）烟雾感应器如果安装在墙上，第一个探测器需要与天花板最小有15cm，最大30cm的距离，两个相邻探测器最少应相隔60cm。

11）烟雾感应器理想的安装位置有别墅、家居、商铺、写字楼、仓库、车库等地方。

12）烟雾感应器如果安装在走廊，走廊与墙的距离不应超过4m，两个相邻探测器不应超过8m。

13）无线烟雾感应器一般距离地面3m内安装，房间较大的情况下考虑分散布置探头，保证清洁无尘。

14）不要把无线烟雾感应报警器安装在超出10~50℃的温度，或者比较潮湿的地方。

10.43 建筑感烟探测器与感温探测器保护面积、保护半径与其他参量的关系

建筑感烟探测器与感温探测器的保护面积、保护半径与其他参量的关系见表10-39。

表 10-39 建筑感烟探测器与感温探测器的保护面积、保护半径与其他参量的关系

火灾探测器的种类	房间高度 h/m	地面面积 S/m^2	探测器的保护面积 A、保护半径 R					
			房顶坡度 $\theta \leqslant 15°$		$15° < $房顶坡度 $\theta \leqslant 30°$		房顶坡度 $\theta > 30°$	
			A/m	R/m	A/m	R/m	A/m	R/m
感温探测器	$h \leqslant 8$	$S \leqslant 30$	30	4.4	30	4.9	30	5.5
	$h \leqslant 8$	$S > 30$	20	3.6	30	4.9	40	6.3
感烟探测器	$h \leqslant 12$	$S \leqslant 80$	80	6.7	80	7.2	80	8.0
	$6 > h \leqslant 12$	$S > 80$	80	6.7	100	8.0	120	9.9
	$h \leqslant 6$		60	5.8	80	7.2	100	9.0

10.44 家居多媒体箱的概述与尺寸

家居多媒体箱又叫做弱电箱、家居布线箱等。其是较弱电压线路的集中箱，一般用于现代家居装修中，对网线、电话线、电脑显示器、USB 线、电视的 VGA、天线等进行集中管理的设备。

家居多媒体箱结构图例如图 10-7 所示。

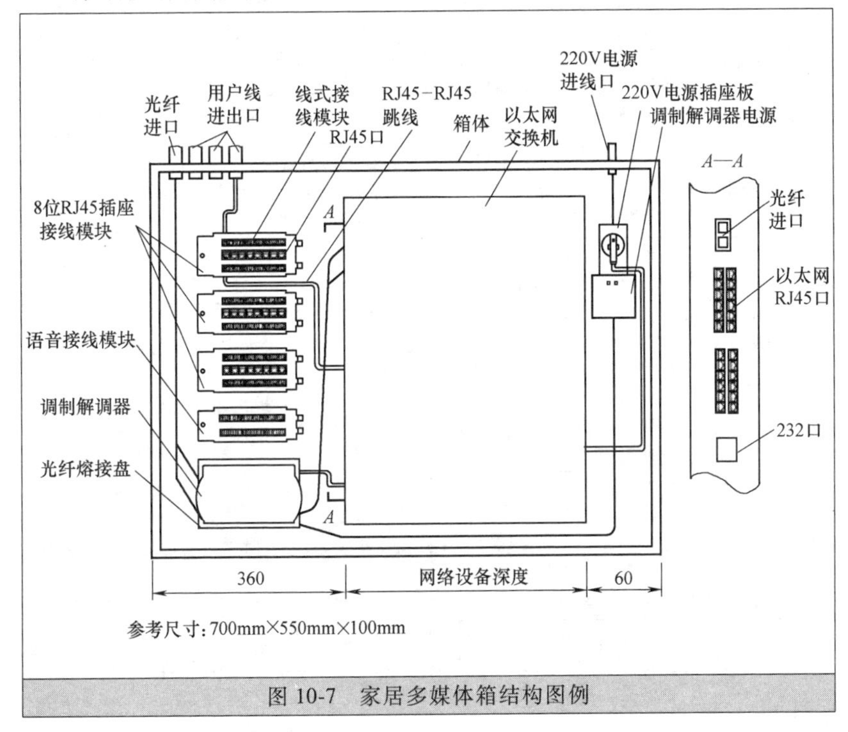

图 10-7 家居多媒体箱结构图例

弱电箱与强电箱是有差异的，强电箱主要是控制220V照明与电器、插座线路的。

市面上，家居多媒体箱的尺寸有：

整体尺寸（宽×高×深）：300mm×260mm×105mm

整体尺寸（宽×高×深）：300mm×260mm×92mm

箱尺寸（宽×高×深）：272mm×230mm×90mm

10.45 不同频率对音色的影响

不同频率对音色的影响见表10-40。

表10-40 不同频率对音色的影响

名称	解说
16~20kHz频率	这段频率范围对于人耳的听觉器官来说，已经听不到了。但是，人可以通过人体、头骨、颅骨将感受到的16~20kHz频率的声波传递给大脑的听觉脑区，因而，也感受到这个声波的存在。该段频率影响音色的韵味、色彩、感情味。如果这段频率过强，则给人一种宇宙声的感觉，一种神秘莫测的感觉，一种不稳定的感觉。这段频率在音色当中强度很小。如果音响系统的频率响应范围达不到这个频率范围，那么音色的韵味将会失落
12~16kHz频率	人耳可以听到的高频率声波，是音色最富于表现力的部分，是一些高音乐器、高音打击乐器的高频泛音频段。例如镲、铃、铃鼓、沙锤、铜刷、三角铁等打击乐器的高频泛音，可给人一种“金光四射”的感觉，强烈地表现了各种乐器的个性。如果这段频率成分过强，音色会产生“毛刺”般尖噪、刺耳的高频噪声。如果该段频率成分不足，则音色将会失掉色彩，失去个性
10~12kHz频率	该段是高音木管乐器的、高音铜管乐器的高频泛音频段，例如长笛、双簧管、小号、短笛等。如果该段频率过强，则会产生尖噪、刺耳的感觉。如果该段频率缺乏，则音色将会失去光泽，失去个性
8~10kHz频率	该段频率非常明显，影响音色的清晰度、透明度。如果该段频率成分过多，音色则变得尖锐。如果该频率成分缺少，音色则变得平平淡淡
6~8kHz频率	该段频率影响音色的明亮度、清晰度，这是人耳听觉敏感的频率。如果该段频率成分过强，则音色显得齿音严重。如果该段频率成分缺少，则音色会变得暗淡
5~6kHz频率	该段频率最影响语音的清晰度、可懂度。如果该段频率成分过强，则音色变得锋利，易使人产生听觉上的疲劳感。如果该段频率成分不足，则音色显得含糊不清
4~5kHz频率	该段频率对乐器的表面响度有影响。如果该段频率成分幅度大了，乐器的响度就会提高。如果该段频率强度提高了，则会使人感觉乐器与人耳的距离变近了。如果该段频率强度变小了，会使人听觉感到这种乐器与人耳的距离变远了
3~4kHz频率	该段频率的穿透力很强。如果该段频率成分过强，则会产生咳声的感觉
2~3kHz频率	该段频率是影响声音明亮度最敏感的频段。如果该段频率成分过强，音色就会显得呆板、发硬、不自然。如果该段频率成分丰富，则音色的明亮度会增强。如果该段频率幅度不足，则音色将会变得朦朦胧胧

（续）

名称	解　说
1~2kHz 频率	该段频率范围通透感明显，顺畅感强。如果该段频率过强，音色则有跳跃感。如果该段频率缺乏，音色则松散且音色脱节
800~1kHz 频率	该段频率幅度影响音色的力度。如果该段频率过多，则会产生喉音感。如果音色中的喉音成分过多，则会失掉语音的个性、失掉音色美感。如果该段频率丰满，音色会显得强劲有力。如果该段频率不足，音色将会显得松弛
500~800Hz 频率	该段频率是人声的基音频率区域，是一个重要的频率范围。如果该段频率过强，语音就会产生一种向前凸出的感觉，使语音产生一种提前进入人耳的听觉感受。如果该段频率丰满，人声的轮廓明朗，整体感好。如果该段频率幅度不足，语音会产生一种收缩感
300~500Hz 频率	该段频率是语音的主要音区频率。如果该段频率幅度过强，音色会变得单调。这段频率的幅度丰满，语音有力度。如果这段频率幅度不足，声音会显得空洞、不坚实
150~300Hz 频率	该段频率影响声音的力度，尤其是男声声音的力度。该段频率是男声声音的低频基音频率，同时也是乐音中和弦的根音频率。如果该段频率成分过强，声音会变得生硬而不自然，且没有特色。如果该段频率成分缺乏，音色会显得发软、发飘，语音则会变得软绵绵
100~150Hz 频率	该段频率影响音色的丰满度。如果该段频率成分缺少，音色会变得单薄、苍白。如果该段频率成分过强，音色将会显得浑浊，语音的清晰度变差。如果该段频率成分增强，就会产生一种房间共鸣的空间感、浑厚感
60~100Hz 频率	该段频率影响声音的浑厚感，是低音的基音区。如果该段频率过强，音色会出现低频共振声，有轰鸣声的感觉。如果该段频率很丰满，音色会显得厚实、浑厚感强。如果该段频率不足，音色会变得无力
20~60Hz 频率	该段频率影响音色的空间感。如果该段频率过强，会产生一种“嗡嗡”的低频共振的声音，严重地影响了语音的清晰度、可懂度。该段频率是房间或厅堂的谐振频率。如果该段频率缺乏，音色会变得空虚。如果该段频率表现的充分，会使人产生一种置身于大厅之中的感受

10.46 频段的谱特性对音质的影响

声音的频谱分成三个频段，高频段（7kHz 以上）、中频段（500Hz~7kHz）、低频段（500Hz 以下）。中频段还可分为中低频段（500Hz~4kHz）、中高频段（2~7kHz）。下面根据该分类方法介绍各个频段的谱特性对音质的影响，具体见表 10-41。

表 10-41　各个频段的谱特性对音质的影响

频段	解　说
低频	1）声音的低频成分多、录放系统低频响应（200Hz 以下）有提升——声音有气魄、厚实、有力、丰满。 2）声音的低频成分过多、录放系统的频率响应的低频过分提升——声音浑浊、沉重、有隆隆声。

（续）

频段	解　说
低频	3）声音的低频成分适中、录放系统的低频频率响应平直扩展——声音丰满、有气魄、浑厚、低沉、坚实、有力、可能有隆隆声。 4）声音的低频成分少、录放系统的低频响应有衰减——声音可能比较干净、单薄无力
中频	1）声音的中频成分多、录放系统的中频响应有提升——声音清晰、透亮、有力、活跃。 2）声音的中频成分少、录放系统的中频响应有衰减——声音圆润、柔和、动态出下来、松散（500～1kHz）、沉重（5kHz）、浑浊（5kHz）。 3）声音的中频成分过多、录放系统的中频响应过分提升——声音动态出不来、浑浊、有号角声、鸣声（500～800Hz）、电话声（1kHz）、声音硬（2～4kHz）、刺耳（2～5kHz）、有金属声（3～5kHz）、咝咝音（4～7kHz）。 4）声音的中频成分适中、录放系统的中频响应平直——声音圆滑、悦耳、自然、中性、和谐、有音乐性但声音可能无活力
高频	1）声音的高频成分多、录放系统高频响度有提升——声音清晰、明亮、锐利。 2）声音的高频成分少、录放系统高频响应有衰减——声音动态出不来、沉重、浑浊、圆润、柔和、丰满、声音枯燥、受限制、放不开、有遥远感。 3）声音的高频成分过多、录放系统高频响应过分提升——声音刺耳、有咝咝音、轮廓过分清楚、呆板、缺乏弹性、有弦乐噪声。 4）声音的高频成分适中、录放系统的高频响应平直扩展——声音开阔、活跃、透明、清晰、自然、圆滑、可能细节过分清楚
整个音频段	1）录放系统的频响有深谷——声音不协调。 2）整个频响的频带窄——声音单薄、无力、平淡。 3）在整个音频范围内各频率成分均匀、录放系统的总体频率响度应平直——声音自然、清晰、圆滑、透明、和谐、无染色、柔和、有音乐味、清脆。 4）声音的某些频率成分多，另一些频率又少，或录放系统频响多峰多谷——声音粗糙、刺耳、有染色

10.47　单声道到环绕立体声的特点

单声道到环绕立体声的特点见表10-42。

表10-42　单声道到环绕立体声的特点

名称	特点解说
单声道	单声道是比较原始的声音复制形式，属于早期的声道。通过两个扬声器回放单声道信息时，可以明显感觉到声音是从两个音箱中间传递到耳朵里。单声道缺乏位置感
立体声	单声道缺乏对声音的位置定位，立体声具有位置感。立体声，可以使听众清晰地分辨出各种乐器来自的方向，增加音乐的想象力、临场感受
准立体声	准立体声是在录制声音时，采用单声道。放音时，采用立体声，或者单声道

（续）

名称	特点解说
四声道环绕	三维音效的主旨是为人们带来一个虚拟的声音环境，通过特殊的 HRTF 技术营造一个趋于真实的声场，从而获得更好的游戏听觉效果、声场定位。 四声道环绕有 4 个发音点：前左、前右、后左、后右，听众被包围在该中间（4.0 声道音箱系统）。如果，在此基础上增加一个低音音箱，从而加强对低频信号的回放处理，这就是 4.1 声道音箱系统。 四声道系统可以为听众带来来自多个不同方向的声音环绕，从而获得身临各种不同环境的听觉感受
5.1 声道	5.1 声道属于一种声音录制压缩格式。杜比 AC-3（Dolby Digital）、DTS 等均以 5.1声音系统为技术蓝本的。 5.1 声音系统来源于 4.1 环绕，不同之处在于 5.1 声音系统增加了一个中置单元。该中置单元负责传送低于 80Hz 的声音信号，其在欣赏影片时有利于加强人声，从而把对话集中在整个声场的中部，也就是增加了整体效果
7.1 声道	7.1 声道是在 5.1 的基础上，增加了中左、中右两个发音点，从而更加达到完美的境界

10.48 家居背景音乐点位

家居背景音乐点位见表 10-43。

表 10-43 家居背景音乐点位表

房间	点位说明
茶室	一般在茶桌四周安装扬声器，控制面板一般安装在便于控制的位置
车库	一般两侧各安装一个扬声器
过道	一般安装两个扬声器
主卫	一般在卫生间并联两个扬声器，墙壁并联一个控制面板（安装在防水盒内）
主卧	一般在床头与床尾两侧各安装一个扬声器，达到最佳立体声效果，床头便于控制的墙壁安装控制面板
餐厅	一般在餐桌四周各安装一个扬声器，达到环绕立体声音乐效果。控制面板一般安装在餐桌旁边墙壁，便于控制
户外花园	一般安装两个防水扬声器，控制面板一般安装在门口
健身房	一般在健身器材周围安装四个扬声器
客厅	一般情况下不打开家庭影院系统，在沙发四周安装吸顶扬声器，客厅开关位置安装控制面板
书房	一般在书桌两侧各安装一个扬声器，达到最佳立体声效果
卧室	一般在床头两侧各安装一个扬声器，达到最佳立体声效果，床头便于控制的墙壁安装控制面板

10.49 扬声器种类与特点

扬声器是一种十分常用的电声换能器件。扬声器的种类如下：

1）根据用途——可以分为监听扬声器、主声扬声器、补声扬声器、巡回演出扬声器、影院扬声器等。

2）根据外形——可以分为圆锥形扬声器、球顶形扬声器、号角形扬声器。

3）根据声波辐射——可以分为直射式扬声器（纸盆扬声器）、反射式扬声器（号筒扬声器）。

4）根据频率特性——可以分为低音扬声器、中音扬声器、高音扬声器、全音域扬声器。

5）根据能量转换原理——可以分为电动式扬声器（即动圈式扬声器）、静电式扬声器（即电容式扬声器）、电磁式扬声器（即舌簧式扬声器）、压电式扬声器（即晶体式扬声器）等。

一些扬声器的特点见表 10-44。

表 10-44　一些扬声器的特点

名称	特点解说
补声扬声器	补声扬声器一般放在侧后方，主要弥补主声的不足
巡回演出扬声器	巡回演出扬声器具有大功率、移动方便等特点
影院扬声器	影院扬声器一般适应数码技术，具有语言清晰、穿透力强等特点
12 寸以上大口径扬声器	一般的 12 寸以上大口径扬声器单元，低音特性好，失真不大，但超过 1.5kHz 的信号，表现就很差
1~2 寸的高音扬声器	1~2 寸的高音扬声器单元重放 3kHz 以上的信号性能很好，但无法重放中音、低音信号
专业扩声用扬声器	专业扩声用扬声器多用于各种类型的室内外演出，主要是向广大观众或听众播放音乐，歌曲等节目。专业扩声用扬声器要选用功率大、频带宽、失真小、灵敏度高的扬声器，高频单元一般选用号角式扬声器。中、低频单元多选用纸盆扬声器，大型剧场使用声柱扬声器
中音扬声器	中音扬声器适用频域在 500Hz~5kHz 中频音发音的号筒型或锥型扬声器
低音扬声器	低音扬声器专为重放 500Hz 以下低音信号的扬声器。低音通常分为中低音频段（100~500Hz）、低音频段（40~150Hz）、超低音频段（20~50Hz）
全音域扬声器	全音域扬声器是指一个扬声器单元能重放全音域的声音。该类扬声器一般频率范围控制在中低音到高音范围，低音频的下限大于 100Hz。该类扬声器常使用在电视机、录音机等民用设备中
监听扬声器	监听扬声器是供调音人员来评价音色质量的扬声器。监听扬声器要求频响宽、失真低、指向性好、功率大、动态范围大、抗过载。监听扬声器分为供调控人员及演奏人员监听用、供演奏人员监听用的扬声器。

（续）

名称	特 点 解 说
监听扬声器	供调控人员及演奏人员监听用——及时发现节目声音出现的问题并加以调整、处理。这类扬声器保真度要高、瞬态特性要好、能够真实反映原声信号的质量。供调控人员及演奏人员监听用扬声器多选择扩散型组合的音箱。 供演奏人员监听用的扬声器——供演奏人员监听用的扬声器多使用小型扬声器。这类扬声器指向性要强、中高音特性好，以保证返回的声音信号有较高的清晰度，并防止演奏现场声反馈
主声扬声器	主声扬声器是面对观众、辐射全场的一种扬声器
纸盆式扬声器	纸盆式扬声器又称为动圈式扬声器，它是一种低音扬声器。其一般由三部分组成：振动系统、磁路系统、辅助系统。纸盆式扬声器工作原理如下：当功率放大器输出的音频电流通过音圈时，由于磁场与音圈的相互作用，音圈会产生运动，会随信号振动，这样通过振动系统实现电声的转换。 纸盆扬声器纸盆面积越大越有利于声辐射，通常低音纸盆口径为20~30cm，高音纸盆口径在10cm以下。 电动式扬声器应用最广泛，它又可以分为盆式、号筒式、球顶形三种。 纸盆扬声器结构简单、低音丰满、音质柔和、频带宽，但效率较低
号筒式扬声器	号筒式扬声器是一种高音扬声器，由振动系统、号筒构成。号筒式扬声器的振动系统的振膜不是纸盆，而是一球形膜片。振膜的振动通过号筒向空气中辐射声波。号筒式扬声器的频率高、音量大，常用于室外及广场扩声
球顶形扬声器	球顶形扬声器是一种高音扬声器
高音扬声器	高音扬声器只能够为重放音频中的高频成分的扬声器。其通常采用口径较小的扬声器

10.50 扬声器技术特性

扬声器技术特性见表10-45。

表10-45 扬声器技术特性

几种恒指向性号筒的技术特性

标称覆盖角(-6dB)水平角×垂直角	指向性因数 Q（平均值）	号筒下限频率/Hz	最低推荐分频点/Hz	灵敏度级1W，1m/dB	喉部直径/mm	外形尺寸/mm 高×宽×长	重量/kg
90°×40°	12.3	300	500	112	41	790×790×827	18
60°×40°	19.8	300	500	113	41	805×770×849	17
40°×20°	47.6	200	500	115	41	805×850×1550	23
90°×40°	10.7	400	800	110	41	320×500×274	9
60°×40°	19.0	400	800	112	41	320×500×274	9
40°×20°	45.2	630	800	113	41	270×500×470	7.5

几种高频驱动器的技术特性

喉部直径/mm	标称阻抗/Ω	功率承受能力/W		灵敏度级 1W,1m /dB	频率范围/Hz	最低推荐分频频率/Hz	振膜材料	直径/mm	厚度/mm	重量/kg
		粉红噪声	节目信号							
41	16	35	70	108	500~15000	500	铝合金箔	235	80	10
41	16	50	100	108	500~15000	500	钛合金箔	235	80	10
22	8	25	50	104	800~18000	800	钛合金箔	155	55	3.7

几种低频扬声器箱的技术特性

扬声器单元的数量及直径/mm	标称阻抗/Ω	额定功率/W	灵敏度级 1W,1m/dB	频率范围/Hz	推荐分频频率/Hz	外形尺寸/mm 高×宽×厚	重量/kg
1×ϕ400	8	100	98	40~2000	500	767×512×478	40
2×ϕ400	8	200	101	40~2000	500	1060×660×470	65
1×ϕ500	8	200	95	25~2000	200	1060×660×470	60

10.51 扬声器传输电缆允许距离

扬声器传输电缆允许距离见表 10-46。

表 10-46 扬声器传输电缆允许距离

电缆规格		不同扬声器总功率允许的最大线缆长度/m			
二线制	三线制	30W	60W	120W	240W
2×0.5mm^2	3×0.5mm^2	400	200	100	50
2×0.75mm^2	3×0.75mm^2	600	300	150	75
2×1.0mm^2	3×1.0mm^2	800	400	200	100
2×1.2mm^2	3×1.2mm^2	1000	500	250	125
2×1.5mm^2	3×1.5mm^2	1300	650	325	165
2×2.5mm^2	3×2.5mm^2	—	1100	550	280

注：此表电缆选用 RVS 或（RVS+RV）。

10.52 单只扬声器扩声面积

单只扬声器扩声面积见表 10-47。

表 10-47　单只扬声器扩声面积

型号	规格	名称	扩声面积/m^2	备注
ZTY-1	3W	天花板扬声器	40~70	吊顶安装
ZTY-2	5W	天花板扬声器	60~110	较高吊顶安装
ZQY	3W	球形扬声器	30~60	吊顶、无吊顶安装
	5W	球形扬声器	50~100	特殊装饰效果的场合
ZYX-1A	3W	音箱	40~70	壁装
ZYX-1	5W	音箱	60~110	壁装
ZSZ-1	30W	草地扬声器	80~120	室外座装
ZMZ-1	20W	草地扬声器	60~100	室外座装

注：扬声器安装高度 3m 以内。

10.53　面积与扬声器功率的匹配

面积与扬声器功率的匹配见表 10-48。

表 10-48　面积与扬声器功率的匹配

扩声面积/m^2	扬声器功率/W	功放标称功率/W
500	35~40	≥40
1000	70~80	≥80
2000	120~150	≥150
5000	250~350	≥350
10000	500~700	≥700

10.54　家居扬声器摆放位置与使用的要求

家居扬声器摆放位置与使用的一些要求见表 10-49。

表 10-49　家居扬声器摆放位置与使用的一些要求

项目	摆放位置与使用的一些要求
家具	家具可能会产生振动，并因此带来杂音
线材	用线材尽量短，并且确保所有连接干净，未被氧化
主箱	主箱一般对称放在听音者前方，两只主箱间的距离大约是与听音者间距离的 80%。也就是主箱与听音者间的角度为 45°
低频放大	扬声器放在靠墙的位置或者是地板上，低频会被放大，有时可能引起模糊的声音重放。如果扬声器是放在靠近角落的地方，这样的放大就更加明显。但是，有时这种放大又是需要的。因此，有些构造的扬声器刻意设计成靠墙摆放式
低音炮摆放位置	低音炮在房间的摆放位置影响系统的整体频响、声压级别。房间对于低频区域的影响非常强烈。低音炮摆放位置还影响主箱、低音炮间的相位差。把低音炮放在房间角落通常可以获得更加线性化的频响

（续）

项目	摆放位置与使用的一些要求
反射	地毯、窗帘、软家具会吸收中频、高频的声音，因此，这是扬声器适宜的环境。大而空旷的区域就会产生硬反射，可能导致语音含糊不清。音染、声音的通透性会败坏。房间产生的反射大致类似于电视屏幕上出现的重影
房间尺寸	避免正方形或者是长度正好是宽度两倍的长方形房间，因为，会产生不必要的共振
过载	长时间大功率播放可能导致扬声器单元和/或功放机过载
煲机	首次使用时，扬声器单元需要50~100h才可煲出最佳声音。这段时间，扬声器也许可以正常使用
不要紧贴	不可以把扬声器单元与低音反射孔朝向地板、墙面放置

10.55 音箱的概述与性能指标

音箱是可将音频信号变换为声音的一种设备。音箱的发声部件是扬声器，音箱的箱体主要是为了防止扬声器振膜正面与反面的声波信号直接形成回路，造成仅有波长很小的高中频声音可以传播出来，其他的声音信号被叠加抵消掉了。音箱箱内障板、倒相管、共振腔等，主要是为了在低频频段对一定波长的声音信号进行增强，以及进一步减少大气压力对声音还原的影响。

音箱的性能指标见表10-50。

表10-50 音箱的性能指标

名称	解　说
频率范围	频率范围是指音响系统能够重放的最低有效回放频率与最高有效回放频率间的范围
频率响应	频率响应是指将一个以恒电压输出的音频信号与系统相连接时，音箱产生的声压随频率的变化而发生增大或衰减、相位随频率而发生变化的现象，这种声压和相位与频率的相关联的变化关系称为频率响应。一般要求频响越宽越好，但是也必须是平坦的，至少在两端的衰减不超过3dB才有意义
信噪比	信噪比是指音箱回放的正常声音信号与无信号时噪声信号的比值，其单位用dB表示。信噪比数值越高，噪声越小。信噪比低时，小信号输入时噪声严重。一般信噪比低于80dB的音箱不建议选择。信噪比低于70dB的低音炮不建议选择。国际电工委员会对信噪比的最低要求如下： 1）CD机的信噪比可达90dB以上，高档的可达110dB以上。 2）收音头调频立体声为50dB，实际上达到70dB以上为佳。 3）普通磁带录音座为56dB，经杜比降噪后信噪比有很大提高。 4）前置放大器大于等于63dB，后级放大器大于等于86dB，合并式放大器大于等于63dB。合并式放大器信噪比的最佳值应大于90dB

（续）

名称	解　说
音调	音调是指具有特定的，并且通常是稳定的音高信号，也就是声音听来调子高低的程度。音调与频率、声音强度有关。频率高的声音人耳的反应是音调高，频率低的声音人耳的反应是音调低。音调随频率的变化基本上呈对数关系
音色	音色对声音音质的感觉，也是一种声音区别于另一种声音的特征品质。音色不但取决于基频，而且与基频成整倍数的谐波密切有关
音效技术	音效技术现在较为常见的有 SRS、APX、Spatializer 3D、Q-SOUND、Virtaul Dolby、Ymersion 等几种。对于多媒体音箱来说，SRS、BBE 两种技术比较容易实现，效果也好，能有效提高音箱的表现能力
承受功率	音箱铭牌上标注的多少瓦到多少瓦的字样含义是：前面的数值是指推动该音箱的最起码连续功率，只有达到这一功率，音箱才进入最佳状态。后面的数字是指音箱所能承受的最大功率，超过该功率就可能烧毁音箱单元
等响度控制	等响度控制主要作用是低音量时提升高频、低频声。等响度控制一般为 8dB 或 10dB
可扩展性	可扩展性是指音箱是否支持多声道同时输入，是否有接无源环绕音箱的输出接口，是否有 USB 输入功能等
立体声分离度	立体声分离度是指双声道间互相不干扰信号的能力、程度，也即隔离程度。一般用一条通道内的信号电平与泄漏到另一通道中去的电平之差表示。如果立体声分离度差，则立体感将被削弱。欧洲广播联盟规定的调频立体声广播的立体声分离度为>25dB，实际上能做到 40dB 以上。国际电工委员会规定的立体声分离度的最低指标，1kHz 时大于等于 40dB，实际以达到大于 60dB 为好
立体声通道平衡	立体声通道平衡是指左、右通道增益的差别。一般以左、右通道输出电平间最大差值来表示。如果不平衡过大，立体声声像位置将产生偏离。该指标应小于 1dB
灵敏度	灵敏度的大小反映了音箱的推动的难易程度，灵敏度最好在 87dB 以上，这样的音箱比较好推动，对功放的要求也不太高。 音箱的灵敏度每差 3dB，输出的声压就相差一倍，一般以 87dB 为中灵敏度，84dB 以下为低灵敏度，90dB 以上为高灵敏度。灵敏度的提高是以增加失真度为代价的。灵敏度虽然是音箱的一个指标，但是它与音箱的音质音色无关
失真度	失真度有谐波失真、互调失真、瞬态失真之分： 1）谐波失真是指声音来回放中增加了原信号没有的高次谐波成分而导致的失真。 2）互调失真影响到的主要是声音的音调方面。 3）瞬态失真是因为扬声器具有一定的惯性质量存在，盆体的振动无法跟上瞬间变化的电信号的振动而导致的原信号与回放音色间存在的差异。 4）普通多媒体音箱的失真度以小于 0.5% 为宜，通常低音炮的失真度普遍较大，小于 5% 就可以接受

（续）

名称	解　说
响度	声音的强弱称为强度，它由气压迅速变化的振幅大小决定。人耳对强度的主观感觉与客观的实际强度不一致。一般把对于强弱的主观感觉称为响度，其单位为分贝。人耳的听觉频率为20Hz~20kHz，这个频带叫音频、声频。无论声压高低，人耳对3~5kHz频率的声音最为敏感。多数人对信号声级突变3dB以下时是感觉不出来的，因此，对音响系统常以3dB作为允许的频率响应曲线变化范围
阻抗	阻抗是指音箱在频率为1kHz时呈现的电阻值，通常是4Ω或8Ω，也有5Ω、6Ω、10Ω等。音箱的输入阻抗高于16Ω为高阻抗，低于8Ω的为低阻抗，音箱的标准阻抗是8Ω。音箱的阻抗是随工作频率的改变而改变的，通常在低频段是低、高频段高。音箱的理想状态时随工作频率的变化越小越好。 在功放与输出功率相同的情况下，低阻抗的音箱可以获得较大的输出功率，但是阻抗太低了又会造成欠阻尼、低音劣化等现象
阻尼系数	阻尼系数是指放大器的额定负载阻抗与功率放大器实际阻抗的比值。阻尼系数大表示功率放大器的输出电阻小，阻尼系数是放大器在信号消失后控制扬声器锥体运动的能力。一般希望功率放大器的输出阻抗小、阻尼系数大为好。阻尼系数一般在几十到几百间，优质专业功率放大器的阻尼系数可高达200以上
动态范围	不失真表现的最大音量与最小音量的分贝数就是动态范围
功率	功率决定音箱所能发出的最大声强。音箱功率有两种标注方法：额定功率、瞬间峰值功率。音箱的功率由功率放大器芯片的功率与电源变压器的功率主要决定。普通家庭用户的$20m^2$左右的房间，真正意义上的60W功率音箱足够了，但功放的储备功率越大越好，最好为实际输出功率的2倍以上

10.56 音箱的种类

音箱的种类见表10-51。

表10-51　音箱的种类

名称	解　说
木质音箱、塑料音箱	木质音箱、塑料音箱是根据箱体的材质来分的种类
钛膜球顶音箱、软球顶音箱	钛膜球顶音箱、软球顶音箱是根据高音单元材质来分的种类
纸盆音箱、防弹布纺织盆音箱、羊毛编织盆音箱、聚丙烯盆音箱	纸盆音箱、防弹布纺织盆音箱、羊毛编织盆音箱、聚丙烯盆音箱是根据低音单元材质来分的种类
被动式音箱	被动式音箱就是需要外置一台放大器驱动才能够工作
主动式有源音箱	主动式有源音箱就是自身内置电子分频器与放大器的一种音箱

（续）

名称	解 说
偶极环绕音箱	偶极环绕音箱发声方式通常都采用双面发声方式，主要是通过反射声波来营造出环绕声效果
敞开式音箱	敞开式音箱是由障板与共鸣腔组合而成，盖面上有许多孔眼
声阻尼式音箱	声阻尼式音箱是在音箱的开口孔道内，装有许多玻璃石等声阻材料，以此来降低箱内的共振频率，改善音箱的低频特性
密闭式音箱	密闭式音箱把音箱封闭起来，在面板上只留扬声器口，减少声反射。使扬声器前后的墀不会产生干涉，改善低频特性，同时丰富中、高音
倒相式音箱	倒相式音箱在扬声器面板上开一个口或插入一根倒相管，使箱内的弹性空气与管内空气发生共振，使产生180°倒相。纸盆振动时，前后声波相叠加，增加低频辐射
声柱音箱	声柱音箱是一种特殊音箱，在柱体内以直线排列一定数量的扬声器，形成同轴辐射声的扬声器系统。声柱音箱常用于大型剧场，用金属板材或木料制成一个长方形的柱状体
左右声道主音箱（20Hz~20kHz）	左右声道主音箱在重放过程中起主导作用，其在重放时主要是反映欣赏者正面声场的大小与深度，并表现重放声场中左前、右前的声场信号。AV系统中重放具有杜比解码的故事片时，左、右声道主音箱是表现其背景音乐。因此，一般家居左右声道主音箱要求摆位与电视机的高度相等
中置音箱（40~20k）	中置音箱在重放过程中主要是表现人物的对白、处于中间的声音。一般家居中置音箱放置于电视机的上面。中置音箱有一低音与双低音两种，一低音的一般需要竖放，双低音的一般需要横放
环绕音箱（40~10k）	环绕音箱主要是表现重放场后方的声音。环绕音箱摆放的高度一般是高于听者70cm的位置。有了环绕音箱才能够体现出声场对欣赏者的包围感，尤其是播放战争片时，飞机从后面飞向前面时，通过环绕音箱的表现，可以使欣赏者有一种身临其境的感受
超重低音音箱（50~150）	重放大动态信号、故事片中出现高潮时，有了超重低音音箱的重放，可以使欣赏者体会到一种排山倒海的气势。低音无方向性，因此，超重低音音箱可以随便摆。家居超重低音音箱一般放置于主声道与环绕音箱间

10.57 壁挂音箱的参数

一些壁挂音箱的参数见表10-52。

表 10-52 一些壁挂音箱的参数

参数 \ 型号	CS310	CS430	CS440	CS450FH
额定功率	3W/6W	3W/6W	3W/6W	3W/6W
额定电压	100V	100V	100V	100V
阻抗/Ω	3.3kΩ/1.7kΩ	3.3kΩ/1.7kΩ	3.3kΩ/1.7kΩ	3.3kΩ/1.7kΩ
频响	90Hz~16kHz	150Hz~12kHz	150Hz~12kHz	150Hz~12kHz
灵敏度	90dB	92dB	92dB	92dB
尺寸/mm	178×139	200×280	200×280	200×240
扬声器单元	6.5″口径全频扬声器	6.5″口径全频扬声器	6.5″口径全频扬声器	6.5″口径全频扬声器
安装方式	悬挂明装	悬挂明装	悬挂明装	悬挂明装
面罩类型	塑料网罩	金属网罩	金属网罩	金属网罩(铝)

10.58 背景音乐安装的方法与要求

背景音乐安装的一些方法与要求如下：

1）背景音乐系统的中心是控制主机。

2）背景音乐系统布线有的采用星形连接，有的采用树形连接等不同的类型。

3）为了保证立体声效果，安装扬声器时需要考虑人在房间的活动特点。例如，卧室一般将扬声器安装在床头两侧；书房一般将扬声器安装在书桌两侧；餐厅考虑将扬声器安装在餐桌两侧。

4）背景音乐系统布线主要包括控制网线、音箱线。

5）智能液晶控制面板的控制线的接线顺序一定要与控制主机的接线顺序对应起来。

6）一般情况下，扬声器间的距离保持在层高的 1. 5 倍左右就有比较好的立体声效果。

7）DVD 与智能主机尽量摆在一起，红外控制器与主机间一般不需要布线。

8）正确选择背景音乐系统线。高保真广播音响系统连接线主要用于功放与音响设备间的音频信号传输布线，适用于公共广播、会议室、大厅、背景音乐、舞台音响、卡拉 OK 系统和家庭多媒体系统等音响工程。

9）智能控制主机需要选择合适的安装位置，以保证布线的方便、美观。

10.59 高保真广播音响系统连接线的规格

高保真广播音响系统连接线的一些规格见表 10-53。

表 10-53 高保真广播音响系统连接线的一些规格

型号规格	导体绞合芯数/直径 mm	20℃时最大导体电阻/(Ω/km)	70℃时最小绝缘电阻/(MΩ·km)	包装
ETB $2\times0.5mm^2$	100 芯/0.08	39.0	0.012	100m/卷
ETB $2\times0.75mm^2$	150 芯/0.08	26.0	0.011	
ETB $2\times1.0mm^2$	200 芯/0.08	19.5	0.010	
ETB $2\times1.5mm^2$	300 芯/0.08	13.3	0.009	
ETB $2\times2.5mm^2$	500 芯/0.08	7.80	0.008	

10.60 家庭背景音乐系统主机的常见接口

家庭背景音乐系统主机的常见接口，具体见表 10-54。

表 10-54 家庭背景音乐系统主机的常见接口

接口名称	接口解说
AM 天线接口	内置音源 FM/AM 设备的 AM 频段电台天线接口
Fm 天线接口	内置音源 FM/AM 设备的 FM 频段电台天线接口
Ir 接口	配合 AUX 接口,可以实现设备对接入 AUX 接口音源设备的曲目选择、暂停、播放等功能
RS-232 接口	可以实现有关 RS-232 接口的连接
USB 接口	提供 USB 接口,可以用作接入存储 MP3 格式的音频文件、存储 avi\wmv\wma\mpeg-4 等格式的音/视频文件
视频输出(VIDEO)	视频信号输出接口,设备光盘播放机可读取视频信号,并且输出视频信号
音频信号输出接口(OUT)	音频节目信号(音乐)输出接口,一般有多个,例如 OUT1:2×50W、8Ω;OUT2~OUT8:2×15W、8Ω
熔丝座	内置熔丝管,电流过载,保护设备不受损坏
辅助输入(AUX)	该辅助输入接口可接入其他辅助音源
控制信号线接口(REMOTE)	控制信号接口可以接入音量控制器,以控制与之对应的输出(OUT)口选择音源曲目,以及调节相应输出区域的输出音量、高低音大小

10.61 音箱的选择

家庭影院系统的前置主音箱，一般为立式音箱，有的使用书架式音箱、落地式音箱。具体情况，需要根据视听室面积大小、功放功率大小、个人爱好来决定。一般情况的选择如下：

视听室在 $15m^2$ 以下的，可以选用中型书架音箱。

视听室低于 $10m^2$ 的，可以选用小型书架箱。

视听室大于 $15m^2$ 的房间，可以选用中型书架音箱或落地箱。

选择家居音箱的方法与要点见表 10-55。

表 10-55 选择家居音箱的方法与要点

项目	解说
从安装的角度来选择	家庭卧室与洗手间安装的音箱,后者需要防水的功能。有吊顶的房与没吊顶的场所,对音箱的安装也不同
装饰环境的角度来选择	背景音乐设计需要与装饰设计结合在一起
从声压的角度来选择	音箱的功率、声压级一定要与背景音乐系统的参数相合,要与所安装的区域面积大小相合,要考虑整个系统的布局,才能达到最好的效果
从性能特征来选择	家庭主要播放轻音乐的目的

10.62 功放与音箱的匹配

功放与音箱的匹配，需要做到以下几点：

1）音箱功率等于功放的额定功率，在电子管功放中常用。

2）功放功率大于音箱功率，在专业音箱系统中常用。并且，常规情况下，专业功放的功率比音箱功率大 2/3 即可。

3）音箱功率大于功放功率，俗称小马拉大车，仅限家庭用。

10.63 客厅沙发后面音响的安装

环绕扬声器、后置扬声器可以增加声音的分离与特殊效果，扩展视像，把观者带入逼真的画面中。另外，环绕扬声器还能够很好地驾驭对白。因此，家居客厅音响常需要设计环绕扬声器、后置扬声器。

客厅音响沙发后面的 2 个环绕扬声器位置一般比坐在沙发上的人耳略高。如果沙发后有位置安放环绕支架，则可以把线留在沙发后地面或墙角。安装时，只需要把线穿在环绕支架里，再连接到音箱上即可。

左右后置扬声器的摆放需要使声音能够反射到观看者的两边，而不是直接反射到背后。另外，后置扬声器的高度也可以与耳齐或超过耳朵（以坐姿为准）。

旋转后置音箱的顶部或底部需要能够使声音朝向聆听者的前方或后方。

10.64 天线的类型与特点

天线是一种变换器，其能够把传输线上传播的导行波，变换成在无界媒介中传播的电磁波，或者进行相反的变换。天线的类型如下：

1）根据工作性质，可以分为发射天线、接收天线。

2）根据用途，可以分为通信天线、电视天线、广播天线、雷达天线等。

3）根据方向性，可以分为全向天线、定向天线等。

4）根据工作波长，可以分为超长波天线、长波天线、中波天线、短波天线、超短波天线、微波天线等。

家装涉及的天线主要是新农村家装涉及的电视天线。

一些天线的特点如下：天线不同振子的增益见表10-56，CATV共用天线的特性要求见表10-57，卫星天线室外单元电性能要求见表10-58，卫星天线室内单元电性能要求见表10-59。

表10-56 不同振子数目的天线可达到的增益值

种类	振子总数	反射体数	引向体数	可达到的增益值	
				倍数	分贝/dB
对称振子	1	0	0	1.64	2.15
2单元天线	2	1(0)	0(1)	2~2.8	3~4.5
3单元天线	3	1	1	4~6.3	6~8
4单元天线	4	1	2	5~10	7~10
5单元天线	5	1	5	7.9~12.6	9~11
6单元天线	6	1	4	10~15.9	10~12
7单元天线	7	1	5	11.2~17.8	10.5~12.5
8单元天线	8	1	6	12.6~20	11~13
9单元天线	9	1	7	14.1~22.4	11.8~13.5
10单元天线	10	1	8	15.9~25.1	12~14
双层5单元天线	5×2	1×2	3×2	15.9~25.1	12~14

表10-57 CATV共用天线的特性要求

种类		频道	半功率角/°	前后比/dB	增益/dB	驻波比
频带	振子数					
VHF宽频段	3	1~5 6~12	70以下	9以上	2.5~5	2.0以下
	5	1~5 6~12	65以下	10以上	3~7	2.0以下
	8	6~12	55以下	12以上	4~8	2.0以下

（续）

种类		频道	半功率角/°	前后比/dB	增益/dB	驻波比
频带	振子数					
VHF 单频道专用	3	低频道	70 以下	9.5 以上	5 以上	2.0 以下
	5	低频道	65 以下	10.5 以上	6 以上	2.0 以下
	8	高频道	55 以下	12 以上	9.5 以上	2.0 以下
UHF 低频道	20 以上	13~24	45 以下	15	12 以上	2.0 以下
UHF 高频道	20 以上	25~68	45 以下	15	12 以上	2.0 以下

表 10-58　室外单元电性能要求

技术参数	要　求	备　注
一本振标称频率	5170MHz±2MHz	
一本振频率稳定度	$\leqslant 7.7\times10^{-4}$	-55~-25℃
输入饱和电平	≥-60dBm	1dB 压缩点时的输入电平
镜像干扰抑制比	≥50dB	
输入口回波损耗	≥7dB	
输出口回波损耗	≥10dB	
多载波互调比	≥40dB	频率间隔 4MHz，电平-70dBm
增益稳定性	≤0.2dB/h	
输出频率范围	970~1470MHz	
工作频段	3.7~4.2GHz	
振幅/频率特性	≤3.5dB	通带内功率增益起伏　峰—峰值，带宽 500MHz
带内任意接收频道内增益波动	≤1dB	通带内功率增益起伏　峰—峰值，带宽 36MHz
功率增益	60dB±5dB	
噪声温度	≤30K	20~25℃

表 10-59　室内单元的主要电性能要求

参　数	要　求		单位
	专业型	普及型	
工作频段	970~1470	970~1470	MHz
预选频道数	≥24	≥24	个
输入电平范围	-60~-30	-60~-30	dBm
噪声系数	≤15	≤15	dB
二本振频率稳定度	±0.5（对 5~40℃）	±0.5（5~40℃）	MHz
中频滤波器 3dB 带宽	27	27	MHz
静态门限值	≤8	≤8	dB
连续随机杂波信噪比	≥35.5（加重不加数值）	≥33	dB
电源干扰信噪比	≥40	≥40	dB
视频频率响应	0.5~5MHz（≤±0.75dB） 6MHz（≤+0.75，-3dB）	0.5~4.8MHz（±1dB） 5MHz（+1，-3dB）	dB

（续）

参数	要求		单位
	专业型	普及型	
亮度/色度增益不等（ΔK）	±10	±15	%
亮度/色度时延不等（Δr）	±50	±80	ns
微分增益失真（DG）	±10	±12	%
微分相位失真（DP）	±5	±8	度
视频回波损耗	≥26	≥23	dB
伴音副载频可调范围	5~8.5 可调	5~8.5 可调	MHz
伴音频带	0.04~15（≤+0.5，-3dB）	0.08~10（≤+0.5，-3dB）	kHz
伴音谐波失真	≤2	≤2.5	%
伴音信噪比（S/N）	≥50.5（有效值未加数）	≥48（有效值未加数）	dB

10.65 家装接地与等电位联结的规定与要求

家装接地与等电位联结的一些规定与要求如下：

1）家装套内的配电系统，需要配有 PE 线。

2）装修后，要保证等电位联结的有效性、可靠性。

3）局部等电位联结线，要采用不小于 $2.5mm^2$ 的铜芯软导线，并且穿绝缘导管敷设。

4）局部等电位联结，要包括卫生间内金属给水排水管、金属浴盆、金属洗脸盆、金属采暖管、卫生间电源插座的 PE 线，以及建筑物钢筋网。

5）装修时，等电位联结端子箱不得拆除、不得覆盖。

6）设有洗浴设备的卫生间，要做局部等电位联结。

7）照明及插座回路 PE 线截面积应与相线截面积相等。

8）住宅建筑户内下列电气装置的外露可导电部分，均需要可靠接地：

① 缆线的金属保护导管、接线盒及终端盒。

② I 类照明灯具的金属外壳。

③ 固定家用电器、手持式及移动式家用电器。

④ 家居配电箱、家居配线箱、家居控制器的金属外壳。

10.66 防雷与接地概述

接地是指电力系统、电气装置的中性点、电气设备的外露导电部分与装置外导电部分，经由导体与大地相连。接地，可以分为工作接地、防雷接地、保护接地，具体的一些特点见表 10-60。

表 10-60 具体的一些特点

名称	解说
保护接地	保护接地是为了防止设备因绝缘损坏带电，而危及人身安全所设的一种接地。保护接地只是在设备绝缘损坏的情况下才会有电流流过，其数值可以在较大范围内变动
防雷接地	防雷接地是为了消除过电压危险影响而设的一种接地。防雷接地只是在雷电冲击的作用下才会有电流流过，流过防雷接地电极的雷电流幅值可达数十至上百千安培，一般持续时间也很短
工作接地	工作接地就是由电力系统运行需要而设置的。工作接地在正常情况下，会有只是几安培到几十安培的不平衡电流长期流过接地电极。系统发生接地故障时，会有上千安培的工作电流流过接地电极，然而该电流会被继电保护装置在0.05~0.1s 内切除

防雷接地就是防止因雷击而造成损害的一种防护措施。防雷接地装置常见的部分概念见表 10-61。

表 10-61 防雷接地装置常见的部分概念

名称	解说
接地电阻	接地电阻是接地体或自然接地体的对地电阻的总和
接地体(极)	接地体是埋入土中，并且直接与大地接触的金属导体
接地网	由垂直与水平接地体组成的具有泄流、均压作用的一种网状接地装置
接地线	电气设备、杆塔的接地端子与接地体或零线连接用的正常情况下不载流的金属导体
接地装置	接地装置是接地线、接地体的总称
雷电接受装置	直接或间接接受雷电的金属杆(接闪器)，包括避雷针、避雷带(网)、架空地线、避雷器等
引下线	用于将雷电流从接闪器传导到接地装置的导体

10.67 常见接地体材料、结构、最小尺寸要求

常见接地体材料规格、结构、最小尺寸要求见表 10-62。

表 10-62 常见接地体材料规格、结构、最小尺寸要求

材料	结构	最小尺寸			说明
		垂直接地体最小直径/mm	水平接地体最小截面面积或直径	接地板最小尺寸/mm	
铜	铜绞线	—	$50mm^2$	—	每股直径 1.7mm
	单根圆铜	—	$50mm^2$	—	直径 8mm
	单根扁铜	—	$50mm^2$	—	厚度 2mm
	单根圆铜	15	—	—	—

（续）

材料	结构	最小尺寸			说明
		垂直接地体最小直径/mm	水平接地体最小截面面积或直径	接地板最小尺寸/mm	
铜	铜管	20	—	—	壁厚 2mm
	整块铜板	—	—	500×500	厚度 2mm
	网格铜板	—	—	600×600	各网格边截面 25mm×2mm，网格网边总长度不少于 4.8m
钢	热镀锌圆钢	14	78mm²	—	—
	热镀锌钢管	20	—	—	壁厚 2mm
	热镀锌扁钢	—	90mm²	—	厚度 3mm
	热镀锌钢板	—	—	500×500	厚度 3mm
	热镀锌网格钢板	—	—	600×600	各网格边截面 30mm×3mm，网格网边总长度不少于 4.8m
钢	镀铜圆钢	14	—	—	径向镀铜层至少 250μm，铜纯度 99.9%
	裸圆钢	14	78mm²	—	—
	裸扁钢或热镀锌扁钢	—	90mm²	—	厚度 3mm
	热镀锌钢绞线	—	70mm²	—	每股直径 1.7mm
	热镀锌角钢	50×50×3	—	—	—
	镀铜圆钢	—	50mm²		径向镀铜层至少 250μm，铜纯度 99.9%
不锈钢	圆形导体	16	78mm²	—	—
	扁形导体	—	100mm²	—	厚度 2mm

注：1. 截面积允许误差为-3%。

2. 镀锌层，需要光滑连贯、无焊剂斑点，以及镀锌层至少圆钢镀层厚度 22.7g/m²、扁钢 32.4g/m²。

3. 热镀锌前螺纹，需要应先加工好。

4. 铜需要与钢结合良好。

5. 不锈钢中铬大于等于 16%，镍大于等于 5%，钼大于等于 2%，碳小于等于 0.08%。

6. 不同截面的型钢，其截面积不小于 290mm²，最小厚度 3mm，例如可用 50mm×50mm×3m 的角钢做垂直接地体。

7. 铜绞线、单根圆铜、单根扁铜，也可以采用镀锡。

8. 裸圆钢、裸扁钢、钢绞线作为接地体时，只有在完全埋在混凝土中时，才允许采用。

9. 裸扁钢、热镀锌扁钢、热镀锌钢绞线，只适用于与建筑物内的钢筋或钢结构每隔 5m 的连接。

10.68 接地体规格与接地电阻

接地体最小允许规格见表 10-63。

表 10-63 接地体最小允许规格

所用材料	地下所用材料规格		地上所用材料规格	
	交流电流回路	直流电流回路	室内	室外
圆钢	直径 10mm	直径 12mm	直径 6mm	直径 8mm
扁钢	截面积 $100mm^2$ 厚度 4mm	截面积 $100mm^2$ 厚度 6mm	截面积 $60mm^2$ 厚度 3mm	截面积 $100mm^2$ 厚度 4mm
角钢	厚度 4mm	厚度 6mm	厚度 2mm	厚度 2.5mm
钢管	管壁厚 3.5mm	管壁厚 4.5mm	管壁厚 2.5mm	管壁厚 2.5mm

10.69 防雷接地项目与接地电阻

防雷接地项目与接地电阻见表 10-64。

表 10-64 防雷接地项目与接地电阻

接地项目名称	冲击接地电阻/Ω
第一类防雷建筑物的接地装置	$R\leqslant10$
第二类防雷建筑物的接地装置	$R\leqslant10$
第三类防雷建筑物的接地装置	$R\leqslant30$
独立接闪杆，架空接闪线或网接地装置	$R\leqslant10$
电涌保护器、电缆金属外皮、钢管和绝缘子铁脚、金具等应连在一起接地	$R\leqslant30$
户外架空金属管道的防雷接地	$R\leqslant30$
露天可燃气体储气柜(罐)的防雷接地	$R\leqslant30$
露天油罐的防雷接地	$R\leqslant10$
水塔的防雷接地	$R\leqslant30$
烟囱的防雷接地	$R\leqslant30$
微波站、电视台的天线塔防雷接地	$R\leqslant5$
微波站、电视台的机房防雷接地	$R\leqslant1$
卫生地面站的防雷接地	$R\leqslant1$
广播发射台天线塔防雷接地装置	$R\leqslant0.5$
广播发射台发射机房防雷接地装置	$R\leqslant10$
雷达试验调试场防雷接地	$R\leqslant1$
雷达站天线与雷达主机工作接地共用接地体	$R\leqslant1$

10.70 电气设备接地项目与接地电阻

电气设备接地项目与接地电阻见表 10-65。

表 10-65 电气设备接地项目与接地电阻

接地项目名称	接地电阻/Ω
100kVA 及以上变压器(发电机)	$R\leqslant4$
100kVA 及以上变压器供电线路的重复接地	$R\leqslant10$
100kVA 及以下变压器(发电机)	$R\leqslant10$
100kVA 及以下变压器供电线路的重复接地	$R\leqslant30$
高、低压电气设备的联合接地	$R\leqslant4$
电流、电压互感器二次绕组接地	$R\leqslant10$
架空引入线绝缘子铁脚接地	$R\leqslant20$
装在变电所与母线连接的避雷器接地	$R\leqslant10$
配电线路零线每一重复接地装置	$R\leqslant10$
3~10kV 变、配电所高低压共用接地装置	$R\leqslant4$
3~10kV 线路在居民区的水泥电杆接地装置	$R\leqslant30$
低压电力设备接地装置	$R\leqslant4$
电子设备接地	$R\leqslant4$
电子设备与防雷接地系统共用接地体	$R\leqslant1$
电子计算机安全接地	$R\leqslant4$
医疗用电气设备接地	$R\leqslant4$
静电屏蔽体的接地	$R\leqslant4$
电气试验设备接地	$R\leqslant4$
电梯设备专用接地装置	$R\leqslant4$

10.71 接地装置的材料最小允许规格、尺寸

接地装置安装，当设计无要求时，接地装置的材料需要采用钢材，热浸镀锌处理，最小允许规格、尺寸，需要符合表 10-66 的规定。

表 10-66 接地装置的材料最小允许规格、尺寸

种类、规格及单位		敷设位置及使用类别			
		地上		地下	
		室内	室外	交流电流回路	直流电流回路
圆钢直径/mm		6	8	10	12
扁钢	截面积/mm^2	60	100	100	100
	厚度/mm	3	4	4	6
角钢厚度/mm		2	2.5	4	6
钢管管壁厚度/mm		2.5	2.5	3.5	4.5

10.72 弱电系统接地电阻

弱电系统接地电阻见表 10-67。

表 10-67 弱电系统接地电阻

项目名称	接地形式	规模或容量	接地电阻/Ω
调度电话站	专用接地装置	直流供电	$R<15$
		交流单相负荷供电：≤0.5kW	$R<10$
		交流单相负荷供电：>0.5kW	$R<4$
	共用接地装置		$R<1$
程控交换机	专用接地装置		$R<5$
	共用接地装置		$R<1$
综合布线(屏蔽)系统	专用接地装置		$R<4$
	接地电位差	<1Vr.m.s	$R<1$
	共用接地装置		$R<1$
天线系统	专用接地装置		$R\leq4$
	共用接地装置		$R\leq1$
BAS 等系统	专用接地装置		$R<4$
	共用接地装置		$R<1$
火灾自动报警系统	专用接地装置		$R<4$
	共用接地装置		$R<1$
有线广播系统	专用接地装置		$R<4$
	共用接地装置		$R<1$
闭路电视系统	专用接地装置		$R<4$
	共用接地装置		$R<1$
保安监视系统	专用接地装置		$R<4$
	共用接地装置		$R<1$
计算机管理系统	专用接地装置		$R<4$
	共用接地装置		$R<1$
扩声对讲及同声传译	专用接地装置		$R<4$
	共用接地装置		$R<1$

10.73 声光开关的技术性能

声光开关的一些技术性能如下：

1）工作电压——一般装修中选择交流 160~250V、AC200~250V 即可，选择的电压范围宽，更能够适应电源电压的波动。一般装修中频率一般选择 50~60Hz 即可。

2）静态功耗——一般装修中选择数值较小的。数值小，意味着更省电。

3）温度范围——一般装修中选择能够适应春、夏、秋、冬环境

中使用，以及电气元件出现的最大温度。例如有的选择-25~45℃。

4）光控范围——例如有关<1lx~4lx<开。

5）声控范围——例如可以选择≥65dB±5dB。

6）型号种类——例如有二线、三线、带应急强启功能等。

7）负载范围——例如有≤60W。

8）延时时间——例如有60s。

10.74 遥控开关主要参数

遥控开关的一些主要参数如下：

1）遥控开关有单开、单关、全开、全关等不同控制功能的开关类型。以及还有一些类型：86型红外遥控开关4路、2路86型无线遥控开关、1路86型无线遥控开关、3路86型无线遥控开关、1拖4无线遥控开关、1拖3无线遥控开关、1拖2无线遥控开关、单路遥控开关、独立型3路遥控开关、2路遥控开关、4路智能遥控开关等。

2）遥控开关的每路负载功率，可以是白炽灯（例如<1500W），也可以是节能灯（例如<400W）。

3）干扰性，例如有的每个面板需要相隔2m以上，才不会受干扰。

4）遥控开关的工作电压，一般选择交流电压220V附近的，频率一般选择50Hz即可。

10.75 消防工程施工要求

消防工程施工要求见表10-68。

表10-68 消防工程施工要求

名称	解说
防烟排烟系统	1）防排烟系统的柔性短管、密封垫料的制作材料，必须采用不燃材料。 2）防火风管的本体、框架、固定材料，必须为不燃材料，并且耐火等级应符合设计要求。 3）风管系统安装完成后，需要进行严密性检验
室内消火栓系统	1）管径大于100mm的镀锌钢管，需要采用法兰或卡套式专用管件连接。 2）管径小于或等于100mm的镀锌钢管，需要采用螺纹连接。 3）室内消火栓安装完成后，需要取屋顶层试验消火栓和首层取两处消火栓做试射试验，达到有关要求为合格
室外消火栓灭火系统	消防水泵接合器、消火栓的位置标志需要明显，栓口的位置需要便于操作

（续）

名称	解　　说
火灾探测器	1）宽度小于3m的内走道顶棚上，设置探测器时，宜居中布置。 2）感温探测器的安装间距不应超过10m。 3）感烟探测器的安装间距不应超过15m。 4）火灾探测器到墙壁、梁边的水平距离不应小于0.5m。 5）火灾探测器周围0.5m内不应有遮挡物。 6）火灾探测器到空调送风口边的水平距离不应小于1.5m。 7）到多孔送风口的水平距离不应小于0.5m。 8）探测器宜水平安装，当必须倾斜安装时，倾斜角不应大于45°。 9）各种带式输送装置上敷设时，需要敷设在装置的过热点附近。 10）可燃气体探测器安装时，安装位置需要根据探测气体密度确定。 11）探测器的确认灯，需要面向便于人员观察的主要入口方向。 12）缆式线型感温火灾探测器在电缆桥架、变压器等设备上安装时，需要采用接触式布置
控制设备	控制器的主电源应直接与消防电源连接，严禁使用电源插头

第11章 线路图与连接图

11.1 单控开关连接图

单控开关连接图如图 11-1 所示。

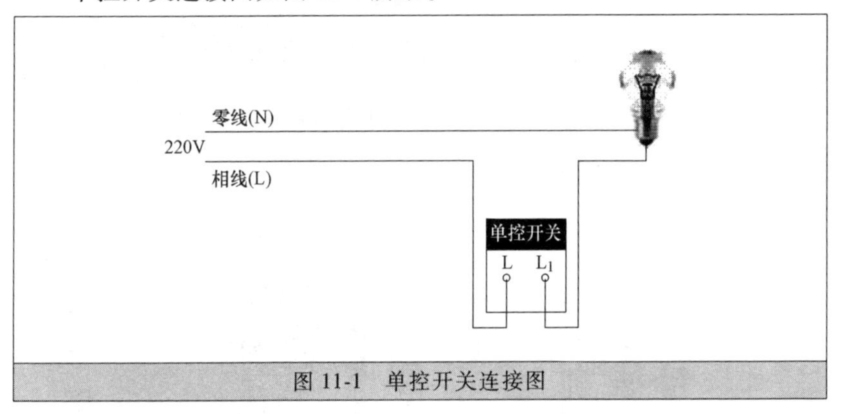

图 11-1 单控开关连接图

11.2 双控开关连接图

双控开关连接图如图 11-2 所示。

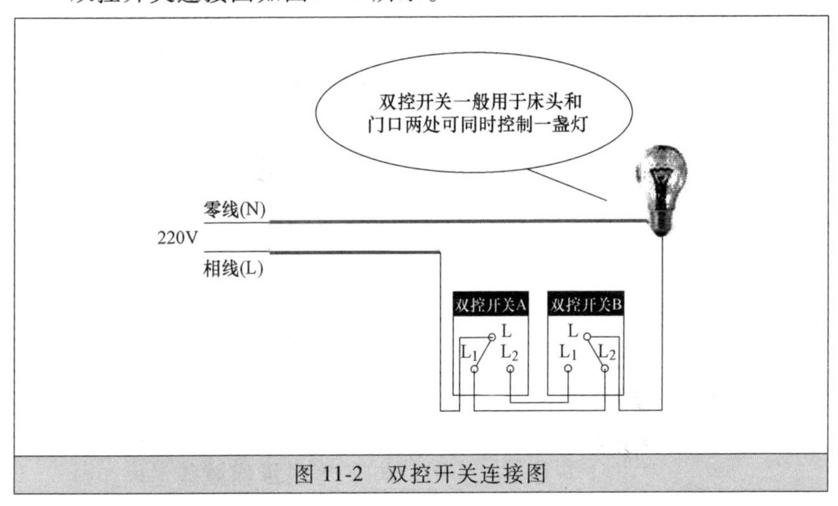

图 11-2 双控开关连接图

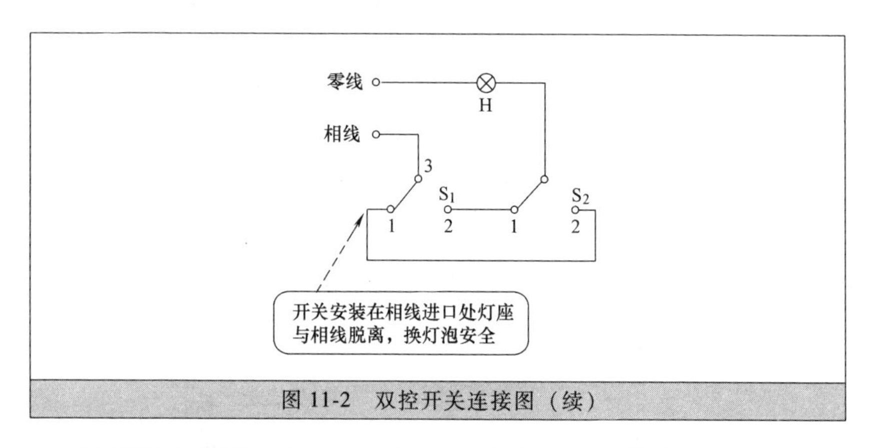

图 11-2 双控开关连接图（续）

11.3 中间开关连接图

中间开关连接图如图 11-3 所示。

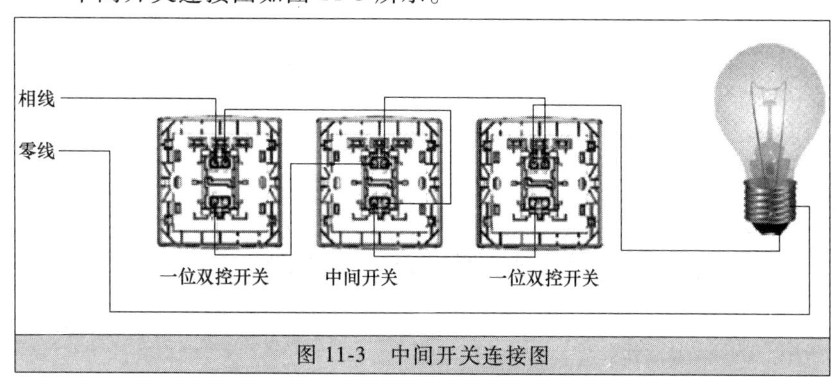

图 11-3 中间开关连接图

11.4 一灯一开关照明连接图

一灯一开关照明连接图如图 11-4 所示。

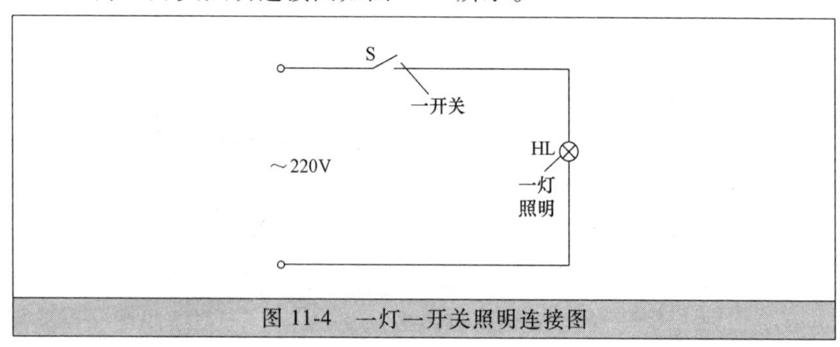

图 11-4 一灯一开关照明连接图

11.5　两灯一开关灯泡并联照明连接图

两灯一开关灯泡并联照明连接图如图 11-5 所示。

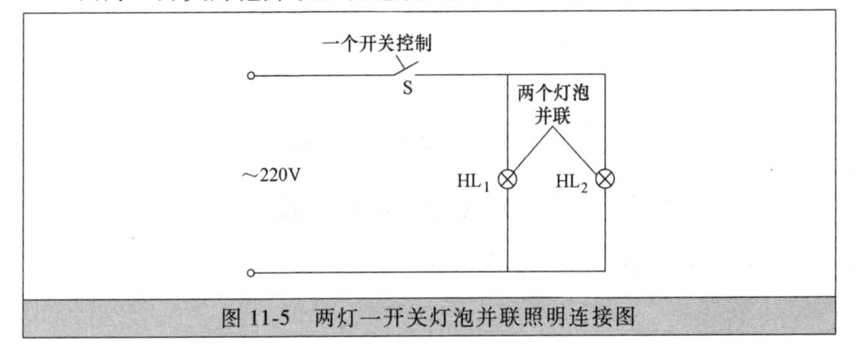

图 11-5　两灯一开关灯泡并联照明连接图

11.6　两只开关控制一盏灯连接图

两只开关控制一盏灯连接图如图 11-6 所示。

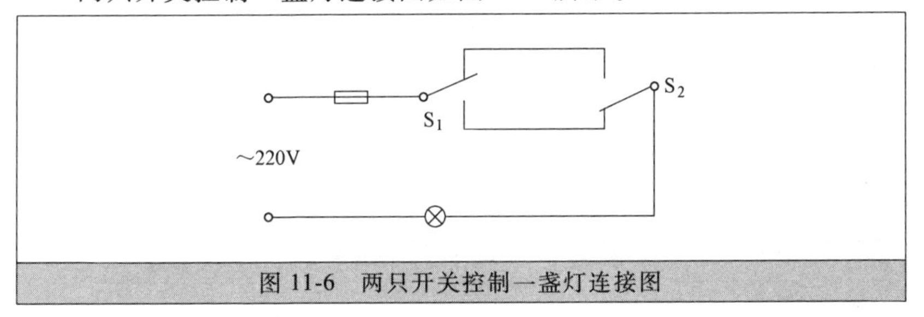

图 11-6　两只开关控制一盏灯连接图

11.7　三只开关控制一盏灯连接图

三只开关控制一盏灯连接图如图 11-7 所示。

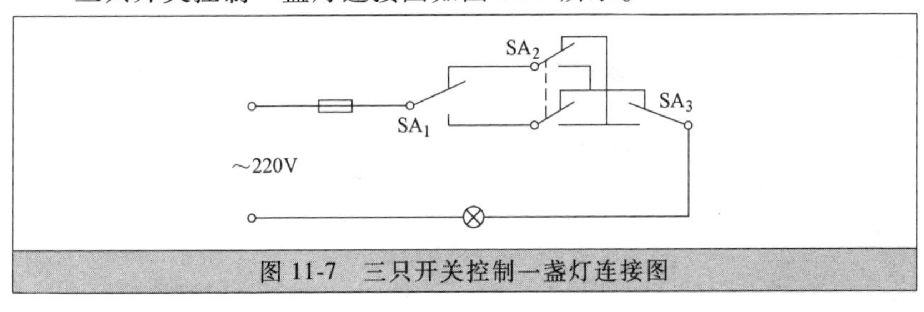

图 11-7　三只开关控制一盏灯连接图

11.8　三灯双联双控连接图

三灯双联双控连接图如图 11-8 所示。

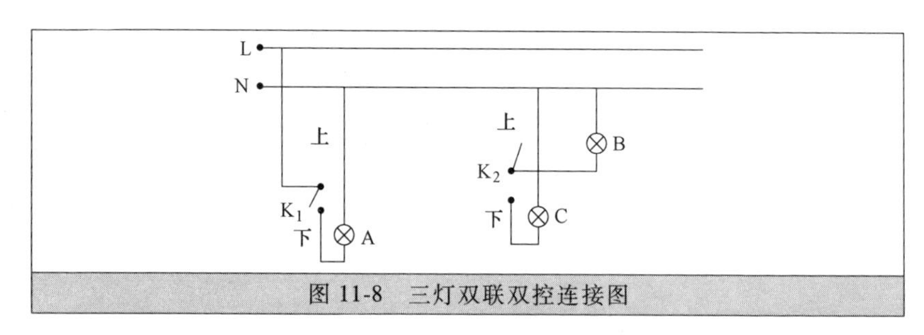

图 11-8　三灯双联双控连接图

11.9　五层开关控制连接图

五层开关控制连接图如图 11-9 所示。

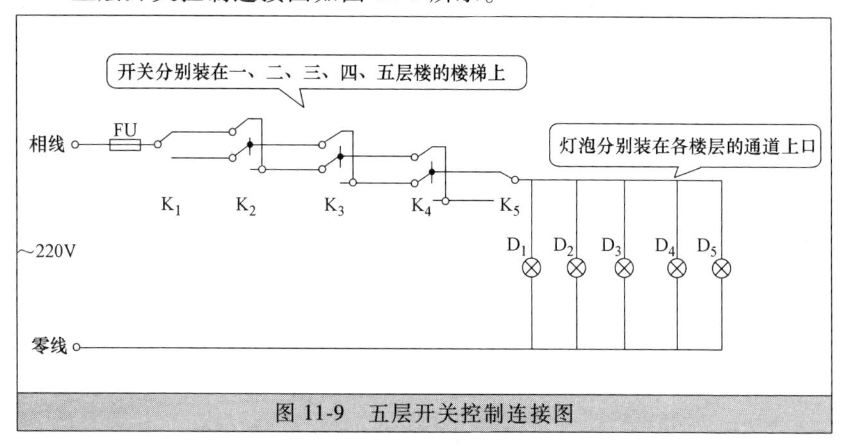

图 11-9　五层开关控制连接图

11.10　声光控开关连接图

声光控开关连接图如图 11-10 所示。

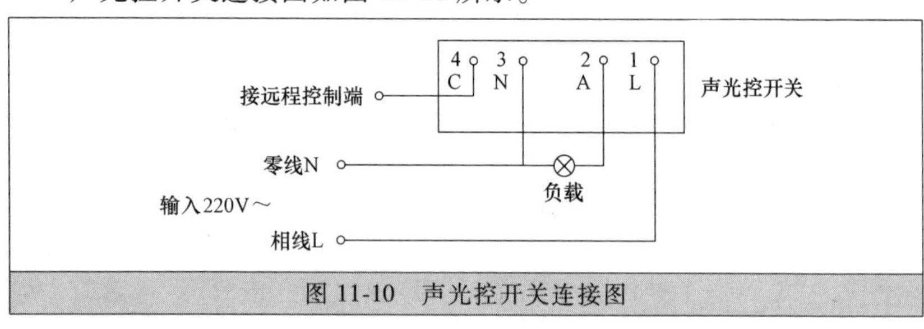

图 11-10　声光控开关连接图

11.11　声光控延开关连接图

声光控延开关连接图如图 11-11 所示。

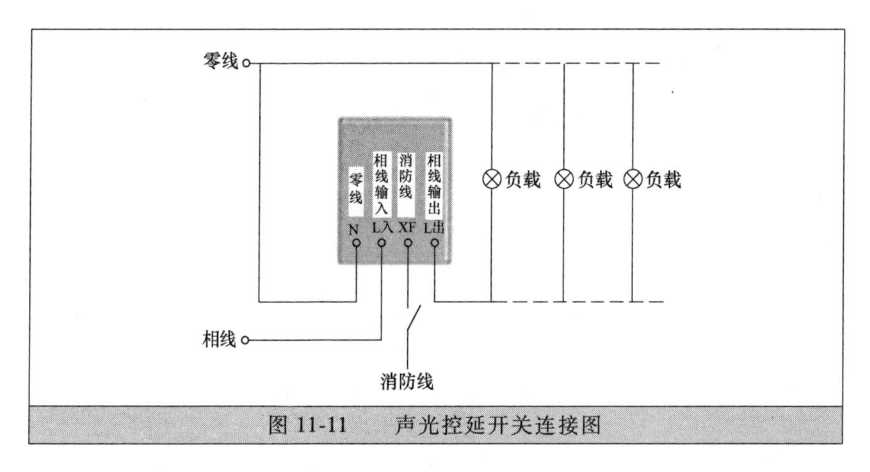

图 11-11 声光控延开关连接图

11.12 延时开关的接线连接图

延时开关的接线连接图如图 11-12 所示。

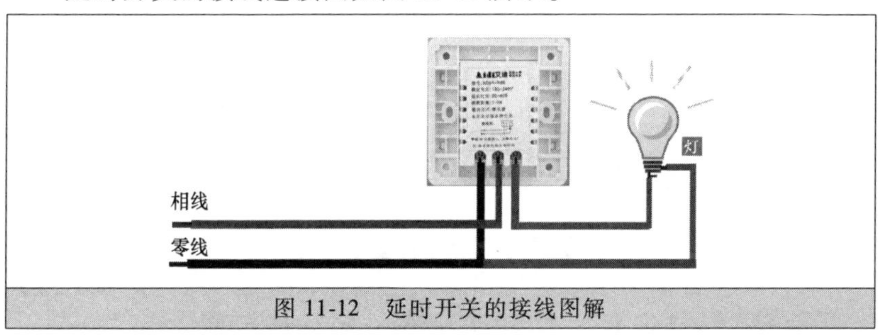

图 11-12 延时开关的接线图解

11.13 调光开关连接图

调光开关连接图如图 11-13 所示。

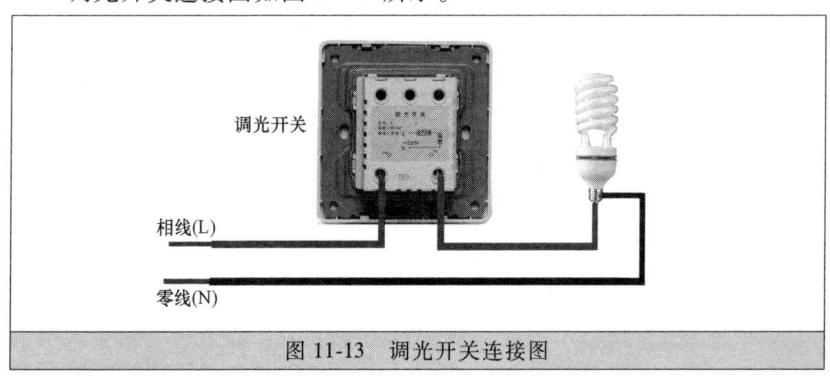

图 11-13 调光开关连接图

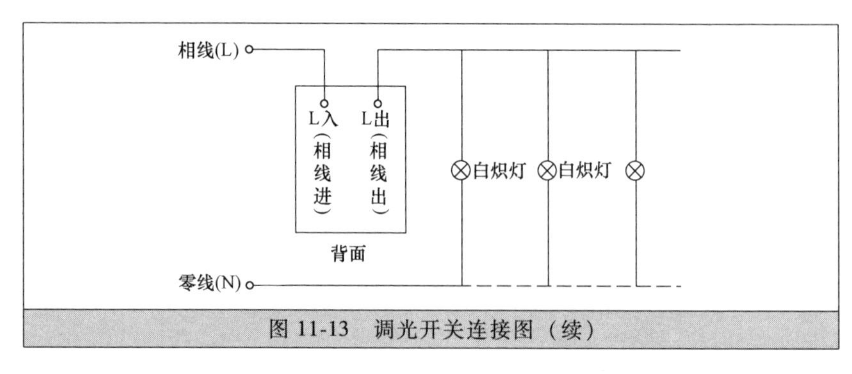

图 11-13　调光开关连接图（续）

11.14　调速开关连接图

调速开关连接图如图 11-14 所示。

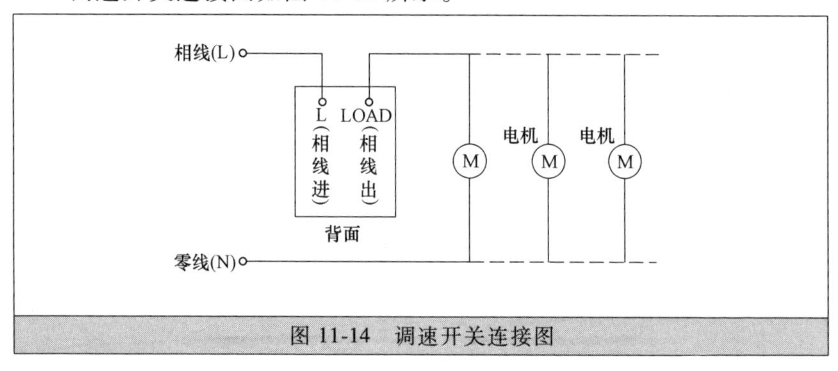

图 11-14　调速开关连接图

11.15　旋钮调速开关接线连接图

旋钮调速开关接线连接图如图 11-15 所示。

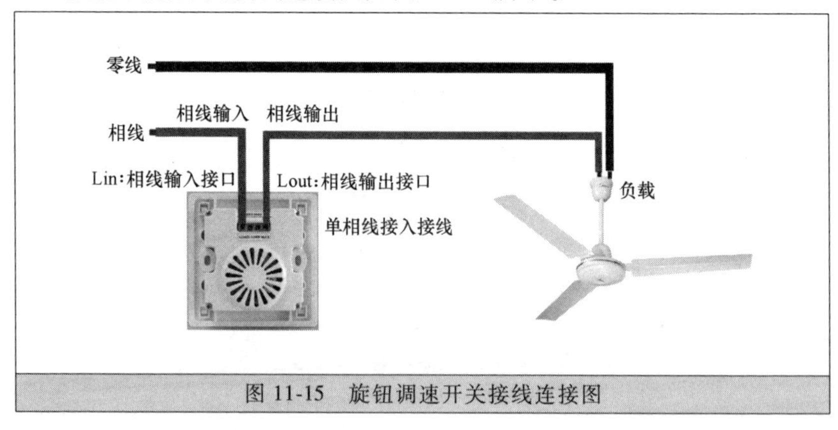

图 11-15　旋钮调速开关接线连接图

11.16　门铃开关连接图

门铃开关连接图如图 11-16 所示。

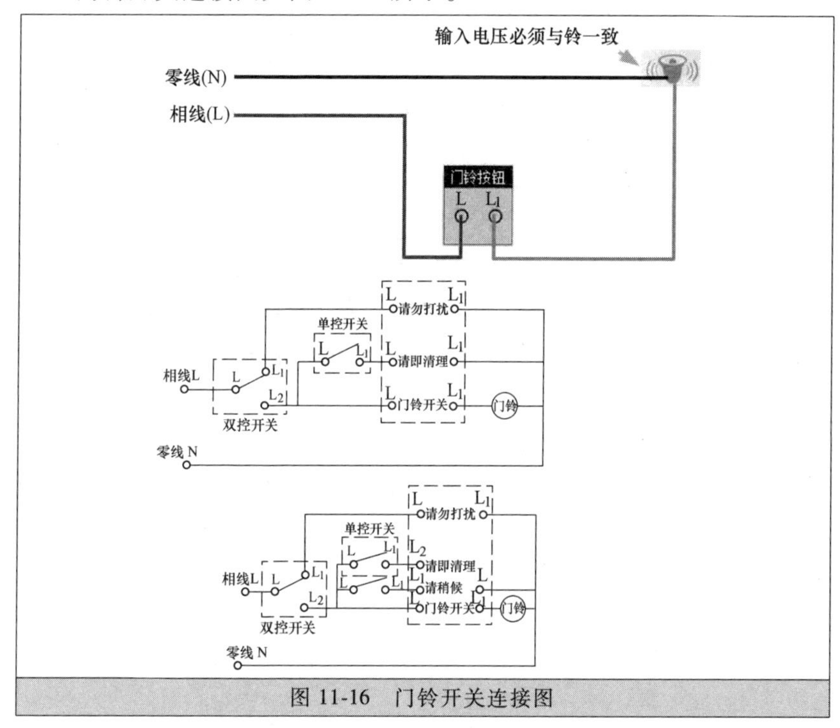

图 11-16　门铃开关连接图

11.17　红外接线开关连接图

红外接线开关连接图如图 11-17 所示。

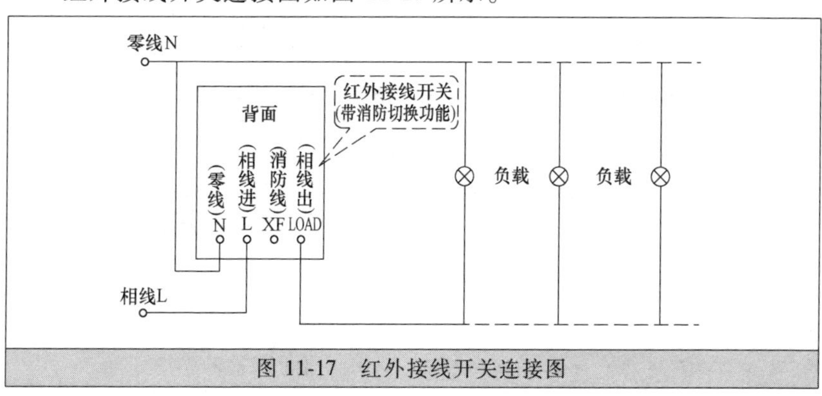

图 11-17　红外接线开关连接图

11.18 双荧光灯连接图

双荧光灯连接图如图 11-18 所示。

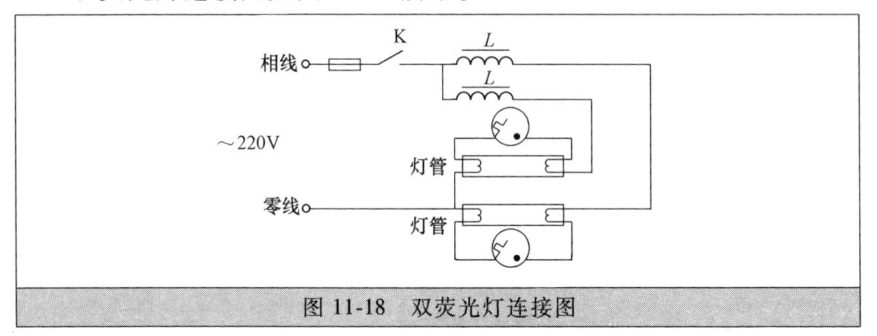

图 11-18 双荧光灯连接图

11.19 直流电点燃荧光灯连接图

直流电点燃荧光灯连接图如图 11-19 所示。

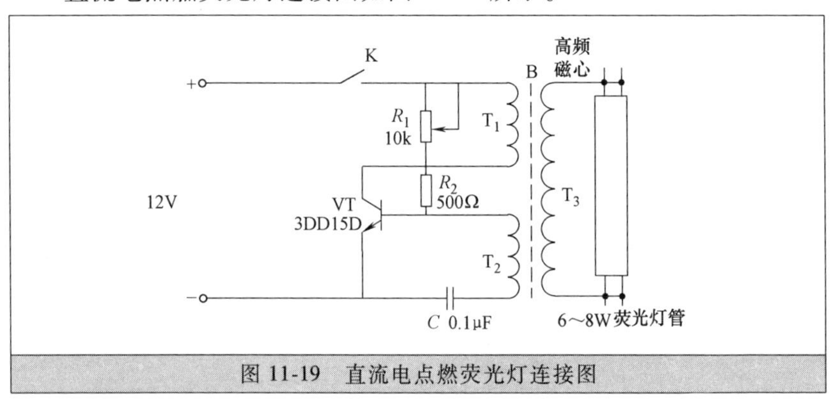

图 11-19 直流电点燃荧光灯连接图

11.20 高强度气体放电灯（HID）电感镇流器连接图

高强度气体放电灯（HID）电感镇流器连接图如图 11-20 所示。

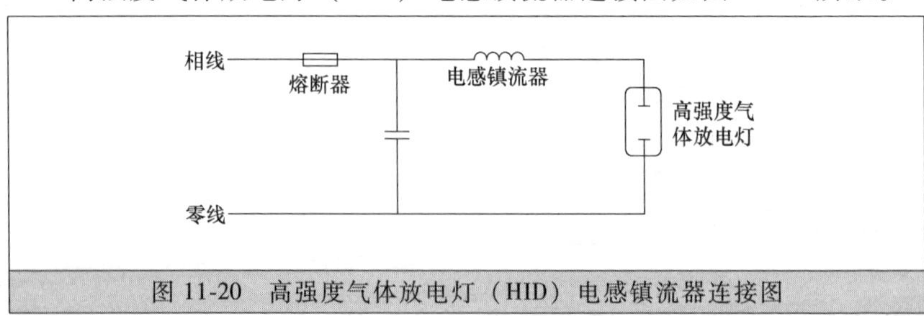

图 11-20 高强度气体放电灯（HID）电感镇流器连接图

11.21　插卡取电开关连接图

插卡取电开关连接图如图 11-21 所示。

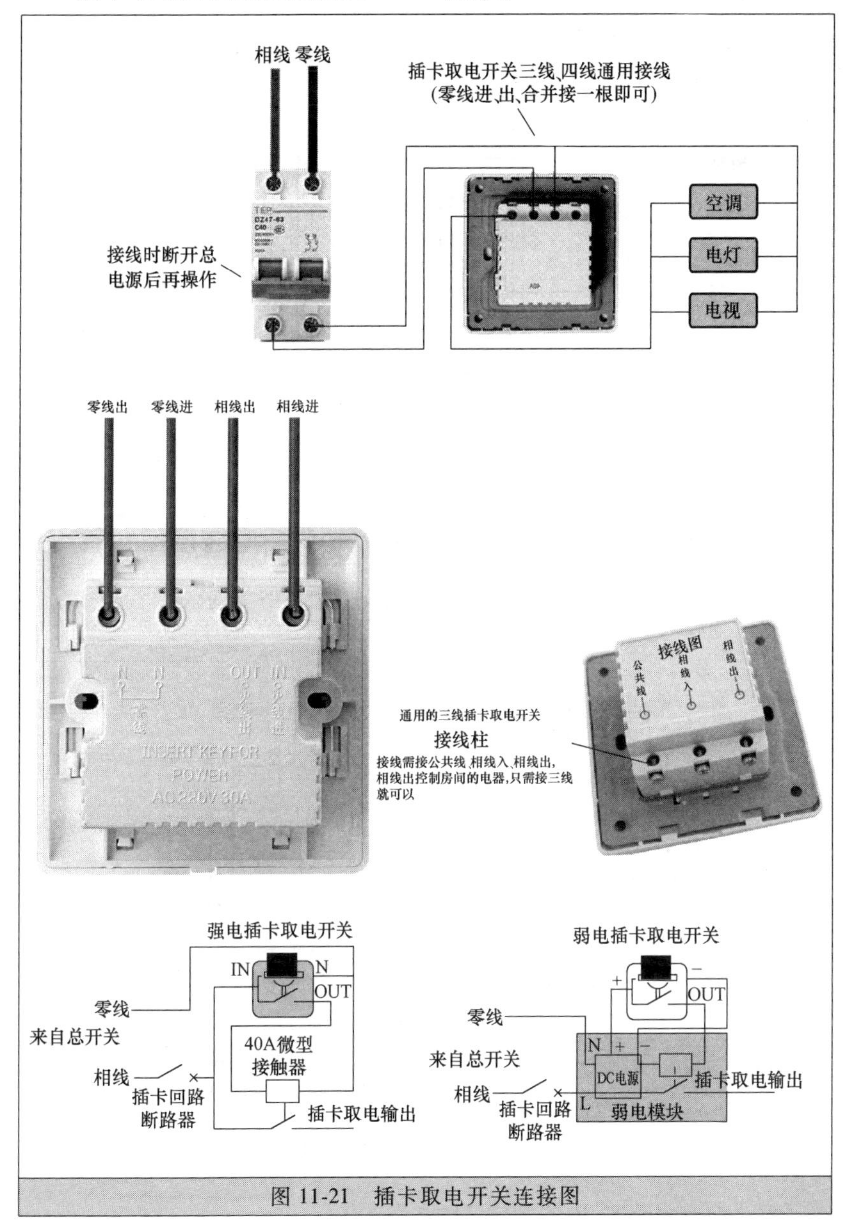

图 11-21　插卡取电开关连接图

11.22 开关插座各自独立连接图

开关插座各自独立连接图如图 11-22 所示。

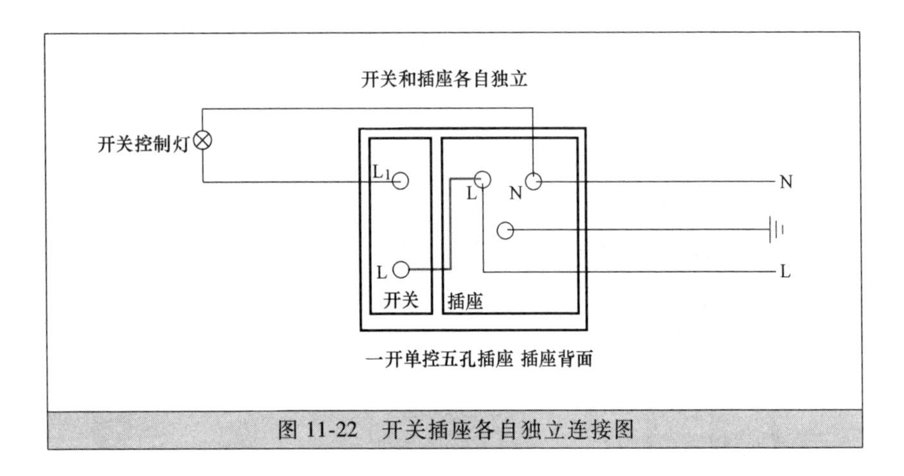

图 11-22 开关插座各自独立连接图

11.23 双控类型的 1 开关 5 孔插座连接图

双控类型的 1 开关 5 孔插座连接图如图 11-23 所示。

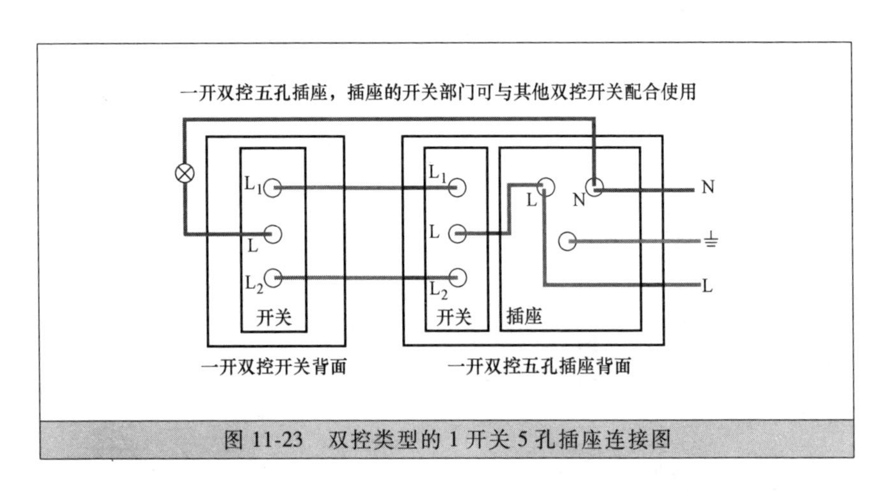

图 11-23 双控类型的 1 开关 5 孔插座连接图

11.24 开关控制插座连接图

开关控制插座连接图如图 11-24 所示。

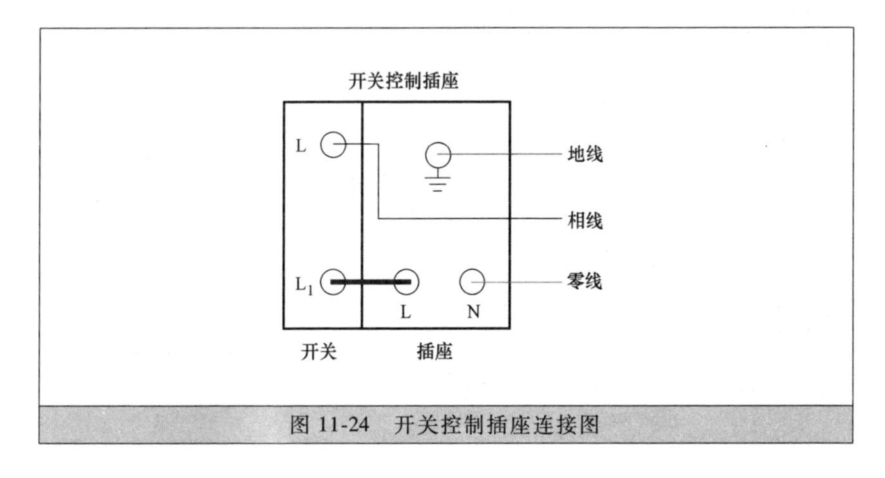

图 11-24　开关控制插座连接图

11.25　遥控电源插座连接图

遥控电源插座连接图如图 11-25 所示。

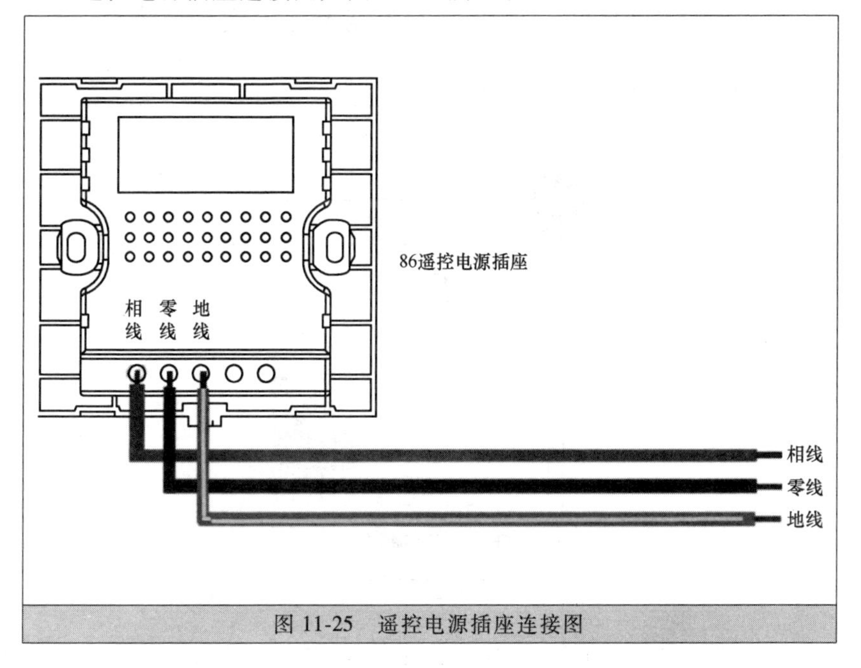

图 11-25　遥控电源插座连接图

11.26　单相电能表连接图

单相电能表连接图如图 11-26 所示。

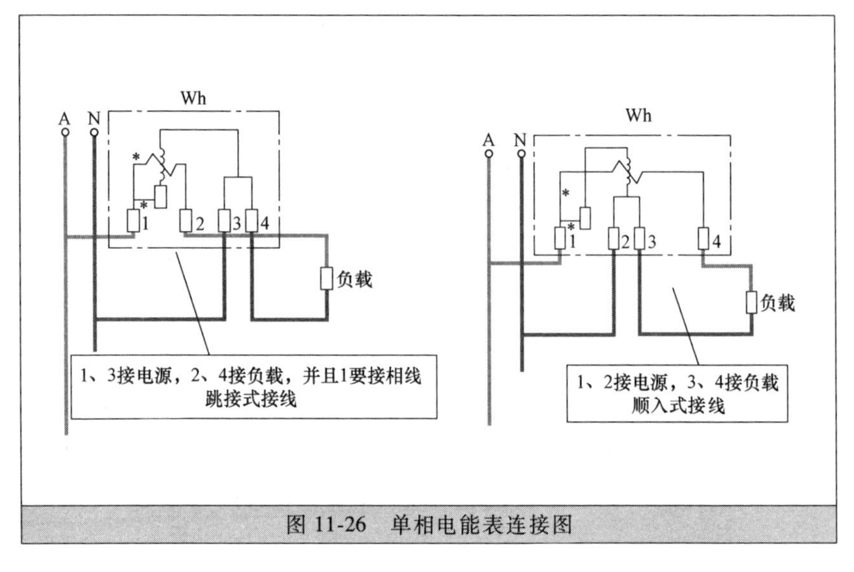

图 11-26　单相电能表连接图

11.27　三相三线电能表连接图

三相三线电能表连接图如图 11-27 所示。

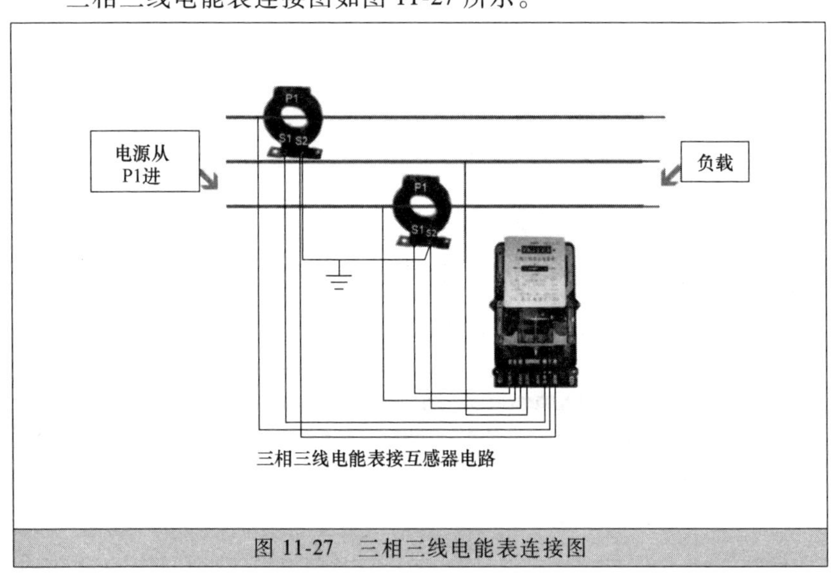

图 11-27　三相三线电能表连接图

11.28　三相四线电子式电能表连接图

三相四线电子式电能表连接图如图 11-28 所示。

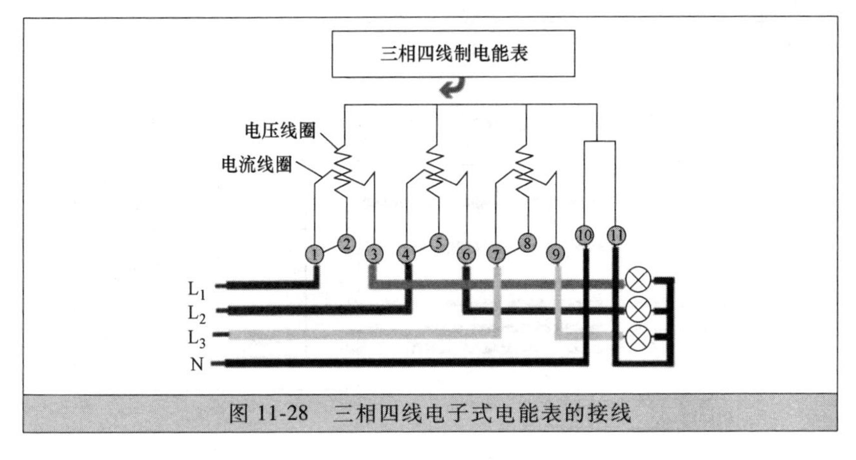

图 11-28　三相四线电子式电能表的接线

11.29　一些浴霸连接图

一些浴霸连接图如图 11-29 所示。

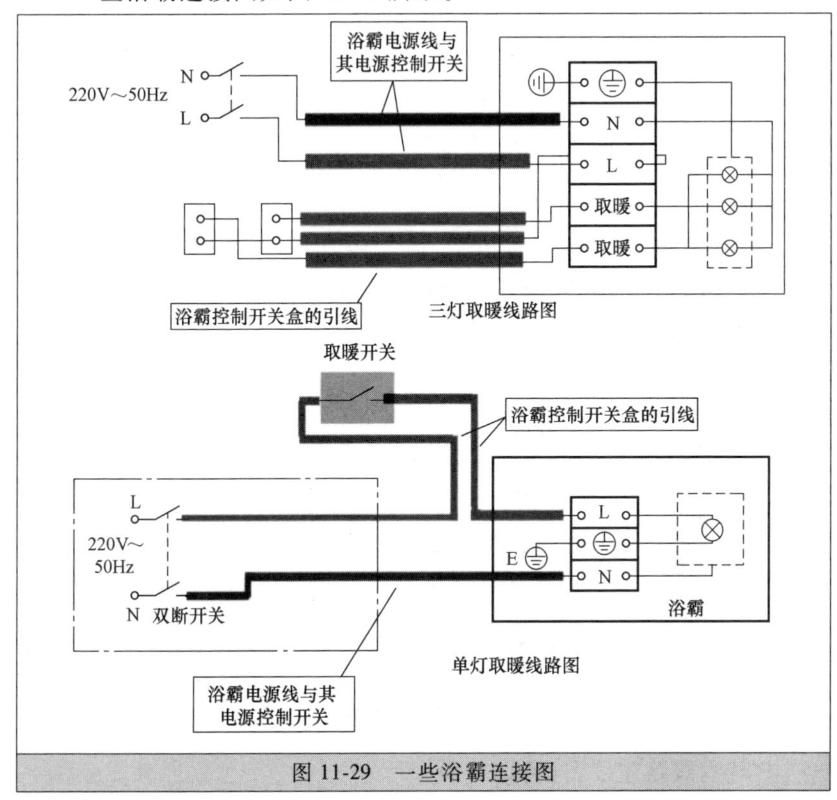

图 11-29　一些浴霸连接图

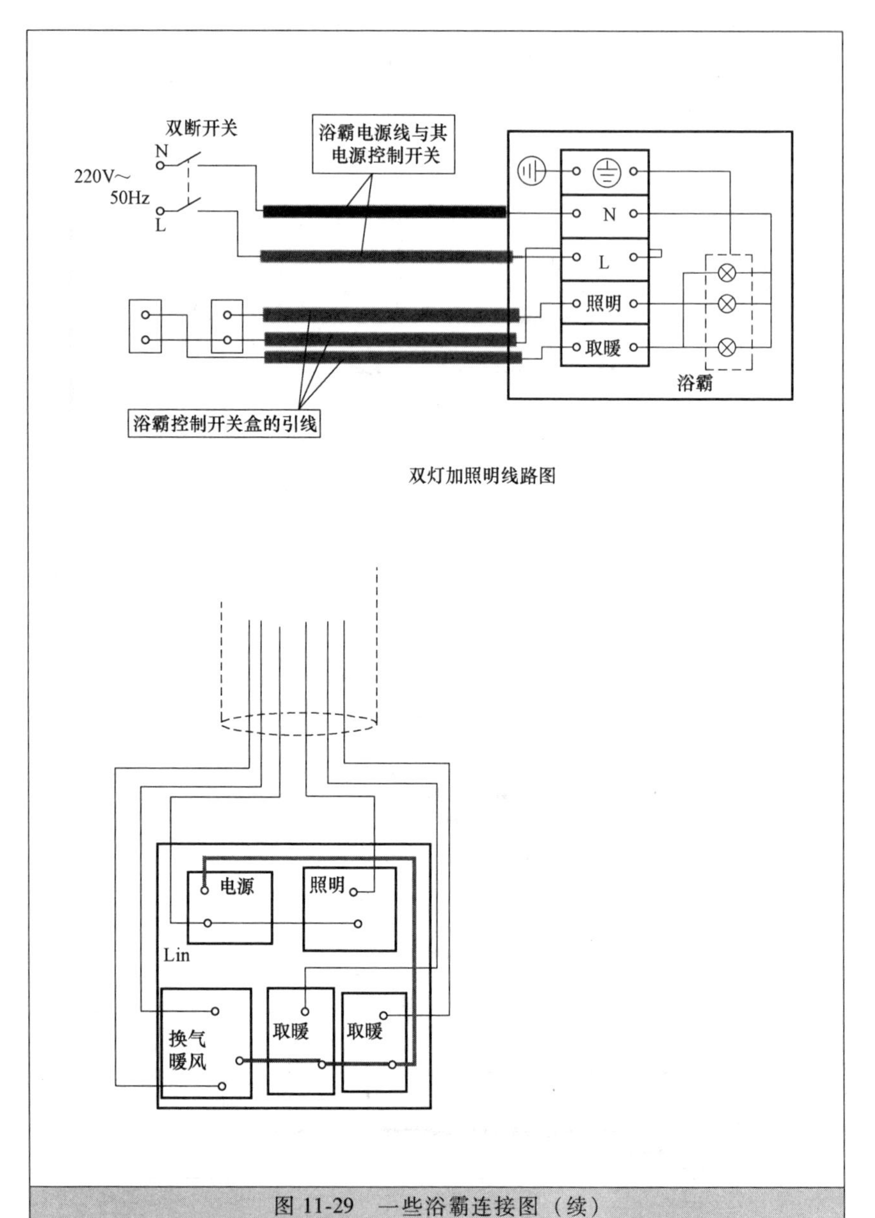

图 11-29 一些浴霸连接图（续）

11.30 换气扇线路连接图

换气扇线路连接图如图 11-30 所示。

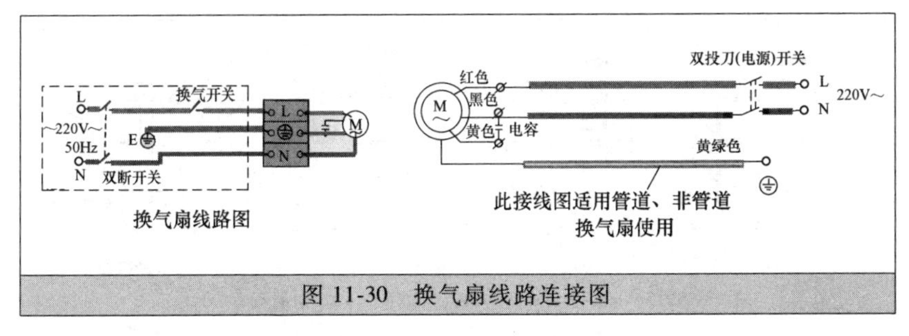

图 11-30 换气扇线路连接图

11.31 明装塑料线槽各种附件安装连接图

明装塑料线槽各种附件安装连接图如图 11-31 所示。

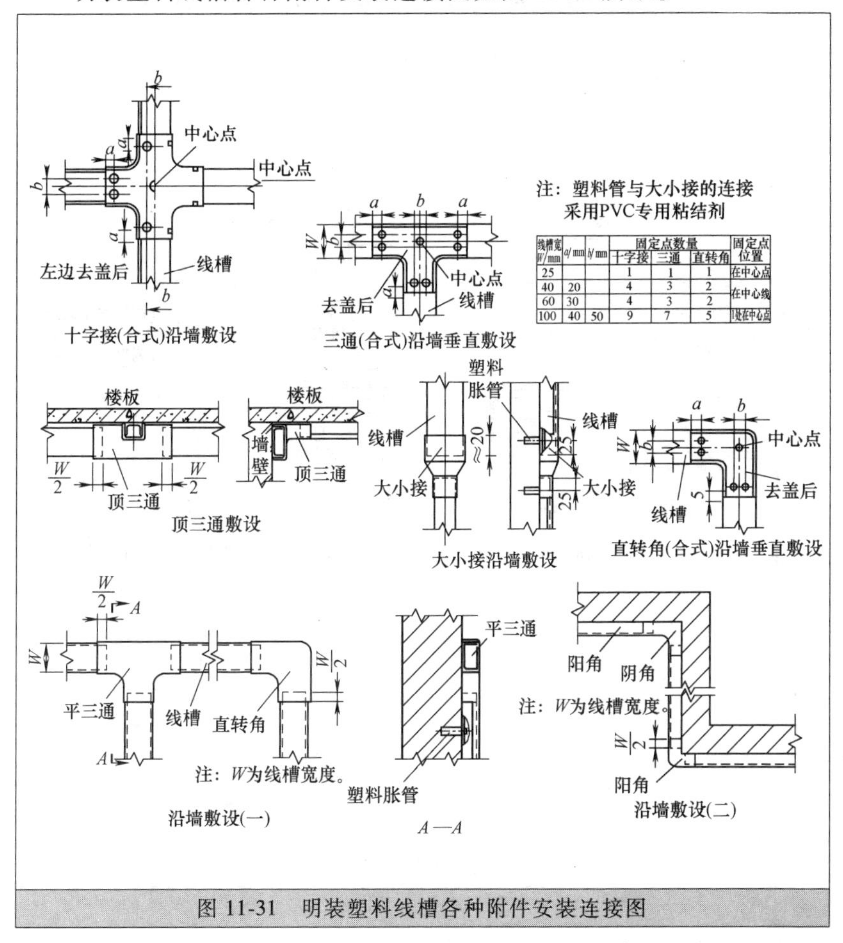

线槽宽 W/mm	a/mm	b/mm	固定点数量			固定点位置
			十字接	三通	直转角	
25			1	1	1	在中心点
40	20		4	3	2	在中心线
60	30		4	3	2	
100	40	50	9	7	5	1处在中心点

图 11-31 明装塑料线槽各种附件安装连接图

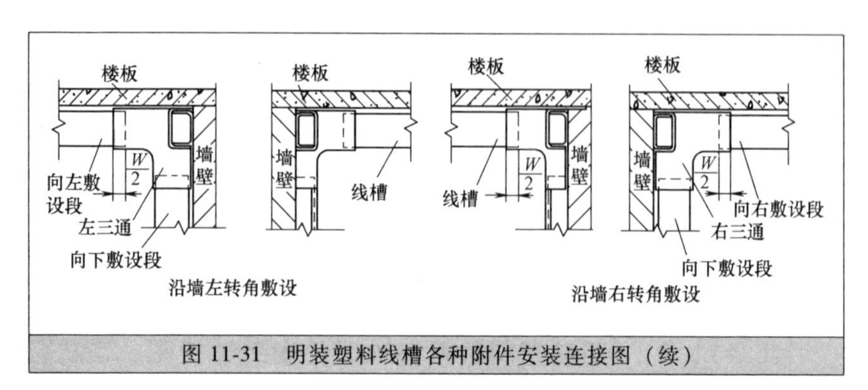

图 11-31　明装塑料线槽各种附件安装连接图（续）

11.32　明装塑料线槽不要附件安装连接图

明装塑料线槽不要附件安装连接图如图 11-32 所示。

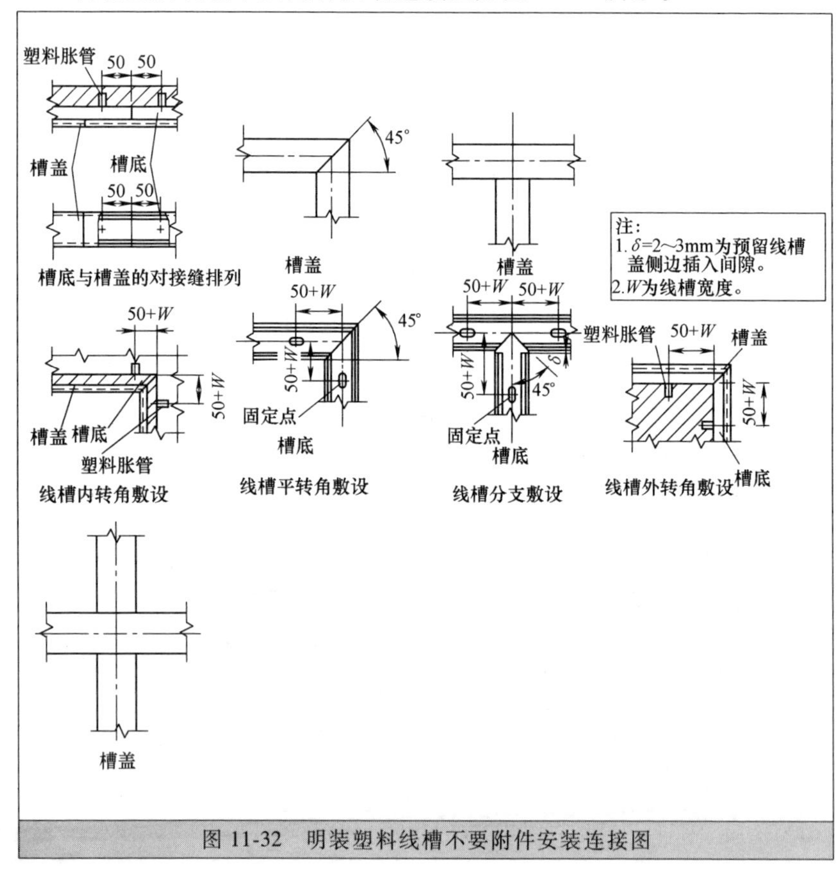

图 11-32　明装塑料线槽不要附件安装连接图

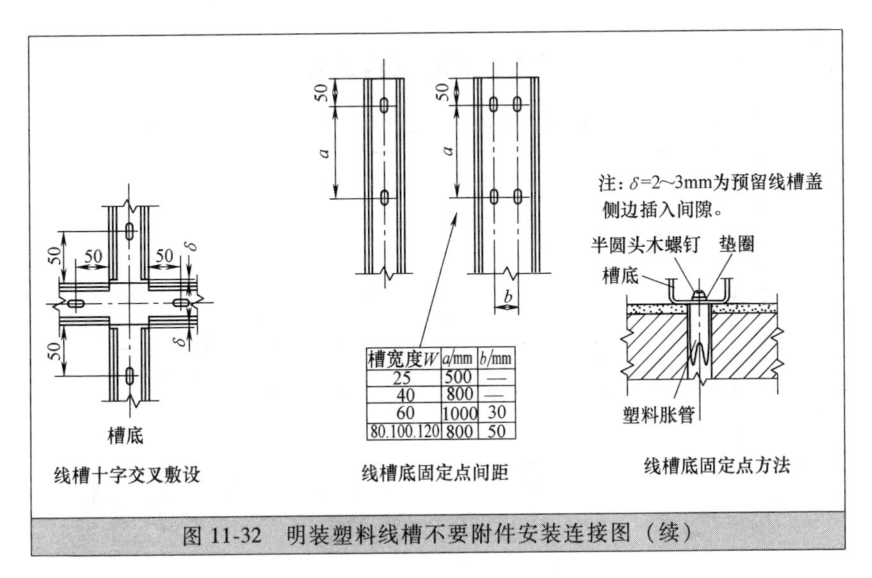

图 11-32 明装塑料线槽不要附件安装连接图（续）

11.33 家庭控制器与室内设备连接图

家庭控制器与室内设备连接图如图 11-33 所示。

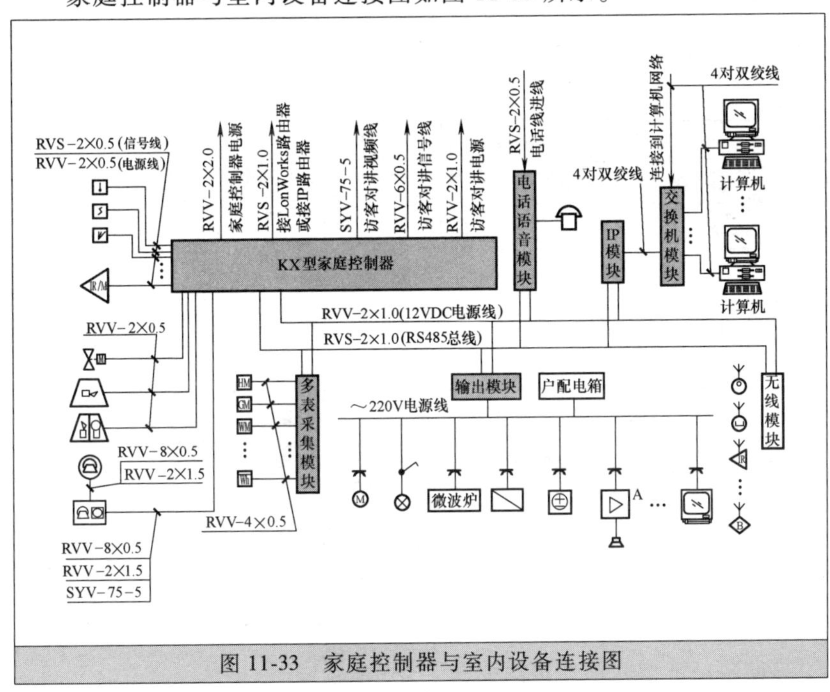

图 11-33 家庭控制器与室内设备连接图

11.34 强配电箱连接图

强配电箱连接图如图 11-34 所示。

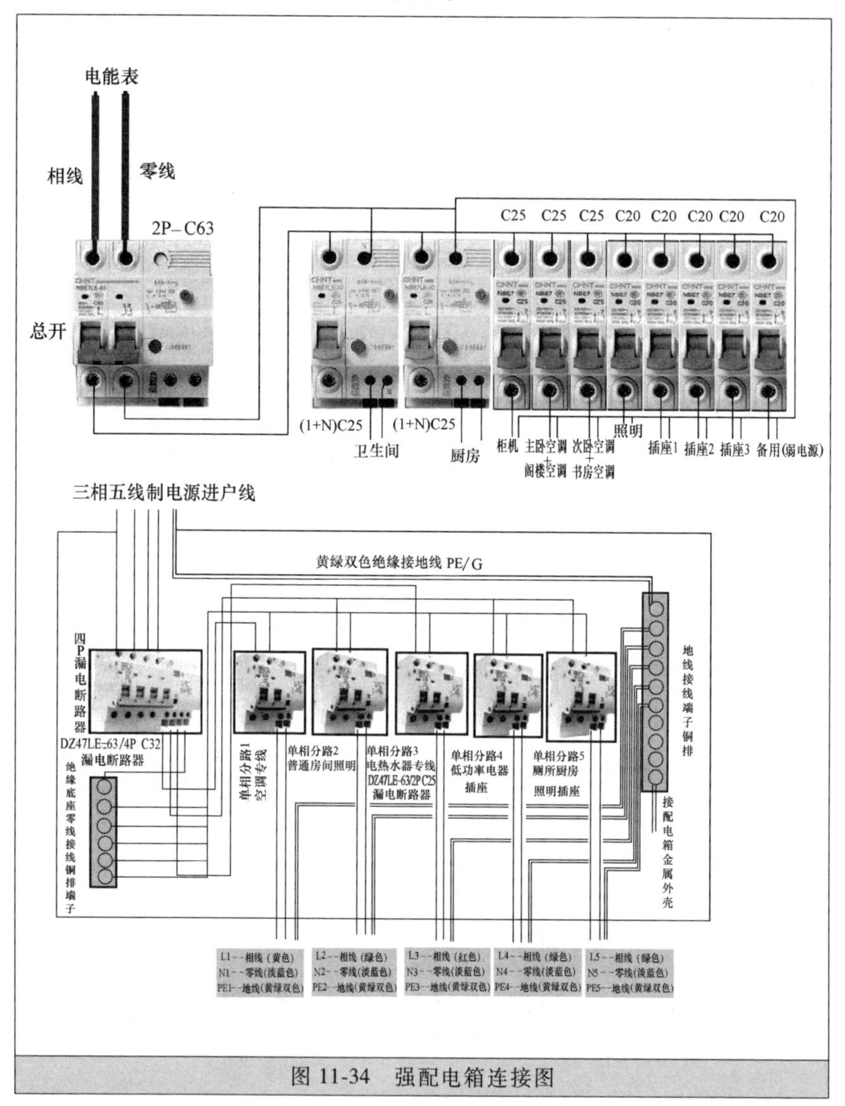

图 11-34 强配电箱连接图

11.35 家装经济型回路连接图

家装经济型回路连接图如图 11-35 所示。

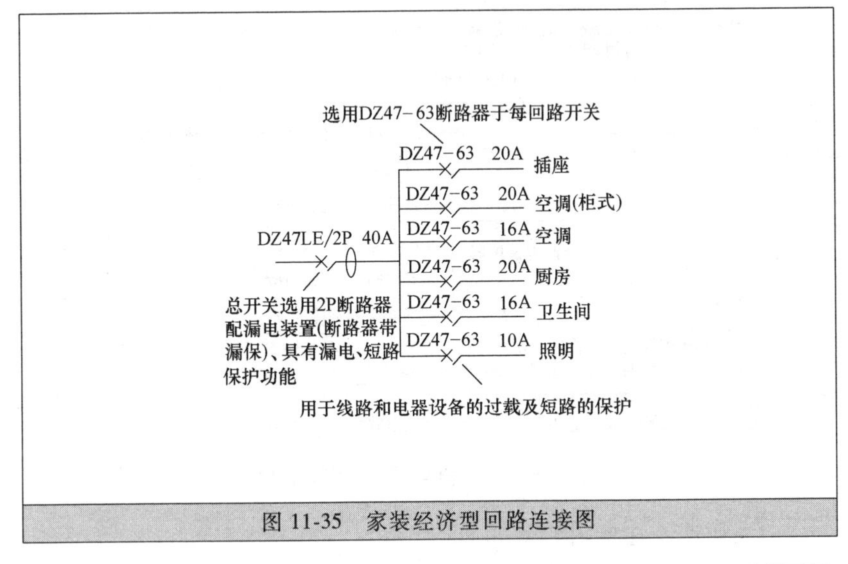

图 11-35 家装经济型回路连接图

11.36 豪华型回路连接图

豪华型回路连接图如图 11-36 所示。

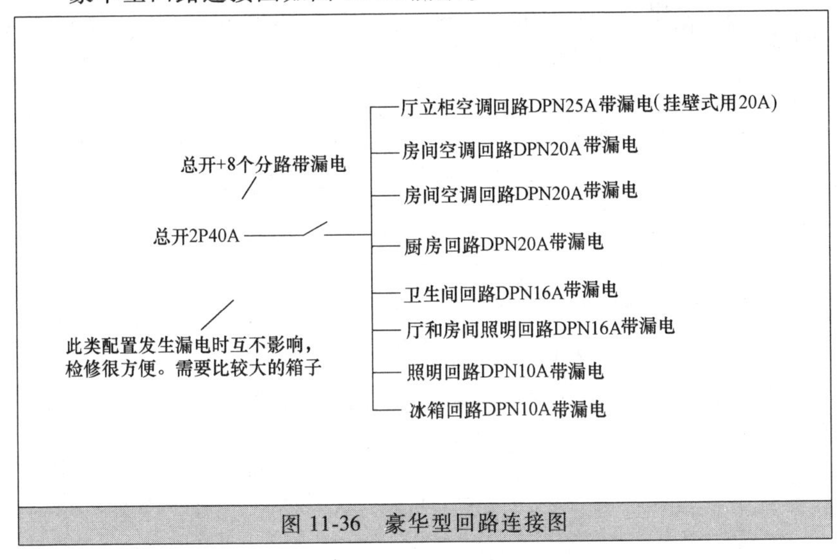

图 11-36 豪华型回路连接图

11.37 安逸型回路连接图

安逸型回路连接图如图 11-37 所示。

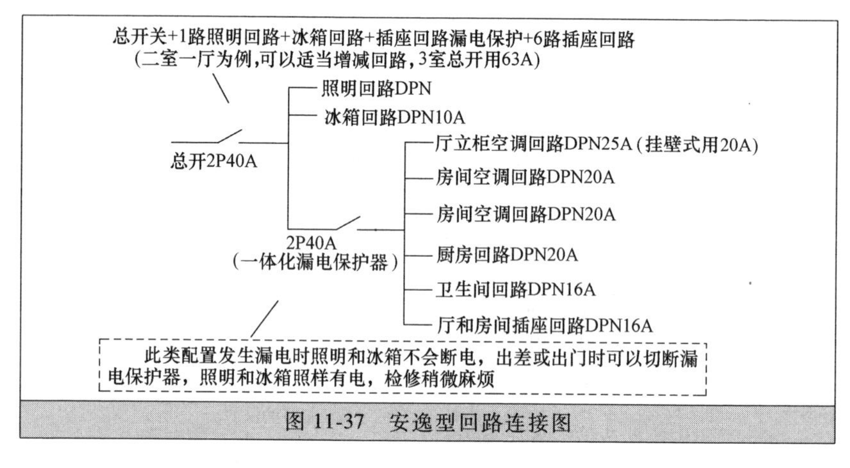

图 11-37　安逸型回路连接图

11.38　应急照明箱连接图

应急照明箱连接图如图 11-38 所示。

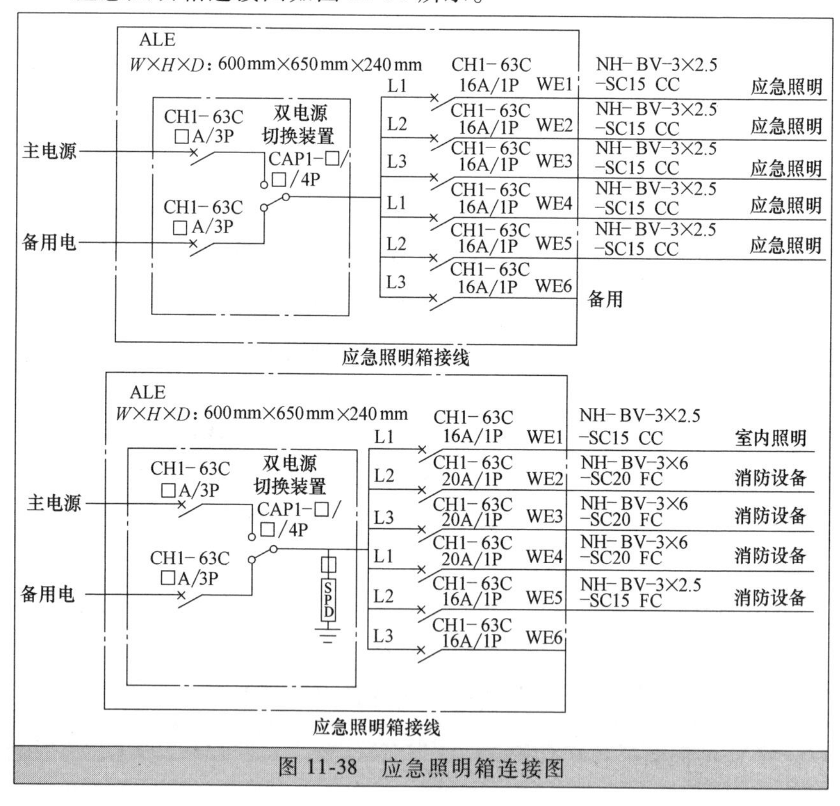

图 11-38　应急照明箱连接图

11.39 空气能热水器连接图

空气能热水器连接图如图 11-39 所示。

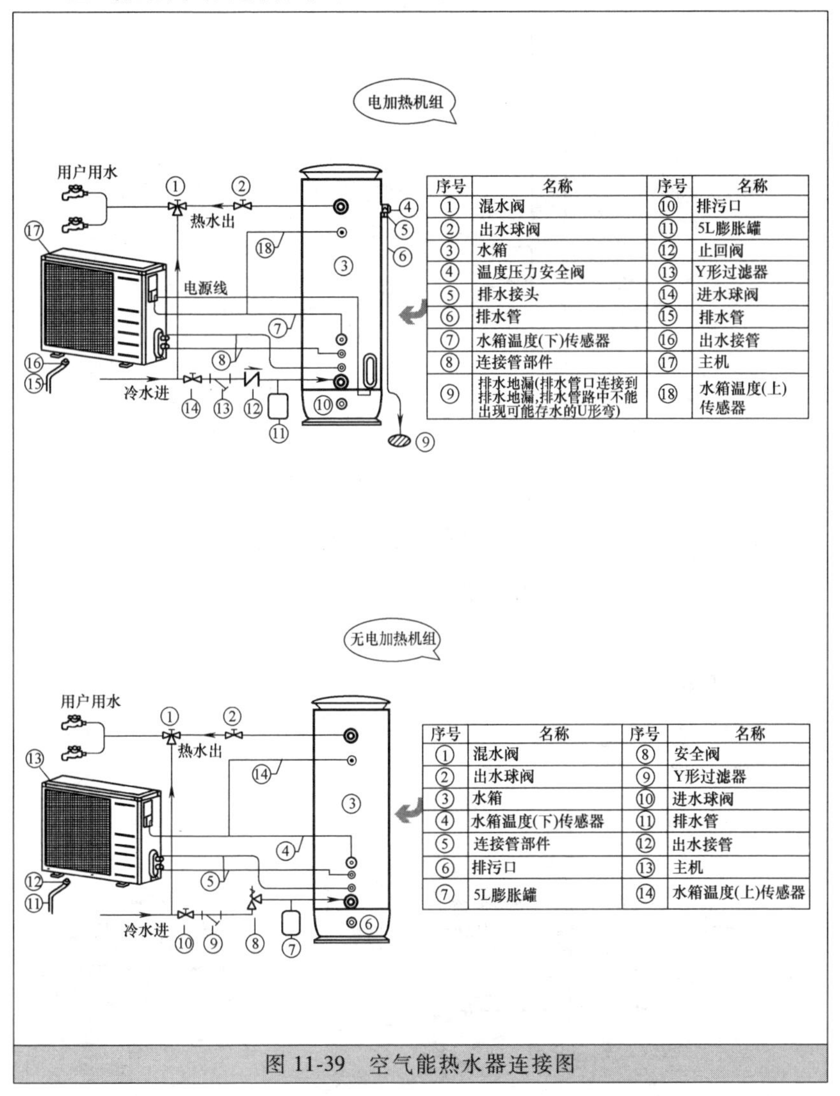

序号	名称	序号	名称
①	混水阀	⑩	排污口
②	出水球阀	⑪	5L膨胀罐
③	水箱	⑫	止回阀
④	温度压力安全阀	⑬	Y形过滤器
⑤	排水接头	⑭	进水球阀
⑥	排水管	⑮	排水管
⑦	水箱温度(下)传感器	⑯	出水接管
⑧	连接管部件	⑰	主机
⑨	排水地漏(排水管口连接到排水地漏,排水管路中不能出现可能存水的U形弯)	⑱	水箱温度(上)传感器

序号	名称	序号	名称
①	混水阀	⑧	安全阀
②	出水球阀	⑨	Y形过滤器
③	水箱	⑩	进水球阀
④	水箱温度(下)传感器	⑪	排水管
⑤	连接管部件	⑫	出水接管
⑥	排污口	⑬	主机
⑦	5L膨胀罐	⑭	水箱温度(上)传感器

图 11-39 空气能热水器连接图

11.40 平板集热器太阳热水器连接图

平板集热器太阳热水器连接图如图 11-40 所示。

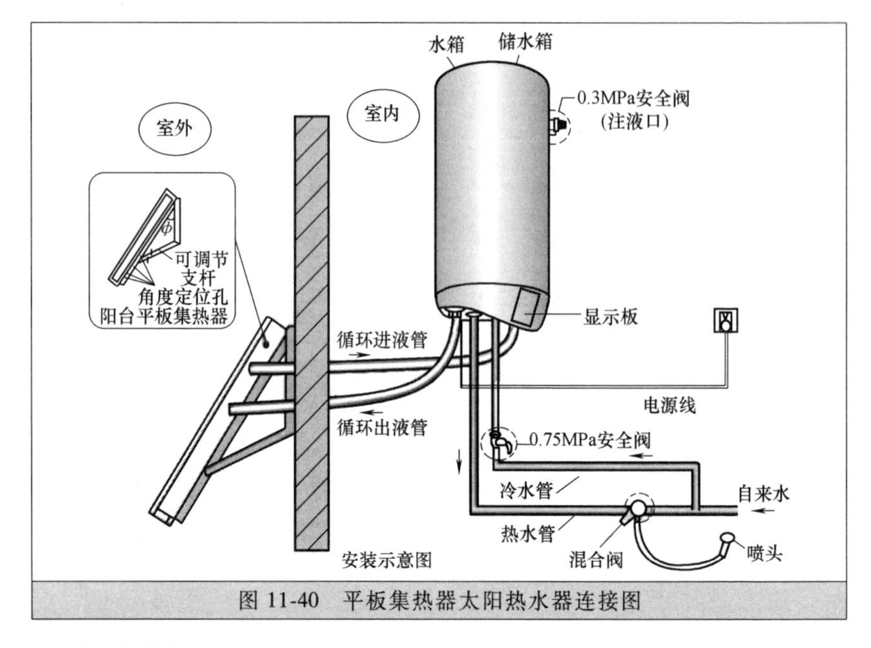

图 11-40　平板集热器太阳热水器连接图

11.41　感应式水龙头安装连接图

感应式水龙头安装连接图如图 11-41 所示。

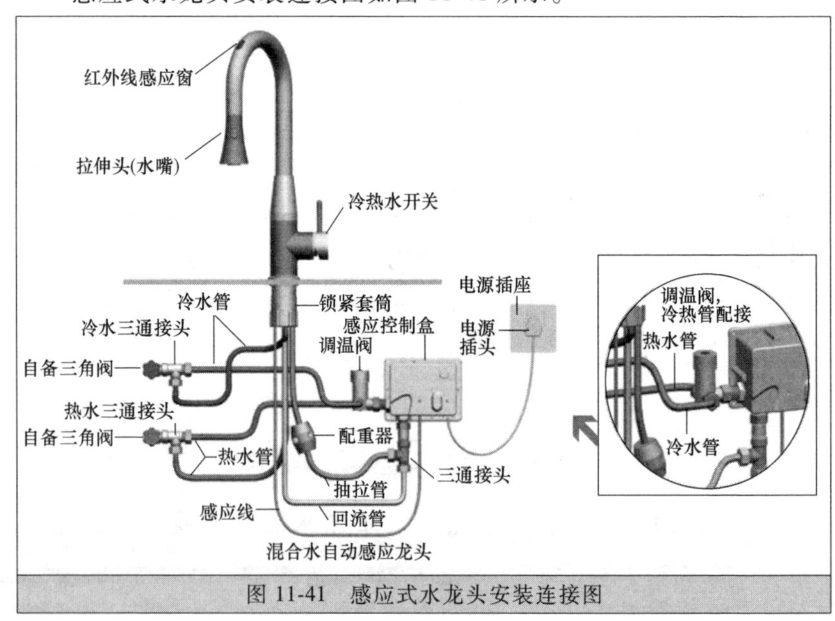

图 11-41　感应式水龙头安装连接图

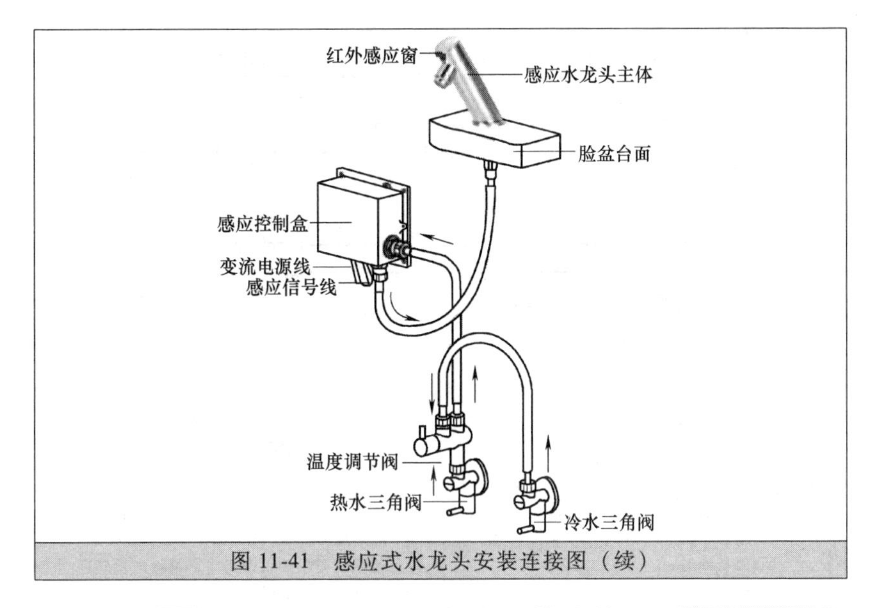

图 11-41 感应式水龙头安装连接图（续）

11.42 脸盆水龙头安装连接图

脸盆水龙头安装连接图如图 11-42 所示。

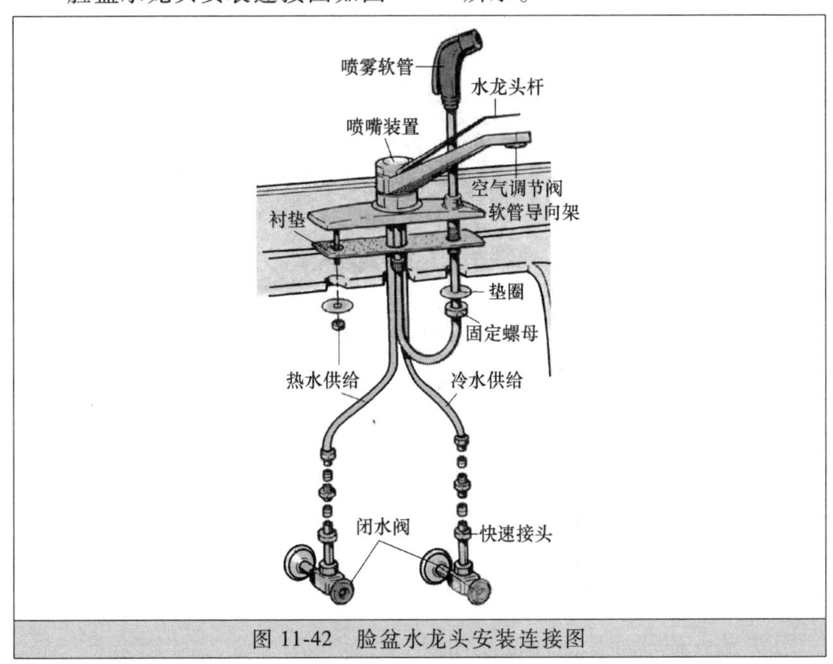

图 11-42 脸盆水龙头安装连接图

11.43 旋钮式便池冲洗阀连接图

旋钮式便池冲洗阀连接图如图 11-43 所示。

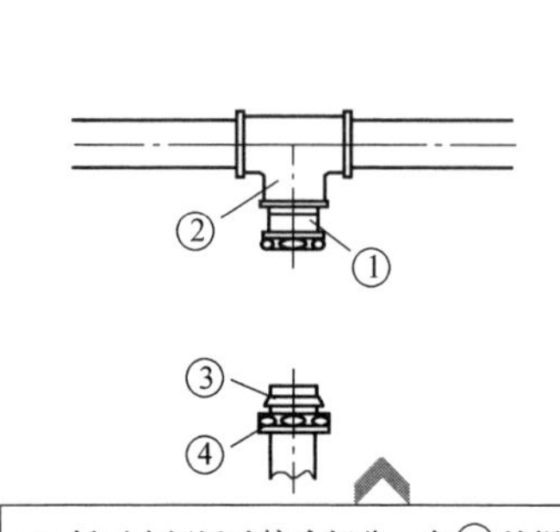

1) 拆下本阀活动接头部分，在①的螺纹部位上绕适量生料带作填充物,然后用中号扳手手柄插入①孔内。顺时针旋转直至与外接头②拧紧为宜。
2) 在下水管上端套上螺母④，再套上斜形胶③，斜形胶斜口向上。

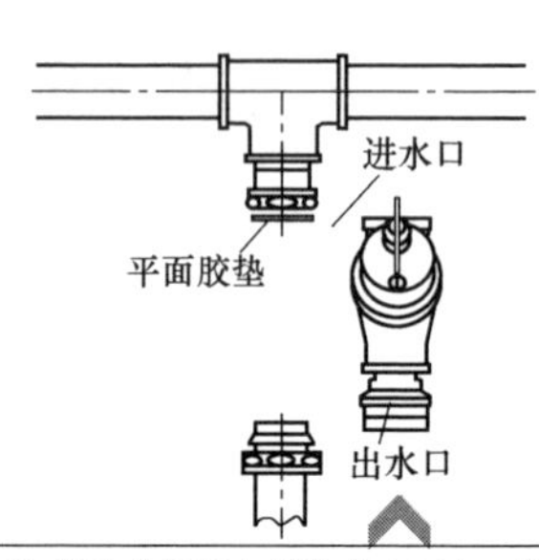

3) 将出水管插入阀体出水口内，将套在出水管的螺母旋在阀体出水口端的螺纹上。
4) 将平面胶垫放入螺母内，再将螺母旋在阀体进水口的螺纹上。

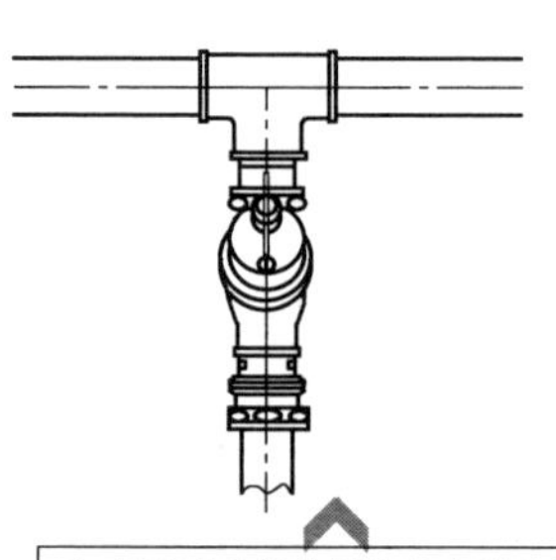

5) 用扳手将进水管和出水管上的螺母拧紧。
6) 阀体安装完毕后，应接通水源反复检查各衔接处是否有渗漏，最后才可使用。

图 11-43 旋钮式便池冲洗阀连接图

11.44 脚踏式便池冲洗阀连接图

脚踏式便池冲洗阀连接图如图 11-44 所示。

管道接头要用适量的生料带作填充物，以防漏水。斜形胶斜口向上。

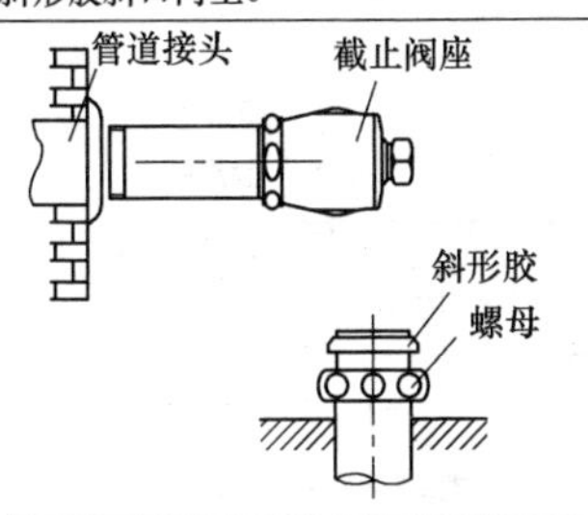

1)将阀的截止阀座部分拆开，将截止阀座进水口拧紧进管道接头上。
2)将出水口螺母和斜形胶依次套在出水管上。

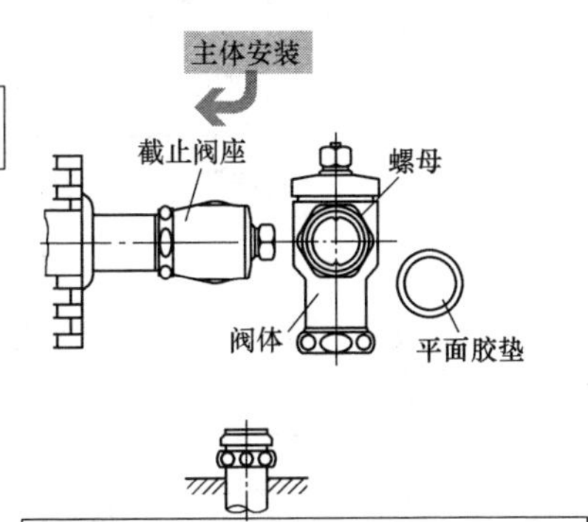

3)将出水管插入阀体出水口内，将套在出水管上的螺母旋在阀体出水口端的螺纹上。
4)将平面胶垫放入螺母内，再将螺母旋在截止阀座出水口的螺纹上。

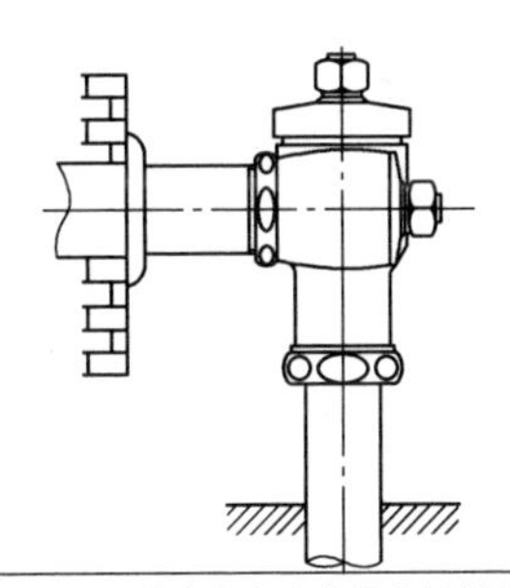

5)用扳手把进水管和出水管上的螺母拧紧。
6)阀体安装完毕，应接通水源反复检查各衔接处是否无渗漏，最后才可使用。

图 11-44　脚踏式便池冲洗阀连接图

11.45　双洗碗池安装连接图

双洗碗池安装连接图如图 11-45 所示。

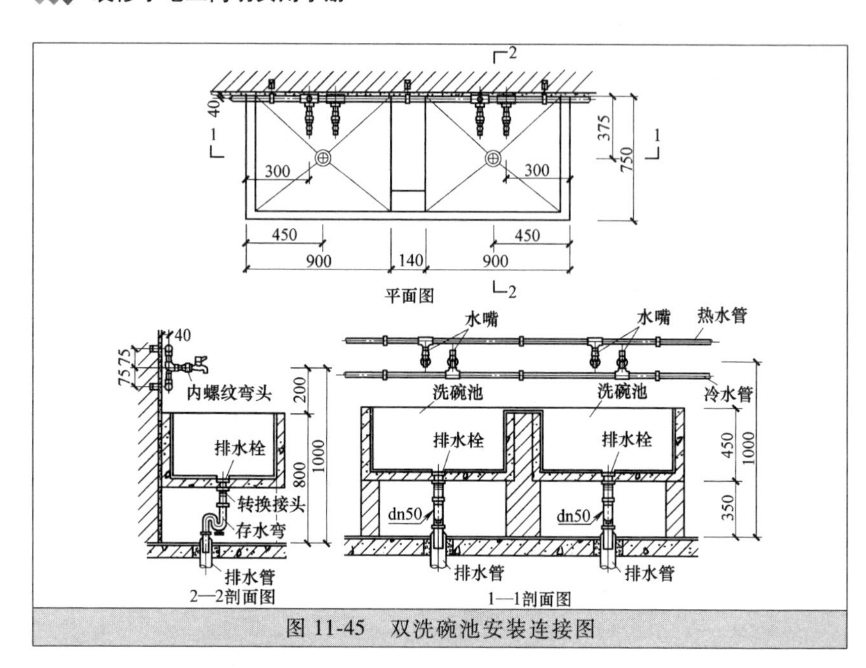

图 11-45　双洗碗池安装连接图

11.46　恒温阀挂墙式淋浴器安装连接图

恒温阀挂墙式淋浴器安装连接图如图 11-46 所示。

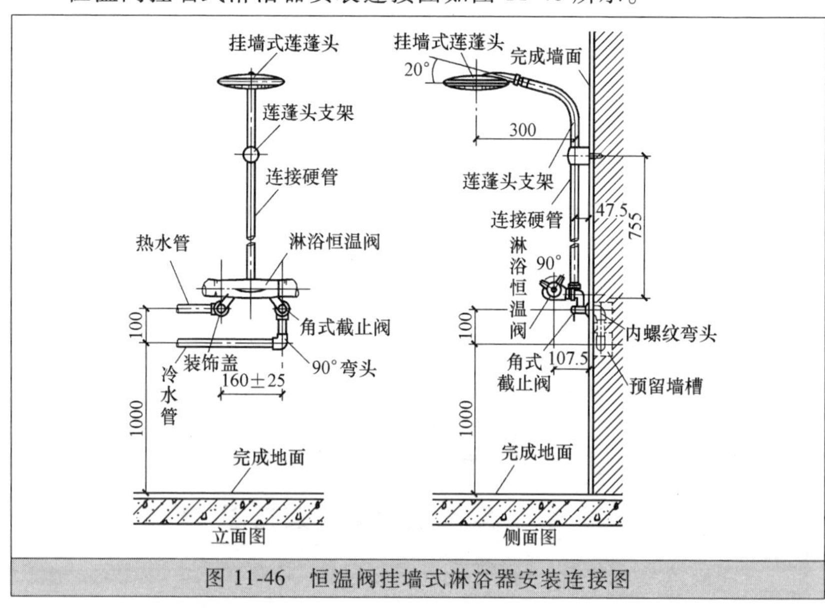

图 11-46　恒温阀挂墙式淋浴器安装连接图

11.47　单柄水嘴半立柱式单孔洗脸盆安装连接图

单柄水嘴半立柱式单孔洗脸盆安装连接图如图 11-47 所示。

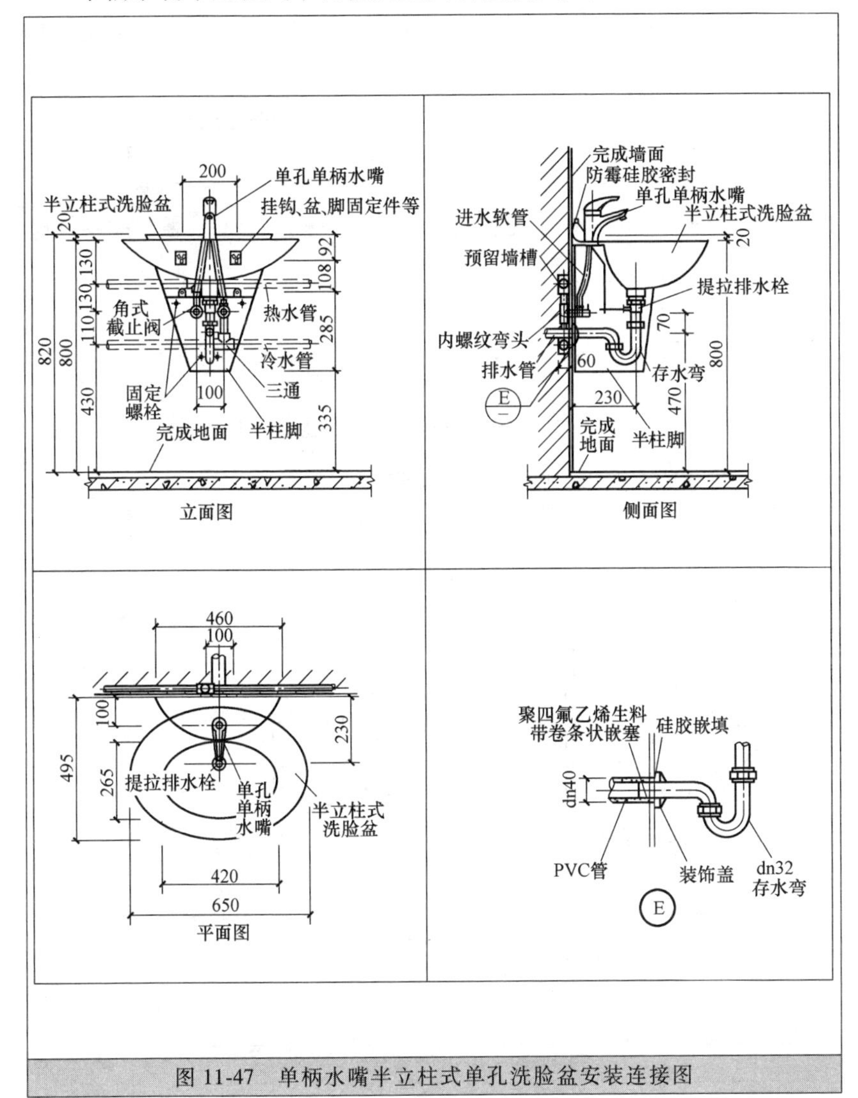

图 11-47　单柄水嘴半立柱式单孔洗脸盆安装连接图

11.48　家居同层排水系统连接图

家居同层排水系统连接图如图 11-48 所示。

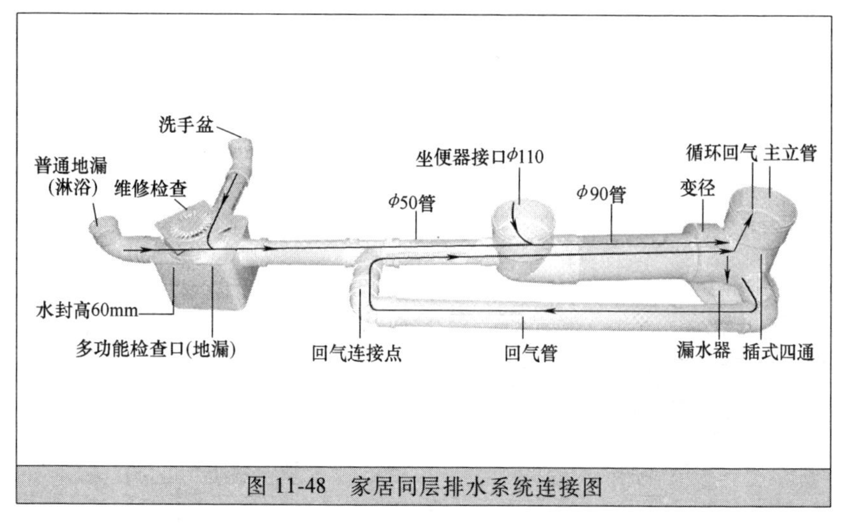

图 11-48 家居同层排水系统连接图

11.49 室内排水系统连接图

室内排水系统连接图如图 11-49 所示。

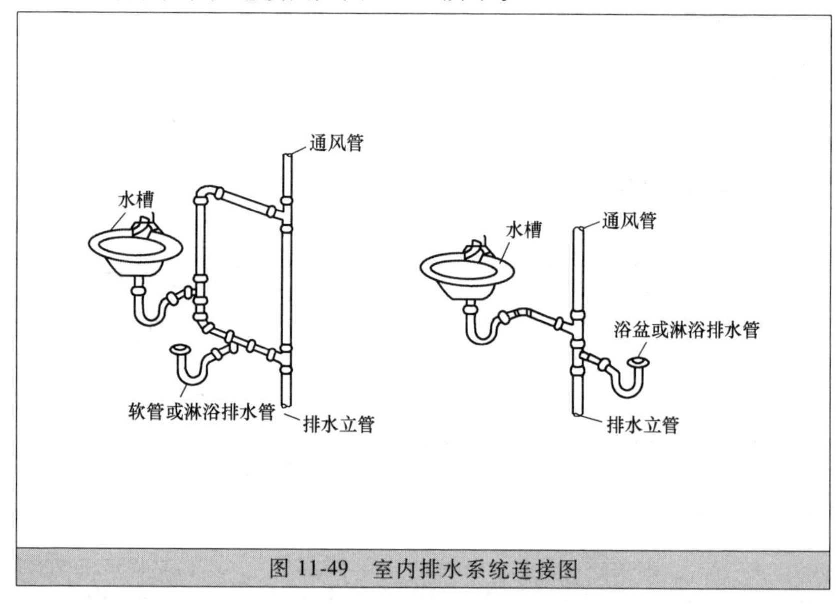

图 11-49 室内排水系统连接图

11.50 PVC-U 排水管整体安装连接图

PVC-U 排水管整体安装连接图如图 11-50 所示。

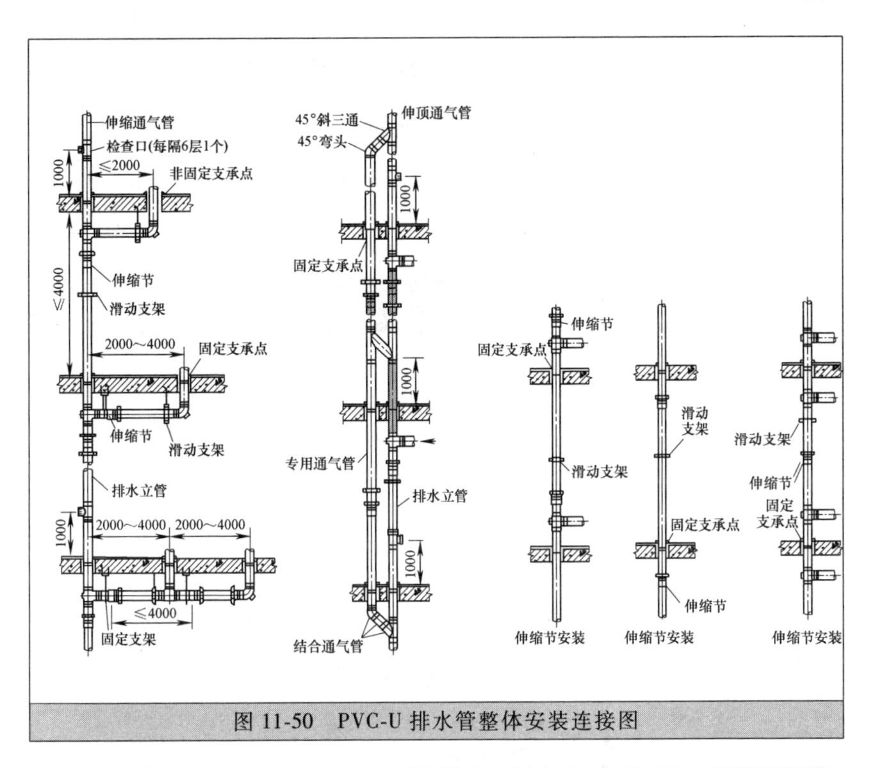

图 11-50 PVC-U 排水管整体安装连接图

11.51 PVC-U 管伸缩节安装连接图

PVC-U 管伸缩节安装连接图如图 11-51 所示。

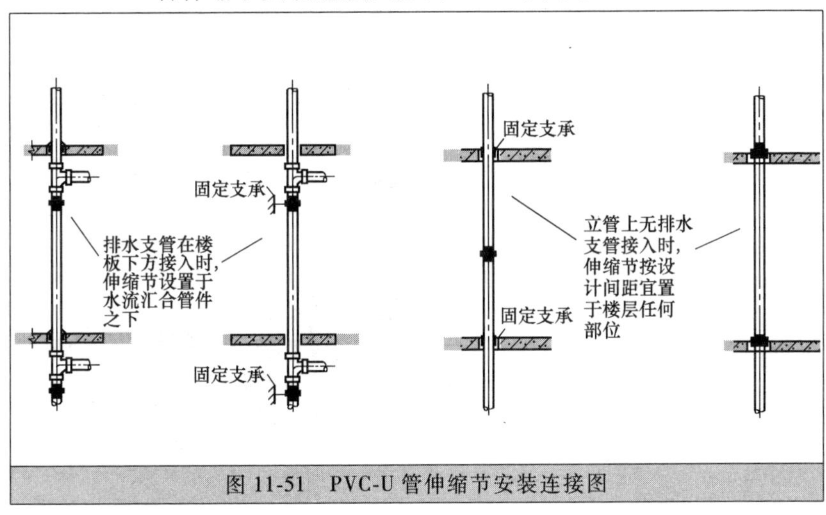

图 11-51 PVC-U 管伸缩节安装连接图

11.52 增压水泵安装连接图

增压水泵安装连接图如图 11-52 所示。

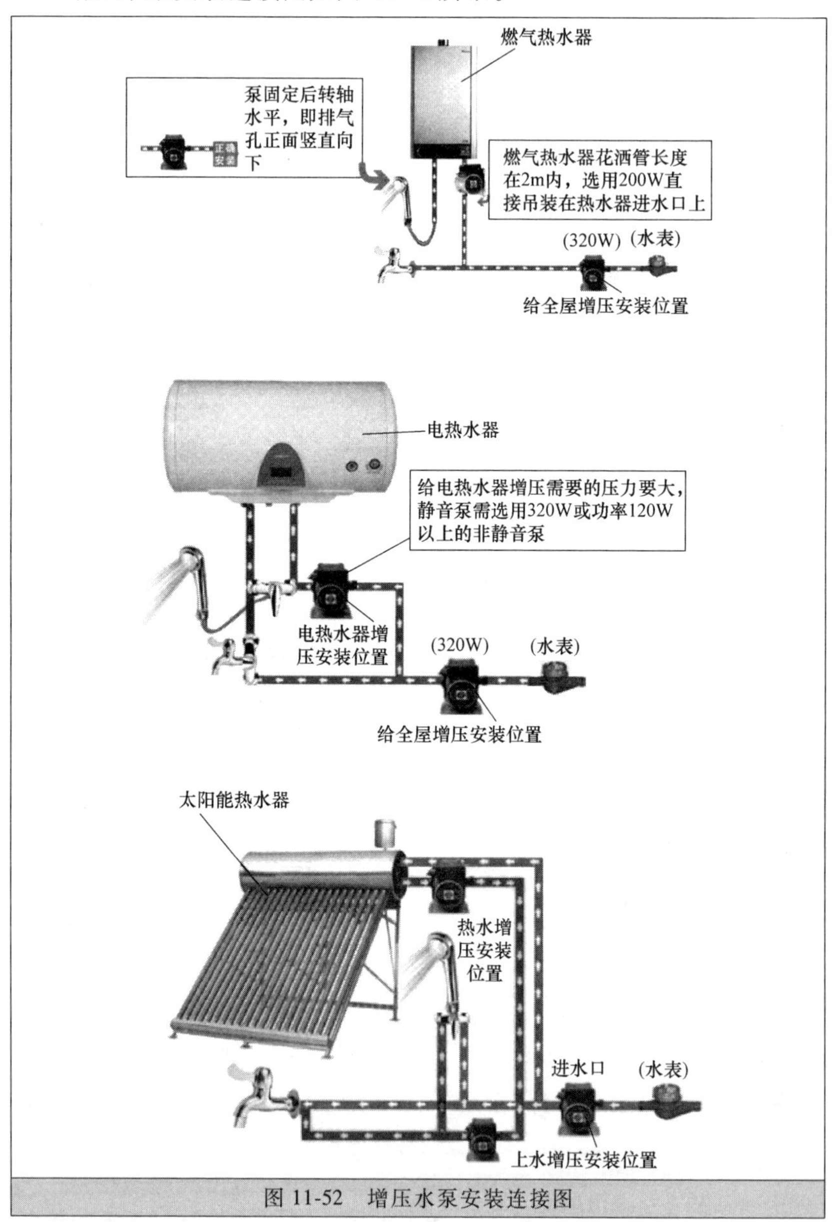

图 11-52 增压水泵安装连接图

11.53 单管整体太阳能热水器管路连接图

单管整体太阳能热水器管路连接图如图 11-53 所示。

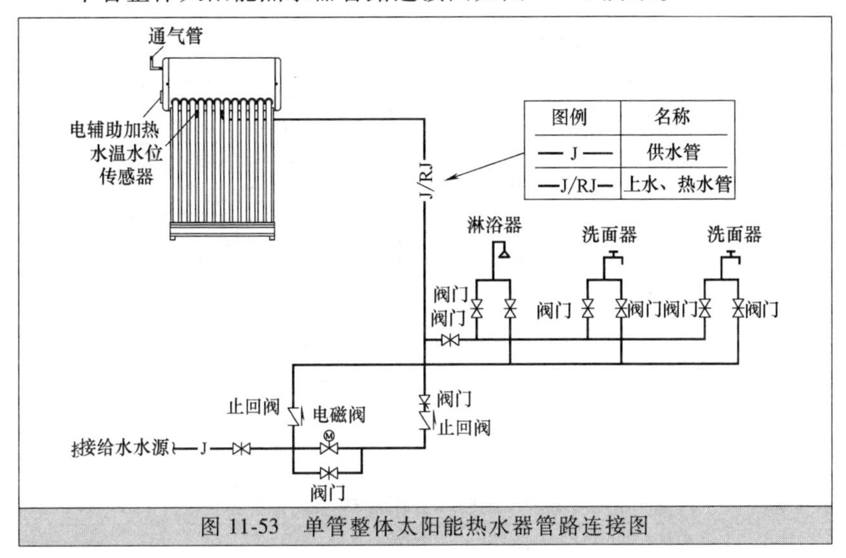

图 11-53 单管整体太阳能热水器管路连接图

11.54 双管整体太阳能热水器管路连接图

双管整体太阳能热水器管路连接图如图 11-54 所示。

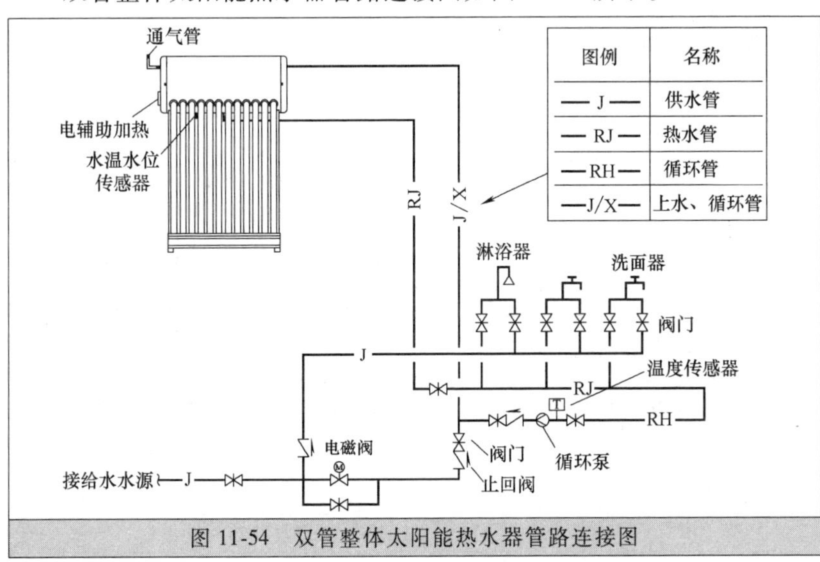

图 11-54 双管整体太阳能热水器管路连接图

11.55 闭式承压整体太阳能热水器管路连接图

闭式承压整体太阳能热水器管路连接图如图 11-55 所示。

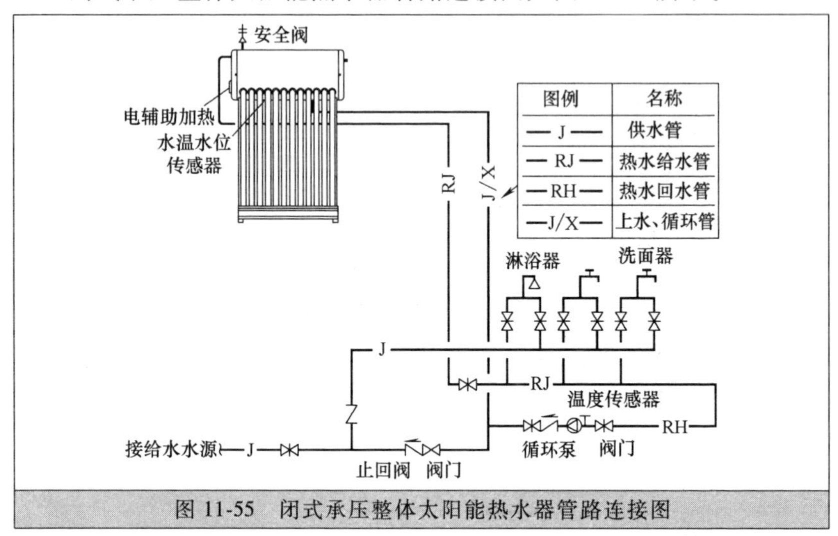

图 11-55 闭式承压整体太阳能热水器管路连接图

11.56 承压分体式太阳能热水器管路连接图

承压分体式太阳能热水器管路连接图如图 11-56 所示。

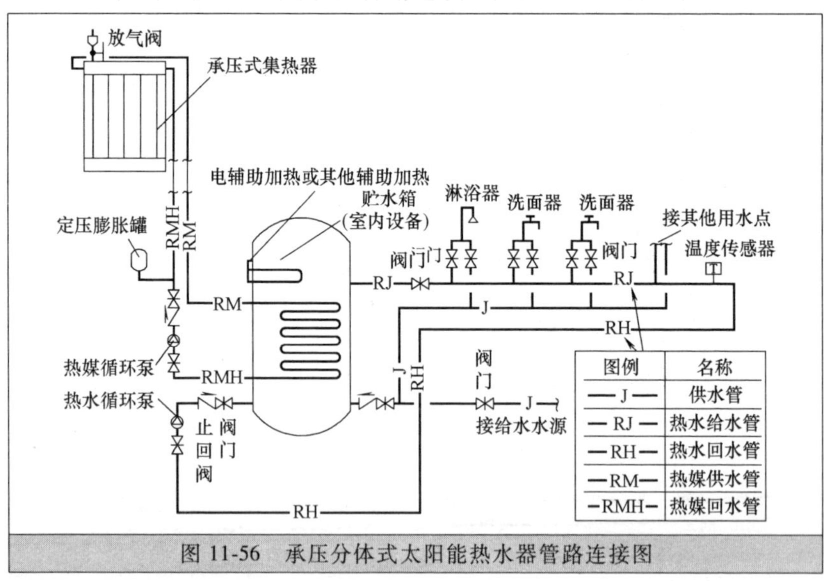

图 11-56 承压分体式太阳能热水器管路连接图

11.57　阳台壁挂式太阳能热水器管路连接图

阳台壁挂式太阳能热水器管路连接图如图 11-57 所示。

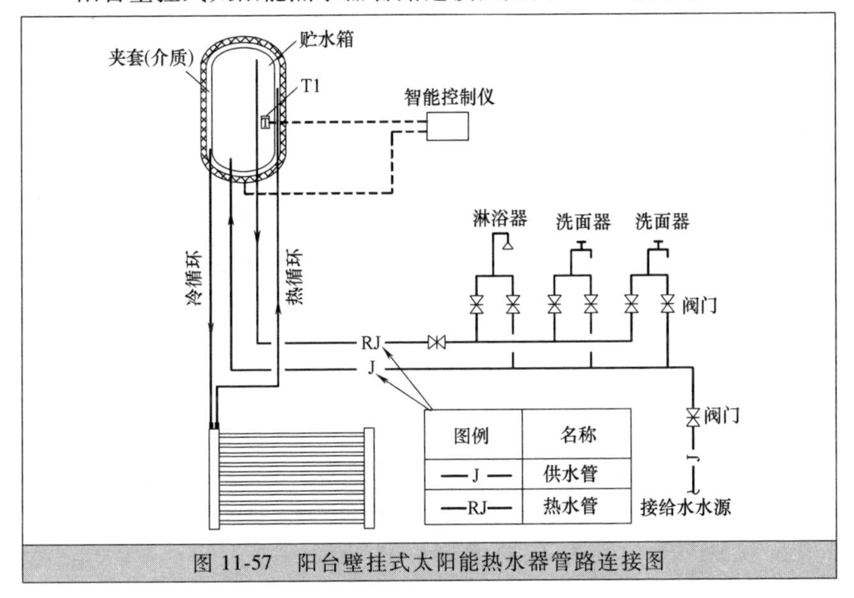

图 11-57　阳台壁挂式太阳能热水器管路连接图

11.58　双人多功能按摩浴缸供水系列的电气原理图

双人多功能按摩浴缸供水系列的电气原理图如图 11-58 所示。

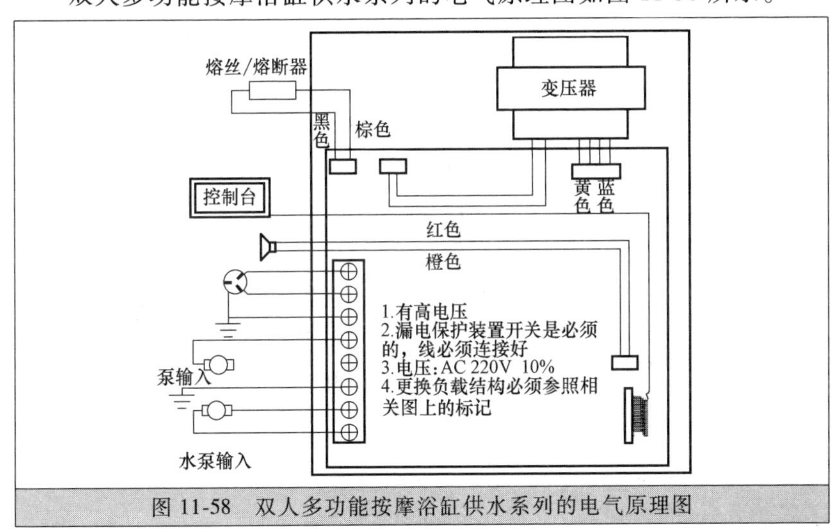

图 11-58　双人多功能按摩浴缸供水系列的电气原理图

11.59 热水水平单管跨越式系统立、支管连接图

热水水平单管跨越式系统立、支管连接图如图 11-59 所示。

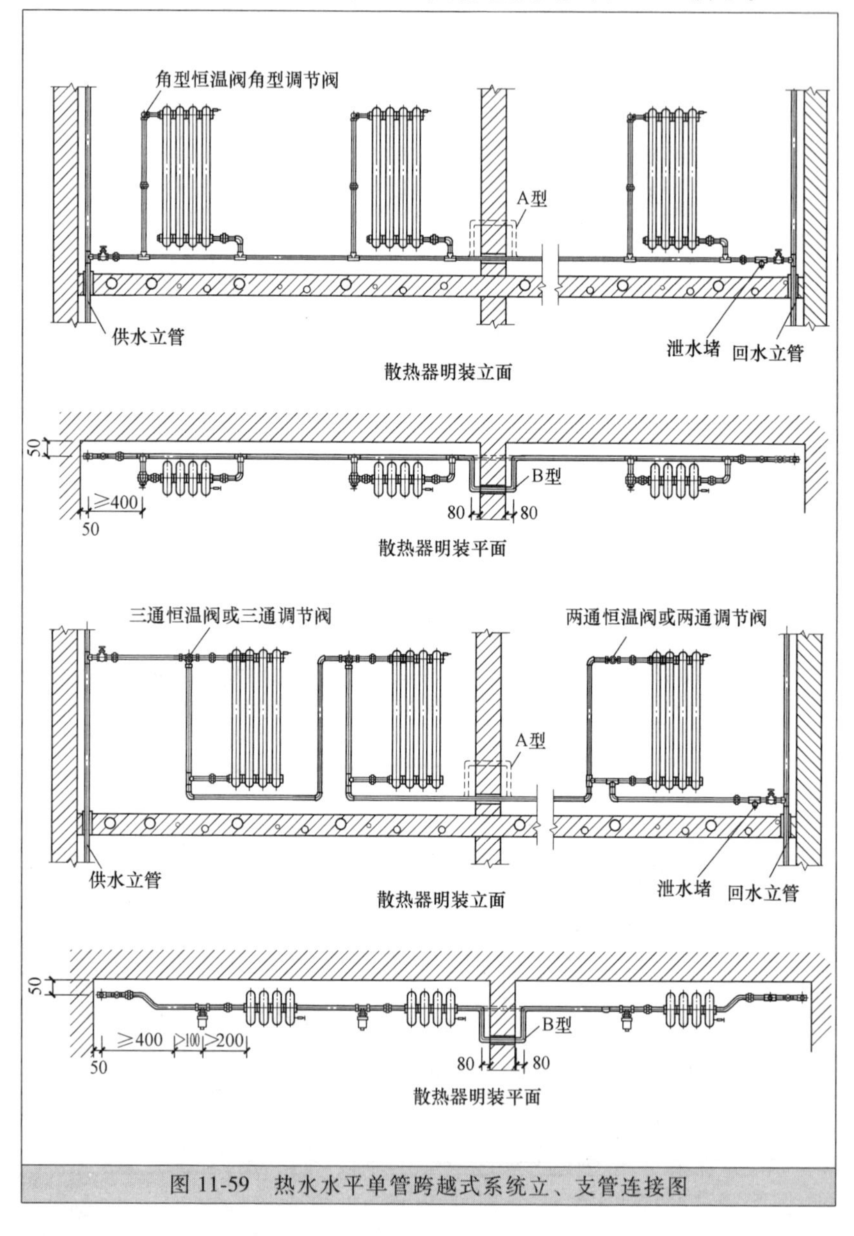

图 11-59 热水水平单管跨越式系统立、支管连接图

11.60 净水机与直饮机结合水路连接图

净水机与直饮机结合水路连接图如图 11-60 所示。

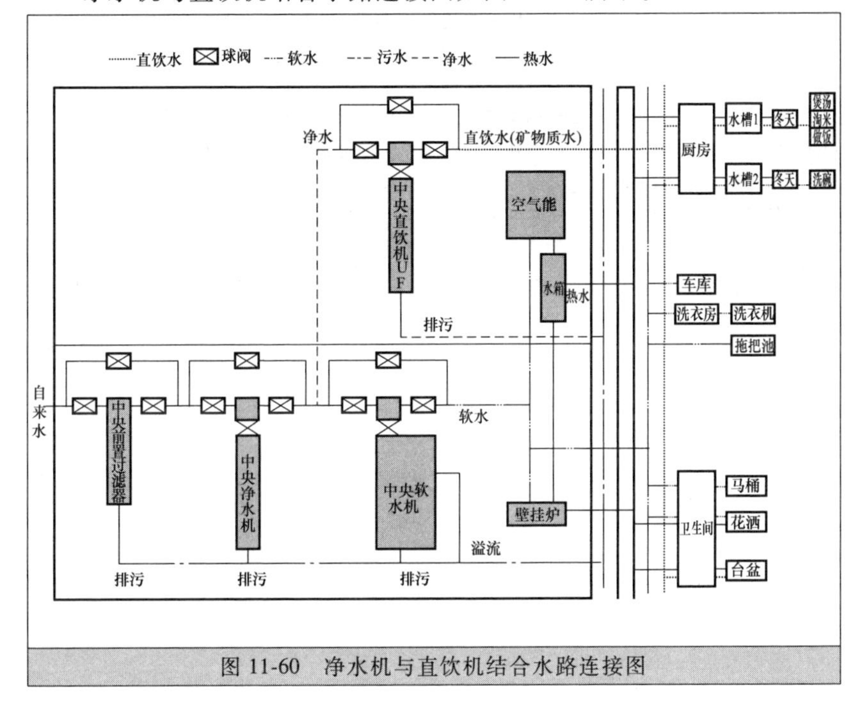

图 11-60 净水机与直饮机结合水路连接图

参考文献

[1] 许小菊，等. 电工经典与新型应用电路300例［M］. 北京：中国电力出版社，2015.
[2] 阳鸿钧，等. 水电工技能数据随时查［M］. 北京：化学工业出版社，2017.
[3] 阳鸿钧，等. 家装电工现场通［M］. 北京：中国电力出版社，2014.
[4] 阳鸿钧，等. 装修水电工技能速成一点通［M］. 北京：机械工业出版社.
[5] 阳鸿钧，等. 装修水电工看图学招全能通［M］. 北京：机械工业出版社，2014.
[6] 阳鸿钧，等. 家装水电工技能速成一点通［M］. 北京：机械工业出版社，2016.
[7] 阳鸿钧，等. 水电暖气安防智能化全功略［M］. 北京：机械工业出版社，2013.
[8] 阳鸿钧，等. 实用水电工手册［M］. 北京：中国电力出版社，2016.
[9] 阳鸿钧，等. 装修水电技能速通速用很简单［M］. 北京：机械工业出版社，2016.
[10] 阳鸿钧，等. 门店装饰装修水电工1000个怎么办［M］. 北京：中国电力出版社，2011.